理论力学解题指导

马红艳　主编

科 学 出 版 社
北 京

内容简介

本书是《理论力学》(阮诗伦主编，科学出版社出版)的配套参考书，内容主要包括静力学(含静力学公理及物体的受力分析、力系的等效与简化、静力学平衡问题、摩擦)、运动学(含点的运动学、刚体的简单运动、点的合成运动、刚体的平面运动)、动力学(含质点动力学的基本方程、动量定理、动量矩定理、动能定理、碰撞、达朗贝尔原理、虚位移原理、分析动力学与辛数学初步)三大部分。各章中第一节“重点内容提要”主要对《理论力学》中相应的内容进行归纳和总结，提炼出重要的概念、定理和公式，有助于读者把握各章知识的脉络；第二节“典型例题”精选具有代表性的经典例题，分析问题的突破点和解题技巧，指引解题思路，帮助读者学会独立思考，总结分析问题、解决问题的方法；第三节“习题详解”囊括《理论力学》各章全部习题并给出详细的解题步骤。

本书可作为高等学校力学、机械、土建、水利、航空、航天等专业理论力学课程学习的辅助教材，亦可作为硕士研究生入学考试、力学竞赛的参考书。

图书在版编目(CIP)数据

理论力学解题指导/马红艳主编. —北京：科学出版社，2019.8

ISBN 978-7-03-061172-7

Ⅰ. ①理… Ⅱ. ①马… Ⅲ. ①理论力学-高等学校-教学参考资料 Ⅳ. ①O31

中国版本图书馆 CIP 数据核字(2019)第 086922 号

责任编辑：任　俊　朱灵真 / 责任校对：郭瑞芝

责任印制：霍　兵 / 封面设计：迷底书装

科学出版社 出版

北京东黄城根北街 16 号

邮政编码：100717

http://www.sciencep.com

天津文林印刷有限公司 印刷

科学出版社发行　各地新华书店经销

*

2019 年 8 月第　一　版　开本：787×1092　1/16

2021 年 8 月第二次印刷　印张：19　1/4

字数：499 000

定价：69.00 元

(如有印装质量问题，我社负责调换)

前　言

在理论力学的学习过程中，习题训练是非常重要的一个环节，不仅可以帮助读者更加深入地理解和掌握理论力学的基本概念和理论知识，而且对研究问题的知识体系和规律起到触类旁通、举一反三的作用。本书主要包括静力学、运动学、动力学三大部分。通过学习和习题训练，读者可以掌握机械运动的理论知识和解决工程力学问题的一般方法。

本书习题涉及多个工程领域，题目的类型和训练的层次更加多样化，可满足不同层次读者的需求。特别是书中选入的部分题目由编者的科研实践和工程实践转化而来，这些题目体现了理论力学原理的创新性应用，也突出了力学建模能力的培养。大量贴近工程和生活实际的题目的详尽解答及其进一步讨论，集中地体现了本书内容的典型性、新颖性、趣味性和启发性的风格特色。这一特色将对学习理论力学课程的在校大学生以及对理论力学知识感兴趣、有需求的社会不同层面的学习者起到重要的指导帮助作用，也对工程技术界的读者具有有益的参考价值。

参加本书编写工作的主要有大连理工大学阮诗伦（第 1 章）、张伟（第 2 章）、马红艳（第 3 章）、曾岩（第 4、13 章）、李明（第 5、6 章）、叶宏飞（第 7 章）、郑勇刚（第 8 章）、张永存（第 9 章）、赵岩（第 10、11 章）、韩啸（第 12 章）、王平（第 14、15 章）、周震寰（第 16 章）。全书由马红艳主编。

大连理工大学理论力学教学团队创建的在线开放课程自 2017 年 9 月 1 日在中国大学慕课“爱课程”平台（http://www.icourse163.org/）开课。读者可直接在手机、计算机上观看相关授课视频、习题讲解、动画演示和习题训练。

本书的出版得到了大连理工大学教务处教材出版基金的资助，也得到了大连理工大学运载工程与力学学部工程力学系的大力支持，在此表示诚挚的感谢！

受编者水平所限，本书疏漏之处在所难免，恳请专家、读者给予批评指正。

编　者

2019 年 3 月

《理论力学》购买链接

目　录

第1章

静力学公理及物体的受力分析

1.1 重点内容提要

1. 静力学基本概念

(1) 刚体。

刚体是指在力的作用下形状和大小都保持不变的物体，即受力不变形的物体。

(2) 力。

力是物体间的机械作用。这种作用有两种效应：一种引起物体机械运动状态改变，称为外效应，平衡是外效应的特殊情况；另一种引起物体变形，称为内效应。力对物体的作用效应取决于三个要素：大小、方向和作用点。力是矢量。

(3) 力系。

作用在物体上的一群力称为力系。如果两个力系的作用效应相同，称为等效力系。在不改变力的作用效应的前提下，用简单力系代替复杂力系，称为力系的简化或力系的合成。

(4) 平衡。

物体相对于固结在地球表面的惯性坐标系处于静止或做匀速直线运动的状态称为平衡。物体平衡时加速度为零。要使物体处于平衡状态，作用在它上面的力系必须满足一定的条件，这些条件称为力系的平衡条件。使物体平衡的力系称为平衡力系。

2. 静力学公理

公理 1.1　力的平行四边形法则。

作用于物体同一点的两个力 $\boldsymbol{F}_1$、$\boldsymbol{F}_2$，可以合成为一个合力 $\boldsymbol{F}_R$。合力的作用点也在该点，合力的大小和方向由以这两个力为边构成的平行四边形的对角线确定，合力是两个分力的矢量和。

公理 1.2　二力平衡条件。

作用在刚体上的两个力，使刚体处于平衡的充分必要条件是：这两个力大小相等，方向相反，且在同一条直线上。

公理 1.3　加减平衡力系原理。

在已知力系上加上或减去任意的平衡力系，并不改变原力系对刚体的作用。这是研究力系等效变换的重要依据。公理 1.3 有以下两个推论。

推论 1.1　力的可传性。

作用于刚体上某点的力，可以沿着它的作用线移到刚体内任意一点，并不改变该力对刚体的作用。

推论 1.2　三力平衡汇交定理。

作用于刚体上的三个相互平衡的力，若其中两个力的作用线汇交于一点，则此三力必在同一平面内，且第三个力的作用线通过汇交点。

公理 1.4　作用与反作用定律。

作用力和反作用力总是同时存在，两个力的大小相等、方向相反、沿同一直线，分别作用在两个相互作用的物体上。

公理 1.5　刚化原理。

变形体在某一力系作用下处于平衡，若将此变形体刚化为刚体，则其平衡状态保持不变。

3. 约束和约束反力

如果物体与其他物体相联系，其运动(包括平移和转动)会受到其他物体的限制。当选定一部分物体作为研究对象以后，那些限制研究对象运动的物体就称为该研究对象的约束。如支座是桥梁的约束，轴承是转动轴的约束，起重钢索是起重物的约束等。约束对物体的作用力称为约束反力，简称反力。

(1)柔索约束。

柔索约束的特点是只能承受拉力，不能承受压力或抵抗弯曲，如皮带、绳子、钢索、链条、胶带等。柔索只能限制物体沿柔索伸长方向的运动，所以柔索约束反力为沿着其中心线背离物体的拉力。

(2)光滑接触面约束。

当忽略摩擦时，两物体之间的接触面就可视为光滑的。光滑接触面约束只能限制物体沿接触面公法线方向的运动，所以约束反力应通过接触点，沿着该点的公法线指向研究对象。

(3)光滑铰链约束。

圆柱形铰链简称圆柱铰或中间铰，它用销钉将两个构件连接在一起，当忽略摩擦时，销钉只限制两个构件的相对移动，不限制转动。具有这样性质的约束称为光滑铰链约束。

(4)固定铰支座。

将构件与支座连接，支座固定于支承面上，称为固定铰支座，这种支座的特点是构件只能绕销钉的中心线转动而不能移动。约束反力的方向是未知的，通常用两个正交分量表示。

(5)可动铰支座。

如果铰支座通过滚柱放置在支承面上，则称为可动铰支座，这种支座的特点是只能限制构件沿垂直于支承面方向的移动。约束反力的方向应垂直于支承面并通过销钉中心。

(6)径向轴承。

径向轴承又称向心轴承，轴可以在孔内任意转动，也可沿孔的中心线移动，轴承阻碍轴沿径向移动。约束反力作用线垂直于轴线并通过轴心，方向未知，通常用两个正交分量表示。

(7) 止推轴承。

止推轴承与径向轴承不同，它除了能限制轴的径向位移，还能限制轴向位移。因此，约束反力有三个正交分量。

(8) 球铰。

通过圆球和球壳将两个构件连接在一起的约束称为球铰，它使构件的球心不能有任何移动，但构件可绕球心任意转动。若忽略摩擦，其约束反力应通过接触点与球心，方向未知，可用三个正交分量表示。

(9) 固定端。

约束把物体牢牢地固定，使其不能产生任何相对运动，这种约束称为固定端。固定端既限制物体任意方向的移动，又限制转动，因此约束反力有六个分量。

(10) 蝶铰。

蝶铰约束，如门上的合页，只能限制垂直于门轴方向的移动，不能限制沿门轴方向的移动，也不能限制转动，约束反力用两个正交分量表示。

4. 物体的受力分析和受力图

解决力学问题首先要选取研究对象，把它从与其有联系的物体中分离出来，此过程称为取研究对象或取分离体；然后逐个分析分离体所受的全部载荷与约束反力，此过程称为受力分析；最后把这些载荷与约束反力画在分离体上，所得图形称为受力图。画受力图是解决工程力学问题的一个重要步骤，受力分析的基本流程如下。

(1) 根据求解思路，选定研究对象(可能不止一个且不一定是独立的构件)。

(2) 将研究对象从所有约束中分离出来并作简图。

(3) 将所有主动力在简图上画出并标记，包括重力等。

(4) 根据约束类型，将对应约束在简图上画出并标记。

(5) 对此研究对象建立平衡方程并求解。

1.2 典型例题

例 1-1

画出图 1-1 (a) 中各研究对象的受力图：(1) *CD* 杆；(2) 横梁 *AB*(包括电动机)。

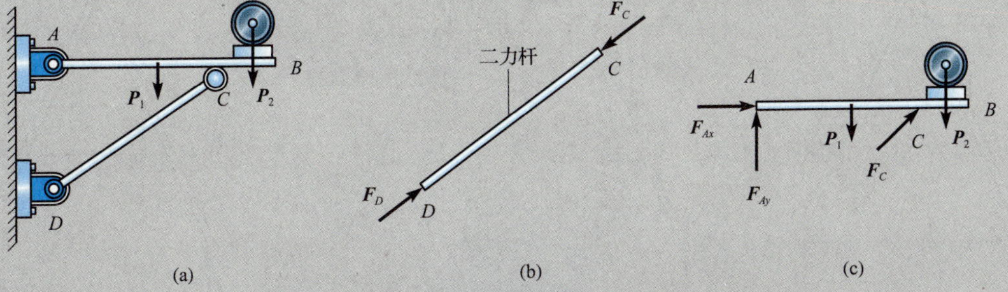

图 1-1　例 1-1

解： *CD* 杆的受力图如图 1-1 (b) 所示，横梁 *AB* 的受力图如图 1-1 (c) 所示。

例 1-2

画出图 1-2(a) 中三铰拱桥各部分的受力图(不计自重)。

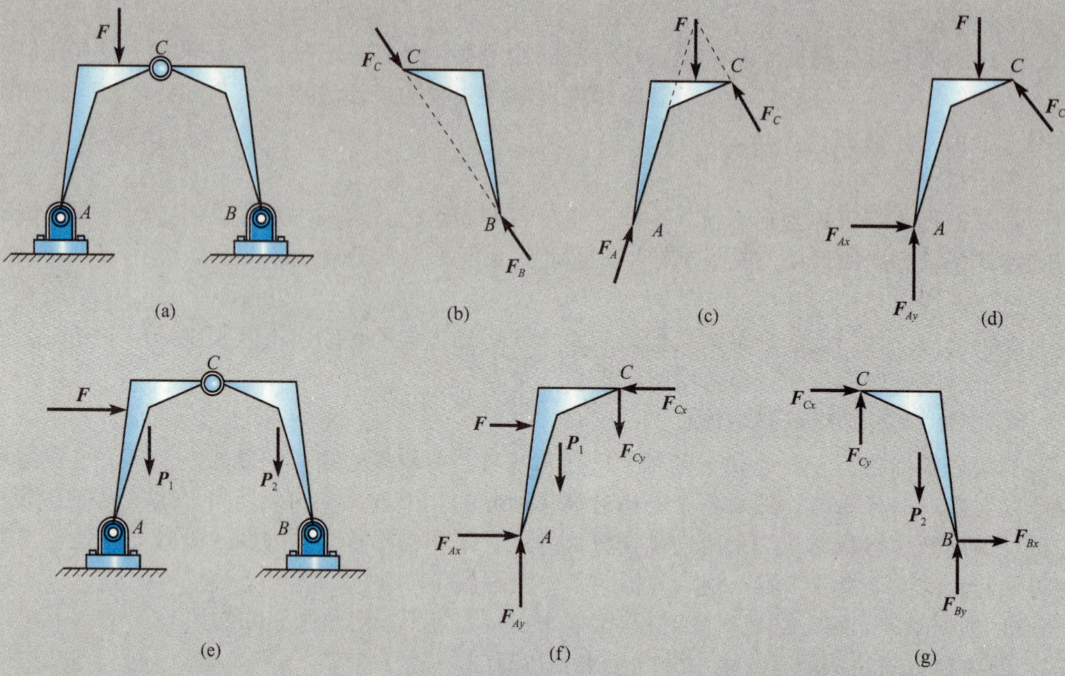

图 1-2　例 1-2

解：*CB* 部分是二力杆，受力图如图 1-2(b) 所示，*AC* 部分的受力图如图 1-2(c) 或 (d) 所示。

讨论：计入自重时三铰拱桥各部分的受力图如图 1-2(e)～(g) 所示。

例 1-3

梯子如图 1-3(a) 所示，画出各研究对象的受力图：(1) 绳子 *DE*；(2) *AB* 杆；(3) *AC* 杆；(4) 整体。

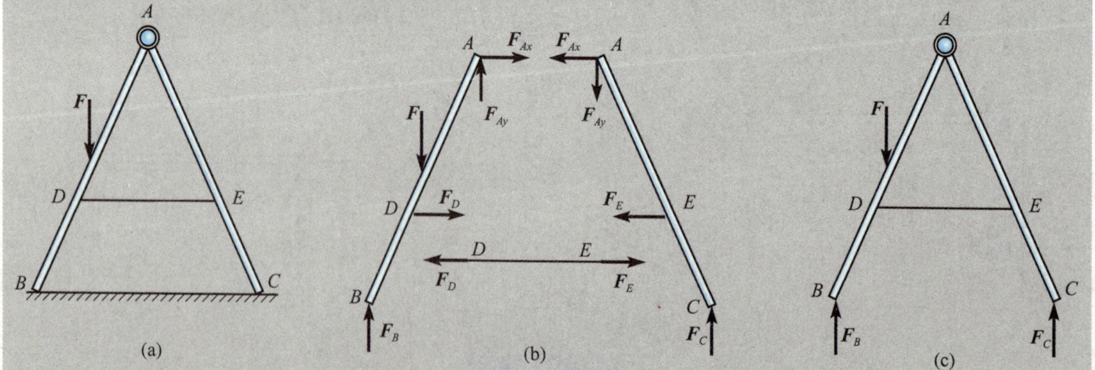

图 1-3　例 1-3

解：梯子各部分的受力图如图 1-3(b) 所示，整体的受力图如图 1-3(c) 所示。

例 1-4

画图 1-4(a)所示结构受力图，若 *CD* 杆改为折线形杆，对受力图有无影响？若铰链 *D* 移至 *B* 处，受力分析有何不同？

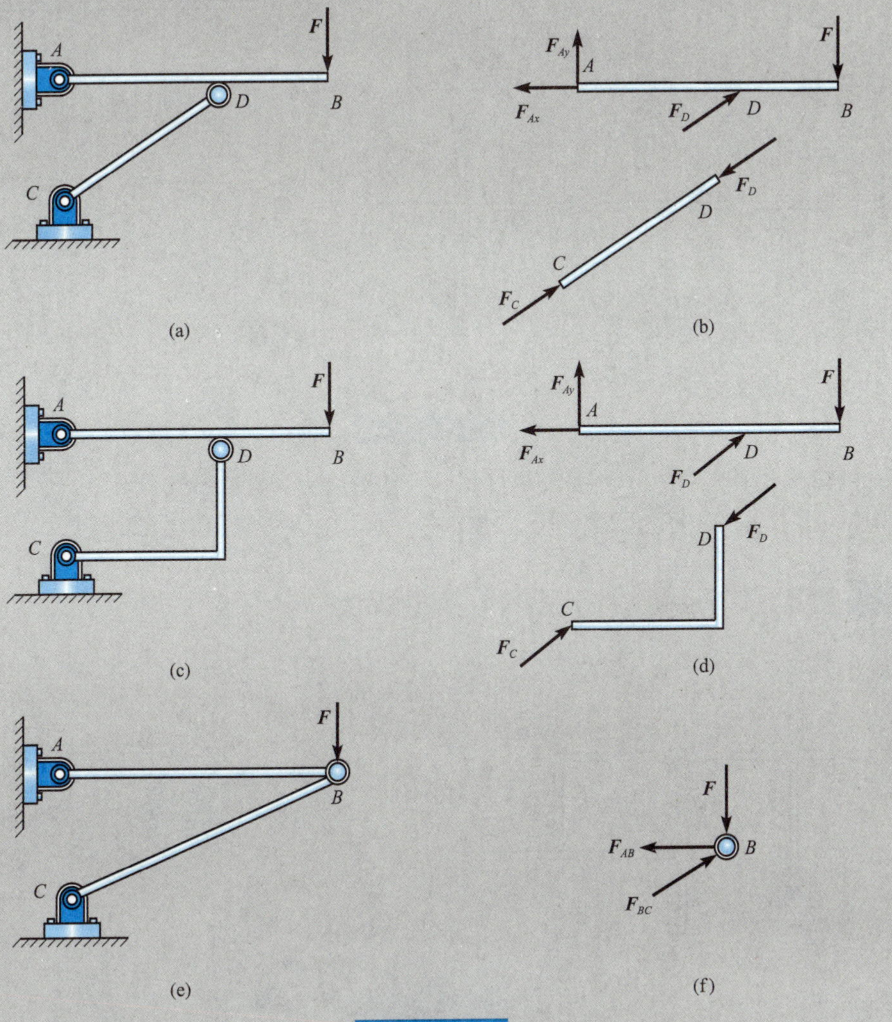

图 1-4　例 1-4

解： 图 1-4(a)所示结构各部分受力图如图 1-4(b)所示，*CD* 为二力杆。

若 *CD* 杆改为折线形杆，如图 1-4(c)所示，对受力图无影响。如图 1-4(d)所示，*CD* 仍为二力杆。

若铰链 *D* 移至 *B* 处，如图 1-4(e)所示，*AB*、*CB*(*D*)均为二力杆，铰链 *B* 的受力图如图 1-4(f)所示。

例 1-5

结构如图 1-5(a)所示，(1)以整体为研究对象时，绘出 *A* 点和 *B* 点的约束力；(2)分别以 *AB* 杆和 *BC* 杆为研究对象，绘出两者受力分析图。

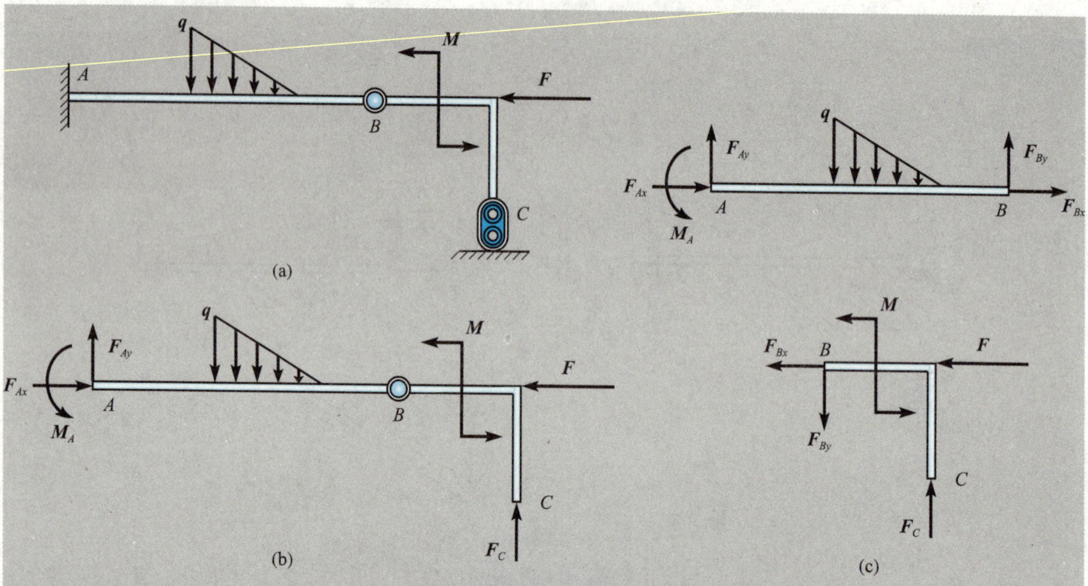

图 1-5　例 1-5

解：以整体为研究对象时，绘出 *A* 点和 *B* 点的约束力如图 1-5(b)所示。

分别以 *AB* 杆和 *BC* 杆为研究对象，绘出两者受力分析图如图 1-5(c)所示。

例 1-6

图 1-6 中哪些构件是二力杆？

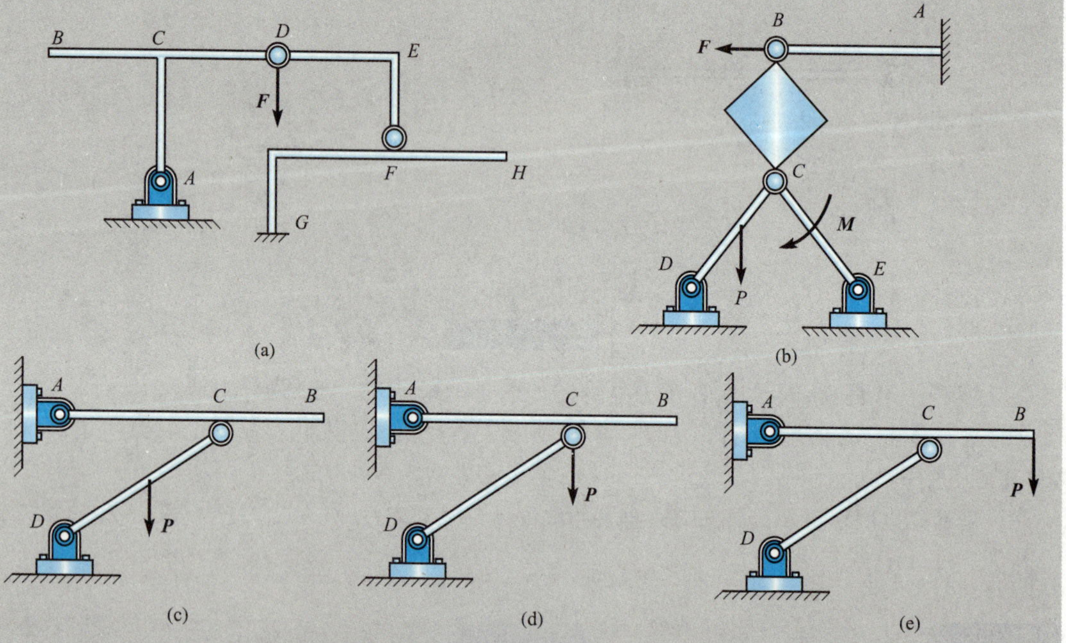

图 1-6　例 1-6

解：图 1-6(a)中，*ABCD* 和 *DEF* 是二力杆。

图 1-6(b)中，*BC* 是二力杆。

图 1-6(c)中，*AC* 是二力杆。
图 1-6(d)中，*AC* 和 *CD* 是二力杆。
图 1-6(e)中，*CD* 是二力杆。

1.3　习题详解

1-1　试画出图 1-7 中每个构件的受力图(各接触处光滑，未画重量的构件不计自重)。

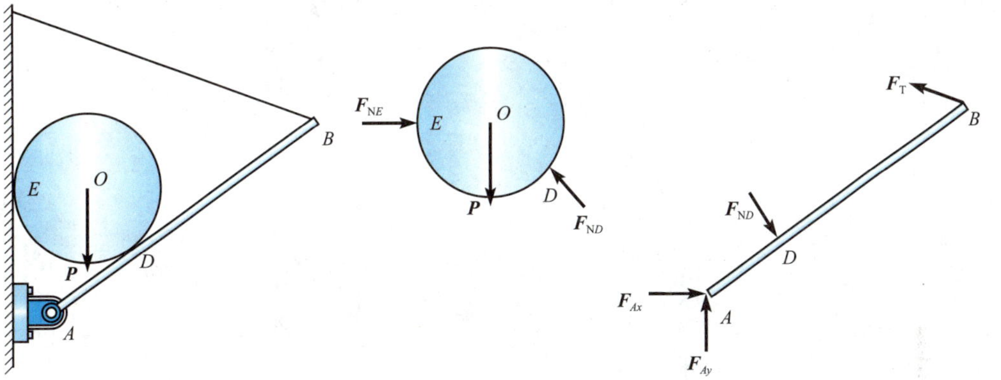

(a)

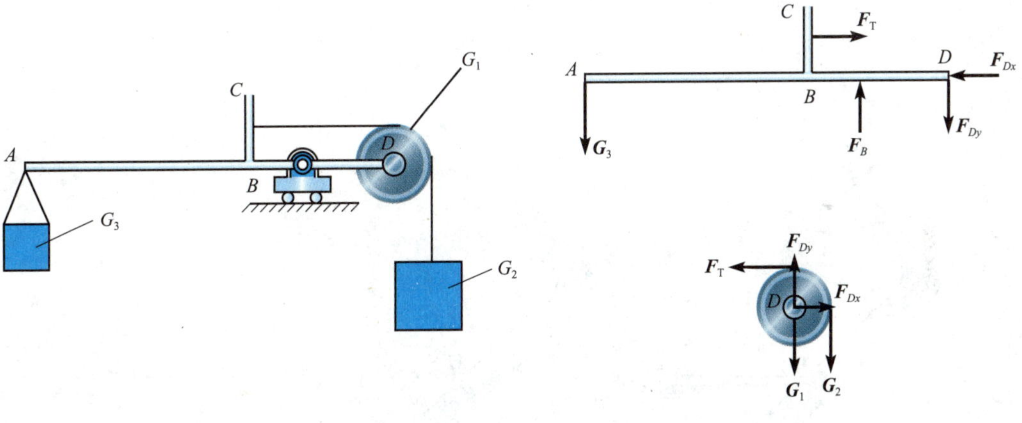

(b)

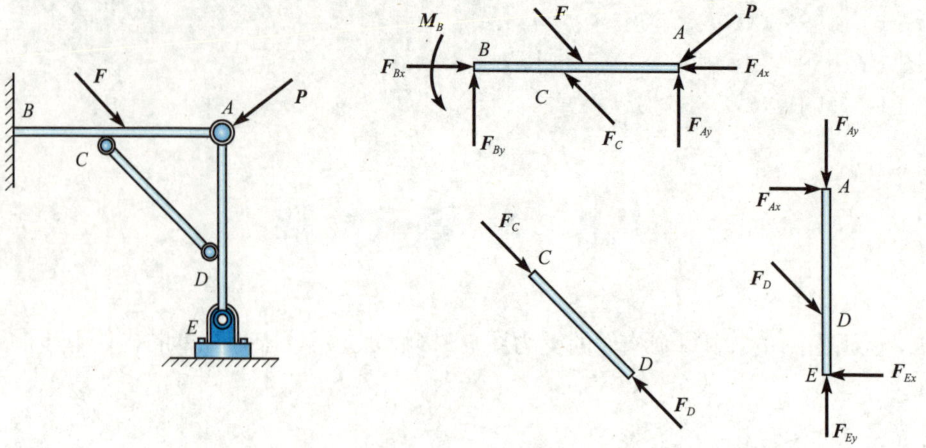

F
P
B
A
C
D
E
M_B
F_{Bx}
F_{By}
F_C
F_{Ax}
F_{Ay}
F_D
F_{Ex}
F_{Ey}

(c)

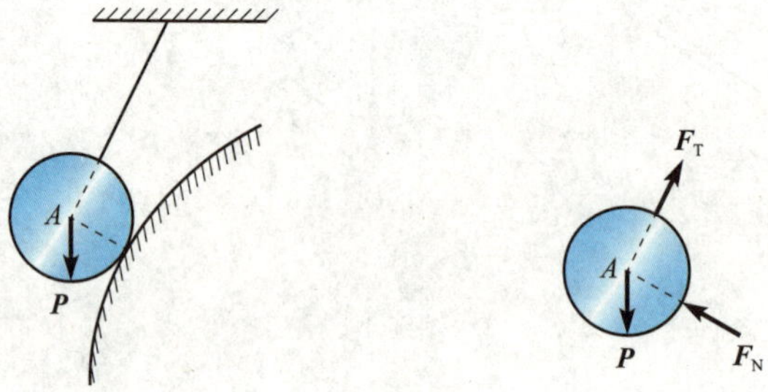

A
P
F_T
F_N

(d)

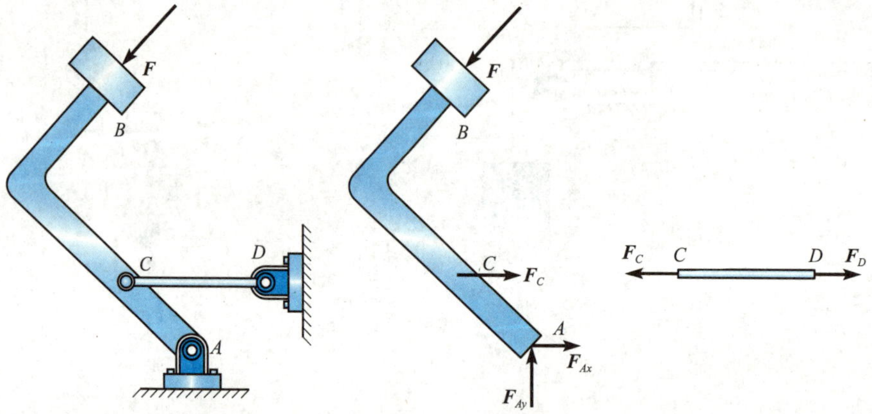

F
B
C
D
A
F_C
F_{Ax}
F_{Ay}
F_D

(e)

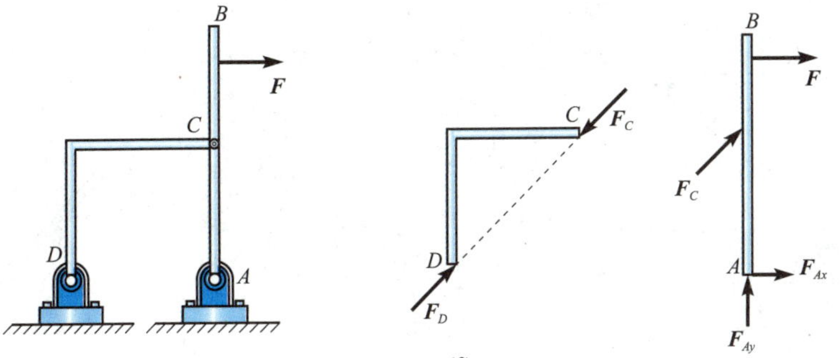
B
F
C
D
A
C
F_C
D
F_D
B
F
F_C
A
F_{Ax}
F_{Ay}

(f)

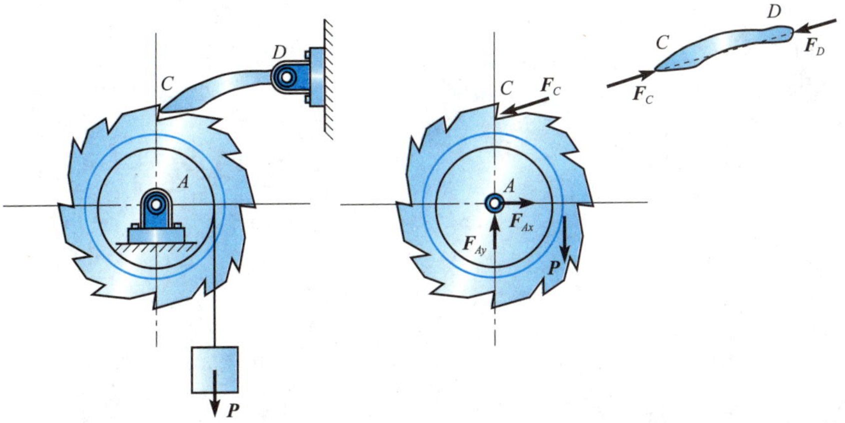
D
C
A
P
C
F_C
A
F_{Ax}
F_{Ay}
P
D
C
F_D
F_C

(g)

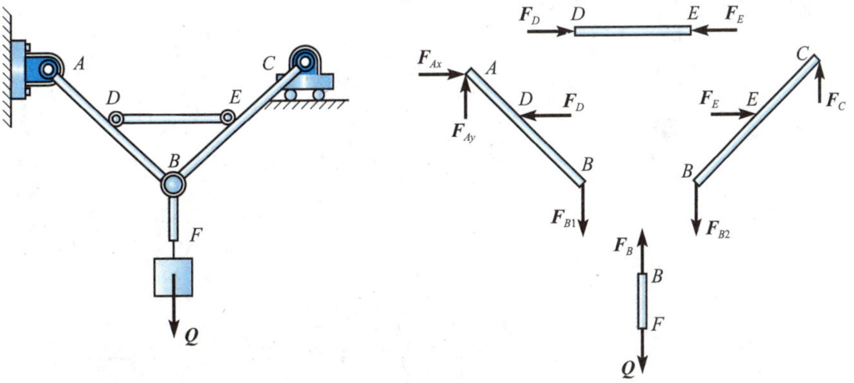
A
C
D
E
B
F
Q
F_D
D
E
F_E
F_{Ax}
A
F_{Ay}
D
F_D
B
F_{B1}
C
F_E
E
F_C
B
F_{B2}
F_B
B
F
Q

(h)

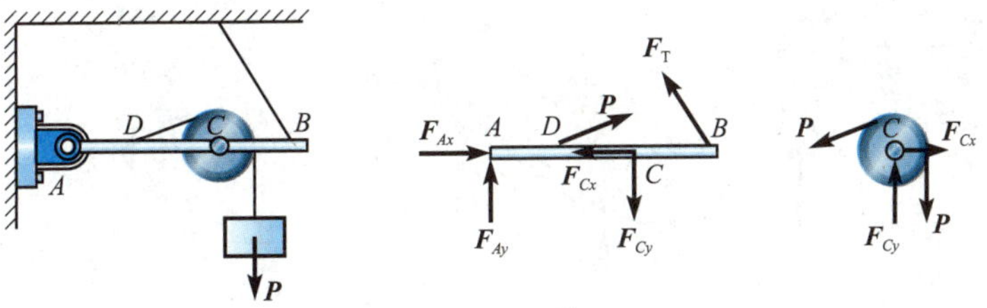
D
C
B
A
P
F_T
P
F_{Ax}
A
D
B
F_{Cx}
C
F_{Ay}
F_{Cy}
P
C
F_{Cx}
F_{Cy}
P

(i)

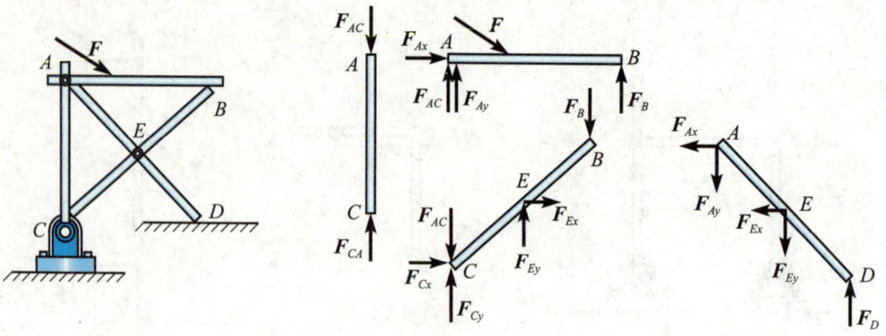

F
A
B
E
C
D
F_AC
A
C
F_CA
F_Ax
A
F
B
F_AC
F_Ay
F_B
F_B
B
E
F_Ex
F_AC
F_Ey
F_Cx
C
F_Cy
F_Ax
A
F_Ay
F_Ex
E
F_Ey
D
F_D

(j)

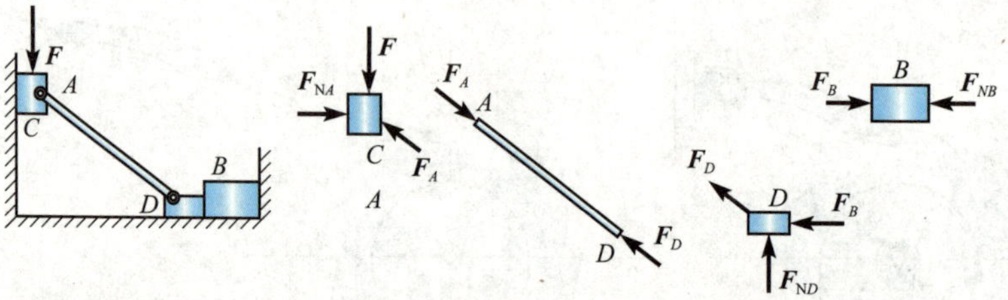

F
A
C
B
D
F
F_NA
C
F_A
F_A
A
A
D
F_D
F_B
B
F_NB
F_D
D
F_B
F_ND

(k)

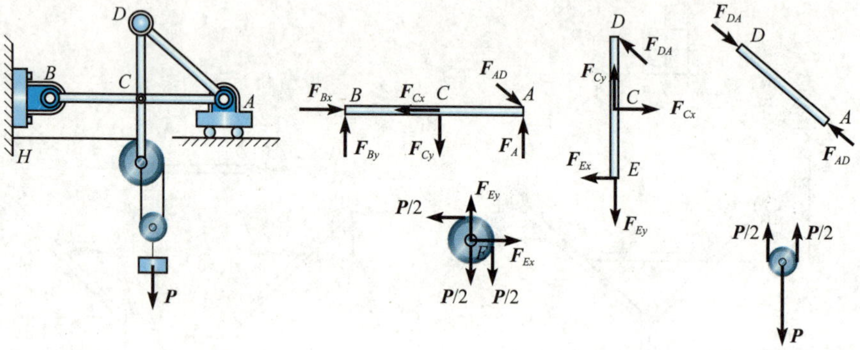

D
B
C
A
H
P
F_AD
F_Bx
B
F_Cx
C
A
F_By
F_Cy
F_A
D
F_DA
F_Cy
C
F_Cx
F_Ex
E
F_Ey
F_DA
D
A
F_AD
P/2
F_Ey
F
F_Ex
P/2
P/2
P/2
P/2
P

(l)

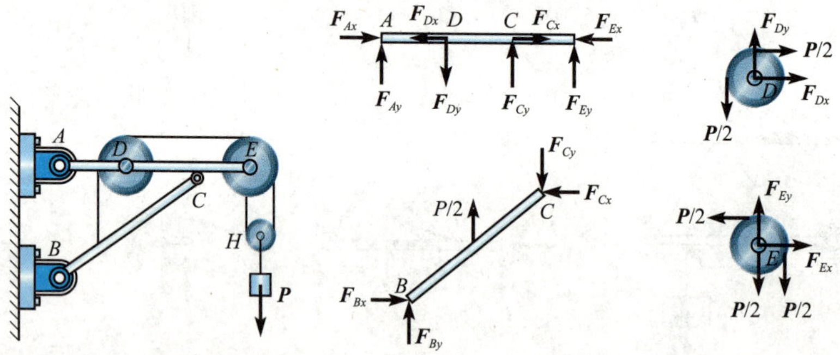

A
D
E
C
B
H
P
F_Ax
A
F_Dx
D
C
F_Cx
F_Ex
F_Ay
F_Dy
F_Cy
F_Ey
F_Dy
P/2
D
F_Dx
P/2
F_Cy
F_Cx
P/2
C
F_Bx
B
F_By
F_Ey
P/2
E
F_Ex
P/2
P/2

(m)

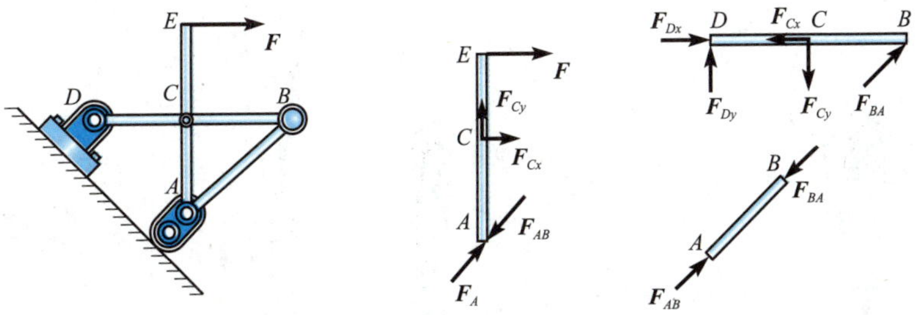
E
F
D
C
B
A
F_{Cy}
F_{Cx}
F_{AB}
F_A
F_{Dx}
F_{Dy}
F_{BA}

(n)

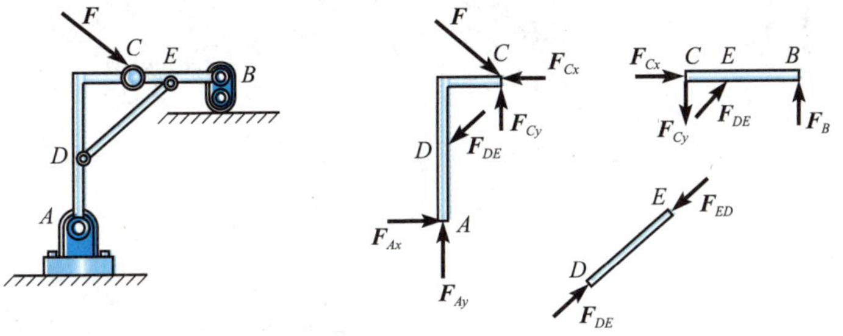
F
C
E
B
D
A
F_{Cx}
F_{Cy}
F_{DE}
F_{Ax}
F_{Ay}
F_B
F_{ED}

(o)

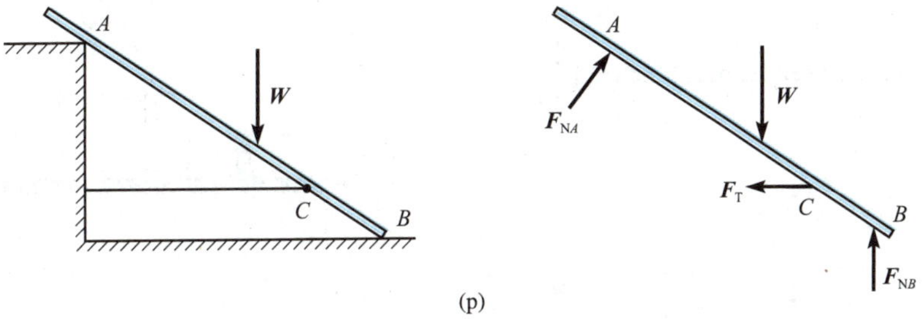
A
W
C
B
F_{NA}
F_T
F_{NB}

(p)

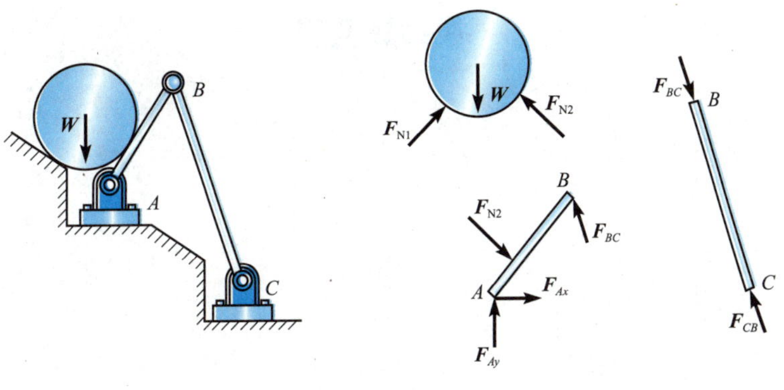
W
B
A
C
F_{N1}
F_{N2}
F_{BC}
F_{Ax}
F_{Ay}
F_{CB}

(q)

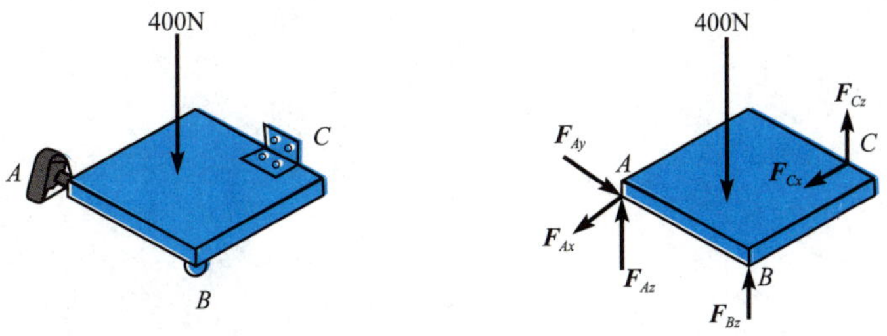
400N
A
B
C
F_{Cz}
F_{Cx}
F_{Ay}
F_{Ax}
F_{Az}
F_{Bz}

(r)

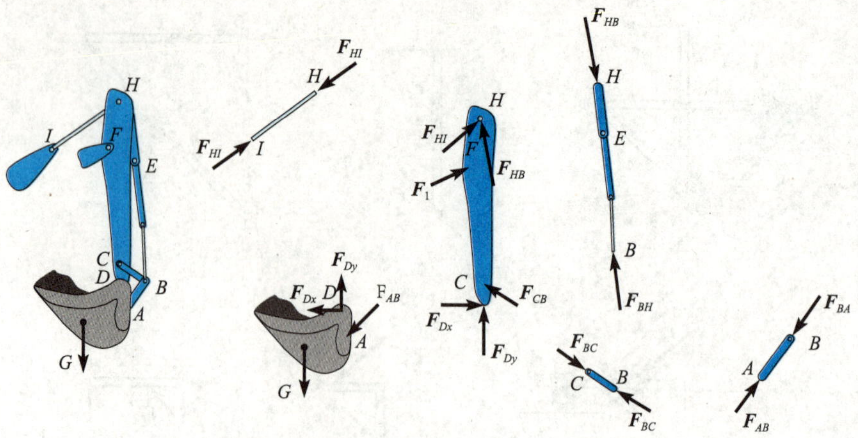
H
I
F
E
C
D
B
A
G
F_{HI}
H
F_{HI}
I
F_{Dy}
F_{Dx}
D
F_{AB}
A
G
H
F_{HI}
F
F_1
F_{HB}
C
F_{CB}
F_{Dx}
F_{Dy}
F_{HB}
H
E
B
F_{BH}
F_{BC}
C
B
F_{BC}
F_{BA}
B
A
F_{AB}

(s)

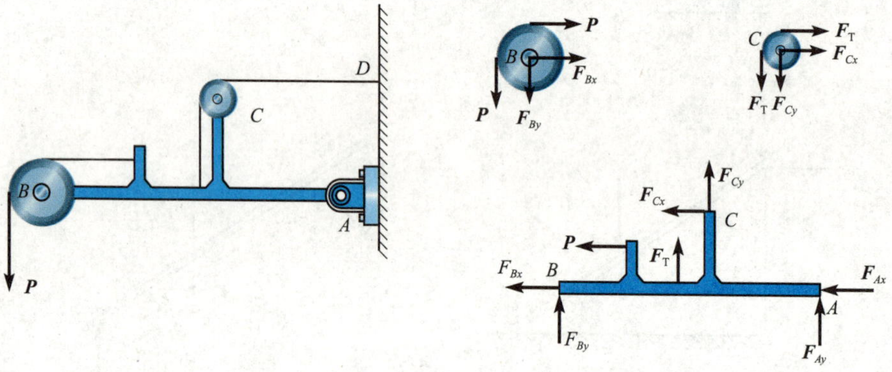
D
C
B
A
P
B
P
F_{Bx}
P
F_{By}
C
F_T
F_{Cx}
F_T
F_{Cy}
F_{Cy}
F_{Cx}
C
P
F_T
F_{Bx}
B
F_{Ax}
A
F_{By}
F_{Ay}

(t)

图 1-7　题 1-1

第2章

力系的等效与简化

2.1 重点内容提要

1. 力在平面直角坐标轴上的投影

从力 $\boldsymbol{F}$ 的两个端点分别向 x 轴作垂线，与 x 轴分别相交于 a、b 两点，线段 ab 的长度冠以正/负号，即力 $\boldsymbol{F}$ 在 x 轴的投影。力在轴上投影是代数量。

2. 力沿平面直角坐标轴的分解

假设平面直角坐标系有一力 $\boldsymbol{F}$，其与 x、y 轴正向的夹角分别为α和β，根据力的平行四边形法则可将其分解为沿 x、y 轴的两个分力 $\boldsymbol{F}_x$ 、 $\boldsymbol{F}_y$：

$$F_x = F\cos\alpha\text{，}\quad F_y = F\cos\beta = F\sin\alpha$$

力 $\boldsymbol{F}$ 又可表示为 $\boldsymbol{F} = \boldsymbol{F}_x + \boldsymbol{F}_y = F_x\boldsymbol{i} + F_y\boldsymbol{j}$ 。

3. 力在平面直角坐标轴上投影与力沿轴的分力间关系

力 $\boldsymbol{F}$ 在两坐标轴分力的模与力在坐标轴投影的绝对值相等。力的投影是代数量，而力的分力是矢量，两者不能混为一谈。

4. 力在空间直角坐标轴上的投影

若已知力 $\boldsymbol{F}$ 的大小及其与空间直角坐标系 $Oxyz$ 三个轴正向的夹角分别为α、β、γ，则 $\boldsymbol{F}$ 在三个轴上的投影 F_x、F_y、F_z 分别为

$$F_x = F\cos\alpha\text{，}\quad F_y = F\cos\beta\text{，}\quad F_z = F\cos\gamma$$

当 $\boldsymbol{F}$ 与 x、y 轴夹角难以确定时，可采用**二次投影法**求解力 $\boldsymbol{F}$ 在三个轴上的投影。首先将力 $\boldsymbol{F}$ 向 Oxy 平面投影，得到力 $\boldsymbol{F}_{xy}$，再将力 $\boldsymbol{F}_{xy}$ 分别向 x、y 轴投影，有

$$F_x = F\sin\gamma\cos\varphi\text{，}\quad F_y = F\sin\gamma\sin\varphi\text{，}\quad F_z = F\cos\gamma$$

5. 力沿空间直角坐标轴的分解

$$\boldsymbol{F} = \boldsymbol{F}_x + \boldsymbol{F}_y + \boldsymbol{F}_z$$

式中， $F_x = F\cos\alpha$， $F_y = F\cos\beta$， $F_z = F\cos\gamma$ 。

若以 $\boldsymbol{i}$、$\boldsymbol{j}$、$\boldsymbol{k}$ 分别表示沿 x、y、z 轴的**单位矢量**，则力 $\boldsymbol{F}$ 可表示为

$$\boldsymbol{F} = F\cos\alpha\boldsymbol{i} + F\cos\beta\boldsymbol{j} + F\cos\gamma\boldsymbol{k}$$

若已知力在三个坐标轴上的投影，反过来亦可求得力的大小及其与坐标轴的夹角(力的方向)。

$$F = \sqrt{F_x^2 + F_y^2 + F_z^2}$$

$$\cos\alpha = \frac{F_x}{F}，\ \cos\beta = \frac{F_y}{F}，\ \cos\gamma = \frac{F_z}{F}$$

式中，α、β、γ 分别代表力 $\boldsymbol{F}$ 与 x、y、z 轴正向的夹角。

6. 力对点的矩

为了衡量力对刚体绕固定点转动的作用效果，引入力对点的矩的概念。假设 O 为空间任意点，O 到力 $\boldsymbol{F}$ 作用点 A 的矢径为 $\boldsymbol{r}$，则 $\boldsymbol{r}$ 和 $\boldsymbol{F}$ 的矢积称为力 $\boldsymbol{F}$ 对 O 点的矩，简称**力矩**，记为 $\boldsymbol{M}_O(\boldsymbol{F})$。力矩矢量的三要素包括大小、方位和指向。

7. 合力矩定理

平面汇交力系之合力对平面内任意一点的矩等于各分力对该点之矩的代数和。

8. 力对轴的矩

力对轴的矩等于力在与该轴垂直任一平面的分力对轴与平面的交点之矩，是一个代数量。其正、负号可以用右手螺旋定则确定，也可采用如下方法确定：从 z 轴正端看，力的投影对物体绕轴产生逆时针转动趋势或效果时为正，反之为负。

9. 力对点的矩与力对通过该点的轴的矩间关系

力对点的矩与力对通过该点的轴的矩间关系即力对点的矩矢在通过该点的某轴的投影等于这个力对该轴的矩。

10. 力偶

大小相等、方向相反、作用线平行但不重合的两个力称为力偶。力偶是一个特殊的力系。力偶中的两个力等值、反向、平行、不共线，所以力偶本身既不平衡也不能与一个力等效。与力相似，力偶也是力学中一个基本的力学量。力偶不会对物体产生平移效应，但会使物体沿某一特定方向产生转动效应。力偶矩的绝对值等于力的大小与力偶臂的乘积；正、负号代表力偶的转向，通常规定：逆时针转向为正，顺时针转向为负。在同一平面内的两个力偶，若它们的力偶矩相等，力偶的转向相同，则两个力偶彼此等效。

11. 力偶系的合成

空间分布的任意一个力偶可以合成为一个合力偶，合力偶矩矢的大小等于各分力偶矩矢的矢量和。平面力偶系即两个或两个以上力偶作用于物体的同一平面内。此时，力偶矩矢是代数量，因而其合力偶矩等于力偶系中各力偶矩的代数和。

12. 力的平移定理

力 $\boldsymbol{F}$ 从刚体上 A 点平移到 B 点，必须附加一个力偶，这个力偶的力偶矩等于原来作用于 A 点的力 $\boldsymbol{F}$ 对 B 点的矩。

13. 任意力系的简化

1)平面任意力系简化结果分析

平面任意力系通过向一点简化，可以得到一个简化的力和一个简化的力偶，即主矢 $\boldsymbol{F}_{\mathrm{R}}'$ 和主矩 $\boldsymbol{M}_O$。按主矢和主矩是否为零，可分为以下四种情况。

(1) $F_{\mathrm{R}}' = 0$，$M_O \neq 0$。原力系最终简化为一个力偶。由于力偶对平面内任一点的矩都相同，当力系合成一个力偶时，主矩与简化中心位置无关。

(2) $F_R'=0$，$M_O=0$。原力系处于平衡。

(3) $F_R'\neq0$，$M_O=0$。简化力就是原力系的最终结果。

(4) $F_R'\neq0$，$M_O\neq0$。由于 $\boldsymbol{F}_R'$ 与 $\boldsymbol{M}_O$ 垂直，可将它们进一步合成，得到一个作用于 O' 点的力 $\boldsymbol{F}_R$。$\boldsymbol{F}_R$ 即原力系的合力，其大小、方向与 $\boldsymbol{F}_R'$ 相同，但作用于点 O'。O 点到力 $\boldsymbol{F}_R$ 作用线的垂直距离 d 可用 $d=M_O/F_R'$ 计算。

2) 空间力系简化结果分析

同样根据主矢和主矩是否为零，对简化结果进行讨论。

(1) $F_R'=0$，$M_O\neq0$。原力系最后简化为一个力偶，其力偶矩矢为 $\boldsymbol{M}_O$。此时，主矩 $\boldsymbol{M}_O$ 与简化中心位置无关。

(2) $F_R'=0$，$M_O=0$。原力系处于平衡状态。

(3) $F_R'\neq0$，$M_O=0$。原力系最后简化结果为作用于简化中心的一个力 $\boldsymbol{F}_R'$，力的作用线通过简化中心 O。

(4) $F_R'\neq0$，$M_O\neq0$。此时又可分两种情况讨论。

① $F_R'\neq0$，$M_O\neq0$，且 $\boldsymbol{F}_R'\perp\boldsymbol{M}_O$，此时，简化力与简化力偶可合成一个力，其大小、方向等于原力系的主矢，该力作用于离简化中心 O 距离 d 处，$d=M_O/F_R'$。

② $F_R'\neq0$，$M_O\neq0$，且 $\boldsymbol{F}_R'/\!/\boldsymbol{M}_O$，此时的简化力与简化力偶再不能合起来了，由它们共同表明力系合成的最终结果，称为力螺旋。力螺旋中力的作用线称为中心轴，力偶的转向和力的指向符合右手螺旋定则的称为右螺旋，否则称为左螺旋。

14. 物体的重心

均质物体重心为其几何中心，而几何中心只取决于物体的几何形状和尺寸，所以均质物体的重心又称为形心。如果均质物体具有几何对称性，该物体的重心必然在其对称面、对称轴或对称中心上。若一个物体有多个对称轴，形心必然落在这些对称轴交点上。

2.2 典型例题

例 2-1

将图 2-1(a)、(b) 中所有分布载荷都用等效力替换，并绘出构件的受力状态图。

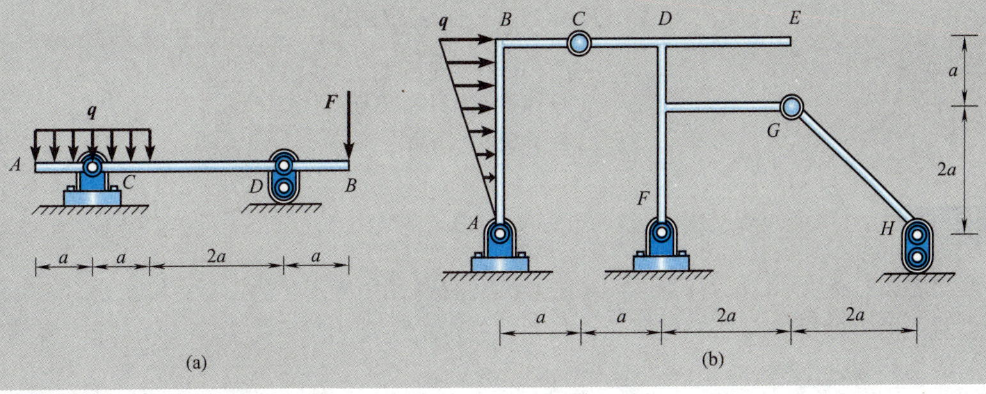

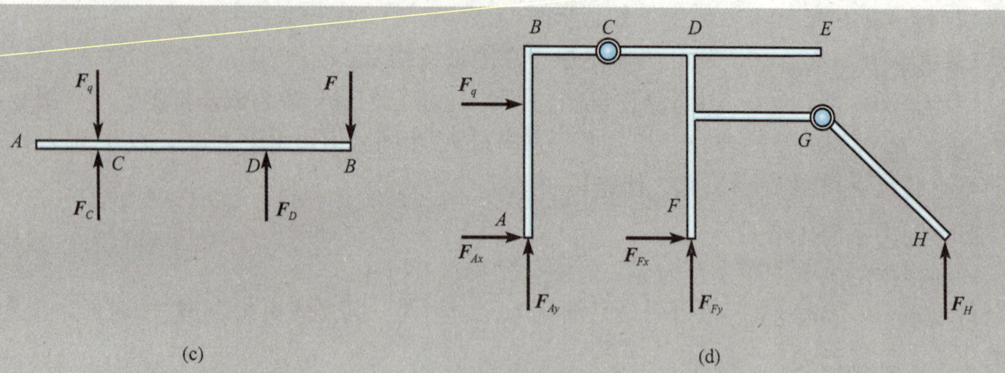

图 2-1 例 2-1

解：图 2-1(a) 中均布载荷的合力 $F_q = 2qa$，作用在 C 点，杆 AB 受力如图 2-1(c) 所示。

图 2-1(b) 中线性分布载荷的合力 $F_q = \dfrac{3}{2}qa$，作用点距离 B 点为 a，结构受力如图 2-1(d) 所示。

例 2-2

求图 2-2 中齿轮啮合力 $\boldsymbol{F}$ 对轮心 O 点之矩。F=1400N，θ=20°。

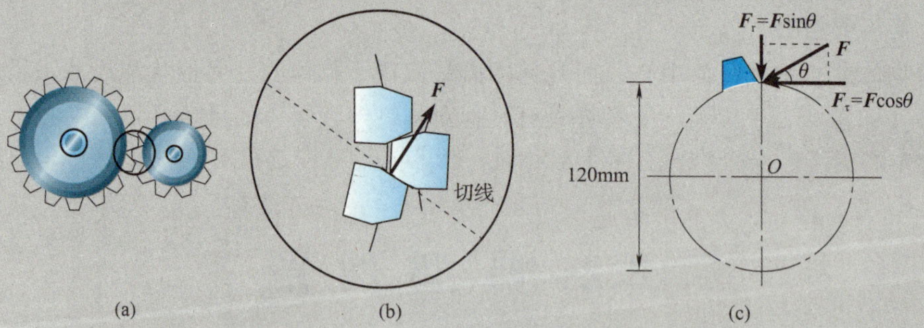

图 2-2 例 2-2

解：图 2-2(a) 中齿轮受力情况放大如图 2-2(b) 所示，将力 $\boldsymbol{F}$ 分解为切向力 $\boldsymbol{F}_\tau$和径向力 $\boldsymbol{F}_r$，如图 2-2(c) 所示，根据合力矩定理有

$$\begin{aligned} M_O(\boldsymbol{F}) &= M_O(\boldsymbol{F}_\tau) + M_O(\boldsymbol{F}_r) \\ &= F\cos\theta \times 0.06 + 0 \\ &= 1400\cos 20^\circ \times 0.06 \\ &= 78.93(\mathrm{N \cdot m}) \end{aligned}$$

例 2-3

如图 2-3(a) 所示，长为 b 的梁 AB 在力偶矩 $\boldsymbol{M}$ 作用下处于平衡，求 A 和 B 处的约束力。

解：受力分析如图 2-3(b) 所示，作用在杆上的主动力只有力偶，所以支座约束反力也形成力偶与之平衡。

$$\sum M = 0，\quad -M + F_A b = 0$$

所以得 $F_A = F_B = \dfrac{M}{b}$。

图 2-3　例 2-3

例 2-4

如图 2-4(a)所示平面任意力系，已知 F_1=1 kN，F_2=2 kN，F_3=F_4=3 kN，求：(1)力系向 O 点简化的结果；(2)合力与 OC 轴交点到点 O 的距离 x_O；(3)合力作用线方程。

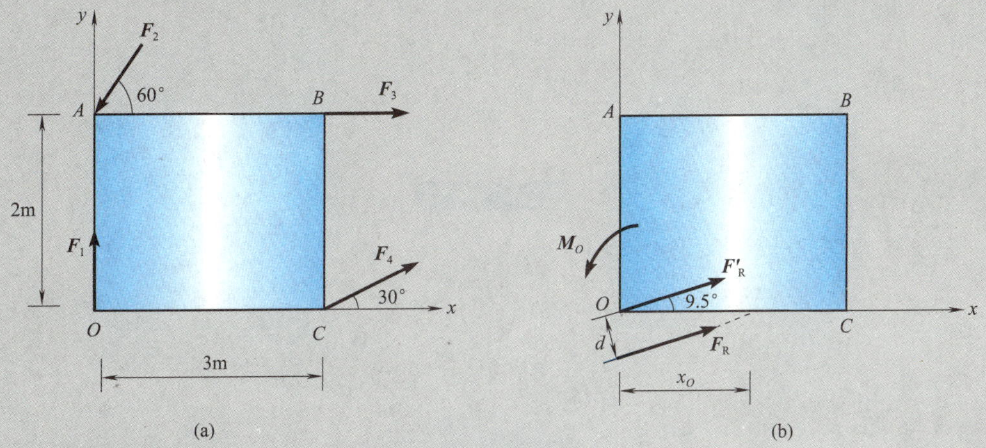

图 2-4　例 2-4

解：(1)力系向 O 点简化。求主矢有

$$F'_{Rx} = \sum F_x = -F_2\cos 60^\circ + F_3 + F_4\cos 30^\circ = 4.598\ \text{kN}$$

$$F'_{Ry} = \sum F_y = F_1 - F_2\sin 60^\circ + F_4\sin 30^\circ = 0.7679\ \text{kN}$$

$$F'_R = \sqrt{F'^2_{Rx} + F'^2_{Ry}} = 4.66\ \text{kN}$$

F'_R 与 x 轴夹角 θ 为

$$\tan\theta = \frac{F'_{Ry}}{F'_{Rx}} = 0.167，\quad \theta = 9.5^\circ$$

求主矩有

$$M_O = \sum M_O(\boldsymbol{F}_i) = 2F_2\cos 60^\circ - 2F_3 + 3F_4\sin 30^\circ = 0.5\,\text{kN·m}$$

(2)合力与 OC 轴交点到点 O 的距离 x_O，如图 2-4(b)所示。

$$d = \frac{M_O}{F'_R} = 0.107\,\text{m}$$

$$x_O = \frac{d}{\sin 9.5^\circ} = 0.648\,\text{m}$$

(3) 合力作用线方程。

在合力作用线上任取一点 (x, y) 作为合力作用点，合力对点 O 的力矩始终等于 M_O。

$$M_O(\boldsymbol{F}_R) = -F'_{Rx}y + F'_{Ry}x = 0.5$$

即

$$0.7679x - 4.598y = 0.5$$

例 2-5

如图 2-5(a) 所示直角三角形薄板 ABC，分别在三个角点与沿边长方向的三杆铰接。不考虑薄板重量，薄板在力偶矩为 $\boldsymbol{M}$ 的力偶作用下平衡。求此时三杆所受到的作用力。

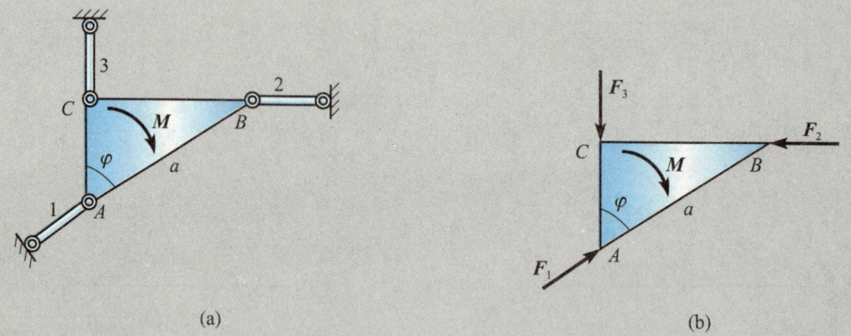

图 2-5 例 2-5

解：三角形薄板受力如图 2-5(b) 所示。

$$\sum M_C = F_1 \sin\varphi \cos\varphi a - M = 0, \quad F_1 = \frac{M}{a \sin\varphi \cos\varphi}$$

$$\sum F_x = F_1 \sin\varphi - F_2 = 0, \quad F_2 = \frac{M}{a \cos\varphi}$$

$$\sum F_y = F_1 \cos\varphi - F_3 = 0, \quad F_3 = \frac{M}{a \sin\varphi}$$

例 2-6

如图 2-6(a) 所示起重机，已知 G_1=26kN，G_2=4.5kN，G_3=3kN，求起重机能起吊的最大重量。

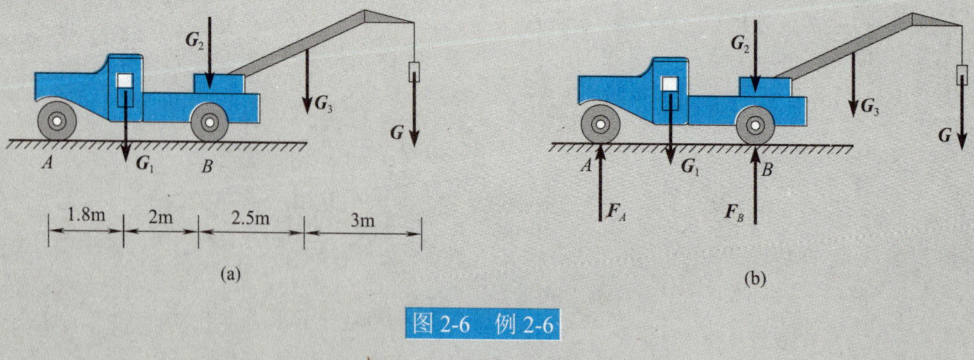

图 2-6 例 2-6

解：起重机受力如图 2-6(b) 所示。

$$\sum M_B(\boldsymbol{F}) = 0, \quad -G(2.5+3) - G_3 \times 2.5 + G_1 \times 2 - F_A(1.8+2) = 0$$

$$F_A=\frac{1}{3.8}\left(2G_1-2.5G_3-5.5G\right)$$

因为 $F_A \geqslant 0$，所以 $G \leqslant \frac{1}{5.5}\left(2G_1-2.5G_3\right)=8\,\text{kN}$。

例 2-7

求图 2-7 所示抛物体的形心 C。

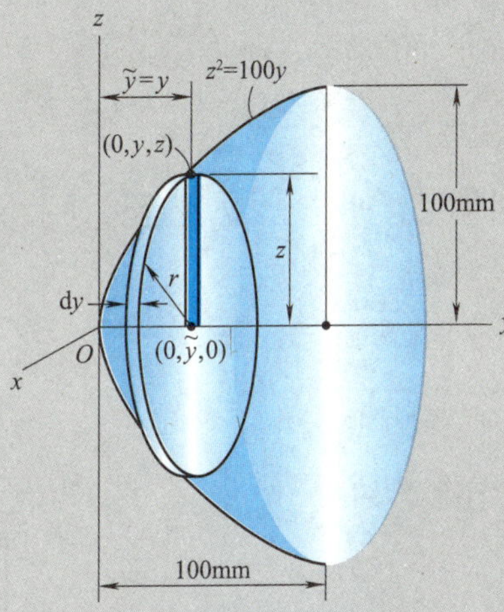

图 2-7　例 2-7

解：(1) 取微元。

(2) 计算体积和力臂。

$$dV=\pi z^2 dy$$

$$\tilde{x}=\tilde{z}=0,\quad \tilde{y}=y$$

(3) 积分求形心。

$$x_C=0\,,\quad z_C=0\,,\quad y_C=\frac{\int \tilde{y}dV}{\int dV}=\frac{\int_0^{100} y(\pi z^2)dy}{\int_0^{100}(\pi z^2)dy}=66.7\ (\text{mm})$$

例 2-8

求图 2-8 所示组合板的形心 C，图中长度单位为 mm。

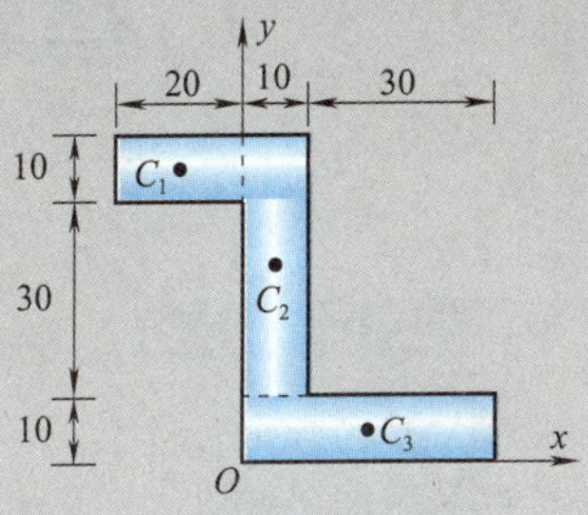

图 2-8　例 2-8

解：

(1)将Z字形按虚线分为三部分，每一部分都是矩形，其重心在各矩形的中心。

(2)选 Oxy 坐标系，找出各矩形的面积及重心 C_1、C_2、C_3 的坐标。

$$A_1 = 20\times10 = 200\ (\text{mm}^2),\quad x_1 = -15\ \text{mm},\quad y_1 = 45\ \text{mm}$$

$$A_2 = 40\times10 = 400\ (\text{mm}^2),\quad x_2 = 5\ \text{mm},\quad y_2 = 30\ \text{mm}$$

$$A_3 = 40\times10 = 400\ (\text{mm}^2),\quad x_3 = 20\ \text{mm},\quad y_3 = 5\ \text{mm}$$

(3)面积的重心称为形心，将三者组合起来。

$$A = 200+400+400 = 1000\ (\text{mm}^2)$$

$$x_C = \frac{200\times(-10)+400\times5+400\times2}{1000} = 8\ (\text{mm})$$

$$y_C = \frac{200\times45+400\times30+400\times5}{1000} = 23\ (\text{mm})$$

注意：坐标本身可以带+、−。

例 2-9

力多边形如图 2-9 所示，求合力 $\boldsymbol{F}_\text{R}$。

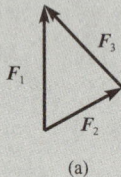

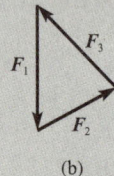

图 2-9　例 2-9

解：图 2-9(a)中，$\boldsymbol{F}_\text{R}=2\boldsymbol{F}_1$。

图 2-9(b)中，$\boldsymbol{F}_\text{R}=0$。

例 2-10

各力分别作用在矩形刚体的四个角点处，大小如图 2-10 所示，已知 $F_1\cdot a = F_2\cdot b$。刚体是否平衡？

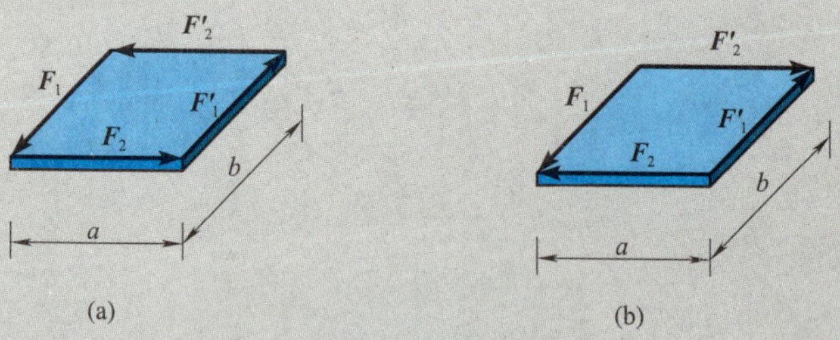

图 2-10　例 2-10

解：图 2-10(a)中，力系不平衡，因为合力偶不为零。

图 2-10(b)中，力系平衡，因为合力偶为零。

2.3 习 题 详 解

2-1　一个固定在墙上的圆环受三条绳子的拉力作用，如图 2-11 所示。已知 $P_1 = 2\text{kN}$，$P_2 = 2.5\text{kN}$，$P_3 = 1.5\text{kN}$，力 $\boldsymbol{P}_1$ 是水平的，求这三个力的合力。

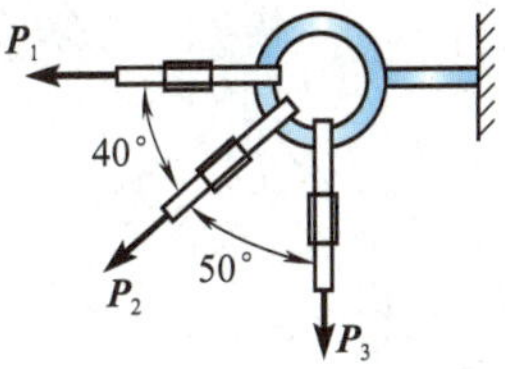

图 2-11　题 2-1

解：

$$P_{2x} = -P_2\cos 40^\circ = -2.5 \times 0.766 = -1.9\ (\text{kN})$$

$$P_{2y} = -P_2\sin 40^\circ = -2.5 \times 0.643 = -1.6\ (\text{kN})$$

$$F_{\text{R}x} = -2 - 1.9 = -3.9\ (\text{kN})$$

$$F_{\text{R}y} = -1.6 - 1.5 = -3.1\ (\text{kN})$$

$$F_{\text{R}} = \sqrt{F_{\text{R}x}^2 + F_{\text{R}y}^2} = \sqrt{3.9^2 + 3.1^2} = 5\ (\text{kN})$$

$$\cos\theta = \frac{F_{\text{R}x}}{F_{\text{R}}} = \frac{3.9}{5} = 0.78$$

解得 $F_{\text{R}} = 5\,\text{kN}$，指向左下方，与 $\boldsymbol{P}_1$ 成 $38^\circ 27'$。

2-2　已知直角三角形 ABC 上作用有三个力(图 2-12)：$F_2 = F_3 = F$，$F_1 = \sqrt{2}F$，$AB = BC = a$，$AC = \sqrt{2}a$，问此力系简化的最后结果是什么？

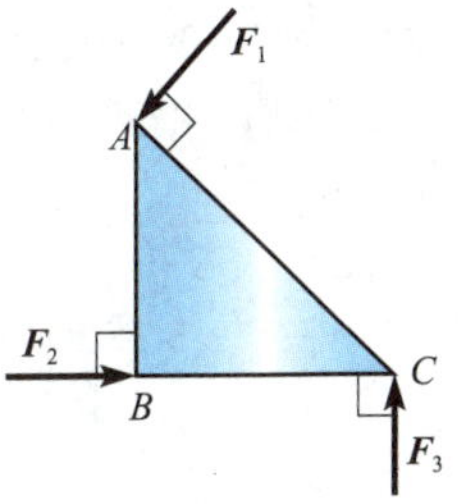

图 2-12　题 2-2

解：简化中心取在 A 点。

$$F_{\text{R}x} = -F_1\cos 45^\circ + F_2 = 0$$

$$F_{\text{R}y} = -F_1\sin 45^\circ + F_3 = 0$$

$$F_{\text{R}} = \sqrt{F_{\text{R}x}^2 + F_{\text{R}y}^2} = 0$$

$$M_A = F_2 \cdot a + F_3 \cdot a = 2Fa$$

简化结果为一个合力偶 $M = 2Fa$，逆时针转向。

2-3　在三角板顶点 A、B、C 上分别作用 F_1、F_2、F_3 三个力，大小、方向如图 2-13 所示。问：(1) 该三个力为什么力系？(2) 该力系的合成结果如何？

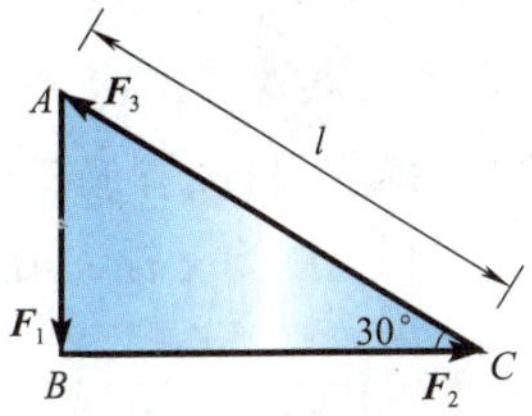

图 2-13　题 2-3

解：(1) 平面力系：各力作用线在同一平面内的力系。

(2) 三个分力构成封闭的矢量三角形，力的合成结果为

$$F'_{\text{R}} = \sum \boldsymbol{F}_i = 0$$

$$\sum M_C(\boldsymbol{F}_i) = F_1 l\cos 30^\circ$$

2-4　一个物体由三个圆盘 A、B、C 和轴组成(图 2-14)，圆盘半径分别是 $r_A = 15\text{cm}$，$r_B = 10\text{cm}$，$r_C = 5\text{cm}$。轴 OA、OB 和 OC 在同一平面内，且 $\angle BOA = 90^\circ$，$\alpha = 143^\circ$，在这三个圆盘的边缘上各自作用力偶 $(\boldsymbol{P}_1, \boldsymbol{P}_1')$、$(\boldsymbol{P}_2, \boldsymbol{P}_2')$ 和 $(\boldsymbol{P}_3, \boldsymbol{P}_3')$。已知：$P_1 = 100\text{N}$，$P_2 = 200\text{N}$，$P_3 = 500\text{N}$，求合力偶。

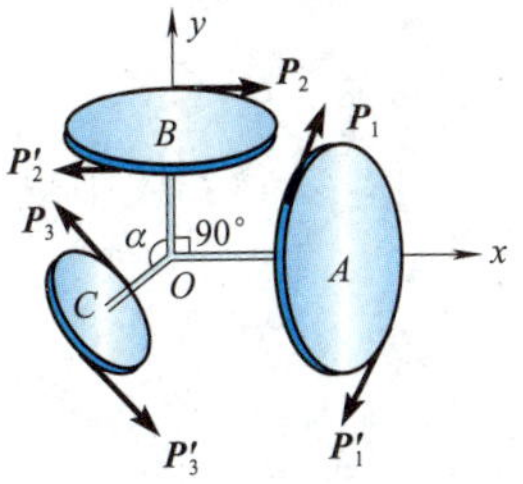

图 2-14　题 2-4

解：$M_x = -P_1 \times 30 + P_3 \times 10 \times \cos 53^\circ = 0$

$M_y = -P_2 \times 20 + P_3 \times 10 \times \sin 53^\circ = 0$，合力偶 $M = 0$。

2-5　托架 OC 套在转轴 z 上，C 点作用力 $P=2000\text{N}$，方向如图 2-15 所示(长方体长、宽、高之比为 2∶1∶3)，试求力 $\boldsymbol{P}$ 向 O 点等效平移所得的力系。

解：力 $\boldsymbol{P}$ 向 O 点简化有

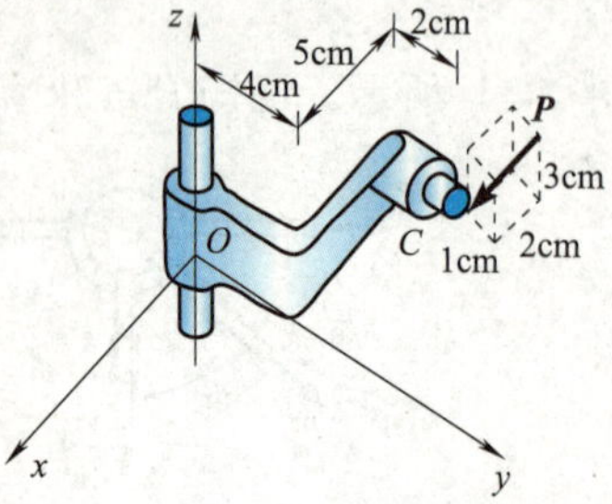

图 2-15　题 2-5

$$P_O=P=2000\text{N}$$

力 P 在坐标轴上的分力为

$$P_x=P\times\frac{2}{\sqrt{14}}=1069.0(\text{N})$$

$$P_y=P\times\frac{1}{\sqrt{14}}=534.5(\text{N})$$

$$P_z=P\times\frac{3}{\sqrt{14}}=1603.6(\text{N})$$

$$M_x=P_z\times6=9.62(\text{kN}\cdot\text{cm})$$

$$M_y=P_z\times5=8.02(\text{kN}\cdot\text{cm})$$

$$M_z=-P_x\times6+P_y\times5=-3.74(\text{kN}\cdot\text{cm})$$

2-6　正方形边长为 a，A、B、C 点上分别作用有 $\boldsymbol{F}_1$、$\boldsymbol{F}_2$、$\boldsymbol{F}_3$，其大小为 $F_1=2P$，$F_2=P$，$F_3=\sqrt{2}P$，方向如图 2-16 所示。D 点处作用一个力偶，其矩的大小与转向如图 2-16 所示。A 点为简化中心。试求：(1) 该平面力系的主矢和主矩；(2) 求出合力的大小、方向、位置。(要求：将作用在简化中心的主矢、主矩与合力均画在图上。)

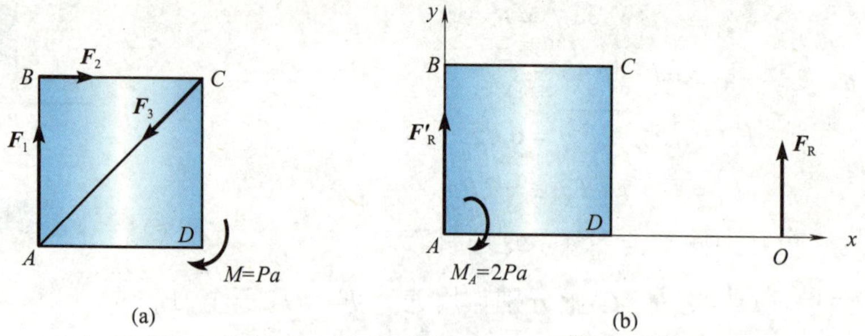

图 2-16　题 2-6

解：(1) 向 A 点简化。

以 AD 为 x 轴、AB 为 y 轴建立坐标系。

$$\sum F_x=-F_3\cos45^\circ+F_2=0$$

$$\sum F_y=-F_3\sin45^\circ+F_1=P$$

$$F'_{\text{R}}=P$$

$$\sum M_A=F_2a+M=2Pa$$

(2) 设合力作用点为 $O(x,y)$，则有

$$\sum M_O=-F_xx+F_yy+M=0$$

解得

$$y=2a$$

$$F_{\text{R}}=P$$

2-7 立方体的各边长和作用在立方体上力的方向如图 2-17 所示，各力大小为 $F_1=50\text{N}$，$F_2=100\text{N}$，$F_3=70\text{N}$，求力系的主矢以及对点 O 的矩。

解：

$$\boldsymbol{F}_1=-40\boldsymbol{i}+30\boldsymbol{j}$$

$$\boldsymbol{F}_2=56.57\boldsymbol{i}+42.43\boldsymbol{j}+70.71\boldsymbol{k}$$

$$\boldsymbol{F}_3=43.73\boldsymbol{i}-54.66\boldsymbol{k}$$

$$\boldsymbol{F}_{\text{R}}=\boldsymbol{F}_1+\boldsymbol{F}_2+\boldsymbol{F}_3=60.3\boldsymbol{i}+72.43\boldsymbol{j}+16.05\boldsymbol{k}$$

$$F_{\text{R}}=\sqrt{60.3^2+72.43^2+16.05^2}=95.6(\text{N})$$

$$\theta(\boldsymbol{F}_{\text{R}},\boldsymbol{i})=\arccos\frac{60.3}{95.6}=50.8^\circ$$

$$\theta(\boldsymbol{F}_{\text{R}},\boldsymbol{j})=\arccos\frac{72.43}{95.6}=40.8^\circ$$

$$\theta(\boldsymbol{F}_{\text{R}},\boldsymbol{k})=\arccos\frac{16.05}{95.6}=80.4^\circ$$

$$\boldsymbol{M}_1=\boldsymbol{r}_1\times\boldsymbol{F}_1=(0.4\boldsymbol{i}+0.5\boldsymbol{k})\times(-40\boldsymbol{i}+30\boldsymbol{j})=12\boldsymbol{k}-20\boldsymbol{j}-15\boldsymbol{i}$$

$$\boldsymbol{M}_2=0$$

$$\boldsymbol{M}_3=\boldsymbol{r}_3\times\boldsymbol{F}_3=(0.3\boldsymbol{j}+0.5\boldsymbol{k})\times(43.73\boldsymbol{i}-54.66\boldsymbol{k})=-13.119\boldsymbol{k}-16.398\boldsymbol{i}+21.865\boldsymbol{j}$$

$$\boldsymbol{M}=\boldsymbol{M}_1+\boldsymbol{M}_2+\boldsymbol{M}_3=-31.398\boldsymbol{i}+1.865\boldsymbol{j}-1.119\boldsymbol{k}$$

$$M=\sqrt{31.398^2+1.865^2+1.119^2}=31.5(\text{N}\cdot\text{m})$$

$$\theta(\boldsymbol{M},\boldsymbol{i})=\arccos\frac{-31.398}{31.5}=175.4^\circ$$

$$\theta(\boldsymbol{M},\boldsymbol{j})=\arccos\frac{1.865}{31.5}=86.6^\circ$$

$$\theta(\boldsymbol{M},\boldsymbol{k})=\arccos\frac{-1.119}{31.5}=92.0^\circ$$

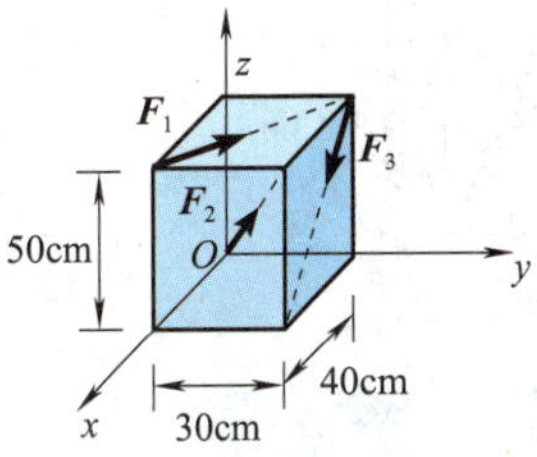

图 2-17 题 2-7

2-8 求图 2-18 所示三个平行力的合力大小、方向和作用线位置。已知 $P_1=10\text{N}$，$P_2=15\text{N}$，$P_3=20\text{N}$，$\overline{AE}=\overline{EB}=\overline{ED}=20\text{cm}$。

解：

$$F_{\text{R}}=\sum_{i=1}^{n}F_i=10+15-20=5(\text{N})(\uparrow)$$

$$M_x=-P_3\times20+P_2\times40=200(\text{N}\cdot\text{cm})=2(\text{N}\cdot\text{m})$$

$$M_y=P_3\times20=400(\text{N}\cdot\text{cm})=4(\text{N}\cdot\text{m})$$

$$x=\frac{M_x}{F_{\text{R}}}=40\text{cm}，\quad y=\frac{M_y}{F_{\text{R}}}=80\text{cm}$$

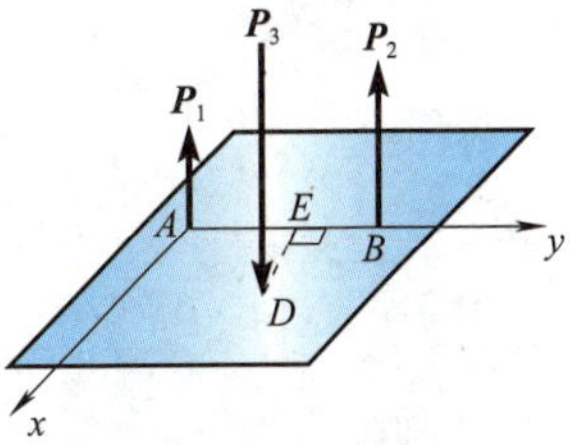

图 2-18 题 2-8

2-9 在图 2-19 所示力系中，$F_1=20\text{kN}$，$F_2=30\text{kN}$，$F_3=60\text{kN}$，$F_4=80\text{kN}$，试求将该力系向 O 点简化的结果。

解：(1)计算主矢。

$$\boldsymbol{F}_1=-\frac{40}{\sqrt{13}}\boldsymbol{j}+\frac{60}{\sqrt{13}}\boldsymbol{k}$$

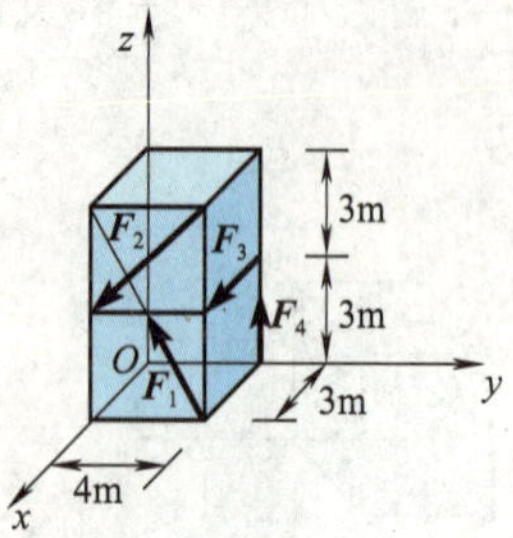

图 2-19　题 2-9

$$F_2=-24j-18k$$
$$F_3=60i$$
$$F_4=80k$$
$$F_R=60i-\left(24+\frac{40}{\sqrt{13}}\right)j+\left(\frac{60}{\sqrt{13}}+62\right)k$$
$$F_R=\sqrt{(60)^2+\left(24+\frac{40}{\sqrt{13}}\right)^2+\left(\frac{60}{\sqrt{13}}+62\right)^2}\approx 104.96\ (\text{kN})$$

(2)计算主矩。

$$M_1=r_1\times F_1=(3i+4j)\times\left(-\frac{40}{\sqrt{13}}j+\frac{60}{\sqrt{13}}k\right)=\frac{20}{\sqrt{13}}(12i-9j-6k)$$
$$M_2=r_2\times F_2=(3i+4j+6k)\times(-24j-18k)=72i+54j-72k$$
$$M_3=r_3\times F_3=(4j+3k)\times(60i)=180j-240k$$
$$M_4=r_4\times F_4=(4j)\times(80k)=320i$$
$$M=\sqrt{\left(392+\frac{240}{\sqrt{13}}\right)^2+\left(234-\frac{180}{\sqrt{13}}\right)^2+\left(-312+\frac{120}{\sqrt{13}}\right)^2}\approx 602.81\ (\text{kN·m})$$

2-10　已知图 2-20 所示力系：$F_1=F_2=F$，$M=Fa$，$OA=OD=OE=a$，$OB=OC=2a$，试将此力系向 O 点简化。

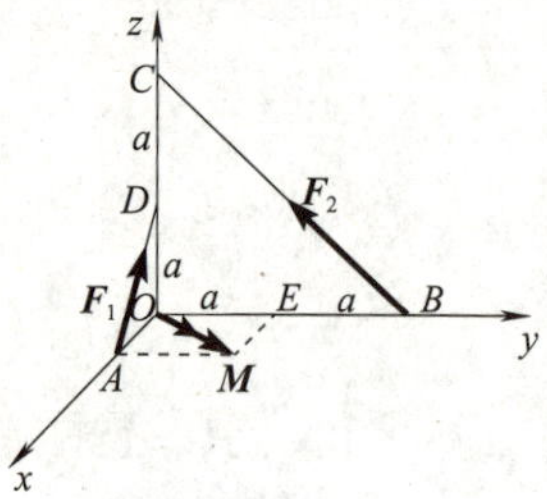

图 2-20　题 2-10

解：

$$F_x=-F_1\cos45^\circ=-\frac{\sqrt{2}}{2}F$$
$$F_y=-F_2\cos45^\circ=-\frac{\sqrt{2}}{2}F$$
$$F_z=F_1\sin45^\circ+F_2\sin45^\circ=\sqrt{2}F$$
$$F_R=\sqrt{F_x^2+F_y^2+F_z^2}=\sqrt{3}F$$
$$\cos\angle(F_R,i)=\cos\angle(F_R,j)=-\frac{\sqrt{6}}{6}$$
$$\cos\angle(F_R,k)=\frac{\sqrt{6}}{3}$$
$$\angle(F_R,i)=\angle(F_R,j)=114.09^\circ$$
$$\angle(F_R,k)=35.26^\circ$$
$$M_x(F)=M\cos45^\circ+F_2\sin45^\circ\cdot 2a=\frac{3\sqrt{2}}{2}Fa$$
$$M_y(F)=M\sin45^\circ-F_1\sin45^\circ\cdot a=0$$
$$M_z(F)=0$$
$$M=\frac{3\sqrt{2}}{2}Fa$$，沿 x 轴正向。

2-11　绞车如图 2-21 所示，力 $P=500\text{N}$，求力 $\boldsymbol{P}$ 在三个坐标轴上的投影和对三个坐标轴之矩并利用合力矩定理求 $\boldsymbol{P}$ 对 O 点的矩。

解： $P_z=433\text{N}$，$P_x=P_y=176.8\text{N}$，$M_O=117.57\text{N}\cdot\text{m}$

$\cos\alpha = -0.2947$， $\cos\beta = -0.9208$， $\cos\gamma = 0.2556$

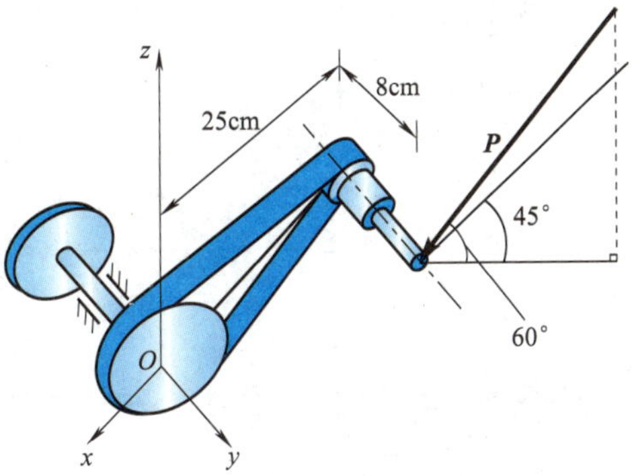

图 2-21　题 2-11

2-12　颗粒材料对梁施加分布载荷如图 2-22 所示，求该分布载荷合力的大小和作用线位置。

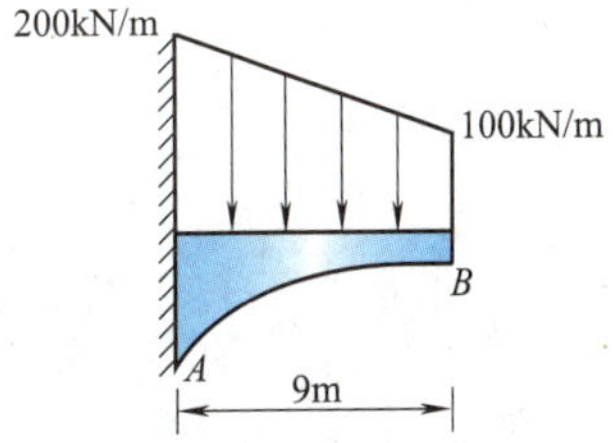

图 2-22　题 2-12

解：(1) 合力大小等于载荷图形的面积。

$$F_R = \frac{1}{2}\times(200+100)\times 9 = 1350\,(\text{kN})$$

或者

$$F_R = \int_0^9\left(200-\frac{100}{9}x\right)\mathrm{d}x = 1350\,(\text{kN})$$

(2) 合力作用线过载荷图形的形心，将图形分割成一个矩形和一个三角形。

$$x_C = \frac{\frac{1}{2}\times 100\times 9\times 3 + 100\times 9\times 4.5}{1350} = 4\ (\text{m})$$

或者

$$M_A = \int_0^9\left(200-\frac{100}{9}x\right)x\mathrm{d}x = 5400\ (\text{kN·m})$$

$$x_C = \frac{M}{F_R} = \frac{5400}{1350} = 4\ (\text{m})$$

所以 $F_R = 1350\,\text{kN}(\downarrow)$， $x_C = 4\,\text{m}$。

2-13　一个匀质物体由半径为 r 的圆柱体和半球体组成（图 2-23），要使该物体的重心位于半球体平面圆的中心 C 点，求圆柱体的高 h。

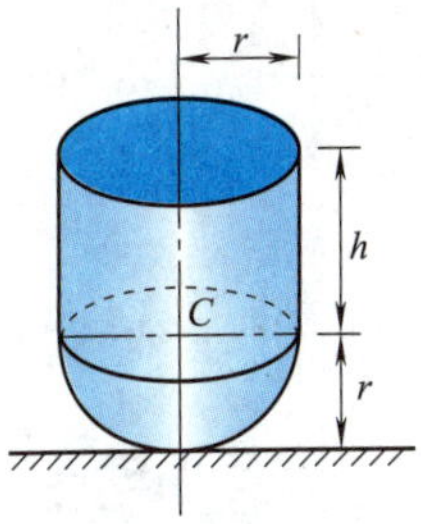

图 2-23　题 2-13

解：

对于上方圆柱体：$C_1 = \dfrac{h}{2} + r$

对于下方半球体：$C_2 = \dfrac{5}{8}r$

$$C = \frac{\frac{1}{2}\times\frac{4}{3}\pi r^3\cdot\frac{5}{8}r + \left(\frac{h}{2}+r\right)\times\pi r^2\cdot h}{\frac{1}{2}\times\frac{4}{3}\pi r^3 + \pi r^2 h} = r$$

解得 $h = \dfrac{\sqrt{2}}{2}r$。

2-14　求图 2-24 所示阴影部分形心 C 的坐标。

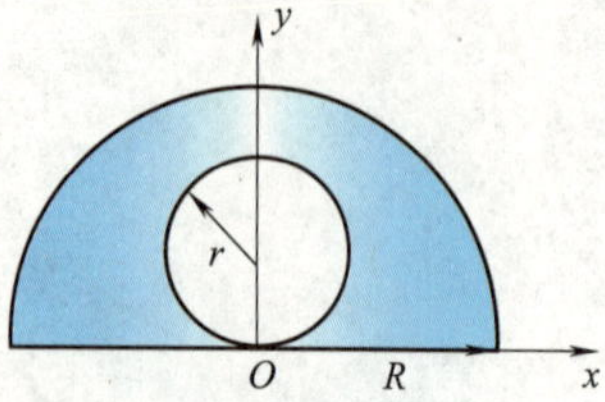

图 2-24　题 2-14

解：由对称性可知，$x_C=0$

由组合法：$A=\dfrac{\pi R^2}{2}-\pi r^2$，$y_1=\dfrac{4R}{3\pi}$，$y_2=r$

$$y_C=\frac{\dfrac{\pi R^2}{2}\cdot\dfrac{4R}{3\pi}-\pi r^2\cdot r}{\dfrac{\pi R^2}{2}-\pi r^2}=\frac{4R^3-6\pi r^3}{3\pi R^2-6\pi r^2}$$

2-15　试求图 2-25 所示型材截面形心的位置(图中长度单位为 cm)。

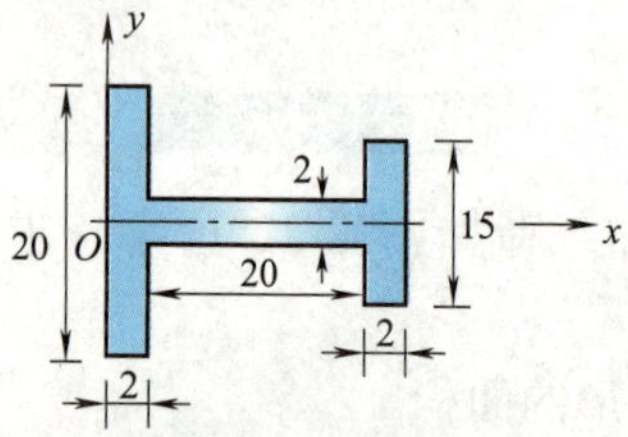

图 2-25　题 2-15

$$x_C=\frac{\sum_{i=1}^{n}x_iA_i}{A}=\frac{1\times(2\times20)+12\times(2\times20)+23\times(2\times15)}{2\times20+2\times20+2\times15}=11(\text{cm})$$

2-16　求图 2-26 所示薄板重心的位置。该薄板由形状为矩形、三角形和 1/4 圆形的三块等厚薄板组成，尺寸如图所示。

解：在图示的坐标系中有

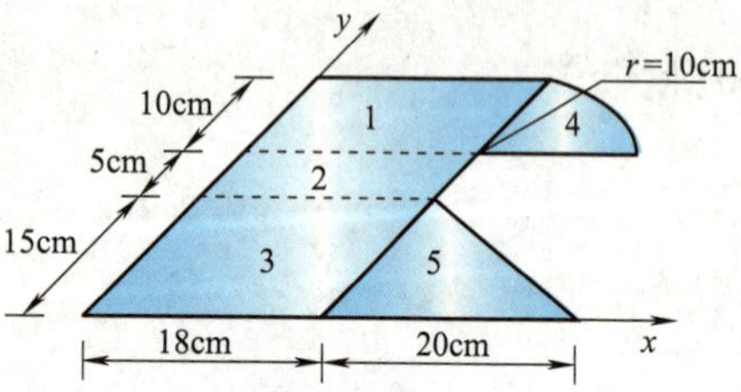

图 2-26　题 2-16

$$x_1=x_2=x_3=9\text{cm}$$

$$y_1=25\text{cm}$$

$$y_2=17.5\text{cm}$$

$$y_3=7.5\text{cm}$$

$$A_1=180\text{cm}^2, A_2=90\text{cm}^2, A_3=270\text{cm}^2$$

$$x_4=18+\frac{4\times10}{3\pi}=22.24(\text{cm})$$

$$y_4=20+\frac{4\times10}{3\pi}=24.24(\text{cm})$$

$$A_4=78.54\text{cm}^2$$

$$x_5=24.67\text{cm}$$

$$y_5=5\text{cm}$$

$$A_5=150\text{cm}^2$$

$$x_C=\frac{x_1A_1+x_2A_2+x_3A_3+x_4A_4+x_5A_5}{A_1+A_2+A_3+A_4+A_5}=13.41(\text{cm})$$

$$y_C=\frac{y_1A_1+y_2A_2+y_3A_3+y_4A_4+y_5A_5}{A_1+A_2+A_3+A_4+A_5}=14(\text{cm})$$

第3章

静力学平衡问题

3.1 重点内容提要

1. 平面力系的平衡方程

$$\sum F_x=0, \quad \sum F_y=0, \quad \sum M_O(\boldsymbol{F})=0$$

它表明平衡力系中各力在作用面内两个任选的直角坐标轴中每一轴上投影的代数和都等于零，且各力对平面内任一点之矩的代数和也等于零。求解平衡问题时，尽量减少每一个方程中未知量的数目简化运算，也可选用二矩式或三矩式平衡方程。

对于平面力系作用下的单个物体，一般力系只能列出三个独立的平衡方程求解三个未知量。对于平面汇交力系、平面平行力系，独立的平衡方程有两个；共线力系的独立平衡方程只有一个。为简化计算，尽量避免方程联立求解，争取一个方程只含有一个未知量。

整个系统平衡时，系统内的每一个物体都处于平衡状态。求解问题时既可以选整体为研究对象，也可以选局部为研究对象。对于平面力系作用下系统中的单个物体，一般力系能列出三个独立的平衡方程，求解三个未知量。若系统由 n 个物体组成，共可列出 $3n$ 个平衡方程，求解 $3n$ 个未知量。为简化计算，在选取研究对象列平衡方程时，尽量避免方程联立求解，争取一个方程只含有一个未知量。

2. 平面简单桁架的内力计算

桁架是一种由若干直杆在其两端用铰连接而成的几何不变的铰接链杆体系。桁架的各杆都是只承受轴力的二力杆。

1)用节点法计算桁架的内力

在求桁架的内力时，可截取桁架的节点为研究对象，利用各节点的静力平衡条件来计算各杆内力，这种方法称为节点法。作用于任一节点的各力组成一个平面汇交力系，所以每一节点可列出两个平衡方程进行解算。为避免解算联立方程，应从未知力不超过两个的节点开始，依次推算。在取节点计算时，通常都先假定杆件内力为拉力，若所得结果为负，则为压力。

2)用截面法计算桁架的内力

截面法是通过要求内力的杆件作一适当的截面，将桁架分为两部分，然后取其中任一部分为研究对象。根据它的平衡条件去求未知的杆件内力。这一方法适用于简单桁架中只须计算少数杆件的内力以及联合桁架中的内力分析等情况。为便于计算，最好使所建立的每一个平衡方程都只包含一个未知力。为此，可适当地选择矩心，列出力矩平衡方程进行解算。

3. 空间力系的平衡方程

$$\sum F_x = 0，\ \sum F_y = 0，\ \sum F_z = 0$$
$$\sum M_x(\boldsymbol{F}) = 0，\ \sum M_y(\boldsymbol{F}) = 0，\ \sum M_z(\boldsymbol{F}) = 0$$

空间力系平衡方程表明各力在任选的空间直角坐标轴中每个轴上投影的代数和都等于零，且各力对每个轴的力矩的代数和也分别等于零。求解空间问题时，为简化运算，也可选多矩式平衡方程。对于空间力系作用下的单个物体，一般力系只能列出六个独立的平衡方程，求解六个未知量。对于空间汇交力系、空间平行力系，独立的平衡方程只有三个。为简化计算，尽量避免方程联立求解，争取一个方程只含有一个未知量。

4. 静定和静不定问题的概念

仅用静力平衡方程便能求解结构的全部约束反力或内力的问题称为静定问题，这类结构称为静定结构。在静定结构中，所有的约束或构件都是必需的，缺少任何一个都将使结构失去保持平衡或确定的几何形状的能力。

为了提高结构的强度和刚度，有时须增加一些约束或构件，而这些约束或构件对维持结构平衡来讲是多余的，习惯上称为多余约束。多余约束的存在使得单凭静力平衡方程不能解出全部反力或全部内力，这类问题称为静不定问题，又称为超静定问题。这类结构称为静不定结构，或超静定结构。

3.2 典型例题

例 3-1

结构由杆 AD、CD、BC、EF、CFG 五部分组成，所受载荷如图 3-1(a)所示，各部分自重不计，由铰链连接。试求 A、B、D 处的约束力以及杆 EF 的受力。

解： (1)以杆 CFG 为研究对象，如图 3-1(b)所示。

$$\sum M_C = 0，\ F_{EF}\sin 45^\circ \times 2d - qd \times \frac{4}{3}d = 0，\ F_{EF} = \frac{2\sqrt{2}}{3}qd$$

$$\sum F_x = 0，\ F_{Cx} + F_{EF}\cos 45^\circ = 0，\ F_D = F_{Cx} = -\frac{2}{3}qd$$

$$\sum F_y = 0，\ F_{Cy} + F_{EF}\sin 45^\circ - qd = 0，\ F_B = F_{Cy} = \frac{1}{3}qd$$

(2)以杆 AD 为研究对象，如图 3-1(c)所示。

$$\sum F_x = 0，\ -F_{Cx} + F_{Ax} - F_{EF}\cos 45^\circ = 0，\ F_{Ax} = 0$$

$$\sum F_y = 0，\ F_{Ay} - F_{EF}\sin 45^\circ = 0，\ F_{Ay} = \frac{2}{3}qd$$

$$\sum M_A = 0，\ F_{EF}\cos 45^\circ \times d - M_A = 0，\ M_A = \frac{2}{3}qd^2$$

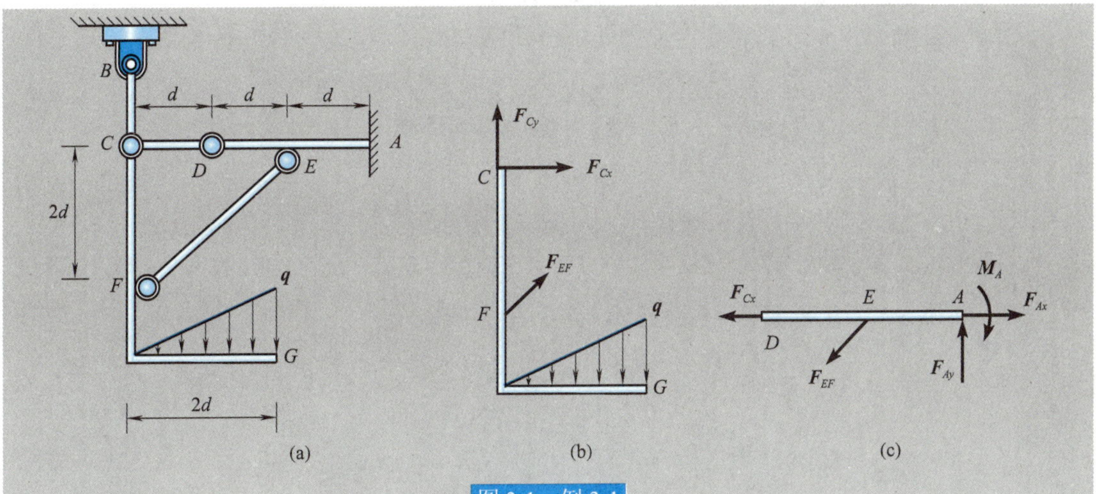

图 3-1 例 3-1

例 3-2

图 3-2(a)所示承重框架中 A、D、E 均为光滑铰链，滑轮 B、C 半径均为 50mm，绳子所受载荷为 200N，各部分自重不计。试求 A、D、E 处的约束力。

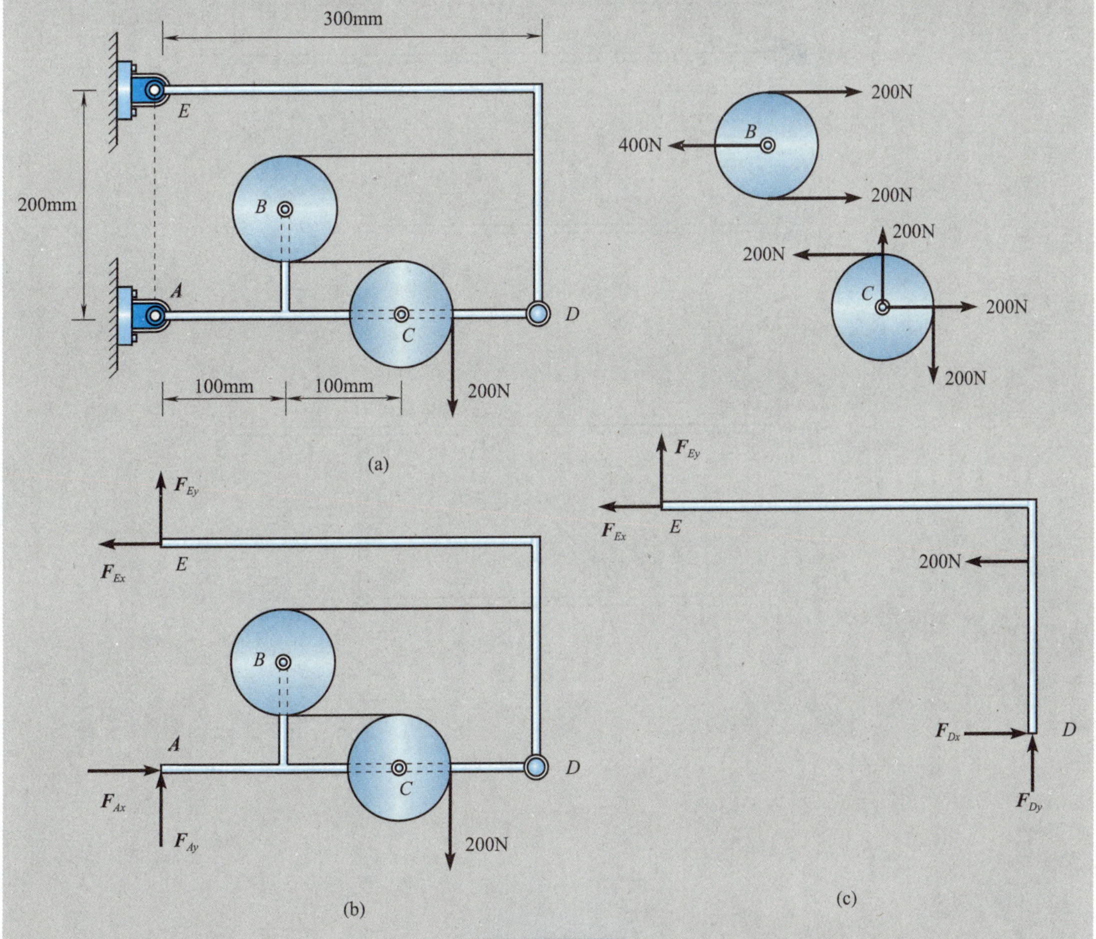

图 3-2 例 3-2

解：(1) 以整体为研究对象，如图 3-2(b) 所示。

$$\sum M_A = 0,\quad F_{Ex}\times 0.2 - 200\times 0.25 = 0,\quad F_{Ex}=250\text{N}$$

$$\sum F_x = 0,\quad -F_{Ex} + F_{Ax} = 0,\quad F_{Ax}=250\text{N}$$

$$\sum F_y = 0,\quad F_{Ay} + F_{Ey} - 200 = 0$$

(2) 以杆 ED 为研究对象，如图 3-2(c) 所示。

$$\sum M_D = 0,\quad F_{Ex}\times 0.2 - F_{Ey}\times 0.3 + 200\times 0.15 = 0,\quad F_{Ey}=266.7\text{N}$$

$$\sum F_x = 0,\quad -F_{Ex} + F_{Dx} - 200 = 0,\quad F_{Dx}=450\text{N}$$

$$\sum M_E = 0,\quad F_{Dx}\times 0.2 + F_{Dy}\times 0.3 - 200\times 0.05 = 0,\quad F_{Dy}=-266.7\text{N}$$

$$\sum F_y = 0,\quad F_{Dy} + F_{Ey} = 0,\quad F_{Ey}=266.7\text{N}$$

$$F_{Ay}=-66.7\text{N}$$

例 3-3

结构由四根杆、铰链连接而成，尺寸、受力如图 3-3(a) 所示，求 *A*、*B* 处的约束力。

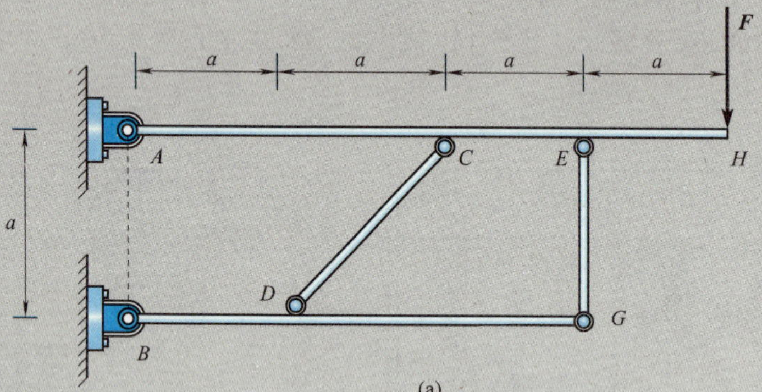

(a)

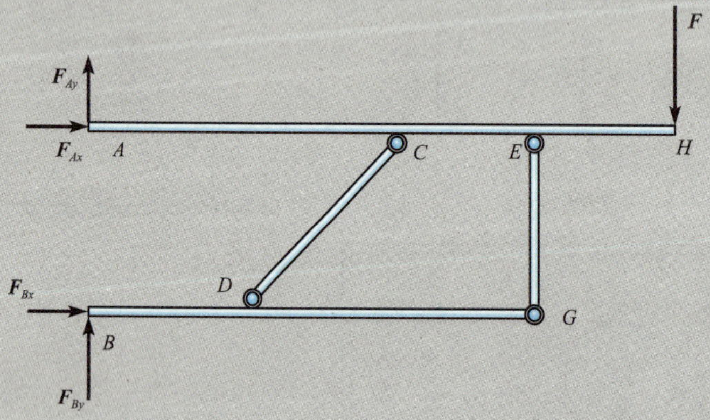

(b)

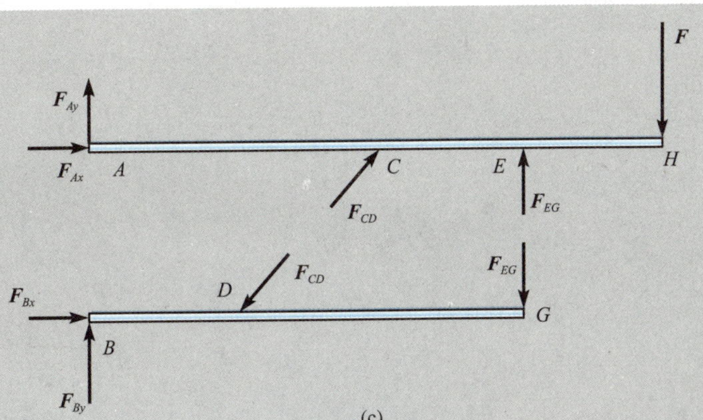

(c)

图 3-3 例 3-3

解：(1) 取整体为研究对象，如图 3-3(b) 所示。

$$\sum M_A = 0,\quad F_{Bx} \times a - F \times 4a = 0,\quad F_{Bx} = 4F$$

$$\sum F_x = 0,\quad F_{Ax} = -4F$$

(2) 取 AH 杆为研究对象，如图 3-3(c) 所示。

$$\sum M_A = 0,\quad F_{EG} \times 3a + F_{CD} \times \frac{\sqrt{2}}{2} \times 2a - F \times 4a = 0$$

(3) 取 BG 杆为研究对象。

$$\sum M_B = 0,\quad F_{EG} \times 3a + F_{CD} \times \frac{\sqrt{2}}{2} \times a = 0$$

解得

$$F_{CD} = 4\sqrt{2}F,\quad F_{EG} = -\frac{4}{3}F$$

$$\sum F_y = 0,\quad F_{By} - \frac{\sqrt{2}}{2}F_{CD} - F_{EG} = 0,\quad F_{By} = \frac{8}{3}F$$

(4) 再取整体为研究对象。

$$\sum F_y = 0,\quad F_{By} + F_{Ay} - F = 0,\quad F_{Ay} = -\frac{5}{3}F$$

例 3-4

已知图 3-4(a) 中尺寸 a，$M=Fa$，$F_1=F_2=F$，求 A、D 的约束反力。

解：(1) 取 BC 为研究对象，如图 3-4(b) 所示。

$$\sum M_C = 0,\quad -F_{By} \times 2a + F_1 \times a - M = 0,\quad F_{By} = 0$$

$$\sum F_y = 0,\quad F_{By} + F_{Cy} - F_1 = 0,\quad F_{Cy} = F$$

$$\sum F_x = 0,\quad F_{Bx} = F_{Cx}$$

(2) 取 AB 为研究对象。

$$\sum F_y = 0,\quad -F_{By} + F_{Ay} - F_2 = 0,\quad F_{Ay} = F$$

$$\sum M_A = 0,\quad -F_{Bx} \times 2a - F_{By} \times 2a - F_2 \times a = 0,\quad F_{Bx} = -\frac{1}{2}F$$

$$\sum F_x = 0, \quad F_{Bx} = -F_{Ax} = -\frac{1}{2}F$$

$$F_{Bx} = F_{Cx} = -\frac{1}{2}F$$

(3)取 CD 为研究对象。

$$\sum F_x = 0, \quad F_{Dx} = F_{Cx} = -\frac{1}{2}F$$

$$\sum F_y = 0, \quad F_{Dy} = F_{Cy} = F$$

$$\sum M_D = 0, \quad F_{Cx} \times 2a + F_{Cy} \times 2a + M_D = 0, \quad M_D = -Fa$$

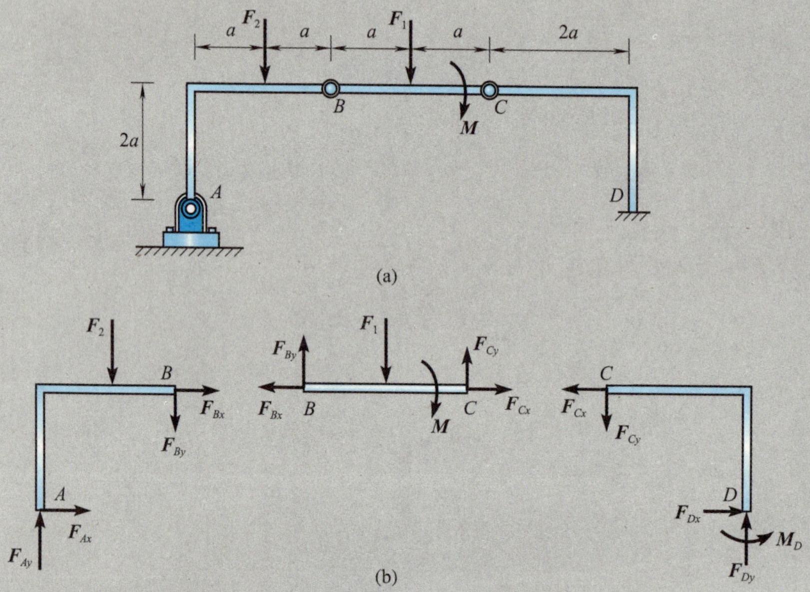

图 3-4 例 3-4

例 3-5

找出图 3-5(a)所示桁架中的零杆(受力为零的杆件)。

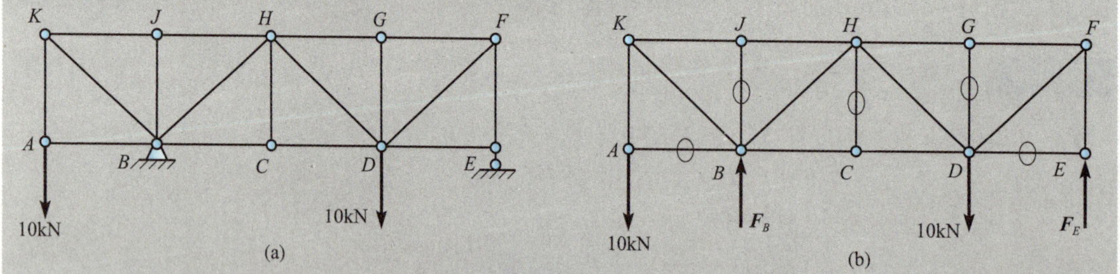

图 3-5 例 3-5

解：关注节点，寻找受两个或三个杆力(外力)所作用的节点。其中两力共线，第三个力为零。图 3-5(b)对节点连接的杆件内力作用线进行分析，查找是否有与之平衡的外力或其他杆的作用力。

杆 AB、JB、HC、GD、DE 为零杆。

例 3-6

已知 F=10N，求图 3-6(a)所示平面桁架结构中 1 杆和 2 杆的内力。

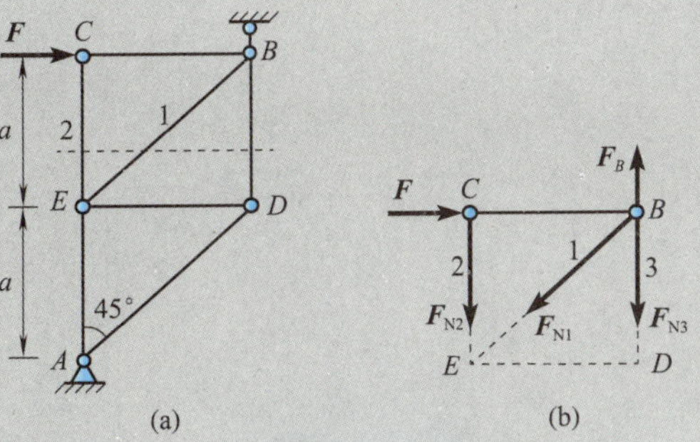

图 3-6　例 3-6

解：平面桁架求内力一般步骤如下。

(1)求约束力后，判断可用的最佳方法。

(2)选择节点法或截面法。

(3)建立平衡方程。

取铰结点 C 为对象，CE 为零杆，因此 $F_{N2}=0$。

截面法：从图 3-6(a)虚线处截开，取上半部分为研究对象，受力如图 3-6(b)所示。

$$\sum M_D=0，\ F_{N1}\cos45°\cdot a-F\cdot a=0，可得 F_{N1}=10\sqrt{2}\text{N}。$$

例 3-7

求图 3-7(a)所示平面对称桁架 CE 杆的内力。

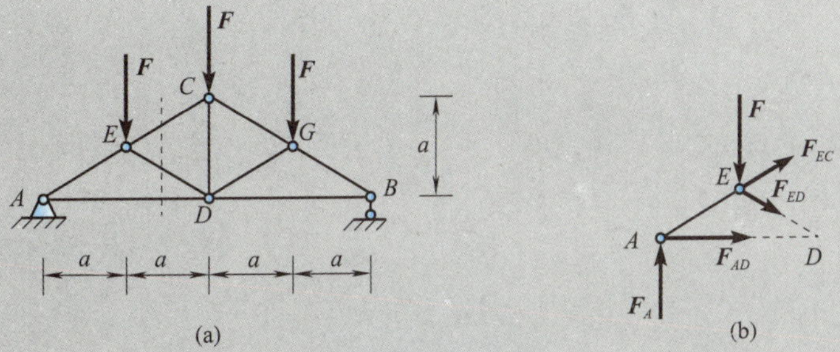

图 3-7　例 3-7

解：根据对称性和平行力系平衡方程，两支座约束力为

$$F_A=F_B=\frac{3}{2}F$$

截面法：从图 3-7(a)虚线处截开，取左半部分为研究对象，受力如图 3-7(b)所示。

$$\sum M_D=0，\ F\cdot a-\frac{3}{2}F\cdot 2a-F_{CE}\cdot\frac{2}{\sqrt{5}}a=0$$

解得

$$F_{CE}=-\sqrt{5}F$$

例 3-8

图 3-8(a)所示结构对称，铅直杆 OD 上有力 F=10kN 作用，并用钢索 AB、AC 固定。求钢索的拉力和球铰 O 处的约束力。

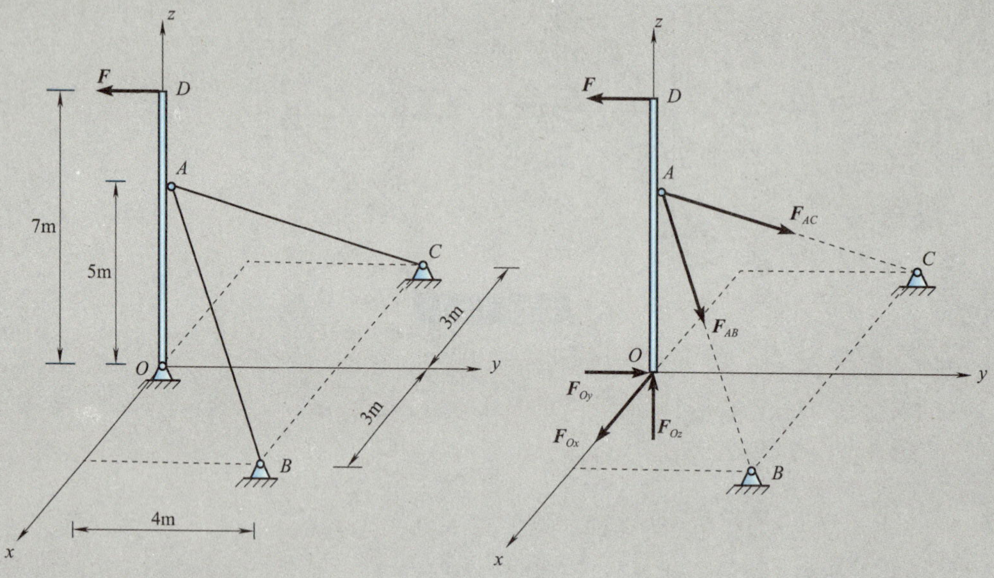

(a) (b)

图 3-8 例 3-8

解：受力分析如图 3-8(b)所示。

$$\sum M_x = 0，\quad F\times 7 - 2\times F_{AB}\times\frac{\sqrt{2}}{2}\times\frac{4}{5}\times 5 = 0$$

$$F_{AB} = F_{AC} = 12.37\text{kN}$$

$$\sum F_x = 0，\quad F_{Ox} = 0$$

$$\sum F_y = 0，\quad F_{Oy} - F + 2\times F_{AB}\times\frac{\sqrt{2}}{2}\times\frac{4}{5} = 0$$

$$F_{Oy} = -4\ \text{kN}$$

$$\sum F_z = 0，\quad F_{Oz} - 2\times F_{AB}\times\frac{\sqrt{2}}{2} = 0$$

$$F_{Oz} = 17.5\,\text{kN}$$

例 3-9

立柱 AB 以球铰支撑于点 A，并用绳 BH、BG、BE 拉住；D 处铅垂方向作用力 $\boldsymbol{P}$，P=20kN，杆 CD 在绳 BH、BG 的对称铅直平面内，如图 3-9(a)所示。求系统平衡时绳 BH、BG 的拉力以及球铰 A 处的约束力。

解：(1) 以杆 CD 为研究对象，受力分析如图 3-9(b)所示。

$\sum M_C = 0$，$F_B\cos 45^\circ\times 3 - P\times 5 = 0$，得 $F_B = \dfrac{100\sqrt{2}}{3}$ kN=47.1 kN。

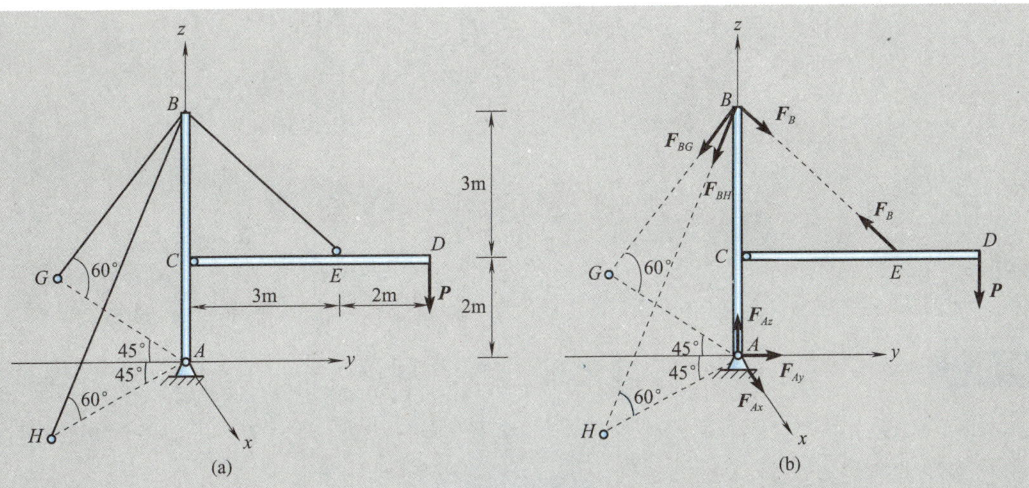

图 3-9　例 3-9

(2) 以整体为研究对象。

$\sum M_x = 0$，$2F_{BH}\cos 60°\times\cos 45°\times 5 - P\times 5 = 0$，得 $F_{BH} = F_{BG} = 20\sqrt{2}\text{kN} = 28.3\text{kN}$。

$\sum F_x = 0$，得 F_{Ax}=0。

$\sum F_y = 0$，$2F_{BH}\cos 60°\times\cos 45° - F_{Ay} = 0$，得 F_{Ay}=20kN。

$\sum F_z = 0$，$-2F_{BH}\sin 60° + F_{Az} - P = 0$，得 $F_{Az}=20\sqrt{6}+20=69(\text{kN})$。

例 3-10

如图 3-10（a）所示胶合在一起的板 *ABCDEG* 以铰链用六根杆支撑，正方形板 *ABCD* 位于水平面内；长方形板 *CDEG* 位于铅垂面内，与水平板垂直。*A* 处沿 *AD* 方向作用力 $\boldsymbol{F}$。求六根杆的内力。

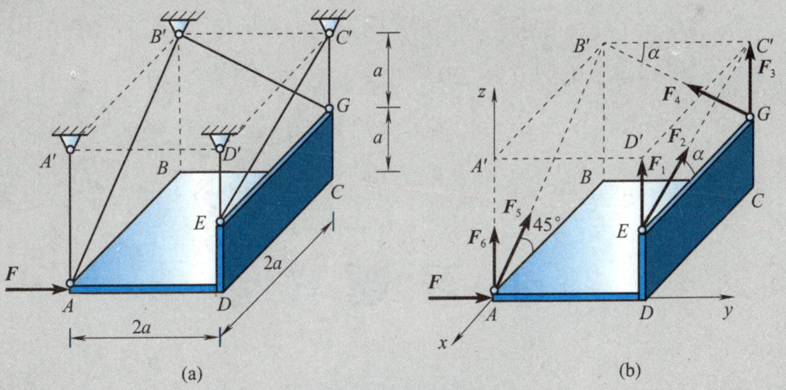

图 3-10　例 3-10

解：以板为研究对象，受力分析如图 3-10(b) 所示。

$$\sum F_y = 0，\quad F - F_4\cos\alpha = 0$$

$$\sum M_{BB'} = 0，\quad F_2\cos\alpha\cdot 2a + F\cdot 2a = 0$$

$$\sum M_{CC'} = 0，\quad -F_5\cos 45°\cdot 2a + F\cdot 2a = 0$$

$$\sum M_{GE}=0,\quad -F_5\cos 45^\circ\cdot 2a-F_6\cdot 2a+F\cdot a=0$$
$$\sum M_{B'C'}=0,\quad -F_6\cdot 2a-F_1\cdot 2a=0$$
$$\sum F_z=0,\quad F_1+F_2\sin\alpha+F_3+F_4\sin\alpha+F_5\sin 45^\circ+F_6=0$$

解得

$$F_1=\frac{1}{2}F,\quad F_2=-\frac{\sqrt{5}}{2}F,\quad F_3=-F$$
$$F_4=\frac{\sqrt{5}}{2}F,\quad F_5=\sqrt{2}F,\quad F_6=-\frac{1}{2}F$$

例 3-11

轮轴体系如图 3-11(a)所示，齿轮 C 的直径为 d_1，啮合力为 $\boldsymbol{F}$，压力角为 20°，皮带轮 D 的直径为 d_2，皮带拉力分别为 $\boldsymbol{F}_{\mathrm{T1}}$、$\boldsymbol{F}_{\mathrm{T2}}$，求轴承 A 和 B 的约束力。

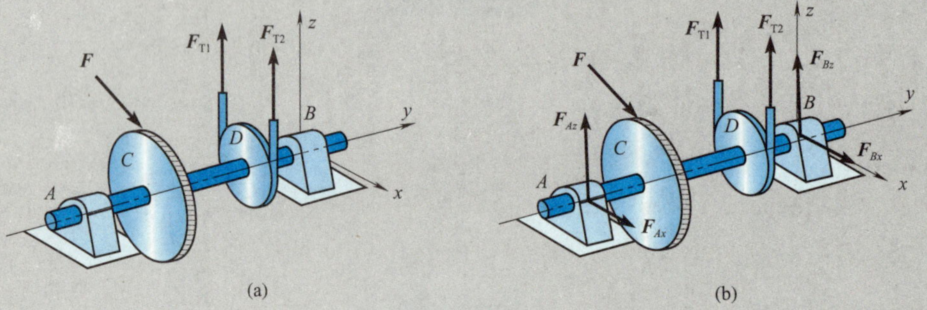

图 3-11 例 3-11

解：受力分析如图 3-11(b)所示。

$$\sum F_x=0,\quad F\cos 20^\circ+F_{Ax}+F_{Bx}=0$$
$$\sum F_z=0,\quad F_{\mathrm{T1}}+F_{\mathrm{T2}}-F\sin 20^\circ+F_{Az}+F_{Bz}=0$$
$$\sum M_x=0,\quad -|AB|F_{Az}+|CB|F\sin 20^\circ-|DB|F_{\mathrm{T1}}-|DB|F_{\mathrm{T2}}=0$$
$$\sum M_y=0,\quad 0.5d_1F\cos 20^\circ+0.5d_2F_{\mathrm{T1}}-0.5d_2F_{\mathrm{T2}}=0$$
$$\sum M_z=0,\quad |AB|F_{Ax}+|CB|F\cos 20^\circ=0$$

方程联立求解，可解出轴承 A 和 B 的约束力。

3.3 习题详解

3-1 如图 3-12(a)所示，一个均质球重 $W=100\mathrm{kN}$，放在两个相交的光滑斜面之间。斜面 AB 的倾角为 $\alpha=45^\circ$，斜面 BC 的倾角为 $\beta=60^\circ$。试求两斜面的反力 $\boldsymbol{F}_D$ 和 $\boldsymbol{F}_E$ 的大小。

解：受力分析如图 3-12(b)所示。

$$\sum F_x=0,\quad F_D\sin\alpha-F_E\sin\beta=0$$
$$\sum F_y=0,\quad F_D\cos\alpha+F_E\cos\beta-W=0$$

解得 $F_D=89.67\mathrm{kN}$，$F_E=73.2\mathrm{kN}$。

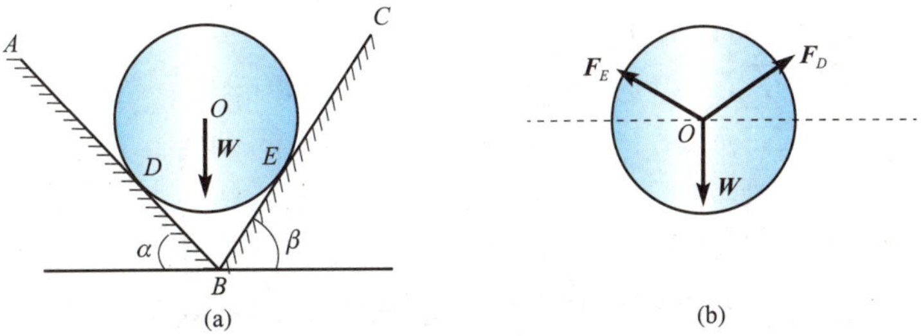

图 3-12　题 3-1

3-2　如图 3-13 (a) 所示，用两根绳子 AC 和 BC 悬挂一个重 $W=1\text{kN}$ 的物体。绳 AC 长 0.8m，绳 BC 长 1.6m，A、B 两点在同一水平线上，相距 2m。试求这两根绳子所受的拉力。

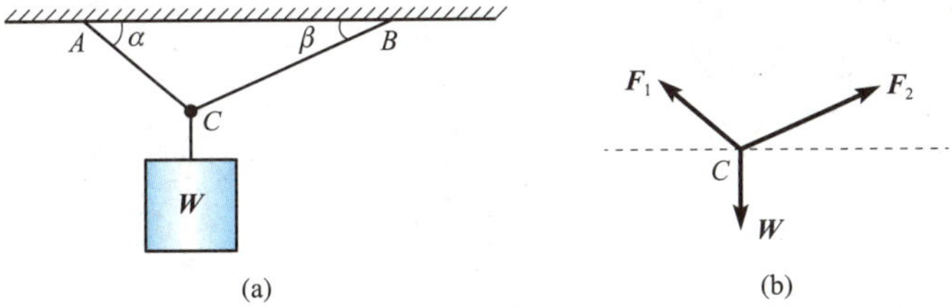

图 3-13　题 3-2

解： 受力分析如图 3-13 (b) 所示。

由已知条件计算可知　　$\cos\alpha = 0.65,\quad \cos\beta = 0.925$

$$\sum F_x = 0,\ -F_1\cos\alpha + F_2\cos\beta = 0$$

$$\sum F_y = 0,\ F_1\sin\alpha + F_2\sin\beta - W = 0$$

可得 $F_1 = 0.97\text{kN}$，$F_2 = 0.68\text{kN}$。

3-3　支架由杆 AB、AC 构成，A、B、C 三处均为铰链，在 A 点悬挂重为 $\boldsymbol{W}$ 的重物(图 3-14 (a))。各杆自重不计，求图 3-14 所示两种情况下，杆 AB、AC 所受的力。

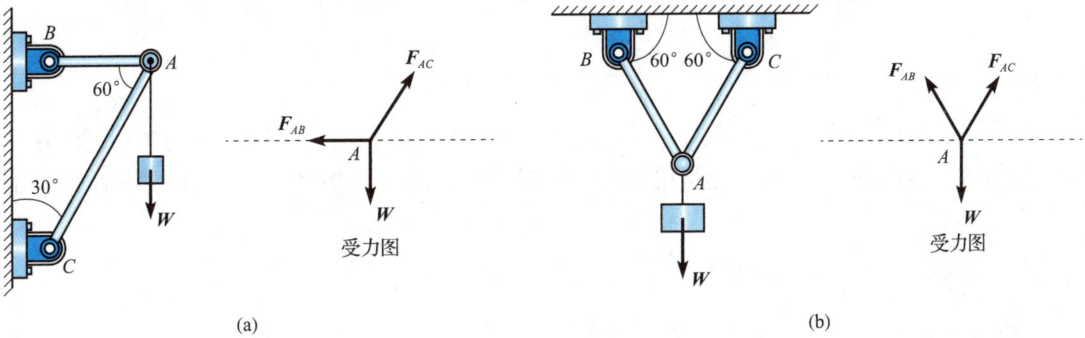

图 3-14　题 3-3

解： (1) 对 A 铰进行受力分析，如图 3-14 (a) 所示，有

$$\sum F_x = 0,\quad -F_{AB} + F_{AC}\sin 30^\circ = 0$$

$$\sum F_y = 0,\quad F_{AC}\cos 30^\circ - W = 0$$

解得 $F_{AB} = \dfrac{\sqrt{3}}{3}W$，$F_{AC} = \dfrac{2\sqrt{3}}{3}W$。

(2)对 A 铰进行受力分析，如图 3-14(b)所示，有

$$\sum F_x = 0, \quad -F_{AB}\sin 30° + F_{AC}\sin 30° = 0$$

$$\sum F_y = 0, \quad F_{AB}\cos 30° + F_{AC}\cos 30° - W = 0$$

解得 $F_{AB} = \dfrac{\sqrt{3}}{3}W$，$F_{AC} = \dfrac{\sqrt{3}}{3}W$。

3-4　如图 3-15(a)所示，压路机滚子重 W=20kN，半径 R=40cm，今用水平力 $\boldsymbol{F}$ 拉滚子而欲越过高 h=80mm 的石坎，试问 $\boldsymbol{F}$ 力应至少多大？若拉力可取任意方向，问要使拉力最小，它与水平线的夹角 α 应为多大？求此拉力的最小值。

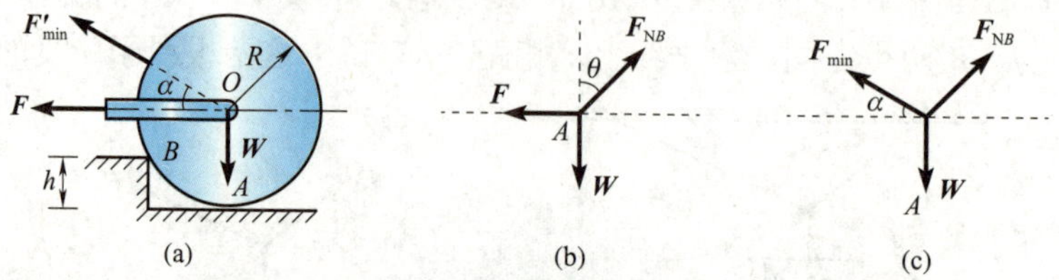

图 3-15　题 3-4

解： $\cos\theta = \dfrac{R-h}{R} = \dfrac{4}{5}$。

(1)A 点离开地面，A 点不受力，滚子只受重力 $\boldsymbol{W}$、拉力 $\boldsymbol{F}$ 和 B 点的支持力。受力分析如图 3-15(b)所示，对 B 点取矩有

$$\sum M_B = 0, \quad F\cdot(R-h) - W\cdot\sqrt{R^2-(R-h)^2} = 0$$

解得

$$F = \frac{W}{R-h}\cdot\sqrt{R^2-(R-h)^2} = 15\text{kN}$$

(2)当 $\boldsymbol{F}$ 与 OB 垂直时，受力分析如图 3-15(c)所示，$\boldsymbol{F}$ 最小为

$$F_{\min} = \frac{W}{R}\cdot\sqrt{R^2-(R-h)^2} = 12\text{kN}$$

此时，角度 $\alpha = \angle AOB = \arccos\dfrac{R-h}{R}$，$\alpha = 36.9°$。

3-5　压榨机 ABC 在 A 铰处作用水平力 $\boldsymbol{F}$，B 点为固定铰链。水平力 $\boldsymbol{F}$ 的作用使物块 C 压紧物体 D。若物块 C 与墙壁光滑接触，压榨机尺寸如图 3-16(a)所示。试求物体 D 所受的压力 $\boldsymbol{F}_D$。

解： 根据几何知识可知 $\tan\alpha = \dfrac{l}{h}$。

(1)对 A 点进行分析，如图 3-16(b)所示。

$$\sum F_x = 0, \quad F_{AB}\cdot\cos\alpha + F_{AC}\cdot\cos\alpha - F = 0$$

$$\sum F_y = 0, \quad F_{AB} = F_{AC}$$

(2)对 C 点进行分析，如图 3-16(c)所示。

$$\sum F_y = 0, \quad F_D - F_{AC}\cdot\sin\alpha = 0$$

可得 $F_D = \dfrac{Fl}{2h}$(压力)。

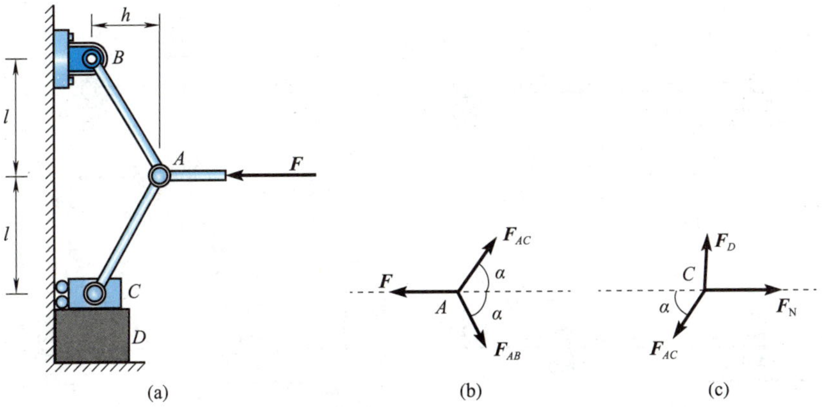

图 3-16　题 3-5

3-6　某厂房柱高 9m，受力如图 3-17(a)所示。已知 F_1=20kN，F_2=40kN，F_3=6kN，q=4kN/m，$\boldsymbol{F}_1$、$\boldsymbol{F}_2$ 至柱轴线的距离分别为 e_1=0.15m，e_2=0.25m。试求固定端支座 A 的约束反力。

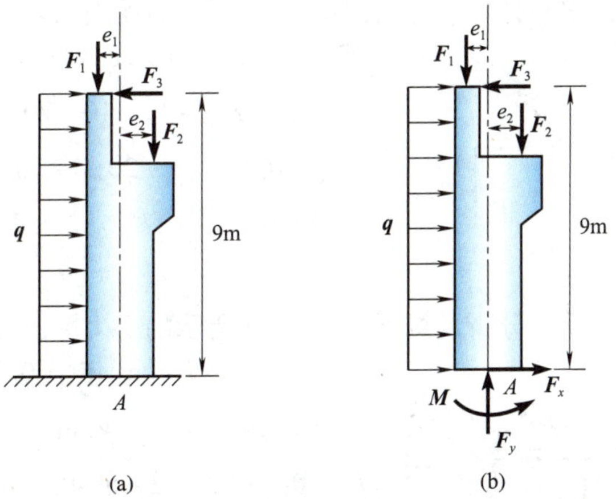

图 3-17　题 3-6

解：如图 3-17(b)所示

$$\sum F_x = 0\text{，}\quad F_x + qh - F_3 = 0$$

$$\sum F_y = 0\text{，}\quad F_y - F_1 - F_2 = 0$$

$$\sum M_A = 0\text{，}\quad M - F_2 e_2 + F_3 h + F_1 e_1 - \frac{1}{2} q h^2 = 0$$

所以 $F_x = -30\text{kN}$，$F_y = 60\text{kN}$，$M = 115\text{kN}\cdot\text{m}$，其中 $\boldsymbol{M}$ 的方向为逆时针。

3-7　求图 3-18 所示各梁的支座反力。

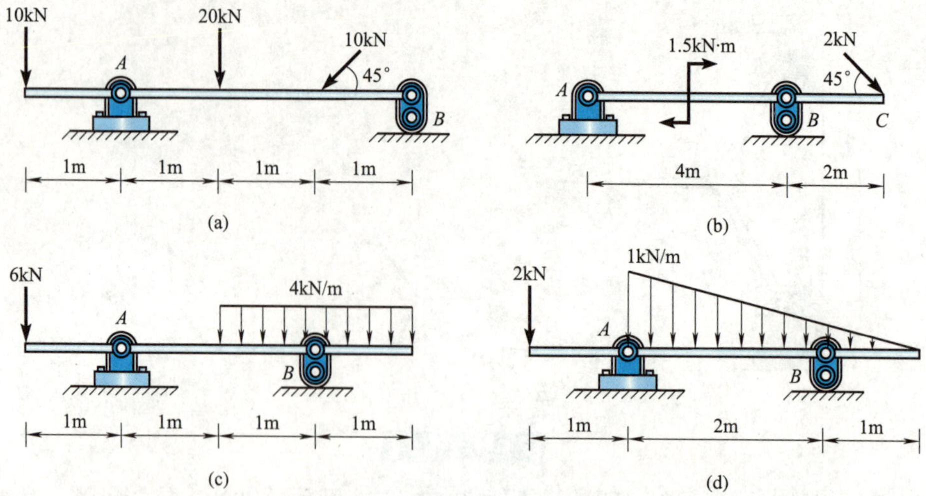

图 3-18 题 3-7

解:

(1) 对图 3-18(a)进行受力分析，得到如图 3-19 所示的受力图。

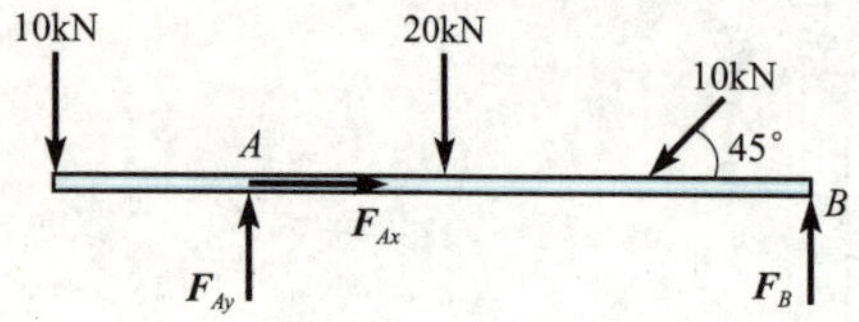

图 3-19

$$\sum F_x = 0, \quad F_{Ax} - 10\times\cos 45° = 0, \quad F_{Ax} = 7.07\text{kN}(\rightarrow)$$

$$\sum F_y = 0, \quad F_{Ay} + F_B - 10 - 20 - 10\times\sin 45° = 0$$

$$\sum M_A = 0, \quad 10\times 1 - 20\times 1 - 10\times\sin 45°\times 2 + F_B\times 3 = 0$$

$$F_{Ax} = 7.07\text{kN}(\rightarrow), \quad F_{Ay} = 29\text{kN}(\uparrow), \quad F_B = 8.05\text{kN}(\uparrow)$$

(2) 对图 3-18(b)进行受力分析，得到如图 3-20 所示的受力图。

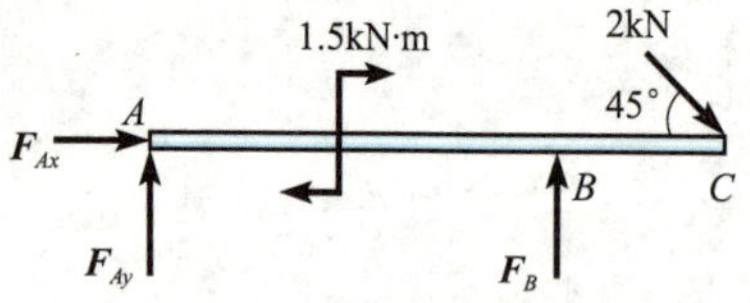

图 3-20

$$\sum F_x = 0, \quad F_{Ax} + 2\times\cos 45° = 0, \quad F_{Ax} = -1.41\text{kN}(\leftarrow)$$

$$\sum F_y = 0, \quad F_{Ay} + F_B - 2\times\sin 45° = 0$$

$$\sum M_A = 0, \quad -1.5 - 2\times\sin 45°\times 6 + F_B\times 4 = 0$$

$$F_{Ax} = -1.41\text{kN}(\leftarrow), \quad F_{Ay} = -1.08\text{kN}(\downarrow), \quad F_B = 2.49\text{kN}(\uparrow)$$

(3) 对图 3-18(c)进行受力分析，得到图 3-21 所示的受力图。

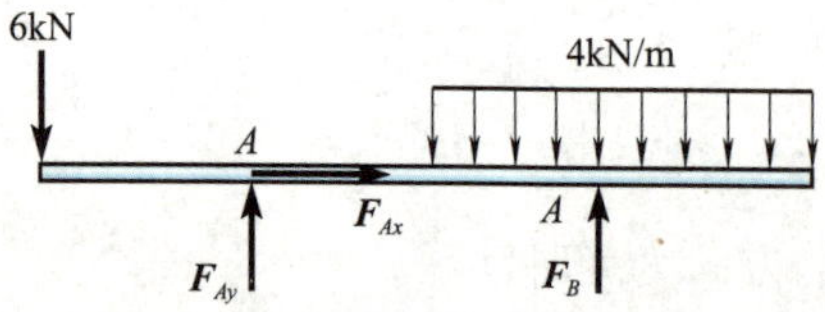

图 3-21

$$\sum F_y = 0, \quad F_{Ay} + F_B - 6 - 2\times 4 = 0$$

$$\sum M_B = 0, \quad -F_{Ay}\times 2 + 6\times 3 = 0$$

$$F_{Ax} = 0, \quad F_{Ay} = 9\text{kN}(\uparrow), \quad F_B = 5\text{kN}(\uparrow)$$

(4) 对图 3-18(d)进行受力分析，得到图 3-22 所示受力图。

$$\sum F_y = 0, \quad F_{Ay} + F_B - 2 - \frac{1}{2} \times 3 = 0$$

$$\sum M_A = 0, \quad 2 \times 1 + F_B \times 2 - \frac{1}{2} \times 3 \times \frac{1}{3} \times 3 = 0$$

$$F_{Ax} = 0, \quad F_{Ay} = 3.75\text{kN}(\uparrow), \quad F_B = -0.25\text{kN}(\downarrow)$$

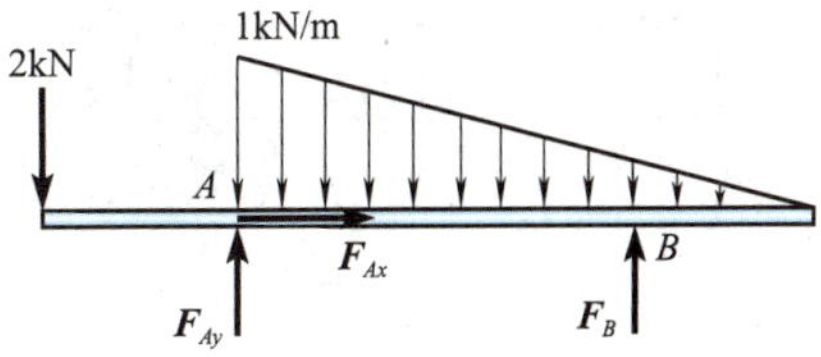

图 3-22

3-8　求图 3-23 所示刚架的支座反力。

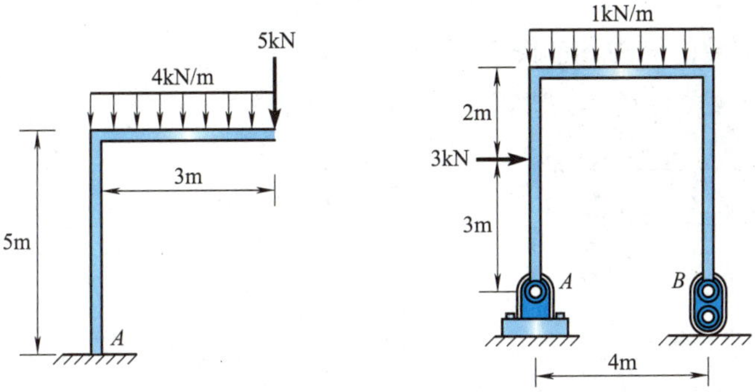

(a)　　(b)

图 3-23　题 3-8

解：(1) 图 3-23(a) 的受力图如图 3-24 所示。

$$\sum F_y = 0, \ F_{Ay} - 4 \times 3 - 5 = 0$$

$$\sum M_A = 0, \ M_A - 4 \times 3 \times 1.5 - 5 \times 3 = 0$$

解得 $F_{Ax} = 0$，$F_{Ay} = 17\text{kN}$，$M_A = 33\text{kN} \cdot \text{m}$ (逆时针)。

(2) 图 3-23(b) 的受力图如图 3-25 所示。

$$\sum F_x = 0, \quad F_{Ax} + 3 = 0$$

$$\sum F_y = 0, \quad F_{Ay} + F_B - 1 \times 4 = 0$$

$$\sum M_B = 0, \quad -3 \times 3 - F_{Ay} \times 4 + 1 \times 4 \times 2 = 0$$

解得 $F_{Ax} = -3\text{kN}$，$F_{Ay} = -0.25\text{kN}$，$F_B = 4.25\text{kN}$。

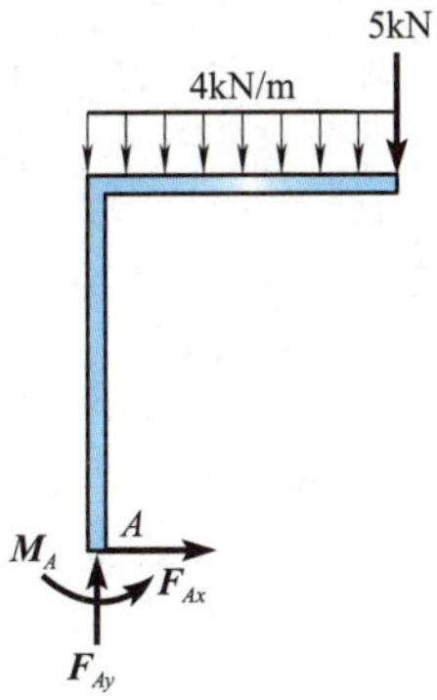

图 3-24

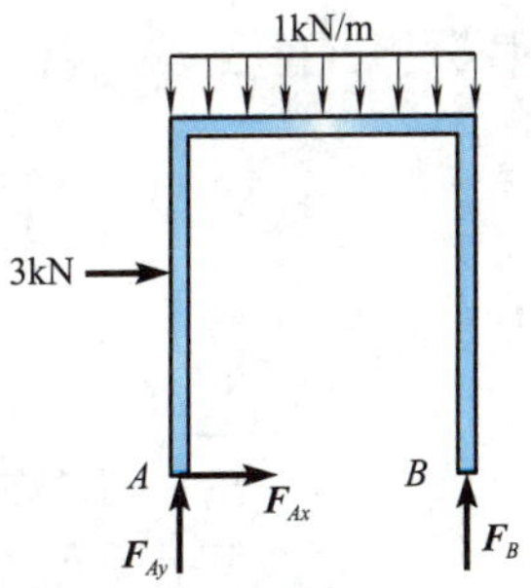

图 3-25

3-9　试求图 3-26 所示多跨静定梁的支座反力。

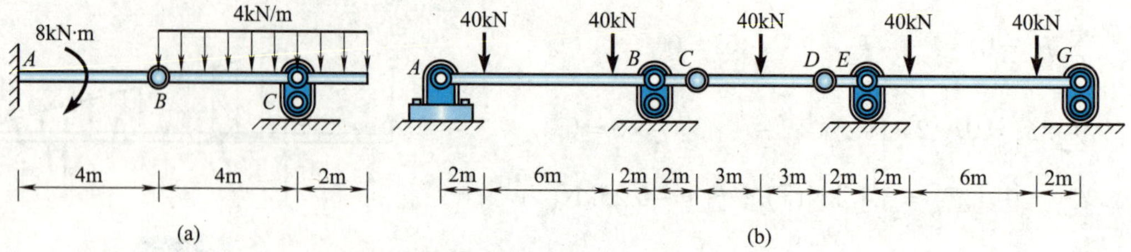

图 3-26　题 3-9

解：(1) 图 3-26(a) 的受力图如图 3-27 所示。

对 BC 杆分析得

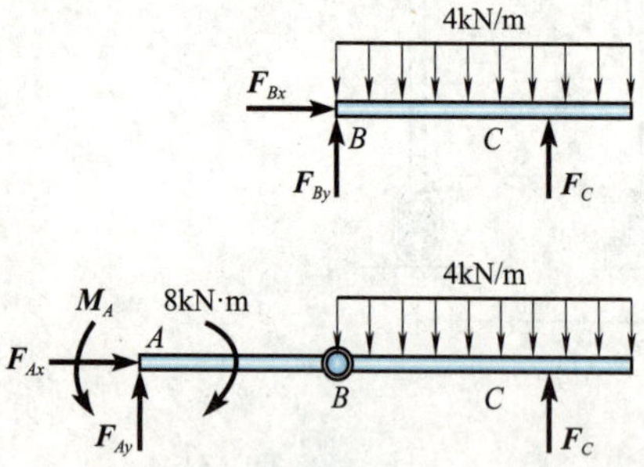

图 3-27

$$\sum M_B = 0，\quad F_C \times 4 - 4 \times 6 \times 3 = 0$$
$$F_C = 18\text{kN}$$

对整体分析得

$$\sum F_x = 0，\quad F_{Ax} = 0$$
$$\sum F_y = 0，\quad F_{Ay} + F_C - 4 \times 6 = 0$$
$$F_{Ay} = 6\text{kN}$$
$$\sum M_A = 0，\quad -8 + M_A + F_C \times 8 - 4 \times 6 \times 7 = 0$$
$$M_A = 32\text{kN} \cdot \text{m}$$

(2) 图 3-26(b) 的受力图如图 3-28 所示。

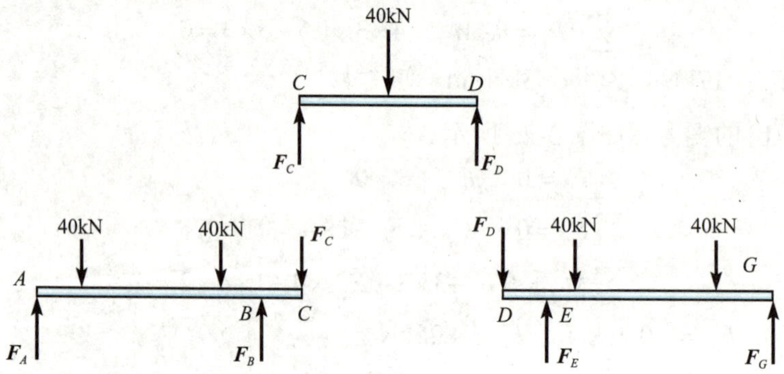

图 3-28

对 CD 杆分析，再根据对称性得

$$\sum F_y = 0，\quad F_D + F_C - 40 = 0$$
$$F_C = F_D = 20\text{kN}$$

对 AC 杆分析得

$$\sum M_A = 0，\quad F_B \times 10 - F_C \times 12 - 40 \times 2 - 40 \times 8 = 0$$
$$F_B = 61.6\text{kN}$$
$$\sum F_y = 0，\quad F_A + F_B - 40 - 40 - F_C = 0$$
$$F_A = 36.4\text{kN}$$

再根据对称性得

$$F_G = F_A = 36.4\text{kN}，\quad F_E = F_B = 61.6\text{kN}$$

3-10　试求图 3-29 所示各静定平面刚架的支座反力。

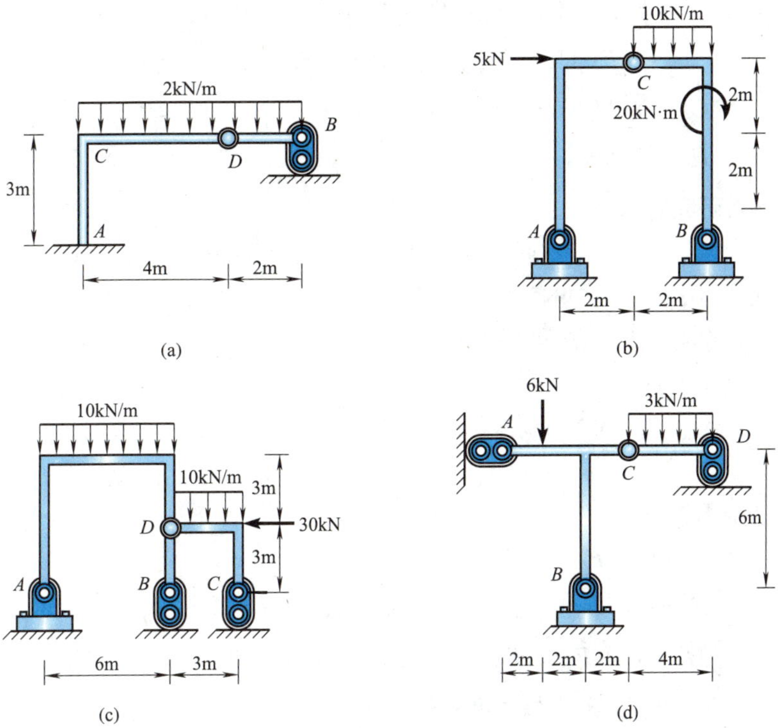

图 3-29　题 3-10

解：(1) 图 3-29(a) 的受力图如图 3-30 所示。

对系统整体分析有

$\sum F_x = 0$，　$F_{Ax} = 0$

$\sum F_y = 0$，　$F_{Ay} + F_B - 2 \times 6 = 0$

$\sum M_A = 0$，　$M_A + F_B \times 6 - 2 \times 6 \times 3 = 0$

以 BD 部分为研究对象有

$\sum M_D = 0$，　$F_B \times 2 - 2 \times 2 \times 1 = 0$

解得 $F_{Ay} = 10\text{kN}$，$F_B = 2\text{kN}$，$M_A = 24\text{kN} \cdot \text{m}$。

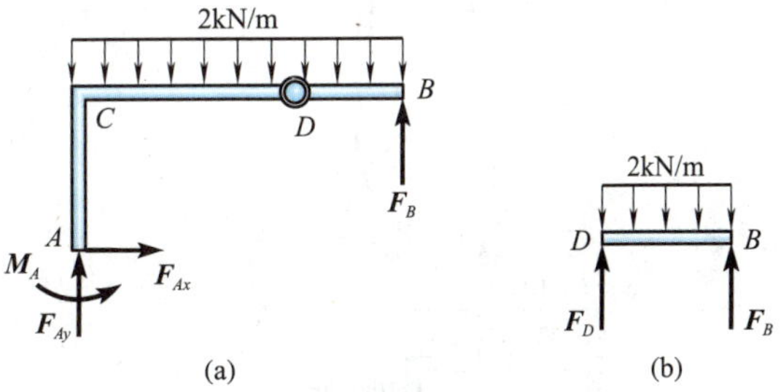

图 3-30

(2) 图 3-29(b) 的受力图如图 3-31 所示。

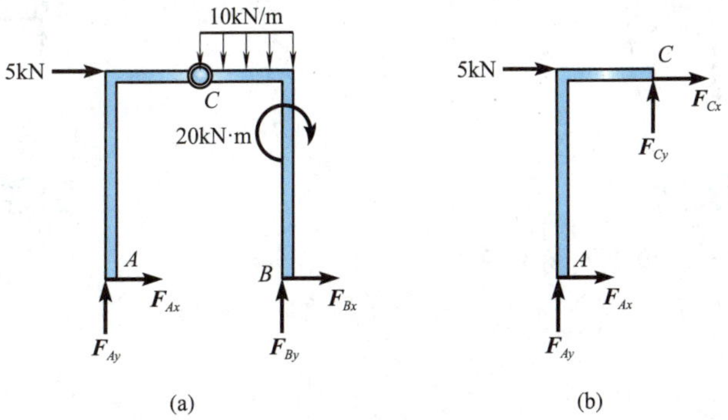

图 3-31

对系统整体分析有

$$\sum F_x = 0, \quad F_{Ax} + F_{Bx} + 5 = 0$$
$$\sum F_y = 0, \quad F_{Ay} + F_{By} - 10 \times 2 = 0$$
$$\sum M_A = 0, \quad F_{By} \times 4 - 20 - 5 \times 4 - 10 \times 2 \times 3 = 0$$

解得 $F_{Ay} = -5\text{kN}$，$F_{By} = 25\text{kN}$。

以 AC 部分为研究对象有

$$\sum M_C = 0, \quad F_{Ax} \times 4 - F_{Ay} \times 2 = 0$$

解得 $F_{Ax} = -2.5\text{kN}$，$F_{Bx} = -2.5\text{kN}$。

(3) 图 3-29(c) 的受力图如图 3-32 所示。

以 CD 为研究对象有

$$\sum M_D = 0, \quad 10 \times 3 \times 1.5 - F_C \times 3 = 0$$

解得 $F_C = 15\text{kN}$。

以整体为研究对象有

$$\sum F_x = 0, \quad F_{Ax} - 30 = 0$$
$$\sum F_y = 0, \quad F_{Ay} + F_B + F_C - 10 \times 6 - 10 \times 3 = 0$$
$$\sum M_A = 0, \quad F_B \times 6 + F_C \times 9 + 30 \times 3 - 10 \times 6 \times 3 - 10 \times 3 \times 7.5 = 0$$

解得 $F_{Ax} = 30\text{kN}$，$F_{Ay} = 45\text{kN}$，$F_B = 30\text{kN}$。

(4) 图 3-29(d) 的受力图如图 3-33 所示。

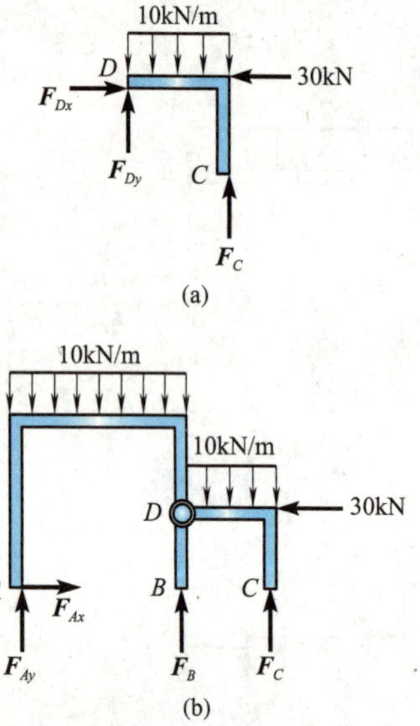

图 3-32

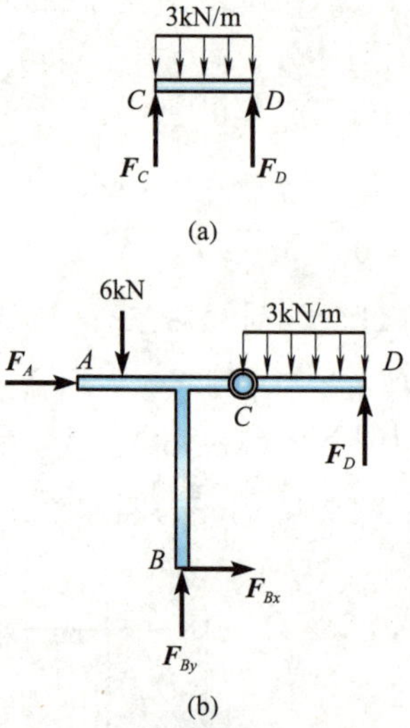

图 3-33

以 CD 为研究对象，根据对称性有

$$\sum M_D = 0, \quad 3 \times 4 \times 2 - F_C \times 4 = 0$$

解得 $F_D = F_C = 6\text{kN}$。

以整体为研究对象有

$$\sum F_x = 0,\quad F_A + F_{Bx} = 0$$
$$\sum F_y = 0,\quad F_{By} + F_D - 6 - 3\times 4 = 0$$
$$\sum M_B = 0,\quad F_D \times 6 - F_A \times 6 + 6\times 2 - 3\times 4\times 4 = 0$$

解得 $F_A = 0$，$F_{Bx} = 0$，$F_{By} = 12\,\text{kN}$。

3-11　试求图 3-34(a)所示结构中 AC 和 BC 两杆所受的力。

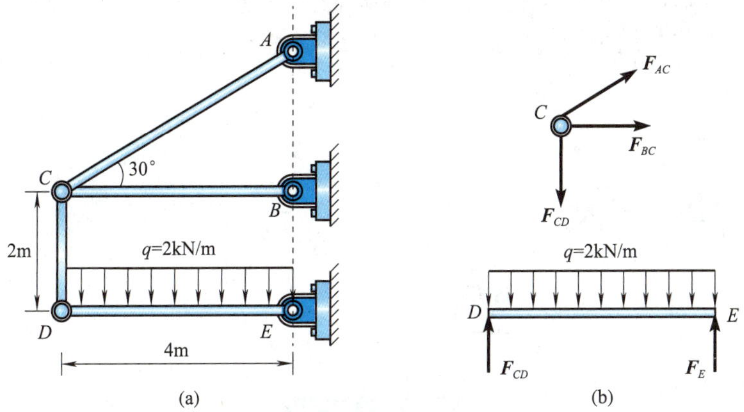

图 3-34　题 3-11

解：受力分析如图 3-34(b)所示，已知 CD 杆为二力杆件，以 DE 杆为研究对象可得

$$\sum M_E = 0,\quad -F_{CD} \times 4 + 2\times 4\times 2 = 0$$

解得 $F_{CD} = 4\,\text{kN}$。

同理，BC、AC 杆均为二力杆件，以 C 结点为研究对象有

$$\sum F_x = 0,\quad F_{AC} \times \cos 30^\circ + F_{BC} = 0$$
$$\sum F_y = 0,\quad F_{AC} \times \sin 30^\circ - F_{CD} = 0$$

解得 $F_{AC} = 8\,\text{kN}$，$F_{BC} = -4\sqrt{3}\,\text{kN}$。

3-12　手动钢筋剪切机由手柄 AB、杠杆 CHD 和链杆 DE 用铰链连接而成。图 3-35(a)中长度以 cm 计。手柄以及杠杆的 DH 段是铅垂的，铰链 C、E 中心的连线是水平的。当在 A 处用水平力 F=100N 作用在手柄上且机构在图示位置时，试求杠杆的水平刀口 H 作用于钢筋的力。

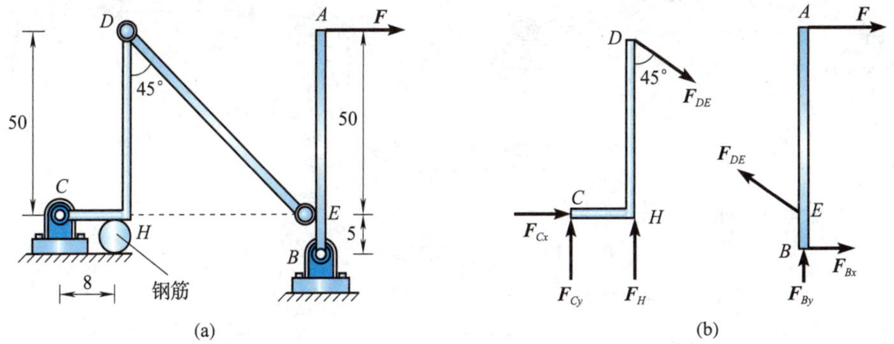

图 3-35　题 3-12

解：受力分析如图 3-35(b)所示，已知 DE 杆为二力杆件，以 AB 杆为研究对象可得

$$\sum M_B = 0, \quad F_{DE} \times \cos 45^\circ \times 5 - F \times 55 = 0$$

解得 $F_{DE} = 1.1\sqrt{2}\,\text{kN}$ 。

以 CHD 杆为研究对象有

$$\sum M_C = 0, \quad -F_{DE} \times \sin 45^\circ \times 50 - F_{DE} \times \cos 45^\circ \times 8 + F_H \times 8 = 0$$

解得 $F_H = 7.98\text{kN}$ 。

3-13　如图 3-36(a) 所示，悬臂梁 AB 的 A 端嵌固在墙内，B 端装有滑轮，滑轮尺寸不计，用以吊起重物。设重物的重量为 $\boldsymbol{W}$ ，又 $AB=l$，斜绳与铅垂线成 α 角，当重物匀速吊起时，试求固定端 A 的约束反力。

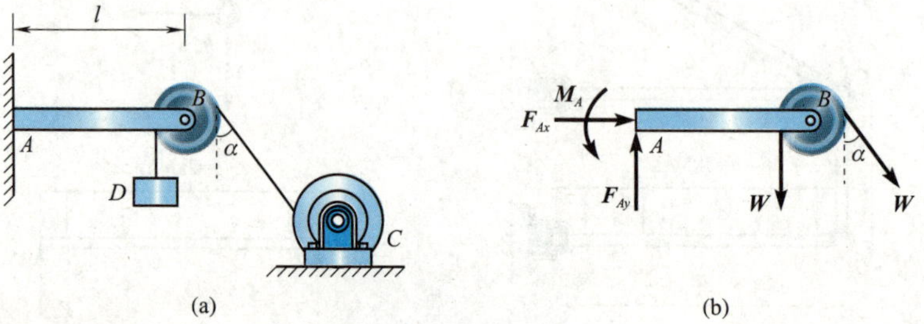

图 3-36　题 3-13

解： 受力分析如图 3-36(b) 所示。

$$\sum F_x = 0, \quad F_{Ax} + W \times \sin\alpha = 0$$

$$\sum F_y = 0, \quad F_{Ay} - W - W \times \cos\alpha = 0$$

$$\sum M_A = 0, \quad M_A - W \times l - W \times \cos\alpha \times l = 0$$

解得 $F_{Ax} = -W\sin\alpha$ ， $F_{Ay} = W(1+\cos\alpha)$， $M_A = Wl(1+\cos\alpha)$ 。

3-14　对称屋架 ABC 的 A 点用铰链固定，B 点用滚子搁在光滑的水平面上。屋架重 P=100kN，AC 边承受风压，风力均匀分布，并垂直于 AC，其合力等于 8kN，其他尺寸如图 3-37(a) 所示。试求支座反力。

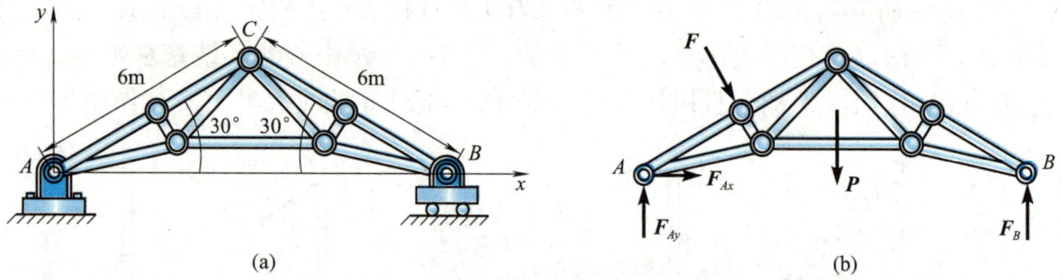

图 3-37　题 3-14

解： 受力分析如图 3-37(b) 所示。

$$\sum F_x = 0, \quad F_{Ax} + F\sin 30^\circ = 0$$

$$F_{Ax} = -4\text{kN}$$

$$\sum M_A = 0, \quad F_B \times l_{AB} - P \times \frac{1}{2} l_{AB} - F \times \frac{1}{2} l_{AC} = 0$$

$$F_B = 52.3\text{kN}$$

$$\sum F_y = 0\text{，}\quad F_{Ay} + F_B - P - F\cos 30^\circ = 0$$

$$F_{Ay} = 54.6\text{kN}$$

3-15 如图 3-38(a)所示三铰拱，求支座 A、B 的反力及铰链 C 的约束反力。

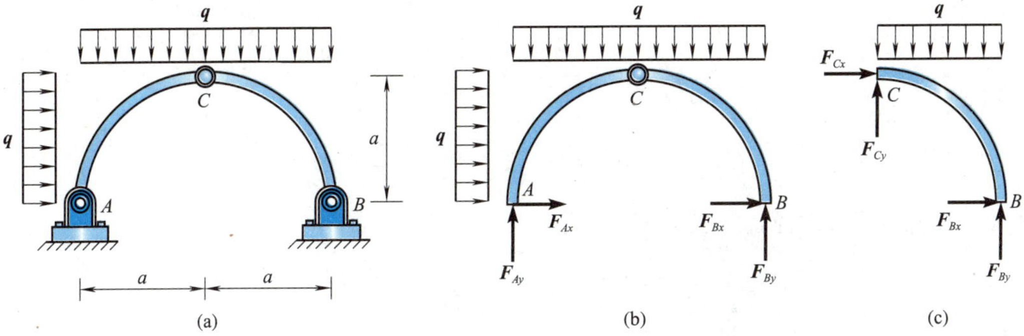

图 3-38 题 3-15

解：(1)以整体为研究对象，受力分析如图 3-38(b)所示。

$$\sum F_x = 0\text{，}\quad F_{Ax} + F_{Bx} + qa = 0$$

$$\sum F_y = 0\text{，}\quad F_{Ay} + F_{By} - 2qa = 0$$

$$\sum M_A = 0\text{，}\quad F_{By} \times 2a - q \times 2a \times a - q \times a \times 0.5a = 0$$

得 $F_{Ay} = 0.75qa$，$F_{By} = 1.25qa$。

(2)以 BC 为研究对象，受力分析如图 3-38(c)所示。

$$\sum M_C = 0\text{，}\quad F_{By} \times a + F_{Bx} \times a - q \times a \times 0.5a = 0$$

得 $F_{Ax} = -0.25qa$，$F_{Bx} = -0.75qa$。

$$\sum F_x = 0\text{，}\quad F_{Cx} + F_{Bx} = 0$$

$$\sum F_y = 0\text{，}\quad F_{Cy} + F_{By} - qa = 0$$

得 $F_{Cx} = 0.75qa$，$F_{Cy} = -0.25qa$。

3-16 一组合梁 ABC 的支承及所受载荷如图 3-39(a)所示，已知 F =10kN，M =6kN·m。求固定端 A 的反力。

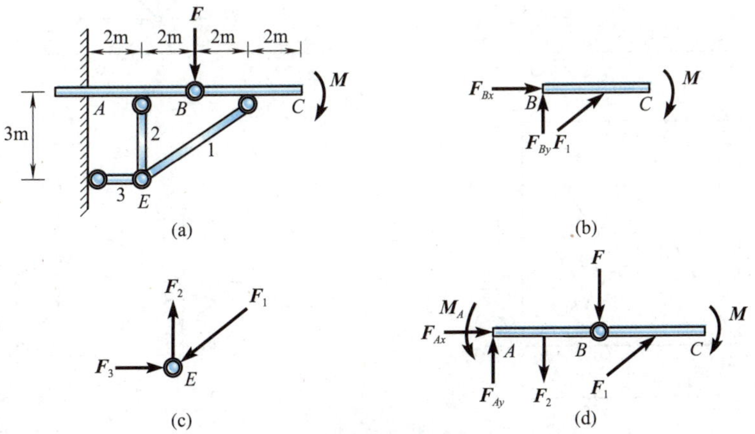

图 3-39 题 3-16

解：假设 1 杆受压，2 杆受拉，3 杆受压。

以 BC 杆为研究对象，如图 3-39(b) 所示。

$$\sum M_B = 0,\quad -M + F_1 \times \frac{3}{5} \times 2 = 0,\quad F_1 = 5\text{kN}$$

以 E 结点为研究对象，如图 3-39(c) 所示。

$$\sum F_x = 0,\quad F_3 - \frac{4}{5}F_1 = 0,\quad F_3 = 4\text{kN}$$

$$\sum F_y = 0,\quad F_2 - \frac{3}{5}F_1 = 0,\quad F_2 = 3\text{kN}$$

以 AC 杆为研究对象，如图 3-39(d) 所示。

$$\sum M_A = 0,\quad -M - F \times 4 + F_1 \times \frac{3}{5} \times 6 - F_2 \times 2 + M_A = 0$$

$$M_A = 34\text{kN}\cdot\text{m}$$

$$\sum F_x = 0,\quad F_{Ax} + F_1 \times \frac{4}{5} = 0,\quad F_{Ax} = -4\text{kN}(\leftarrow)$$

$$\sum F_y = 0,\quad -F + F_1 \times \frac{3}{5} - F_2 + F_{Ay} = 0,\quad F_{Ay} = -10\text{kN}(\uparrow)$$

3-17　求图 3-40 所示各平面桁架中杆 1、2、3 的内力。

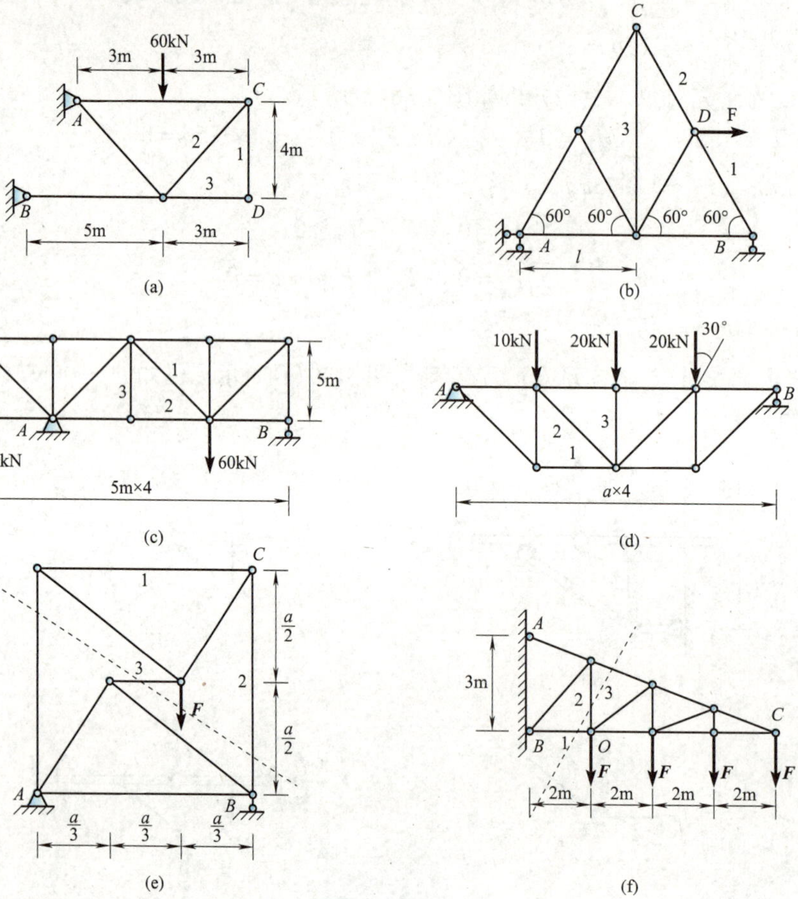

图 3-40　题 3-17

解：(1) 图 3-40 (a) 的受力图如图 3-41 所示。

以 D 节点为研究对象，两杆铰接于 D 点，无外力作用，则 1、3 两杆为零杆，即

$$F_{N1}=F_{N3}=0$$

以 AC 杆为研究对象有

$$\sum M_A=0,\quad F_{N2}\times\frac{4}{5}\times 6-60\times 3=0$$

$$F_{N2}=37.5\text{kN}$$

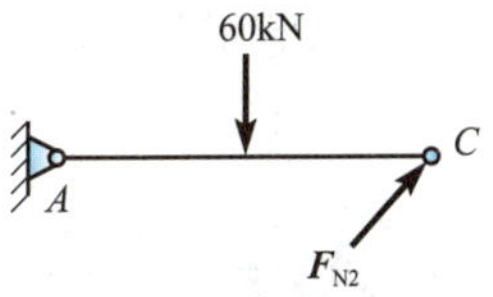

图 3-41

(2) 图 3-40 (b) 的受力如图 3-42 所示。

以整体为研究对象有

$$\sum M_A=0,\quad F_B\times 2l-F\times l\times\sin 60^\circ=0$$

解得 $F_B=\dfrac{\sqrt{3}}{4}F$。

以节点 B 为研究对象有

$$\sum F_y=0,\quad F_{N1}\times\sin 60^\circ+F_B=0$$

解得 $F_{N1}=-\dfrac{1}{2}F$。

以节点 D 为研究对象，垂直于 5 杆方向投影有

$$F_{N1}\times\cos 30^\circ+F\times\cos 30^\circ-F_{N2}\times\cos 30^\circ=0$$

解得 $F_{N2}=\dfrac{1}{2}F$。

以节点 C 为研究对象有

$$\sum F_x=0,\quad F_{N2}\times\cos 60^\circ-F_{N6}\times\cos 60^\circ=0$$

$$\sum F_y=0,\quad -F_{N2}\times\sin 60^\circ-F_{N6}\times\sin 60^\circ-F_{N3}=0$$

解得 $F_{N3}=-\dfrac{\sqrt{3}}{2}F$。

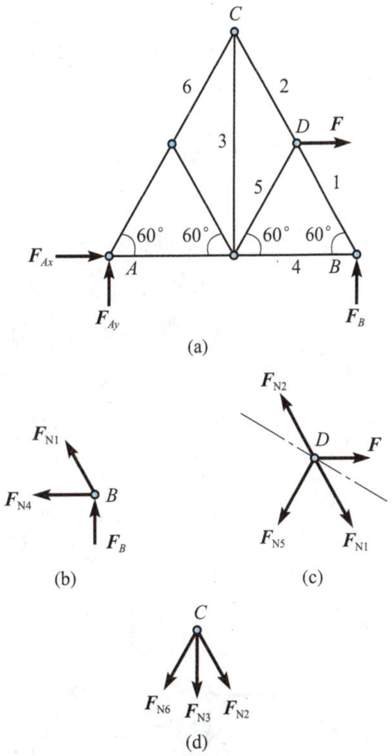

图 3-42

(3) 图 3-40 (c) 的受力图如图 3-43 所示。

以整体为研究对象有

$$\sum M_A=0,\quad F_B\times 15-60\times 10+40\times 5=0$$

解得 $F_B=26.67\text{kN}$。

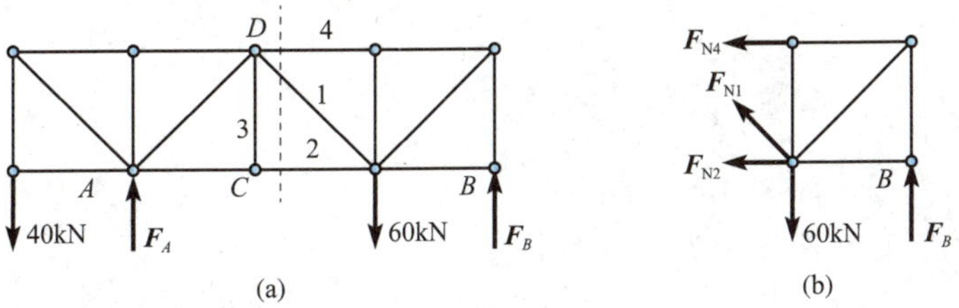

图 3-43

以节点 C 为研究对象，可得 $F_{N3}=0$。

从虚线处截开，以右半部分为研究对象有

$$\sum F_y=0,\quad F_{N1}\times\sin 45^\circ-60+F_B=0$$

解得 $F_{N1}=47.1\text{kN}$ 。

$$\sum M_D=0，\ F_B\times10-F_{N2}\times5-60\times5=0$$

解得 $F_{N2}=-6.67\text{kN}$ 。

(4)图 3-40(d)的受力如图 3-44 所示。

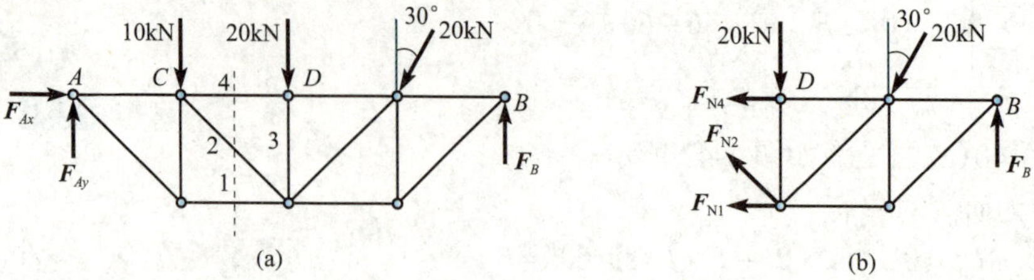

图 3-44

以整体为研究对象有

$$\sum M_A=0，\ F_B\times4a-10\times a-20\times2a-20\cos30^\circ\times3a=0$$

解得 $F_B=25.49\text{kN}$ 。

以节点 D 为研究对象，可得 $F_{N3}=-20\text{kN}$ 。

从虚线处截开，以右半部分为研究对象有

$\sum F_y=0$， $F_{N2}\times\cos45^\circ-20\times\cos30^\circ-20+F_B=0$，解得 $F_{N2}=16.73\text{kN}$ 。

$\sum M_C=0$， $-F_{N1}\times a-20\times\cos30^\circ\times2a-20\times a+F_B\times3a=0$，解得 $F_{N1}=21.83\text{kN}$ 。

(5)图 3-40(e)的受力如图 3-45 所示。

从虚线处截开，以上半部分为研究对象有

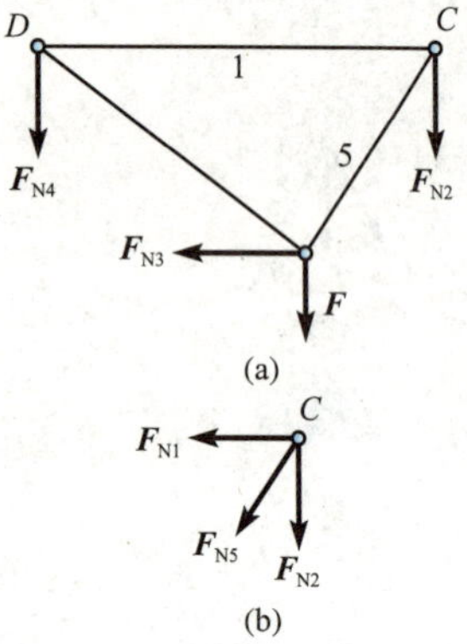

图 3-45

$$\sum F_x=0，可得\ F_{N3}=0。$$

$$\sum M_D=0，\ -F\times\frac{2a}{3}-F_{N2}\times a=0$$

解得 $F_{N2}=-\dfrac{2}{3}F$ 。

以节点 C 为研究对象有

$$\sum F_x=0，\ -F_{N1}-F_{N5}\times\frac{1/3}{\sqrt{13}/6}=0$$

$$\sum F_y=0，\ -F_{N2}-F_{N5}\times\frac{1/2}{\sqrt{13}/6}=0$$

解得 $F_{N1}=-\dfrac{4}{9}F$ 。

(6)图 3-40(f)的受力如图 3-46 所示。

从虚线处截开，以右半部分为研究对象有

$$\sum M_C=0，\ -F_{N2}\times6+F\times2+F\times4+F\times6=0$$

解得 $F_{N2}=2F$ 。

$$\sum M_E=0，\ -F_{N1}\times\frac{3\times6}{8}-F\times2-F\times4-F\times6=0$$

解得 $F_{N1}=-5.33F$ 。

以节点 D 为研究对象有

$$\sum F_y = 0，\quad F_{N2} + F_{N3} \times \frac{3}{5} - F = 0$$

解得 $F_{N3} = -1.667F$。

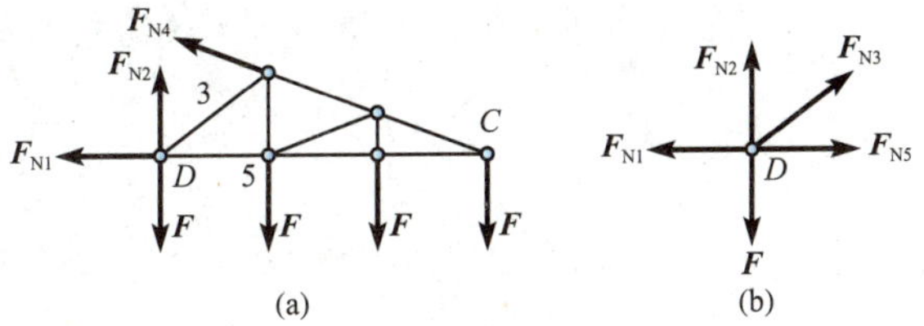

图 3-46

3-18　试计算图 3-47 所示各静定组合结构中二力杆的轴力。

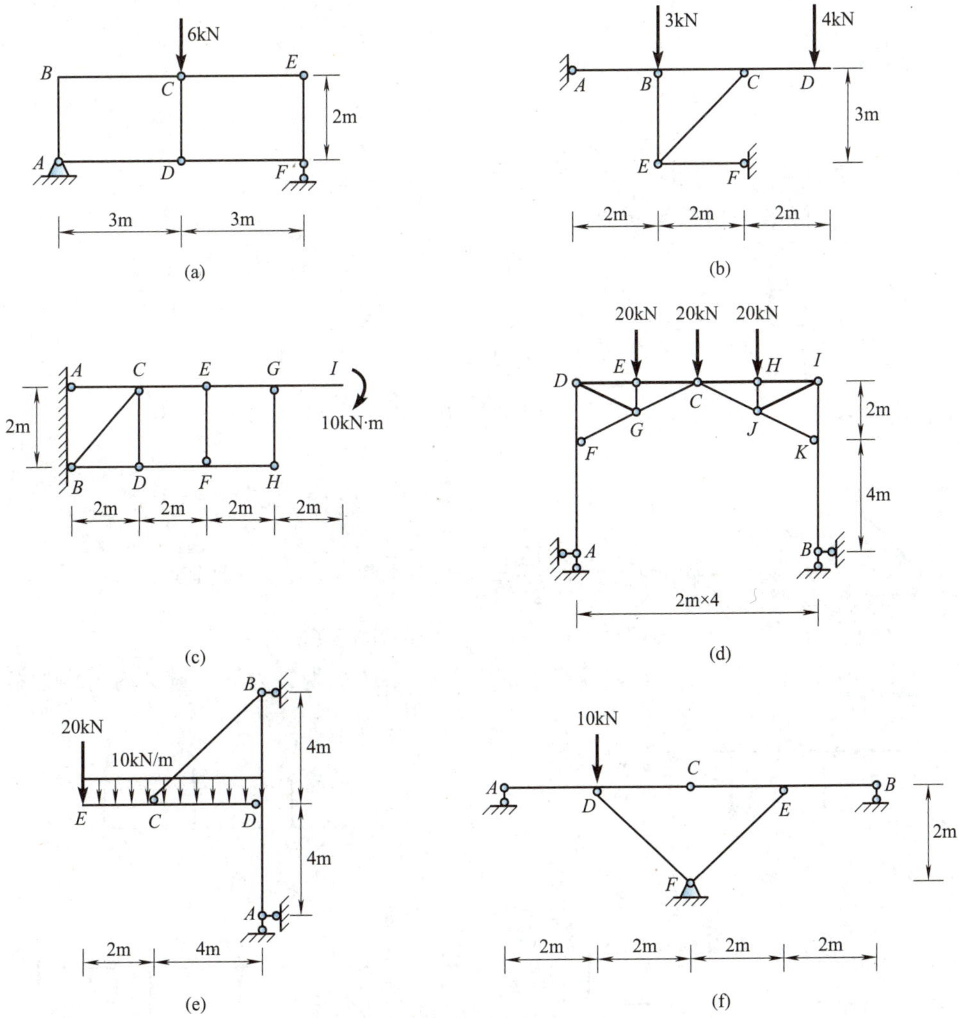

图 3-47　题 3-18

解：(1) 图 3-47(a) 的受力如图 3-48 所示。

ABC、AD、CD、CE 为二力杆，EFD 不是二力杆，F 处支座在杆 EFD 外侧。对整体进行

受力分析，列平衡方程，求支座约束力可得

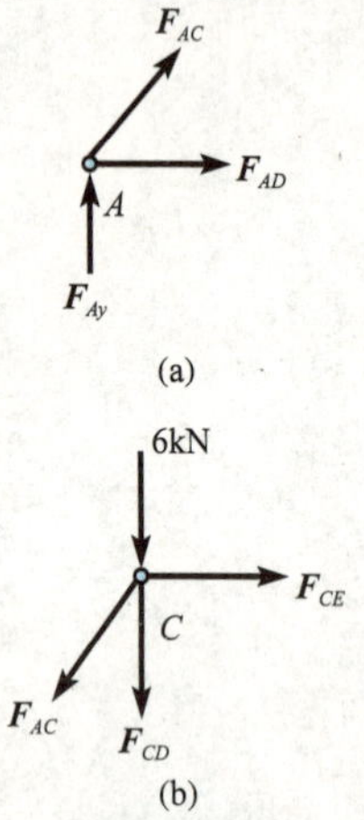

图 3-48

$$\sum F_x = 0, \quad F_{Ax} = 0$$

$$\sum F_y = 0, \quad F_{Ay} = \frac{1}{2} \times 6 = 3(\text{kN})$$

对 A 点进行受力分析，列平衡方程有

$$\sum F_x = 0, \quad F_{AD} + F_{AC} \cdot \frac{3}{\sqrt{13}} = 0$$

$$\sum F_y = 0, \quad F_{Ay} + F_{AC} \cdot \frac{2}{\sqrt{13}} = 0$$

解得 $F_{AD} = 4.5\text{kN}, \quad F_{AC} = -\frac{3\sqrt{13}}{2}\text{kN}$。

对 C 点进行受力分析，列平衡方程有

$$\sum F_x = 0, \quad -F_{AC} \cdot \frac{3}{\sqrt{13}} + F_{CE} = 0$$

$$\sum F_y = 0, \quad -F_{AC} \cdot \frac{2}{\sqrt{13}} - F_{CD} - 6 = 0$$

解得 $F_{CE} = -4.5\text{kN}, \quad F_{CD} = -3\text{kN}$。

(2) 图 3-47(b) 的受力如图 3-49 所示。

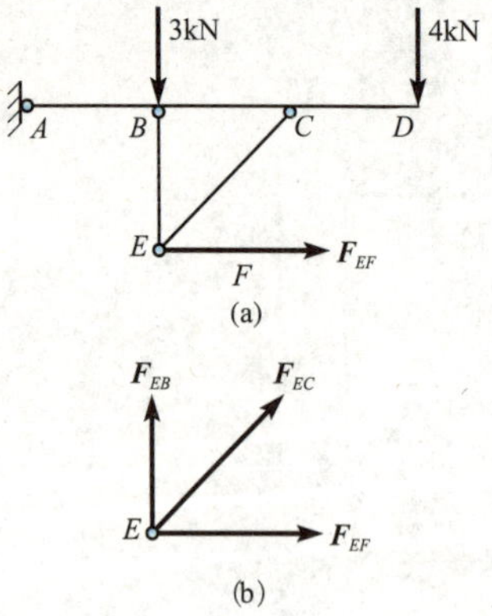

图 3-49

EF、BE、CE 为二力杆。以整体为研究对象有

$\sum M_A = 0, \quad -3\times 2 - 4\times 6 + F_{EF} \times 3 = 0$，可解出 $F_{EF} = 10\text{kN}$。

对节点 E 进行受力分析，列平衡方程有

$$\sum F_x = 0, \quad F_{EF} + F_{EC} \cdot \frac{2}{\sqrt{13}} = 0$$

$$\sum F_y = 0, \quad F_{EB} + F_{EC} \cdot \frac{3}{\sqrt{13}} = 0$$

解得 $F_{CE} = -\frac{\sqrt{13}}{2} F_{EF} = -5\sqrt{13}\text{kN}$，$F_{BE} = 15\text{kN}$。

(3) 图 3-47(c) 的受力如图 3-50 所示。

BD、BC、CD、EF、GH 均为二力杆，设其内力均为拉力。

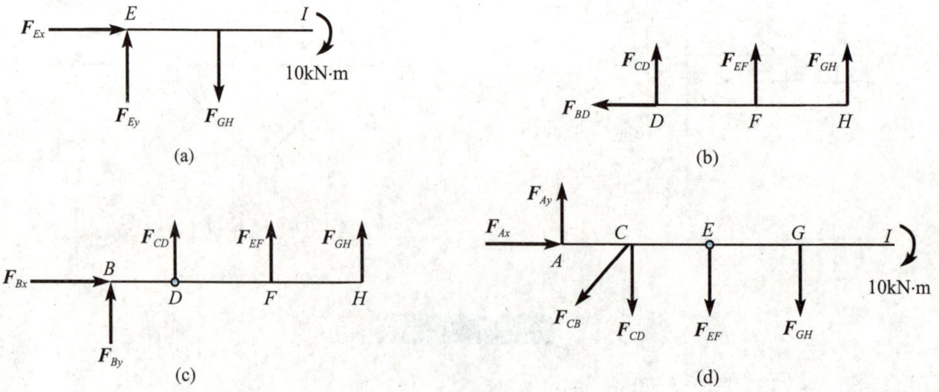

图 3-50

对 EI 进行受力分析，并对点 E 取矩，有

$$\sum M_E = 0,\quad -F_{GH}\times 2-10=0,\quad F_{GH}=-5\text{kN}$$

对 DH 杆进行受力分析，对点 D 取矩，有

$$\sum M_D = 0,\quad F_{GH}\times 4+F_{EF}\times 2=0$$

可得 $F_{EF}=10\text{kN}$。

截断杆 BC、CD、EF、GH，并对杆 BD 和 DH 进行受力分析有

$$\sum M_B = 0,\quad F_{CD}\times 2+F_{GH}\times 6+F_{EF}\times 4=0$$

可得 $F_{CD}=-5\text{kN}$。

截断杆 BC、CD、EF、GH，并对杆 AE 和 EI 进行受力分析有

$$\sum M_A = 0,\quad -F_{CB}\times\frac{\sqrt{2}}{2}\times 2-F_{CD}\times 2-F_{EF}\times 4-F_{GH}\times 6-10=0$$

可得 $F_{CB}=-5\sqrt{2}\,\text{kN}$。

截断杆 BD、CD、EF、GH，并对杆 DH 进行受力分析有

$\sum F_x = 0$，可得 $F_{BD}=0$。

(4) 图 3-47(d) 的受力如图 3-51 所示。

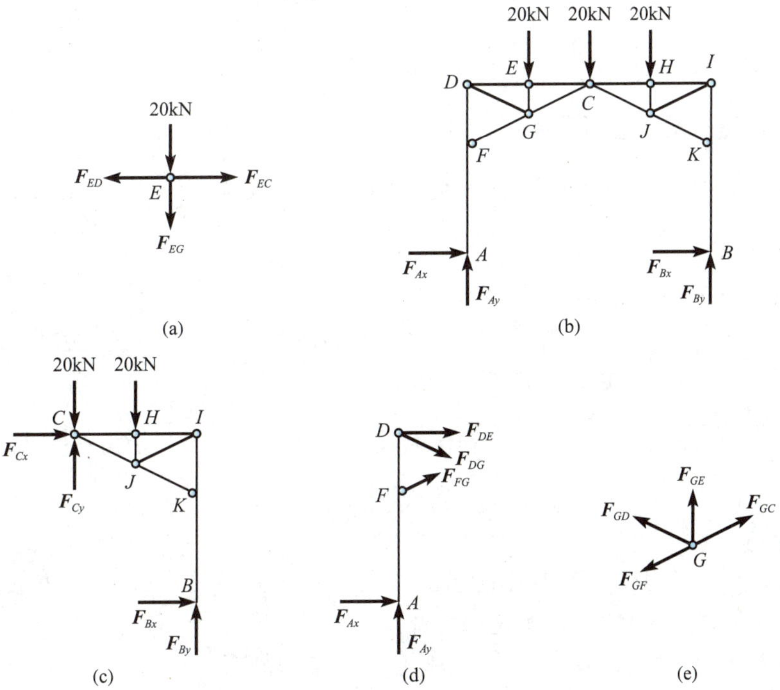

图 3-51

除 AD 和 BI 杆外，其余杆均为二力杆，均设为拉力。

由于结构和载荷都是对称的，所以杆的内力也是对称的。只求左面 DE、CE、CG、EG、DG、FG 六根二力杆即可。对点 E 进行分析，有

$$\sum F_y = 0,\quad -F_{EG}-20=0$$

$$\sum F_x = 0,\quad -F_{ED}+F_{EC}=0$$

可得 $F_{EG}=-20\text{kN}$，$F_{ED}=F_{CE}$。

对整体进行受力分析有

$$\sum F_x=0,\quad F_{Ax}+F_{Bx}=0$$

$$\sum F_y=0,\quad F_{Ay}+F_{By}-60=0$$

$$\sum M_A=0,\quad F_{By}\times 8-20\times 2-20\times 4-20\times 6=0$$

可以求出 $F_{Ay}=F_{By}=30\text{kN}$。

对右半部分进行受力分析，并对点 C 取矩，有

$$\sum M_C=0,\quad F_{Bx}\times 6-20\times 2+F_{By}\times 4=0$$

得 $F_{Bx}=-\dfrac{40}{3}\text{kN}$，$F_{Ax}=\dfrac{40}{3}\text{kN}$。

截断杆 DE、DG、FG，对 AD 进行受力分析并列平衡方程有

$$\sum M_D=0,\quad F_{Ax}\times 6+F_{FG}\times\frac{2}{\sqrt{5}}\times 2=0$$

$$\sum M_G=0,\quad F_{Ax}\times 5-F_{Ay}\times 2-F_{DE}\times 1=0$$

$$\sum M_C=0,\quad F_{Ax}\times 6-F_{Ay}\times 4+F_{DG}\times\frac{1}{\sqrt{5}}\times 4=0$$

解得 $F_{FG}=-20\sqrt{5}\text{kN}$，$F_{DE}=\dfrac{20}{3}\text{kN}$，$F_{DG}=10\sqrt{5}\text{kN}$。

再对节点 G 进行受力分析有

$$\sum F_x=0,\quad F_{GC}\times\frac{2}{\sqrt{5}}-F_{GF}\times\frac{2}{\sqrt{5}}-F_{GD}\times\frac{2}{\sqrt{5}}=0$$

可得 $F_{GC}=-10\sqrt{5}\text{kN}$。

(5)图 3-47(e)的受力图如图 3-52 所示。

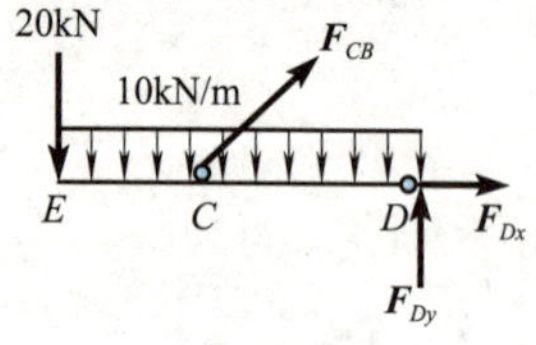

图 3-52

BC 为二力杆，AB、DE 不是二力杆。对 DE 杆进行受力分析，并对点 D 取矩有

$$\sum M_D=0,\quad 20\times 6+10\times 6\times 3-F_{BC}\times\frac{\sqrt{2}}{2}\times 4=0$$

解得 $F_{BC}=75\sqrt{2}\text{kN}$。

(6)图 3-47(f)的受力图如图 3-53 所示。

DF、EF 为二力杆，AC、BC 不是二力杆。

设 DF、EF 中的力为拉力，AC 杆对 BC 杆的作用力为 F_{Cx}，F_{Cy}。

分别对 AC 和 BC 杆进行受力分析并列平衡方程，有

$$\sum F_x=0,\quad \frac{\sqrt{2}}{2}F_{DF}-F_{Cx}=0$$

$$\sum F_y=0,\quad F_A-\frac{\sqrt{2}}{2}F_{DF}-10-F_{Cy}=0$$

$$\sum M_C=0,\quad -4F_A+20+\sqrt{2}F_{DF}=0$$

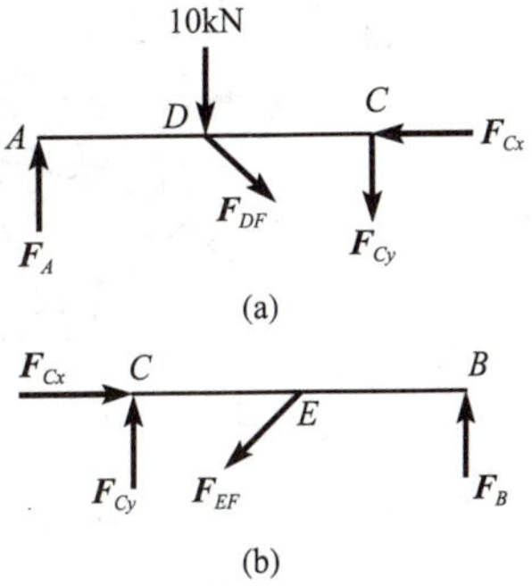

图 3-53

$$\sum F_x = 0,\quad -\frac{\sqrt{2}}{2}F_{EF} + F_{Cx} = 0$$

$$\sum F_y = 0,\quad F_B - \frac{\sqrt{2}}{2}F_{EF} + F_{Cy} = 0$$

$$\sum M_C = 0,\quad 4F_B - \sqrt{2}F_{EF} = 0$$

解得

$$F_{EF} = F_{DF} = -5\sqrt{2}\,\text{kN},\quad F_A = \frac{5}{2}\text{kN},\quad F_B = -\frac{5}{2}\text{kN}$$

$$F_{Cx} = -5\,\text{kN},\quad F_{Cy} = -\frac{5}{2}\text{kN}$$

3-19　如图 3-54(a)所示，重物重 W=1kN，由杆 AO 与两根等长的水平杆 BO 和 CO 所支持。A、B、C 均为球铰。三杆在 O 点用铰链相接，杆 AO 与铅垂面的夹角为 45°，$\angle BCO = \angle CBO = 45°$。试分别求出三杆的内力。

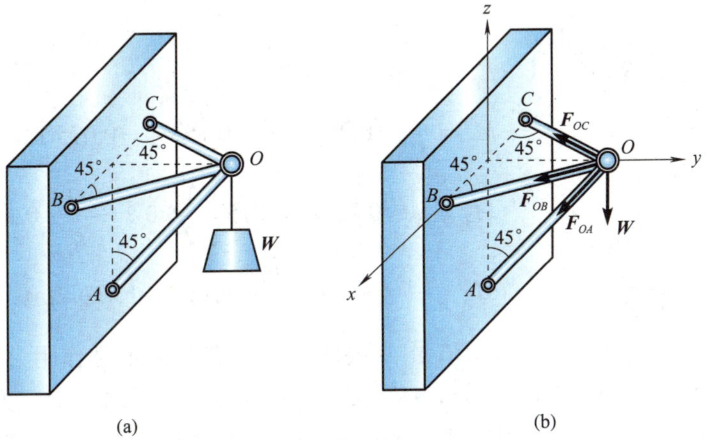

图 3-54　题 3-19

解：对 O 点进行受力分析，如图 3-54(b)所示，由对称性有

$$\sum F_x = 0,\quad F_{OB}\cos 45° - F_{OC}\cos 45° = 0$$

$$\sum F_y = 0,\quad -F_{OA}\sin 45° - F_{OB}\sin 45° - F_{OC}\sin 45° = 0$$

$$\sum F_z = 0,\quad -F_{OA}\cos 45° - W = 0$$

得

$$F_{OA} = -\sqrt{2}\,\text{kN},\quad F_{OB} = F_{OC} = \frac{\sqrt{2}}{2}\text{kN}$$

3-20　如图 3-55(a)所示，重物重 W=10kN，悬挂在 D 点。若 AD、BD、CD 分别在 A、B、C 三点用铰链固定，并在 D 处铰接在一起。试求支座 A、B、C 的反力。

解：以节点 C 为研究对象，受力及坐标系如图 3-55(b)所示，其中 x 轴沿 AB，z 轴铅直向上。

$$\sum F_x = 0,\quad F_{BD}\cos 45° - F_{AD}\cos 45° = 0$$

$$\sum F_y = 0,\quad -F_{AD}\sin 45°\cos 30° - F_{BD}\sin 45°\cos 30° - F_{CD}\cos 15° = 0$$

$$\sum F_z = 0,\quad -F_{AD}\sin 45°\sin 30° - F_{BD}\sin 45°\sin 30° - F_{CD}\sin 15° - W = 0$$

解得 $F_{AD} = F_{BD} = -26.4\,\text{kN}$，$F_{CD} = 33.5\,\text{kN}$。

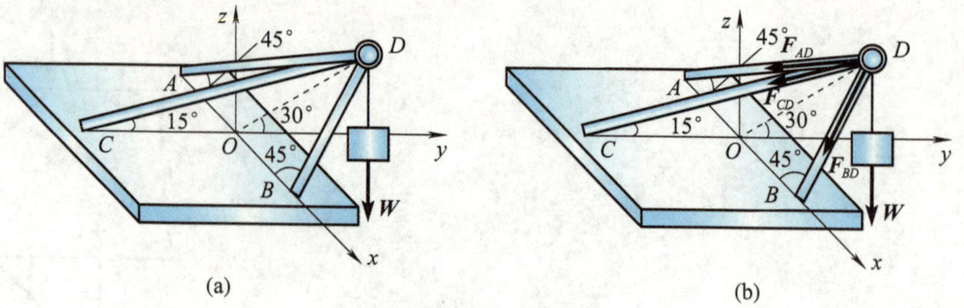

图 3-55 题 3-20

3-21 如图 3-56 所示，力 $\boldsymbol{F}$ 作用在平行于 Oxz 的平面内，且与 x 轴反方向夹角为 30°，若 F =1kN，试分别求出力 $\boldsymbol{F}$ 对于三个轴 x、y、z 的矩。

解：

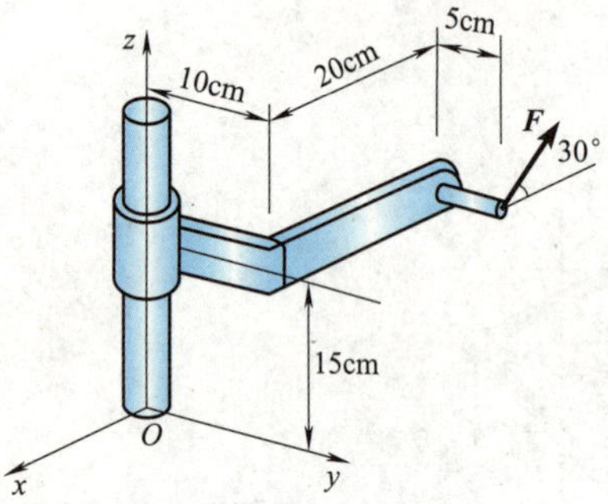

图 3-56 题 3-21

$$F_x = -F\cos 30^\circ = -\frac{\sqrt{3}}{2}\text{kN}$$

$$F_y = 0$$

$$F_z = F\sin 30^\circ = 0.5\text{kN}$$

$$M_x = F_z \times (0.05 + 0.1) = 0.15 \times \frac{1}{2} = 0.075(\text{kN}\cdot\text{m})$$

$$M_y = F_z \times 0.2 + F_x \times 0.15 = \frac{1}{2} \times 0.2 - \frac{\sqrt{3}}{2} \times 0.15 = -0.03(\text{kN}\cdot\text{m})$$

$$M_z = -F_x \times 0.15 = \frac{\sqrt{3}}{2} \times 0.15 = 0.13(\text{kN}\cdot\text{m})$$

3-22 如图 3-57(a) 所示，空间桁架由六根杆构成。在节点 A 上作用力 $\boldsymbol{F}$，此力在矩形 $ABDC$ 平面内，且与铅垂线成 45°。$\triangle EAK \cong \triangle GBM$。等腰三角形 EAK、GBM 和 NDB 在顶点 A、B 和 D 处均为直角。若 F =10kN，试求各杆的内力。

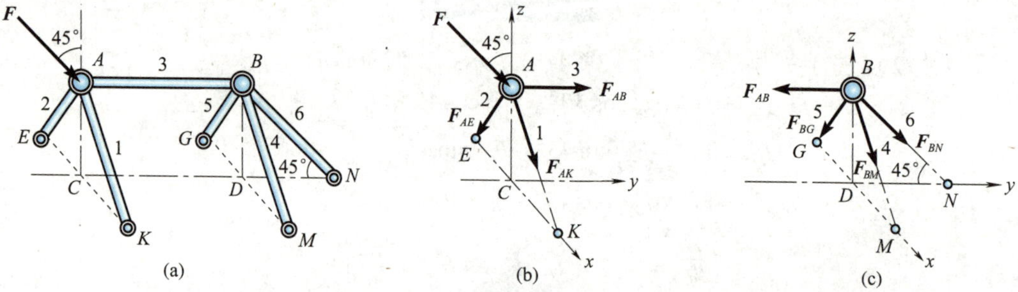

图 3-57 题 3-22

解：(1) 以 A 点为研究对象，如图 3-57(b) 所示。

$$\sum F_x = 0, \quad F_{AK}\cos 45^\circ - F_{AE}\cos 45^\circ = 0$$

$$\sum F_y = 0, \quad F\cos 45^\circ + F_{AB} = 0$$

$$\sum F_z = 0, \quad -F\sin 45^\circ - F_{AK}\sin 45^\circ - F_{AE}\sin 45^\circ = 0$$

(2) 以 B 点为研究对象，如图 3-57(c) 所示。

$$\sum F_x = 0, \quad -F_{BG}\cos 45^\circ + F_{BM}\cos 45^\circ = 0$$

$$\sum F_y = 0, \quad -F_{AB} + F_{BN}\cos 45^\circ = 0$$

$$\sum F_z = 0, \quad -F_{BG}\cos 45^\circ - F_{BM}\cos 45^\circ - F_{BN}\cos 45^\circ = 0$$

解得

$$F_{AB} = F_3 = -5\sqrt{2}\text{kN}（压）, \quad F_{AK} = F_{AE} = F_1 = F_2 = -5\text{kN}（压）$$

$$F_{BG} = F_{BM} = F_4 = F_5 = 5\text{kN}（拉）, \quad F_{BN} = F_6 = -10\text{kN}（压）$$

3-23　如图 3-58 所示，在三轮货车的底板上 M 处放重 F =1kN 的货物。M 点的坐标为 x_m=1.1m，y_m=1.5m。略去货车本身的重量，试求每一轮子对地面的压力。已知 AC=BC=1m，CE=0.2m，CD=2.2m。

解：根据受力平衡可得

$$\sum M_x = 0, \ F_2 \times 2 + F_3 \times 1 - F \times 1.5 = 0$$

$$\sum M_y = 0, \ -F_1 \times 0.2 - F_2 \times 0.2 - F_3 \times 2.2 + F \times 1.1 = 0$$

$$\sum F_z = 0, \ F_1 + F_2 + F_3 - F = 0$$

解得 F_1=25N，F_2=525N，F_3=450N。

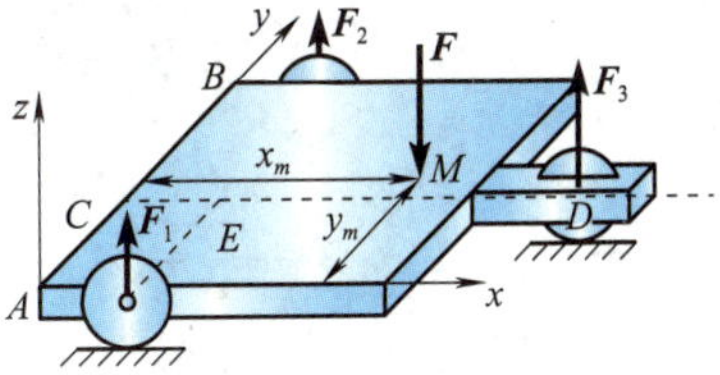

图 3-58　题 3-23

3-24　如图 3-59(a)所示，三脚圆桌的半径 r=50cm，重 W =0.6kN。圆桌的三脚 A、B、C 形成一个等边三角形。若在中线 CD 上距圆心 D 为 a 的点 M 处作用铅垂力 F =1.5kN，试求使圆桌不致翻倒的最大距离 a。

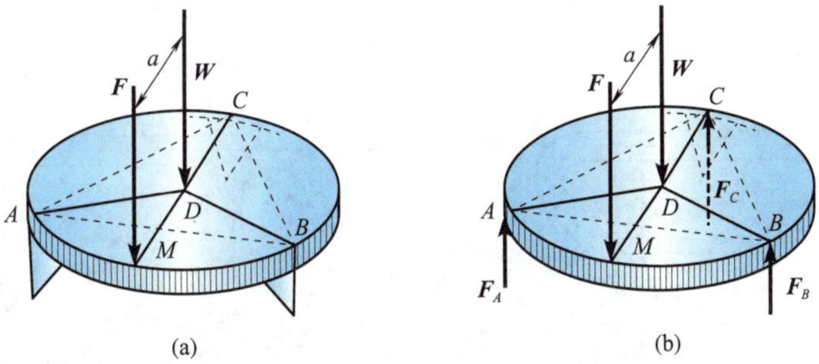

图 3-59　题 3-24

解：圆桌受力分析如图 3-59(b)所示，圆桌翻倒时，C 腿支撑力变为 0。

整体受力分析得

$$\sum F_y = 0, \quad F_A + F_B - F - W = 0$$

$$\sum M_{CM} = 0, \quad (F_A - F_B) \times 25 \times \cos 30^\circ = 0$$

$$\sum M_{AB} = 0, \quad W \times 25 - F(a - 25) = 0$$

解得 $a = 25\left(1 + \dfrac{W}{F}\right)$。

3-25　如图 3-60 所示，水平轴上装有两个凸轮，凸轮上分别作用有已知力 F_{P}=0.8kN 和未知力 $\boldsymbol{F}$。若轴平衡，试求力 $\boldsymbol{F}$ 的大小和轴承 A、B 的反力。

解：受力分析如图 3-60(b)所示。

$$\sum M_x = 0, \quad F_{\text{P}} \times 20 - F \times 20 = 0, \quad F = 0.8\text{kN}$$

$$\sum M_z = 0, \quad F_{By} \times 100 - F_{\text{P}} \times 140 = 0, \quad F_{By} = 1.12\text{kN}$$

$$\sum F_y = 0,\quad F_{Ay} + F_{By} - F_P = 0,\quad F_{Ay} = -0.32\,\text{kN}$$
$$\sum M_y = 0,\quad -F_{Bz} \times 100 - F \times 40 = 0,\quad F_{Bz} = -0.32\,\text{kN}$$
$$\sum F_z = 0,\quad F_{Az} + F_{Bz} + F = 0,\quad F_{Az} = -0.48\,\text{kN}$$

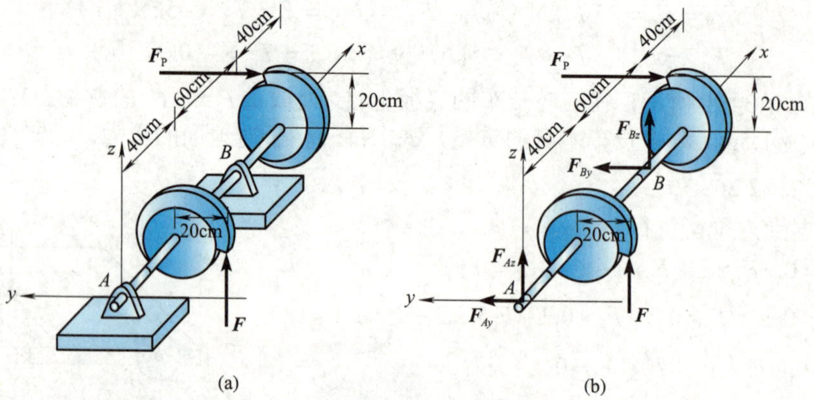

图 3-60　题 3-25

3-26　如图 3-61 所示，一个水平放置的直角悬臂折杆，在自由端 C 上作用铅垂载荷 F =10kN。尺寸如图 3-61 所示。试求支座 A 的约束反力。

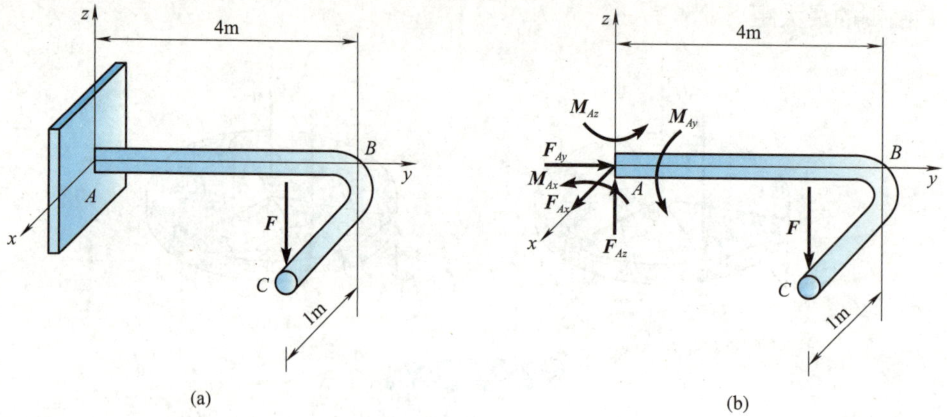

图 3-61　题 3-26

解： 受力分析如图 3-61(b)所示，由题意可得

$$\sum F_x = 0,\quad F_{Ax} = 0$$
$$\sum F_y = 0,\quad F_{Ay} = 0$$
$$\sum F_z = 0,\quad F_{Az} - F = 0,\quad F_{Az} = 10\,\text{kN}$$
$$\sum M_x = 0,\quad M_{Ax} - F \times 4 = 0,\quad M_{Ax} = 40\text{kN}\cdot\text{m}$$
$$\sum M_y = 0,\quad M_{Ay} + F \times 1 = 0,\quad M_{Ay} = -10\text{kN}\cdot\text{m}$$
$$\sum M_z = 0,\quad M_{Az} = 0$$

3-27　如图 3-62(a)所示，矩形板 $ABCD$ 用 DE 杆支撑于水平位置。撑杆 DE 两端均为铰链连接，板连同其上重物共重 G=800N，重力作用线通过矩形板的几何中心。已知 AB=1.5m，AD=0.6m，AK=BM=0.25m，DE=0.75m。不计杆重，试求撑杆 DE 所受的力 $\boldsymbol{F}_{DE}$ 以及铰链 K 和

M 的约束反力。

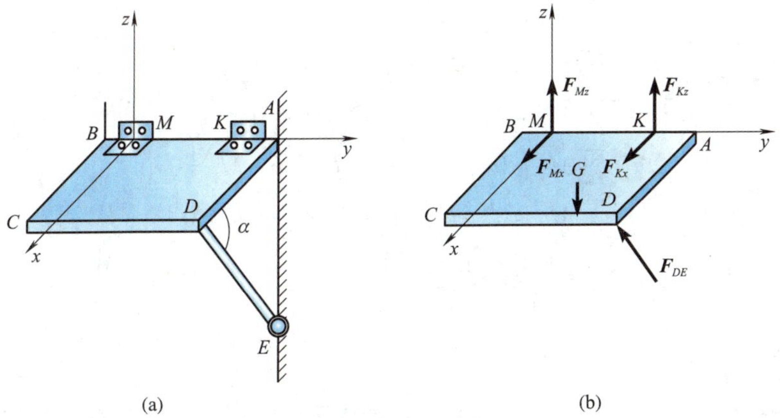

图 3-62 题 3-27

解：受力分析如图 3-62(b) 所示。

由题意可得 $\cos\alpha = \dfrac{0.6}{0.75} = 0.8$， $\sin\alpha = \dfrac{0.45}{0.75} = 0.6$ 。

$$\sum M_y = 0，\quad G\times 0.3 - F_{DE}\times\sin\alpha\times 0.6 = 0，\quad F_{DE} = 667\,\text{N}$$

$$\sum M_x = 0，\quad F_{Kz}\times 1 - G\times 0.5 + F_{DE}\times\sin\alpha\times 1.25 = 0，\quad F_{Kz} = -100\,\text{N}$$

$$\sum M_z = 0，\quad -F_{Kx}\times 1 - F_{DE}\times\cos\alpha\times 1.25 = 0，\quad F_{Kx} = -667\,\text{N}$$

$$\sum F_z = 0，\quad F_{Mz} + F_{Kz} - G + F_{DE}\times\sin\alpha = 0，\quad F_{Mz} = 500\,\text{N}$$

$$\sum F_x = 0，\quad F_{Mx} + F_{Kx} + F_{DE}\times\cos\alpha = 0，\quad F_{Mx} = 133\,\text{N}$$

3-28 如图 3-63(a) 所示，折杆 $ABCD$ 有两个直角，即 $\angle ABC=\angle BCD=90°$，且平面 ABC 与平面 BCD 垂直。杆的 D 端用球铰链连接于地面上，另一端 A 受轴承支持。三杆上分别作用三个力偶，力偶所在平面分别垂直于 AB、BC 和 CD。若 $AB=a$、$BC=b$、$CD=c$，且三力偶矩分别为 M_1、M_2 和 M_3，其中 M_2 和 M_3 已知。试求使折杆处于平衡的力偶矩 M_1 和支座反力。

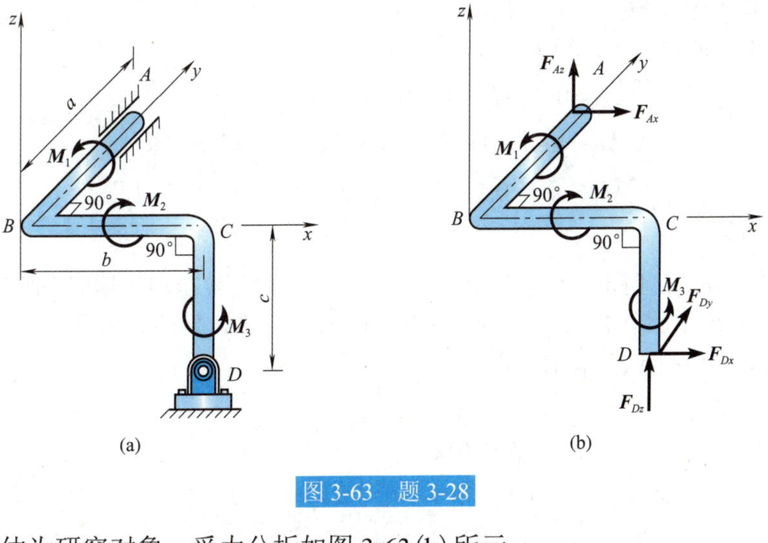

图 3-63 题 3-28

解：以整体为研究对象，受力分析如图 3-63(b) 所示。

$$\sum F_x = 0,\quad F_{Ax} + F_{Dx} = 0$$
$$\sum F_y = 0,\quad F_{Dy} = 0$$
$$\sum F_z = 0,\quad F_{Az} + F_{Dz} = 0$$
$$\sum M_x = 0,\quad F_{Dy} \times c + F_{Az} \times a - M_2 = 0$$
$$\sum M_y = 0,\quad -F_{Dx} \times c - F_{Dz} \times b - M_1 = 0$$
$$\sum M_z = 0,\quad F_{Dy} \times b - F_{Ax} \times a + M_3 = 0$$

解得 $F_{Ax} = \dfrac{M_3}{a}$，$F_{Ay} = 0$，$F_{Az} = \dfrac{M_2}{a}$，$F_{Dx} = -\dfrac{M_3}{a}$，$F_{Dy} = 0$，$F_{Dz} = -\dfrac{M_2}{a}$

$M_1 = \dfrac{b}{a} M_2 + \dfrac{c}{a} M_3$。

3-29　如图 3-64(a)所示，用六根直杆支撑的水平板在板角处受铅垂力 $\boldsymbol{F}$ 作用。试求由力 $\boldsymbol{F}$ 所引起的各杆的内力。各杆的上、下端分别用铰链与水平板和水平地面连接，杆重不计。

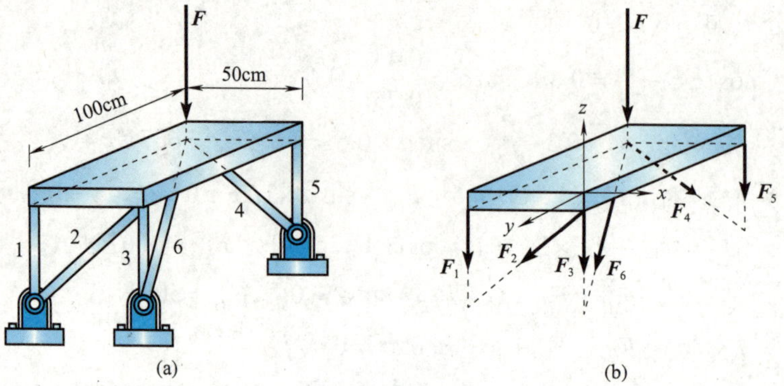

图 3-64　题 3-29

解：以板为研究对象，受力分析如图 3-64(b)所示。

对与力 $\boldsymbol{F}$ 作用线重合的轴取矩，得 $F_2 = 0$。

对 z 轴取矩 $\sum M_z = 0$，得 $F_4 = 0$。

对与 5 杆重合的轴取矩，得 $F_6 = 0$。

$$\sum F_z = 0,\quad -F - F_1 - F_3 - F_5 = 0$$
$$\sum M_x = 0,\quad -1 \times F_5 - 1 \times F = 0,\quad F_5 = -F \text{（压）}$$
$$\sum M_y = 0,\quad 0.5 \times F + 0.5 \times F_1 = 0,\quad F_1 = -F \text{（压）}$$

解得 $F_3 = F$（拉）。

3-30　如图 3-65(a)所示，刚架上作用 q=2kN/m 的均布载荷和作用线分别平行于 x 轴、y 轴的集中力 $\boldsymbol{F}_1$ 和 $\boldsymbol{F}_2$。已知 F_1=5kN，F_2=4kN。试求固定端 A 处的约束反力。

解：受力分析如图 3-65(b)所示。

根据受力平衡可得

$$\sum F_x = 0,\ F_{Ax} + F_1 = 0,\quad F_{Ax} = -5\text{kN}$$
$$\sum F_y = 0,\ F_{Ay} + F_2 = 0,\quad F_{Ay} = -4\text{kN}$$
$$\sum F_z = 0,\ F_{Az} - q \times 4 = 0,\quad F_{Az} = 8\text{kN}$$

$$\sum M_x = 0,\ \ M_{Ax} - F_2 \times 4 - q \times 4 \times 2 = 0,\ \ M_{Ax} = 32\text{kN}\cdot\text{m}$$

$$\sum M_y = 0,\ \ M_{Ay} + F_1 \times 6 = 0,\ \ M_{Ay} = -30\text{kN}\cdot\text{m}$$

$$\sum M_z = 0,\ \ M_{Az} - F_1 \times 4 = 0,\ \ M_{Az} = 20\text{kN}\cdot\text{m}$$

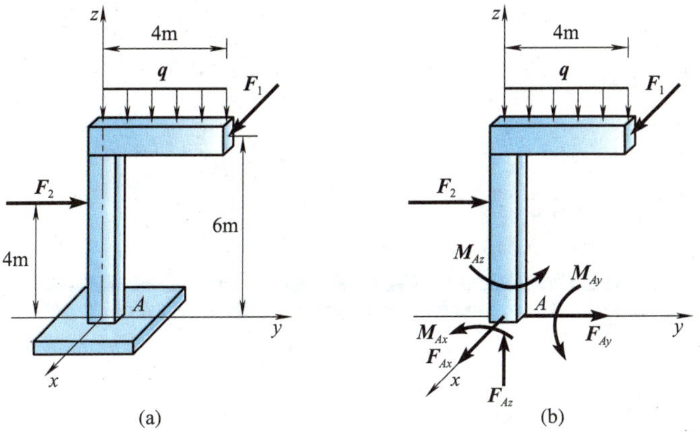

图 3-65 题 3-30

3-31 图 3-66(a)所示公路信号标 S 板承受 $p = 700\text{N/m}^2$ 垂直的均匀风压，信号标重量 $W = 200\text{N}$，重心在其中心，其他部分重量不计，尺寸如图所示。试求固定端 A 处柱基础的约束反力。

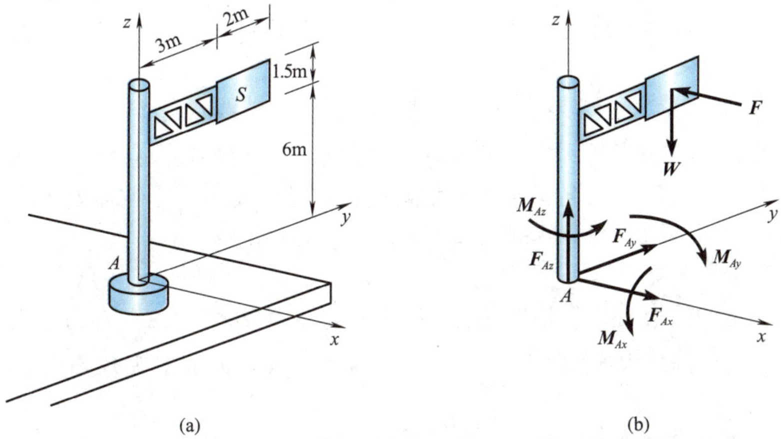

图 3-66 题 3-31

解：受力分析如图 3-66(b)所示。

$$F = p \cdot S = 700 \times 2 \times 1.5 = 2.1(\text{kN})$$

$$\sum F_x = 0,\ \ F_{Ax} - F = 0,\ \ F_{Ax} = 2.1\text{kN}$$

$$\sum F_y = 0,\ \ F_{Ay} = 0$$

$$\sum F_z = 0,\ \ F_{Az} - W = 0,\ \ F_{Az} = 0.2\text{kN}$$

$$\sum M_x = 0,\ \ M_{Ax} - W \times 4 = 0,\ \ M_{Ax} = 0.8\text{kN}\cdot\text{m}$$

$$\sum M_y = 0,\ \ M_{Ay} - F \times 6.75 = 0,\ \ M_{Ay} = 14.175\text{kN}\cdot\text{m}$$

$$\sum M_z = 0,\ \ M_{Az} + F \times 4 = 0,\ \ M_{Az} = -8.4\text{kN}\cdot\text{m}$$

第4章

摩　　擦

4.1　重点内容提要

1. 摩擦力

两个相互接触的物体之间有相对运动或运动趋势的时候，其接触面内会产生阻碍相对运动或运动趋势的力，这种力称为摩擦力。

2. 库仑摩擦定律

其他因素相同时，最大静摩擦力 $\boldsymbol{F}_{max}$ 与物体接触面的法线载荷 $\boldsymbol{F}_N$ 成正比，即 $F_{max}=f_sF_N$。其中，比例系数 f_s 称作静摩擦系数，它取决于接触物体的材料以及接触表面的物理状态，如粗糙程度、湿度、温度等，与名义接触面积无关。这时会发现，当物体处于静止状态时，其所能受到的摩擦力 $\boldsymbol{F}_s$ 满足 $0\leqslant F_s\leqslant F_{max}$。

3. 摩擦角

作用在木块上的约束反力包括摩擦力 $\boldsymbol{F}_s$ 和法向约束反力 $\boldsymbol{F}_N'$，其合力称为全约束反力或全反力。当摩擦力达到最大摩擦力时，全反力 $\boldsymbol{R}$ 和约束面法向 n 的夹角称为摩擦角，记为 φ_f。

4. 自锁

如果主动力作用线落在摩擦锥之内且方向指向接触点，无论主动力有多大，都不能使物体运动，这种现象叫作摩擦自锁。

5. 考虑摩擦的平衡问题

当静力平衡问题中出现摩擦力时，会出现以下几种情况。

(1)静摩擦力的大小始终没有超过最大静摩擦力时，摩擦接触面上的静摩擦力与接触压力的反力共同构成合反力(全约束反力)。这个合反力的作用点始终处于摩擦接触面内，而静摩擦力的方向判断要么依赖于运动趋势方向(与运动趋势相反)，要么依赖于平衡方程直接计算出的结果(可假设静摩擦力的方向，如果计算结果为正，则与预先假设的方向一致，如果结果为负，则与预先假设的方向相反)。

(2)静摩擦力的大小可能达到最大静摩擦力时，需要根据接触面特征开展临界平衡状态的分析。

(3) 在存在摩擦的情况下，物体平衡时允许主动力在一定范围内变动。研究此范围必须同时顾及滑动和倾翻两种状态，并进行比较。

6. 滚动摩阻

阻碍滚动发生的力偶，称为滚动摩阻力偶(简称滚阻力偶)，只要物体仍然静止，那么它就会时刻与产生滚动趋势的主动力偶相平衡，而在即将发生滚动的一瞬间，滚动摩阻力偶达到最大值，称为最大滚动摩阻力偶矩。最大滚动摩阻力偶矩的大小与接触面的正压力成正比。与库仑摩擦定律类似，也可以给出一个比例系数δ，称为滚动摩阻系数（简称滚阻系数）。因此有 $M_{f,max} = F_N\,\delta$。需要注意的是，与摩擦系数不同，滚阻系数δ为具有长度的量纲，其大小主要受物体和接触表面的变形程度影响，因此与材料硬度有关，但与接触表面的粗糙度无关。

4.2　典 型 例 题

例 4-1

试画出图 4-1 (a) 所示各物块的受力简图，所有接触面都粗糙。

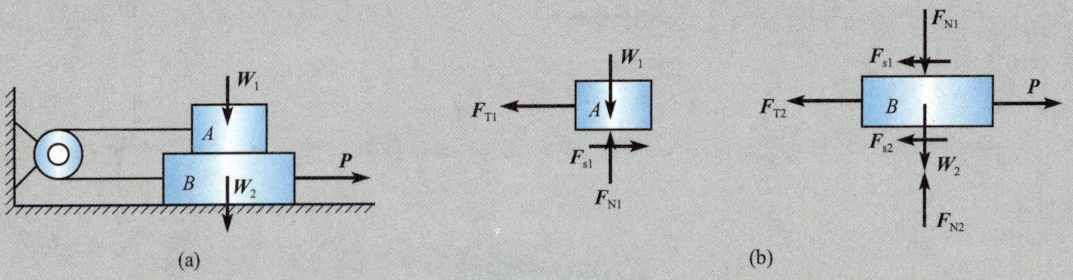

图 4-1　例 4-1

解：受力分析如图 4-1 (b) 所示。

例 4-2

如图 4-2 所示，均质楼梯的质量为 10kg、长度为 4m，B 端静止停靠在光滑墙壁上，A 端与粗糙的水平地面接触。已知楼梯与地面间的静摩擦系数 f_s=0.3，试求楼梯保持静止时相对水平面的最小倾角 θ 及此时的墙壁约束力。

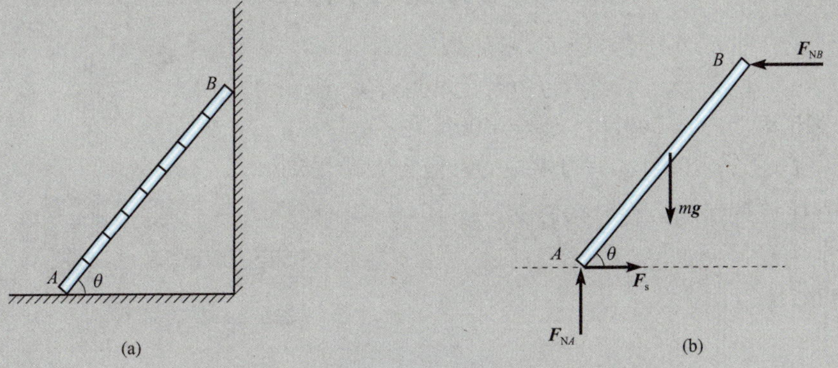

图 4-2　例 4-2

解：受力分析如图 4-2(b)所示。

$$\sum F_y = 0,\ F_{NA} - mg = 0,\ F_{NA} - 10\times 9.81 = 0,\ F_{NA} = 98.1\text{N}$$

补充方程：$F_s = f_s F_{NA} = 29.43\text{N}$

$$\sum F_x = 0,\ F_s - F_{NB} = 0,\ 29.43 - F_{NB} = 0,\ F_{NB} = 29.43\text{N}$$

$$\sum M_A = 0,\ F_{NB}\times 4\sin\theta - mg\times 2\cos\theta = 0$$

解得 $\theta = 59.0°$。

例 4-3

如图 4-3(a)所示，梁 AB 受 200N/m 的均布载荷作用，且在 B 端由直立柱 BC 支撑。如果 BC 与梁接触的静摩擦系数 f_{sB}=0.2，与地面接触的静摩擦系数 f_{sC}=0.5，忽略各构件的重力和梁的厚度，求将立柱 BC 从梁下拉出的拉力 $\boldsymbol{P}$。

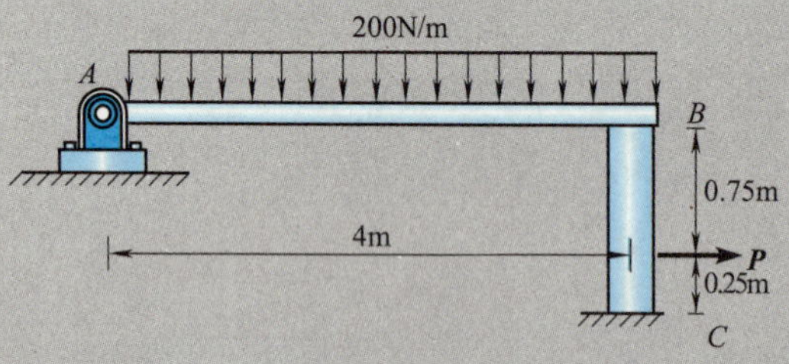

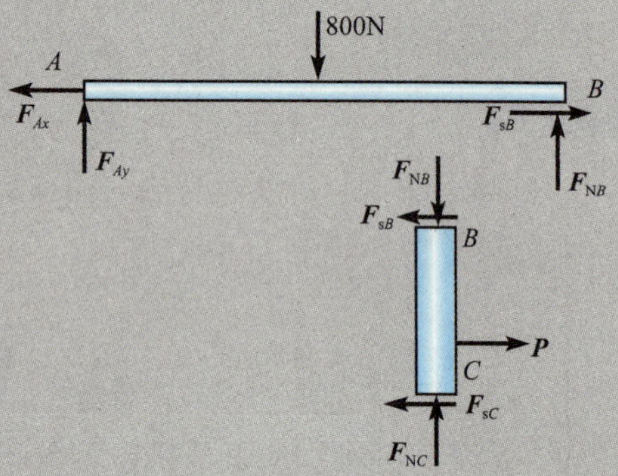

图 4-3 例 4-3

解：(1)取梁 AB 分析并作力的示意简图。

(2)列平衡方程。

$$\sum M_A = 0,\ F_{NB}\times 4 - 800\times 2 = 0,\ F_{NB} = 400\text{N}$$

(3)取立柱 BC 分析。

$$\sum F_x = 0,\ P - F_{sB} - F_{sC} = 0$$

$$\sum F_y = 0,\ F_{NC} - 400 = 0,\ F_{NC} = 400\text{N}$$

$$\sum M_C = 0,\ F_{sB}\times 1.0 - P\times 0.25 = 0$$

(4)假设立柱 B 端滑动，绕 C 端转动。

$$F_{sB} = f_{sB}F_{NB} = 80\text{N},\ F_{sC} \leqslant f_{sC}F_{NC}$$

解得 $P = 320\text{ N}$，$F_{sC} = 240\text{N}$，$F_{NC} = 400\text{N}$。

$F_{sC} \geqslant f_{sC}F_{NC} = 200\text{N}$，假设不成立，应为 C 端滑动。

(5)立柱 C 端滑动，绕 B 端转动。

$$F_{sB} \leqslant f_{sB}F_{NB} \quad F_{sC} = f_{sC}F_{NC} = 0.5F_{NC}$$

解得 $P = 267\text{N}$。

例 4-4

一活动支架套在固定圆柱的外表面，如图 4-4 所示，h=20cm。假设支架和圆柱之间的静摩擦因数 f_s=0.25。问作用于支架的主动力 $\boldsymbol{F}$ 的作用线距圆柱中心线至少多远才能使支架不致下滑(支架自重不计)？

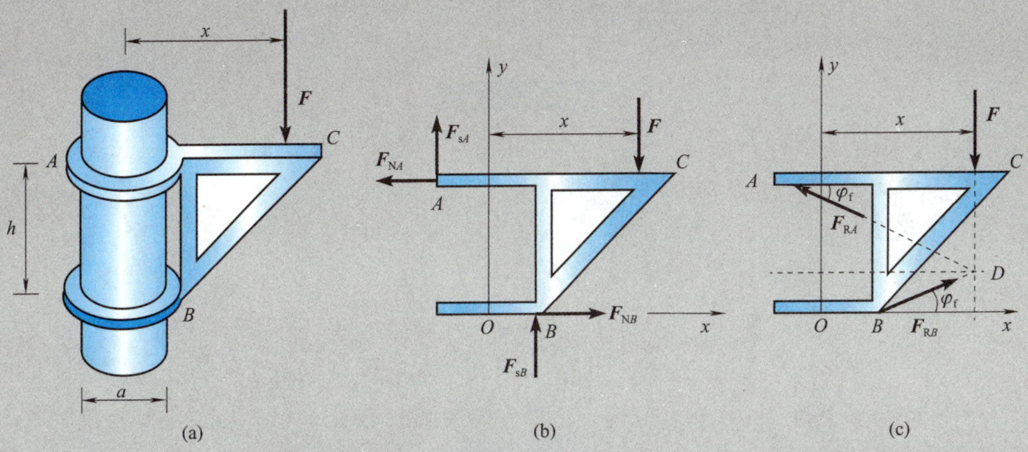

图 4-4　例 4-4

解：(1)解析法。

取支架为研究对象，受力分析如图 4-4(b)所示。

$$\sum F_x = 0, \quad -F_{NA} + F_{NB} = 0$$

$$\sum F_y = 0, \quad F_{sA} + F_{sB} - F = 0$$

$$\sum M_O = 0, \quad hF_{NA} - \frac{d}{2}(F_{sA} - F_{sB}) - xF = 0$$

考虑临界状态最大静摩擦力并补充方程：

$$F_{sA} = f_s \cdot F_{NA}, \quad F_{sB} = f_s \cdot F_{NB}$$

解得 $F_{NA} = F_{NB} = 2F$， $x = 40\text{cm}$ 。

(2)几何法。

由图 4-4(c)中几何关系可知

$$h = \left(x + \frac{d}{2}\right)\tan\varphi_f + \left(x - \frac{d}{2}\right)\tan\varphi_f$$

解得 $x = \dfrac{h}{2\tan\varphi_f} = \dfrac{h}{2f_s} = 40\text{cm}$ 。

例 4-5

图 4-5(a)中匀质轮子的重量 P=3kN，半径 r=0.3m；今在轮中心施加平行于斜面的拉力 F_H，使轮子沿与水平面成θ=30° 的斜面匀速向上做纯滚动。已知轮子与斜面的滚阻系数δ=0.05cm，试求力 F_H 的最小值。

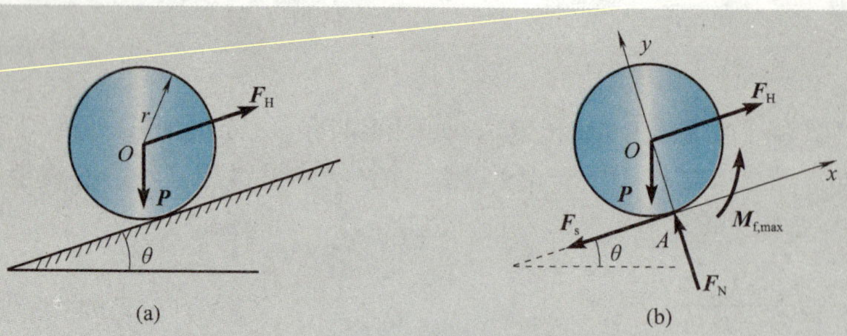

图 4-5　例 4-5

解：以轮子为研究对象进行受力分析，受力分析如图 4-5(b)所示。

考虑到存在滚动摩擦，且轮子匀速向上滚动，因此受力图中增加了最大滚动摩阻力偶矩 $\boldsymbol{M}_{f,max}$，其方向与轮子的滚动方向相反。轮子的受力处于平衡状态，可列出平衡方程如下。

$$\sum F_x = 0\text{，}\quad F_H - P\sin\theta - F_s = 0$$

$$\sum F_y = 0\text{，}\quad F_N - P\cos\theta = 0$$

$$\sum M_A = 0\text{，}\quad P\sin\theta\times r - F_H\times r + M_{f,max} = 0$$

由于未知量个数为 4 个，需要再补充最大滚动摩阻力偶矩 $M_{f,max} = F_N\delta$。这样就可由 4 个方程求出全部 4 个未知量 $\boldsymbol{F}_H$、$\boldsymbol{F}_s$、$\boldsymbol{F}_N$、$\boldsymbol{M}_{f,max}$，联立求解可知

$$F_H = P\left(\sin\theta + \frac{\delta}{r}\cos\theta\right)\text{，}\quad F_H = 1504\text{N}$$

例 4-6

匀质轮子的重量 W=10kN，半径 R=0.5m(图 4-6)；已知轮子与地面的滚阻系数 δ=0.005m，静摩擦系数 f_s=0.2，问轮子是先滚还是先滑？

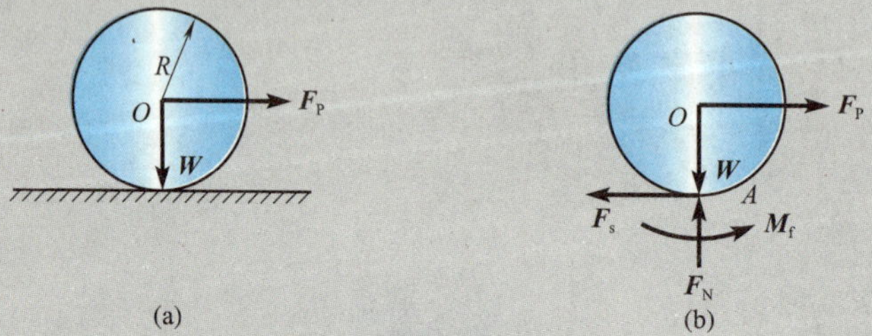

图 4-6　例 4-6

解：取轮子为研究对象，受力分析如图 4-6(b)所示，列平衡方程有

$$\sum F_x = 0\text{，}\quad F_P - F_s = 0$$

$$\sum F_y = 0\text{，}\quad F_N - W = 0$$

$$\sum M_A = 0\text{，}\quad M_f - F_P R = 0$$

临界滑动时，$F_s = F_{max} = f_s F_N = 2\text{kN}$。

临界滚动时，$M_f = M_{f,max} = \delta F_N$。

所以轮子先滚：$F_P = \dfrac{M_f}{R} = \dfrac{\delta F_N}{R} = \dfrac{\delta W}{R} = 0.1\text{kN}$。

讨论：轮子只滚动而不滑动的条件。

临界时，$F_{滚} \leqslant F_{滑}$。

滚动时，$F_{P1}=\dfrac{M_f}{R}=\dfrac{\delta F_N}{R}=\dfrac{\delta W}{R}$。

滑动时，$F_{P2}=F_s=f_s F_N=f_s W$。

$$\frac{\delta W}{R}<f_s W \text{ 即 } \frac{\delta}{R}<f_s$$

实际上$\dfrac{\delta}{R} << f_s$，所以轮子一般先滚动。

例 4-7

匀质轮子的重量W=300N，由半径R=0.4m和半径r=0.1m的两个同心圆固连而成(图4-7)。已知轮子与地面的滚阻系数δ=0.005m，摩擦系数f_s=0.2，求拉动轮子所需力F_P的最小值。

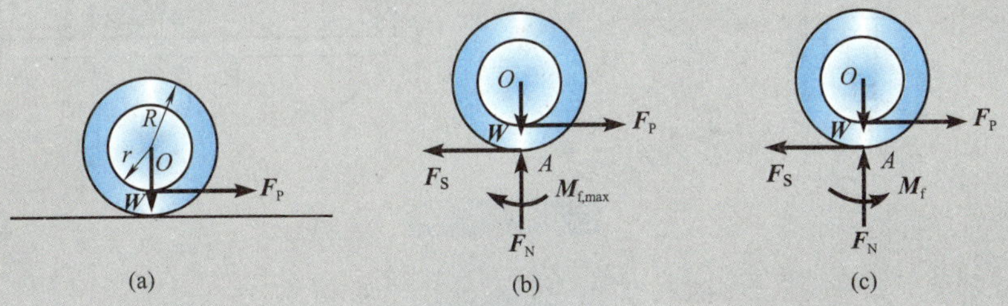

图 4-7 例 4-7

解：轮子可能发生三种运动趋势。

(1)轮子不滑动，处于向左滚动的临界状态，受力如图 4-7(b)所示。

$$\sum F_x=0,\quad F_P-F_s=0$$
$$\sum F_y=0,\quad F_N-W=0$$
$$\sum M_O=0,\quad rF_P-M_{f,max}-F_sR=0$$

临界时，$M_f=M_{f,max}=\delta F_N$。

解得 $F_N=W=300\text{N}$。

$M_{f,max}=\delta F_N=1.5\text{N·m}$，$F_P=F_s$，$F_P=\dfrac{-M_{f,max}}{R-r}=-5\text{N}$，负值说明轮子不可能有向左滚动的趋势。

(2)轮子不滑动，处于向右滚动的临界状态，受力如图 4-7(c)所示。

$$\sum F_x=0,\quad F_P-F_s=0$$
$$\sum F_y=0,\quad F_N-W=0$$
$$\sum M_O=0,\quad rF_P+M_{f,max}-F_sR=0$$

临界时，$M_f=M_{f,max}=\delta F_N$。

解得 $F_N=W=300\text{N}$

$$M_{f,max}=\delta F_N=1.5\text{N·m},\quad F_P=F_s,\quad F_P=\frac{M_{f,max}}{R-r}=5\text{N}$$

(3)轮子处于滑动的临界状态，此时静摩擦力达到最大值。

$$F_s=F_{max}=f_s F_N=f_s W=60\text{N}$$

远远大于滚动所需的力 F_P 值。所以拉动轮子的力最小值 $F_{Pmin}=5N$。
轮子向右滚动。

例 4-8

已知物块重为 $\boldsymbol{P}$，静摩擦系数为 f_s，鼓轮重心位于 O_1 处，闸杆重量不计，各尺寸如图 4-8(a) 所示。求制动鼓轮所需铅直力 $\boldsymbol{F}$。

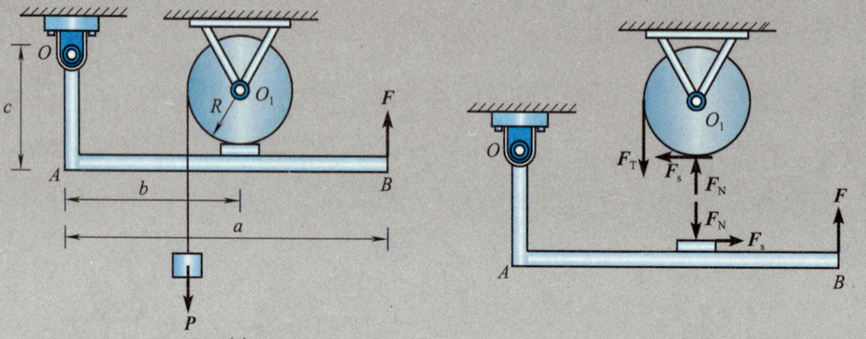

图 4-8 例 4-8

解：分别取闸杆与鼓轮为研究对象，受力如图 4-8(b) 所示。

设鼓轮被制动处于平衡状态。

鼓轮，$\sum M_{O_1}=0$，$RF_T-RF_s=0$。

闸杆，$\sum M_O=0$，$Fa-F_Nb-F_sc=0$。

因为 $F_s \leqslant f_sF_N$，而且 $F_T=P$。

解得 $F \geqslant \dfrac{RP(b-f_sc)}{f_sRa}$。

4.3 习题详解

4-1 如图 4-9(a) 所示，在重 200N 的物体 B 上有重 100N 的物体 A，物体 A 左侧被绳子拉住，物体 B 放在地面上并受到向右的水平力 $\boldsymbol{F}$ 作用。若 A 与 B 之间的接触面、B 与地面之间的接触面的静摩擦系数全为 0.35，试求物体 B 从静止开始向右运动的瞬间，力 $\boldsymbol{F}$ 的大小。

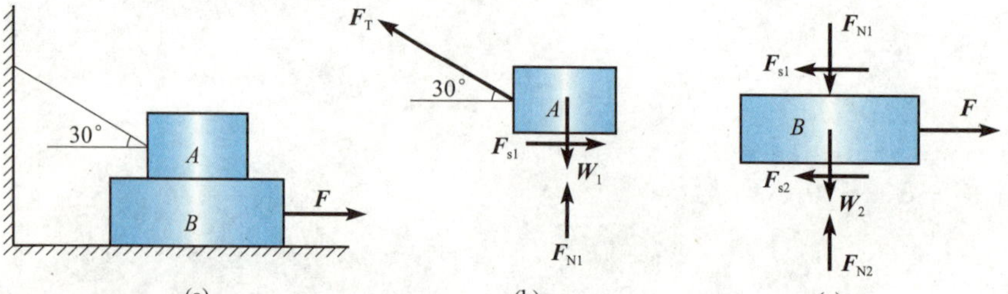

图 4-9 题 4-1

解：对物块 A 进行受力分析，如图 4-9(b)所示。

$$\sum F_x = 0,\quad -F_{\mathrm{T}}\cos 30^\circ + F_{\mathrm{s1}} = 0$$

$$\sum F_y = 0,\quad F_{\mathrm{T}}\sin 30^\circ + F_{\mathrm{N1}} - W_1 = 0$$

对物块 B 进行受力分析，如图 4-9(c)所示。

$$\sum F_x = 0,\quad F - F_{\mathrm{s1}} - F_{\mathrm{s2}} = 0$$

$$\sum F_y = 0,\quad F_{\mathrm{N2}} - F_{\mathrm{N1}} - W_2 = 0$$

物体 B 从静止开始向右运动的瞬间，摩擦力达到最大值。

$$F_{\mathrm{s1}} = f_{\mathrm{s}}F_{\mathrm{N1}},\quad F_{\mathrm{s2}} = f_{\mathrm{s}}F_{\mathrm{N2}}$$

解得 $F = 128.23\,\mathrm{N}$。

4-2 如图 4-10(a)所示，梯子重量为 $\boldsymbol{P}$，上端 A 靠在光滑墙面上，下端 B 支在静摩擦系数为 f_{s} 的粗糙地面上。试问当梯子与地面夹角α为多大时，体重为 Q 的人能够成功爬到梯子的顶点 A？

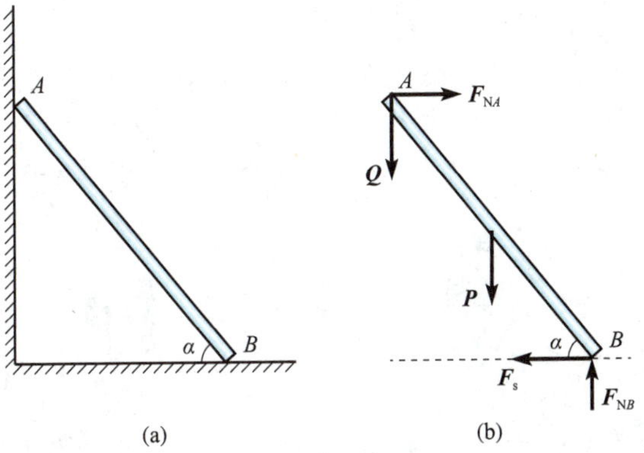

图 4-10 题 4-2

解：受力分析如图 4-10(b)所示。

$$\sum F_x = 0,\quad F_{\mathrm{N}A} - F_{\mathrm{s}} = 0$$

$$\sum F_y = 0,\quad -Q - P + F_{\mathrm{N}B} = 0$$

$$\sum M_B = 0,\quad \frac{1}{2}P\cdot l\cos\alpha + Q\cdot l\cos\alpha - F_{\mathrm{N}A}\cdot l\sin\alpha = 0$$

因为 $F_{\mathrm{s}} \leqslant f_{\mathrm{s}}F_{\mathrm{N}B}$，所以由以上各式可得 $\tan\alpha \geqslant \dfrac{P+2Q}{2f_{\mathrm{s}}(P+Q)}$。

所以 $\arctan\dfrac{P+2Q}{2f_{\mathrm{s}}(P+Q)} \leqslant \alpha \leqslant 90^\circ$。

4-3 如图 4-11(a)所示，有一个重量为 G=200N 的物块在水平推力 $\boldsymbol{F}$ 作用下紧贴在墙面上。已知其静摩擦系数 f_{s}=0.3，动摩擦系数 f =0.3，F =500N。请计算分析该滑块能否处于静力平衡状态，并给出其所受摩擦力的大小和方向。

解：受力分析如图 4-11(b)所示。

取物体为研究对象，若物体处于静平衡状态 ，有

$$\sum F_x = 0,\quad F_{\mathrm{N}} - F = 0,\quad F_{\mathrm{N}} = 500\,\mathrm{N}$$

$$\sum F_y = 0 \text{，} \quad F_s - G = 0 \text{，} \quad F_s = 200\,\text{N}$$

因为 $F_{s,max} = f_s \cdot F_N = 150\,\text{N} < F_s$，所以静平衡不成立，为动摩擦。

$$F_f = f \cdot F_N = 150\,\text{N}$$

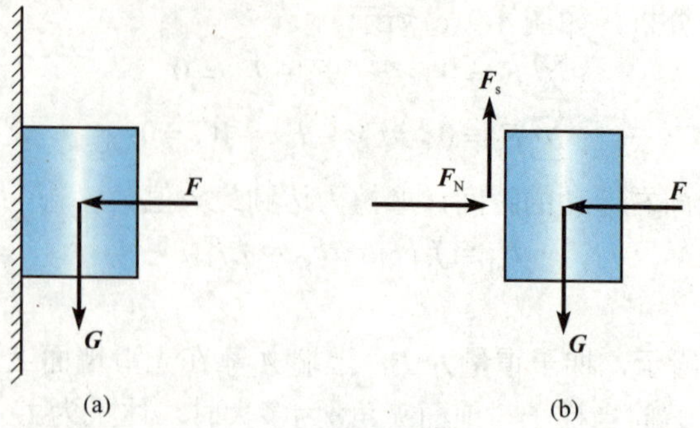

图 4-11　题 4-3

4-4　如图 4-12(a)所示，有一个半径为 300mm、重心在 A 点且质量为 20kg 的轮子静止在粗糙地面上，当在其上施加一个大小为 50N·m 的力偶时，B 处的光滑滚子使其无法进一步滚动。试求 C 处的约束力。

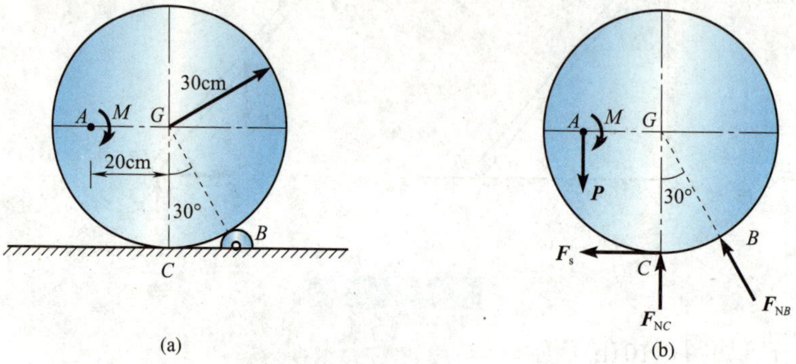

图 4-12　题 4-4

解：受力分析如图 4-12(b)所示。

轮子受重力、主动力偶 M、B 点的支持力、C 点的支持力和 C 点的摩擦力，处于平衡状态。

对轮心取矩，有 $\sum M_G = 0$，$-M + F_s \times 0.3 + P \times 0.2 = 0$

可以求出 $F_s = 36\,\text{N}$。

所有力向 BG 的垂直方向进行分解，有 $-P \times \sin 30° + F_s \times \cos 30° + F_{NC} \times \sin 30° = 0$

可以求出 $F_{NC} = 133.6\,\text{N}$。

4-5　图 4-13(a)为利用尖劈原理来完成重物推升的装置。若重物重量为 20kN，各个接触面处的摩擦角均为 12°，不考虑尖劈本身的重量。试求出图 4-13 所示情况提升重物所需的最小水平力。

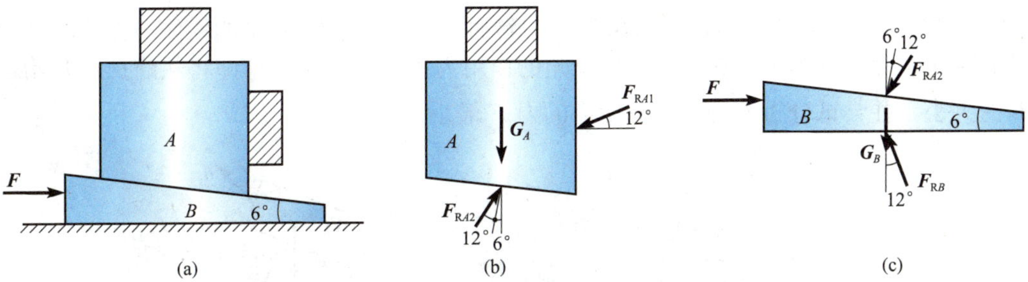

图 4-13 题 4-5

解：当重物有上升趋势时，劈尖 B 有向右运动趋势。各接触面间的摩擦力都达到最大值。

取重物连同劈尖 A 为研究对象，有

$$\sum F_x = 0, \quad F_{RA1}\cos 12^\circ - F_{RA2}\sin 18^\circ = 0$$

$$\sum F_y = 0, \quad -F_{RA1}\sin 12^\circ + F_{RA2}\cos 18^\circ - G_A = 0$$

解得

$$F_{RA2} = \frac{\cos 12^\circ}{\cos 18^\circ} G_A$$

即 $F_{RA2} = 22.59\text{kN}$。

取劈尖 B 为研究对象，有

$$\sum F_y = 0, \quad F_{RB}\cos 12^\circ - F_{RA2}\cos 18^\circ = 0$$

$$\sum F_x = 0, \quad F - F_{RB}\sin 12^\circ - F_{RA2}\sin 18^\circ = 0$$

解得

$$F = \frac{\sin 18^\circ}{\cos 12^\circ} F_{RA2}$$

代入数据，得 $F = 11.55\text{ kN}$。

4-6　图 4-14 所示重 500N 的鼓轮 B 放在墙角，其与地板间的静摩擦系数为 0.25，而墙壁假定是光滑的。鼓轮上的绳索下挂上一个重物 A，当鼓轮的半径 R=200mm、r =100mm 时，试求保持静力平衡条件下重物 A 的最大重量。

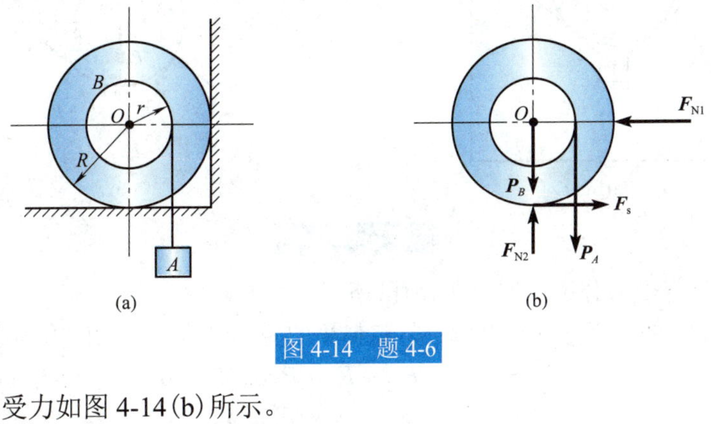

图 4-14 题 4-6

解：整体的受力如图 4-14(b) 所示。

$$\sum F_y = 0, \quad F_{N2} - P_A - P_B = 0$$

补充方程：$F_s = f_s F_{N2}$。

$$\sum M_O = 0, \quad F_s \cdot R - P_A \cdot r = 0$$

$$P_A = 500\text{ N}$$

4-7　如图 4-15(a)所示，在倾斜角为 β 的斜面上有一个重量为 $\boldsymbol{G}$ 的物体，设其与斜面的摩擦角为 φ_f。当在物体上施加与斜面成 θ 角的作用力 $\boldsymbol{F}$ 时，试求物体即将从静止到开始运动时 $\boldsymbol{F}$ 的大小，并尝试分析 θ 为何值时所需的力 $\boldsymbol{F}$ 最小。

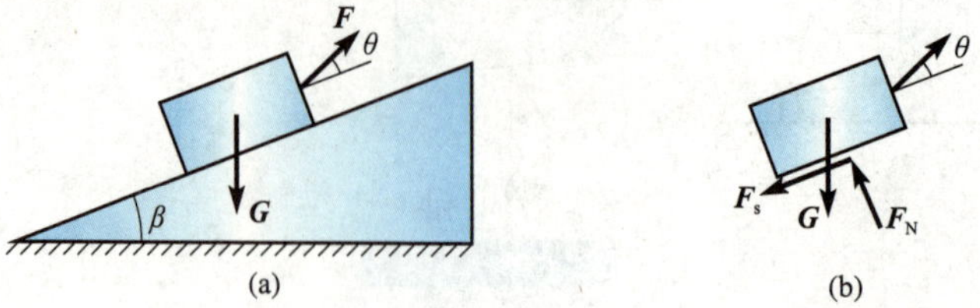

图 4-15　题 4-7

解：对物块进行受力分析，如图 4-15(b)所示，将力沿斜面和垂直斜面方向进行分解。

垂直于斜面方向有

$$\sum F_y = 0\,,\quad F\sin\theta + F_N - G\cos\beta = 0$$

沿斜面方向有

$$\sum F_x = 0\,,\quad F\cos\theta - F_s - G\sin\beta = 0$$

因为 $f_s = \tan\varphi_f$，补充方程 $F_s = f_s F_N = \tan\varphi_f \cdot F_N$。

联立求得 $F = \dfrac{G\sin(\beta+\varphi_f)}{\cos(\theta-\varphi_f)}$，当 $\theta = \varphi_f$ 时，F 最小。

4-8　如图 4-16(a)所示，均质棒料在一个 V 形槽中，如要使其转动，须施加一个力偶，当力偶矩 M =1.5kN·cm，棒料重 P=0.4kN 时，假设棒料直径 D =25cm。试求棒与槽之间的静摩擦因数 f_s。

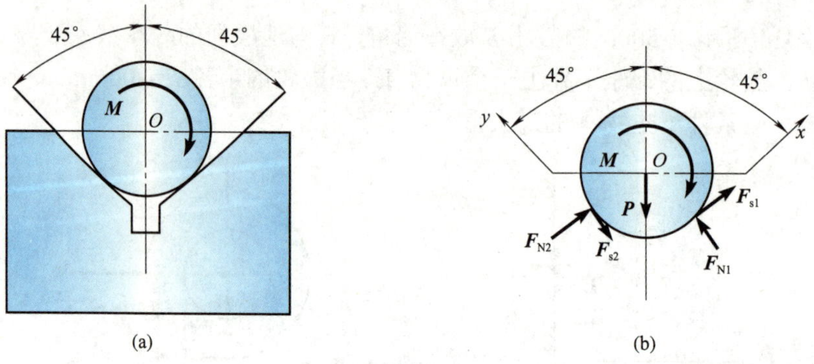

图 4-16　题 4-8

解：对棒料进行受力分析，如图 4-16(b)所示。

因为 $\boldsymbol{F}_{N1}$ 和 $\boldsymbol{F}_{N2}$ 的作用方向相互垂直，将料棒的受力沿这两个力的方向进行分解得

$$\sum F_x = 0\,,\quad F_{N2} + F_{s1} - P\cos 45^\circ = 0$$

$$\sum F_y = 0\,,\quad F_{N1} - F_{s2} - P\cos 45^\circ = 0$$

$$\sum M_O = 0\,,\quad -M + F_{s1}\frac{D}{2} + F_{s2}\frac{D}{2} = 0$$

补充方程 $F_{s1} = f_s F_{N1}$，$F_{s2} = f_s F_{N2}$。

解得 $f_s \approx 0.223$。

4-9 如图 4-17(a)所示，一个重 $\boldsymbol{W}_1$ 的运货升降箱在滑道间上、下移动，重 $\boldsymbol{W}_2$ 的货物放在箱子一侧。由于货物摆放位置较偏，升降箱的两角分别与所在那侧的滑道靠紧，设箱角与滑道的静摩擦系数为 f_s。试求能令箱子上、下移动(两种运动方向)而不被卡住的平衡配重 $\boldsymbol{W}$ 的值。

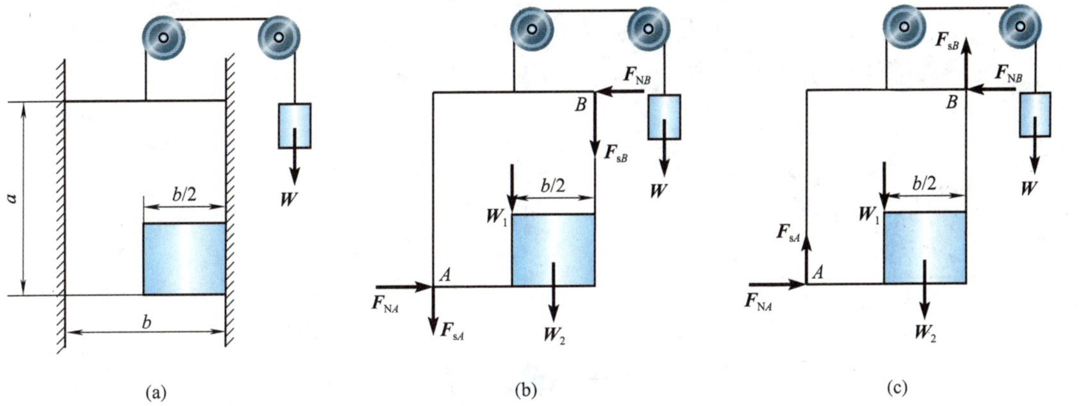

图 4-17 题 4-9

解：

(1)上行，受力分析如图 4-17(b)所示。

$$\sum F_x = 0,\quad F_{NB} - F_{NA} = 0$$

$$\sum F_y = 0,\quad W - W_1 - F_{sA} - F_{sB} - W_2 = 0$$

$$\sum M_O = 0,\quad -F_{sB}\cdot\frac{b}{2} - W_2\cdot\frac{b}{4} + F_{NA}\cdot a + F_{sA}\cdot\frac{b}{2} = 0$$

临界状态下补充方程 $F_{sA} = f_s \cdot F_{NA}$，$F_{sB} = f_s\cdot F_{NB}$，可得

$$F_{NA} = F_{NB} = \frac{bW_2}{4a},\quad W \geqslant W_1 + W_2\left(1 + \frac{bf_s}{2a}\right)$$

(2)下行，受力分析如图 4-17(c)所示。

$$\sum F_x = 0,\quad F_{NA} - F_{NB} = 0$$

$$\sum F_y = 0,\quad W - W_1 + F_{sB} + F_{sA} - W_2 = 0$$

$$\sum M_O = 0,\quad F_{sB}\cdot\frac{b}{2} - W_2\cdot\frac{b}{4} + F_{NA}\cdot a - F_{sA}\cdot\frac{b}{2} = 0$$

临界状态下补充方程 $F_{sA} = f_s\cdot F_{NA}$，$F_{sB} = f_s\cdot F_{NB}$，可得

$$F_{NA} = F_{NB} = \frac{bW_2}{4a},\quad W \leqslant W_1 + W_2\left(1 - \frac{bf_s}{2a}\right)$$

4-10 如图 4-18(a)所示，在斜面上有两个物体用不计重量的绳子相连。已知重 $\boldsymbol{W}$ 的物体静摩擦系数为 0.4，而另一个重 100N 的物体其静摩擦系数为 0.2。试求：

(1)重 $\boldsymbol{W}$ 的物体最小重量为多少时可以静止于斜面上。

(2) W=800N 时，求作用于其上的静摩擦力 $\boldsymbol{F}_s$ 的大小。

解：

(1)对物体 1 进行分析，如图 4-18(b)所示。

$$\sum F_x = 0,\quad F_{s1} + F_T - G\sin 20^\circ = 0$$

$$\sum F_y = 0\text{，}\quad F_{N1} - G\cos 20° = 0$$

临界状态下补充方程 $F_{s1} = f_{s1} \cdot F_{N1}$，解得 F_T=15.41N。

对物块 2 进行分析，如图 4-18(c)所示。

$$\sum F_x = 0\text{，}\quad F_{s2} - F_T - W\sin 20° = 0$$

$$\sum F_y = 0\text{，}\quad F_{N2} - W\cos 20° = 0$$

临界状态下补充方程 $F_{s2} = f_{s2} \cdot F_{N2}$，解得 W=455.15N。

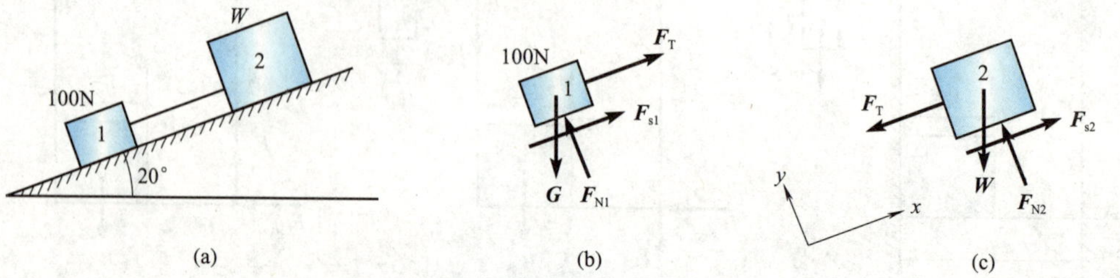

图 4-18　题 4-10

(2)当 W=800N 时，$F_{s2} = 289.03\,\text{N}$。

4-11　如图 4-19(a)所示，两个重物 A 与 B 用不计重量的刚性杆铰接到一起。已知重物 B 的重量为 2kN，重物 A 与水平面之间的摩擦角为 15°，斜面完全光滑，同时不考虑铰链中的摩擦。试求能保持整体静力平衡时重物 A 的最小重量。

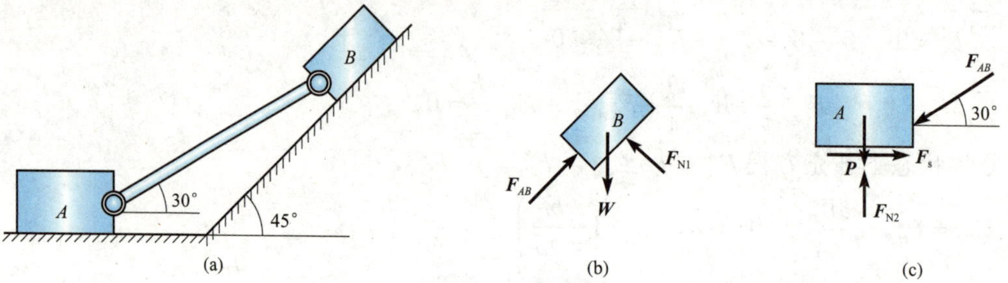

图 4-19　题 4-11

解：刚性杆为二力杆。如图 4-19(b)所示，重物 B 受重力、光滑面的支持力、二力杆的力作用。沿斜面列平衡方程，有

$$-W \cdot \frac{\sqrt{2}}{2} + F_{AB} \cdot \cos\frac{\pi}{12} = 0$$

求得 $F_{AB} = 2\left(\sqrt{3} - 1\right)\text{kN}$。

如图 4-19(c)所示，再对重物 A 进行分析，重物 A 受重力、支持力、摩擦力和刚性杆的力。

补充方程 $F_s = F_{N2} \cdot f_s = F_{N2} \cdot \tan 15° = F_{N2} \cdot \tan\dfrac{\pi}{12}$。

列平衡方程有

$$\sum F_x = 0\text{，}\quad F_s - F_{AB} \cdot \cos\frac{\pi}{6} = 0$$

$$\sum F_y = 0\text{，}\quad F_{N2} - P_{\min} - F_{AB} \cdot \sin\frac{\pi}{6} = 0$$

可得 $P_{\min}=4\,\text{kN}$。

4-12 如图 4-20(a)所示，长 400mm 的均质杆 AB 的 A 端倚在粗糙垂直的墙面上，通过绳子 CD 来保持静力平衡。设 BC=150mm，AD=250mm，且静力平衡时角度 α 最小值为 45°。试求出杆与墙面间的静摩擦系数 f_s。

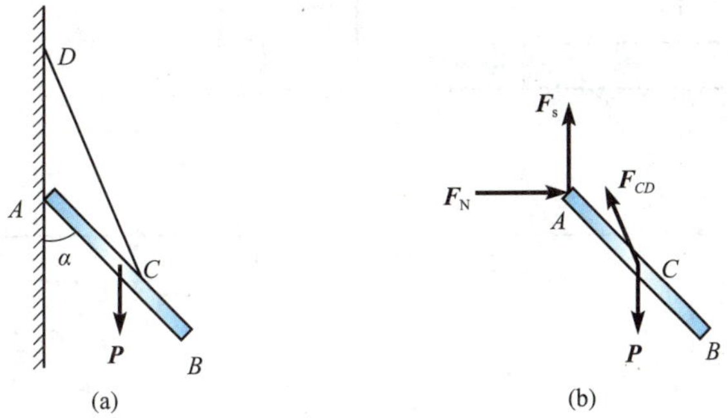

图 4-20 题 4-12

解：对杆 AB 进行受力分析，如图 4-20(b)所示。

$$\sum M_A=0,\quad F_{CD}\times 250\times\sin 22.5^\circ-P\times 200\times\sin 45^\circ=0,\quad F_{CD}=1.478P$$

$$\sum F_x=0,\quad F_N-F_{CD}\cos 67.5^\circ=0,\quad F_N=0.566P$$

$$\sum F_y=0,\quad F_s-P+F_{CD}\sin 67.5^\circ=0,\quad F_s=0.365P$$

$$f_s=\frac{F_s}{F_N}=0.646$$

4-13 如图 4-21(a)所示，重 0.5kN 的物块压在重 0.3kN 的圆柱上，在一组光滑滚轮限制下只能铅垂运动。设圆柱与物块的静摩擦系数为 0.4，圆柱与地面的静摩擦系数为 0.1，r=20mm，b=10mm，试求使圆柱产生运动所需的最小水平力 $\boldsymbol{F}_P$。

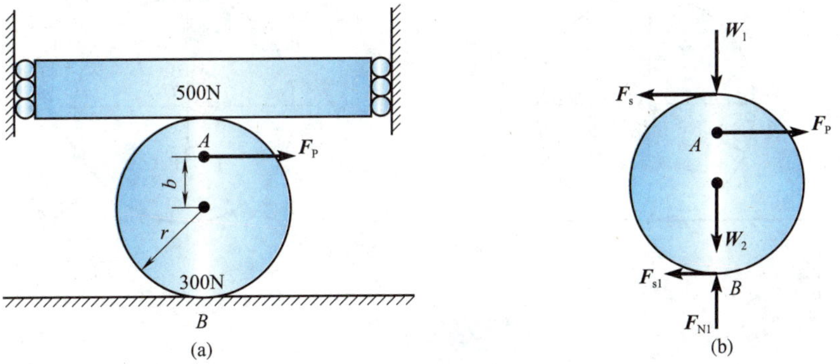

图 4-21 题 4-13

解：物块和光滑滚轮的受力图如图 4-21(b)所示。

设 $F_s=f_{s1}\cdot W_1=0.4\times 0.5=0.2(\text{kN})$。

$$\sum M_B=0,\quad F_s\times 2r-F_P\times(r+b)=0$$

解得 $F_P=267\ \text{N}=0.267\,\text{kN}$

4-14 物块 A 和 B 叠放在地面上，如图 4-22(a)所示。若物块 A 的重量 W_A=0.5kN，物块 B 的重量为 0.2kN；物块之间的静摩擦系数为 0.25，物块与地面之间的静摩擦系数为 0.2。

(1)试求刚拉动物块 B 所需的拉力 $\boldsymbol{P}$ 的最小值。

(2)若物块 A 的一端被绳子拴住，如图 4-22(b)所示，试求刚拉动物块 B 所需的拉力 $\boldsymbol{P}$ 的最小值。

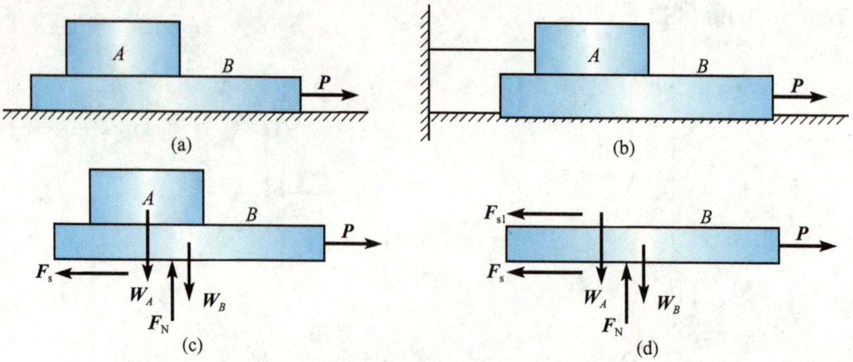

图 4-22　题 4-14

解：受力分析如图 4-22(c)所示。

(1) $\sum F_x = 0$，$P - f_s(W_A + W_B) = 0$，$P = 0.14\text{kN}$。

(2)以 B 为研究对象，如图 4-22(d)所示。

$$F_s = f_s(W_A + W_B)，\quad F_{s1} = f_s W_A$$

$$\sum F_x = 0，\quad P - F_{s1} - F_s = 0，\quad P = 0.265\text{kN}$$

4-15　如图 4-23(a)所示，重 5kN 的圆柱半径为 r =6cm，柱上缠绕着软绳，尝试以一个水平拉力 $\boldsymbol{F}$ 拉动圆柱使其登上台阶。若台阶棱边上不出现滑动，两者静摩擦系数为 0.3，试求圆柱能登上台阶的高度上限。

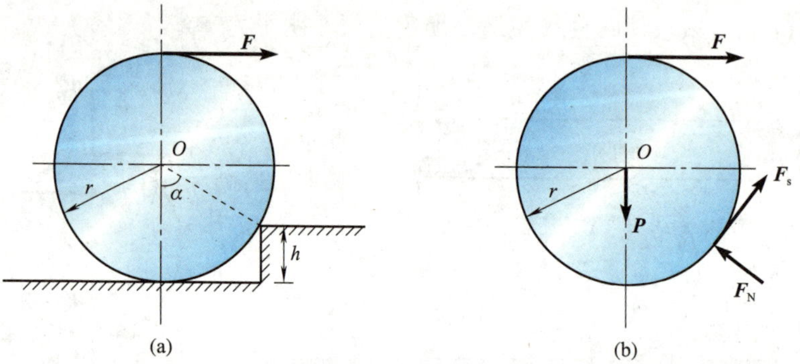

图 4-23　题 4-15

解：如图 4-23(b)所示，设重力为 $\boldsymbol{P}$，法向支撑力为 $\boldsymbol{F}_{\text{N}}$，切向支撑力为 $\boldsymbol{F}_{\text{s}}$。

沿切线方向，$\sum F_x = 0$，$F_s + F\cos\alpha - P\sin\alpha = 0$。

沿法线方向，$\sum F_y = 0$，$F_N - F\sin\alpha - P\cos\alpha = 0$。

$$\sum M_O = 0，\quad F_s \times 6 - F \times 6 = 0$$

补充方程 $F_s = F_N \cdot f_s$，解得 $\cos\alpha_1 = \dfrac{91}{109}$，$\cos\alpha_2 = -1$（舍去）。

$$h = 6 \times (1 - \cos\alpha) = 0.99(\text{cm})$$

4-16　如图 4-24(a)所示，均质杆 AB 的一端靠在铅垂墙面之上，另一端支在地面上，设所有接触面的摩擦角均为 φ_f。试求保持静力平衡时，此杆与墙面夹角 θ 的取值范围。

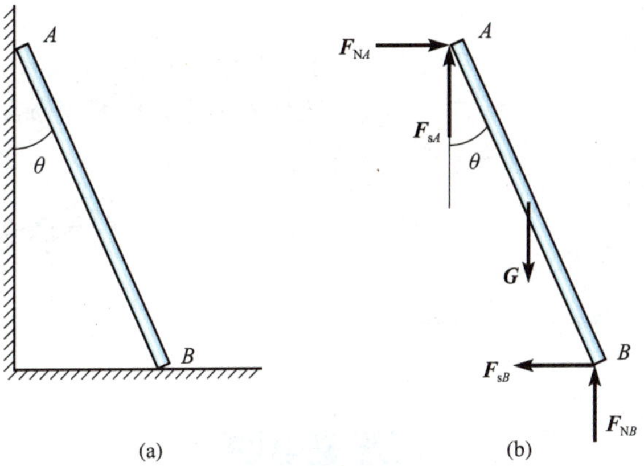

图 4-24　题 4-16

解： 受力分析如图 4-24(b)所示。

$$\sum F_x = 0，\quad F_{NA} - F_{sB} = 0$$

$$\sum F_y = 0，\quad G - F_{sA} - F_{NB} = 0$$

$$\sum M_B = 0，\quad \frac{Gl}{2}\sin\theta - F_{sA} l \sin\theta - F_{NA} l \cos\theta = 0$$

补充方程 $F_{sB} \leqslant \tan\varphi_f F_{NB}$，$F_{sA} \leqslant \tan\varphi_f F_{NA}$。

解得 $0 \leqslant \tan\theta \leqslant \dfrac{2\tan\varphi_f}{1-\tan^2\varphi_f} = \tan 2\varphi_f$，即 $0 \leqslant \theta \leqslant 2\varphi_f$。

4-17　如图 4-25(a)所示，重 0.2kN 的物块通过绳子绕过滑轮与半径为 20cm 的圆柱相连，圆柱与斜面的静摩擦系数为 0.6。如果不考虑滑轮的摩擦且 AB 连线处于水平，试求静力平衡时圆柱的重量。

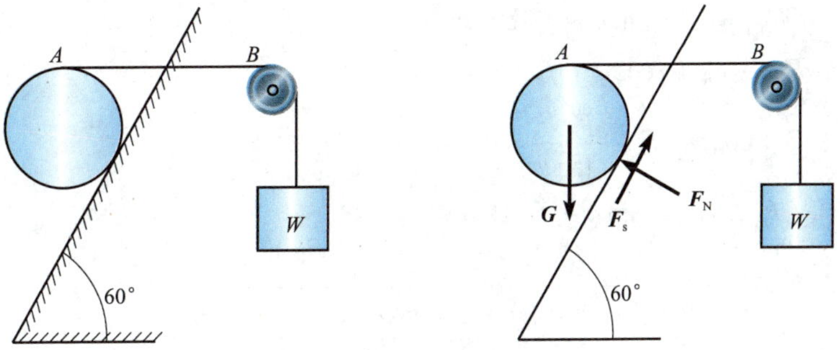

图 4-25　题 4-17

解： 圆柱整体受力如图 4-25(b)所示。

$$\sum F_x = 0，\quad F_s \cdot \cos 60° + W - F_N \cdot \cos 30° = 0$$

$$\sum F_y = 0，\quad F_s \cdot \sin 60° - G + F_N \cdot \sin 30° = 0$$

$$\sum M_A = 0，\quad F_s \cdot r - W \cdot r = 0$$

解得 $F_N = 0.346\text{kN}$， $F_s = W = 0.2\text{kN}$， $G = 0.346\text{kN}$。

补充方程 $F_{s,max} = 0.346\times 0.6 = 0.2076(\text{kN})$， $F_{s,max} > F_s$。

系统满足平衡条件。

4-18　如图 4-26(a)所示，长为 $2b$ 的均质杆 AB 重量为 $\boldsymbol{P}$，放在半径为 r 的固定圆柱之上。设杆与圆柱、杆与地面的静摩擦系数均为 f_s，试求静力平衡时角度 φ 的最大值。

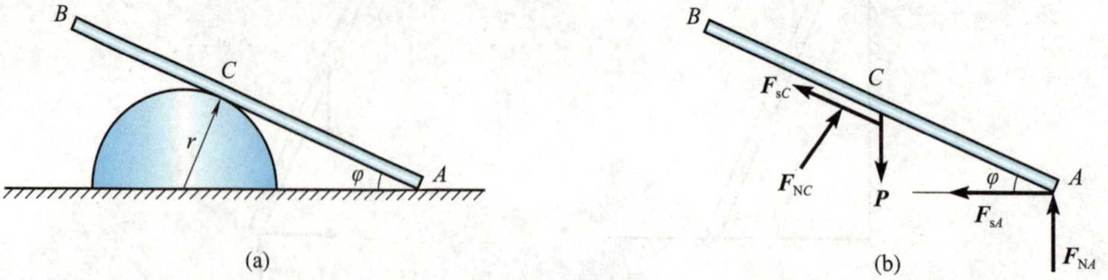

图 4-26　题 4-18

解：受力分析如图 4-26(b)所示。

平衡时，角度达到最大，A 点和 C 点均处于临界平衡位置。A 点摩擦力向左，C 点摩擦力沿切线向左上。列平衡方程有

$$\sum F_x = 0,\quad -F_{sA} + F_{NC}\cdot\sin\varphi - F_{sC}\cdot\cos\varphi = 0$$

$$\sum F_y = 0,\quad F_{NA} + F_{NC}\cdot\cos\varphi + F_{sC}\cdot\sin\varphi - P = 0$$

$$\sum M_A = 0,\quad P\cdot b\cos\varphi - F_{NC}\cdot\frac{r}{\tan\varphi} = 0$$

补充方程 $F_{sA} = f_s\cdot F_{NA}$， $F_{sB} = f_s\cdot F_{NB}$。

平衡方程变为 $\sum F_x = 0,\quad -f_s\cdot F_{NA} + F_{NC}\cdot\sin\varphi - f_s\cdot F_{NC}\cdot\cos\varphi = 0$

$$\sum F_y = 0,\quad F_{NA} + F_{NC}\cdot\cos\varphi + f_s\cdot F_{NC}\cdot\sin\varphi - P = 0$$

$$\sum M_A = 0,\quad P\cdot b\cos\varphi - F_{NC}\cdot\frac{r}{\tan\varphi} = 0$$

解得

$$f_s F_{NA} = F_{NC}(\sin\varphi - f_s\cdot\cos\varphi)$$

$$F_{NA} + F_{NC}\cdot(\cos\varphi + f_s\cdot\sin\varphi) - P = 0$$

$$P\cdot b\cos\varphi - F_{NC}\cdot\frac{r}{\tan\varphi} = 0$$

$$f_s F_{NA} = F_{NC}(\sin\varphi - f_s\cdot\cos\varphi)$$

$$F_{NC} = \frac{f_s P}{(\sin\varphi - f_s\cdot\cos\varphi) + f_s(\cos\varphi + f_s\cdot\sin\varphi)}$$

$$P\cdot b\cos\varphi - F_{NC}\cdot\frac{r}{\tan\varphi} = 0$$

$$P\cdot b\cos\varphi - \frac{f_s P}{(\sin\varphi - f_s\cdot\cos\varphi) + f_s(\cos\varphi + f_s\cdot\sin\varphi)}\cdot\frac{r}{\tan\varphi} = 0$$

$$b\sin^2\varphi + bf_s^2\sin^2\varphi = rf_s$$

$$\sin^2\varphi = \frac{rf_s}{b(1+f_s^2)},\quad \varphi = \arcsin\sqrt{\frac{rf_s}{b(1+f_s^2)}}$$

4-19　如图 4-27(a)所示，机构各个部件都处在同一个铅垂面内，设两杆长度都为 l，自重不计，所有铰点光滑。已知杆 AB 的中点 D 处有水平推力 $\boldsymbol{F}$ 作用，若滑块重量为 200kN，其与斜面的静摩擦系数为 0.4。试求能使滑块 C 保持静力平衡时推力 $\boldsymbol{F}$ 的最大值。

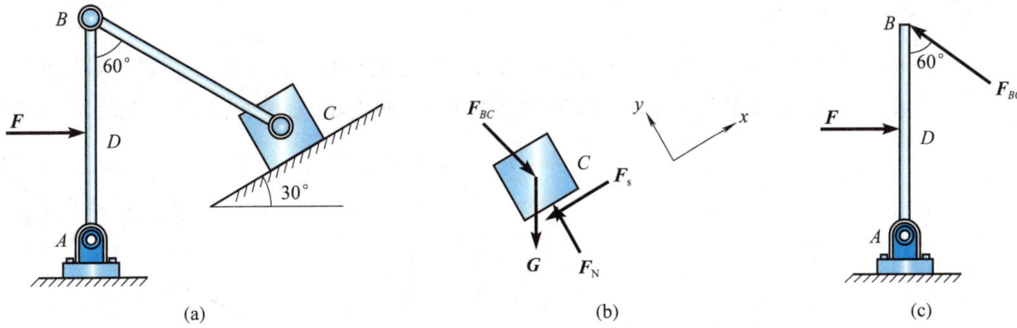

图 4-27　题 4-19

解：先对滑块 C 进行受力分析，如图 4-27(b)所示。

$$\sum F_x = 0, \quad F_{BC}\sin 30^\circ - F_s - G\sin 30^\circ = 0$$

$$\sum F_y = 0, \quad F_N - G\cos 30^\circ - F_{BC}\cos 30^\circ = 0$$

补充方程 $F_s = f_s \cdot F_N$。

再对杆 AB 进行受力分析，如图 4-27(c)所示，由力矩平衡得

$$\sum M_A = 0, \quad F_{BC}\sin 60^\circ \times l - F \times \frac{l}{2} = 0$$

$$F = \sqrt{3}\ F_{BC} = 1910\text{kN}$$

解得 F 最大为 1910kN。

4-20　如图 4-28(a)所示，粗糙斜面上有一个均质正三棱柱，边长为 l 其以 A 和 B 为支点。支点 A 和 B 与斜面的静摩擦系数分别为 f_{s1} 和 f_{s2}，试求静力平衡条件下，斜面与水平面之间的倾角 α 所能达到的最大值。

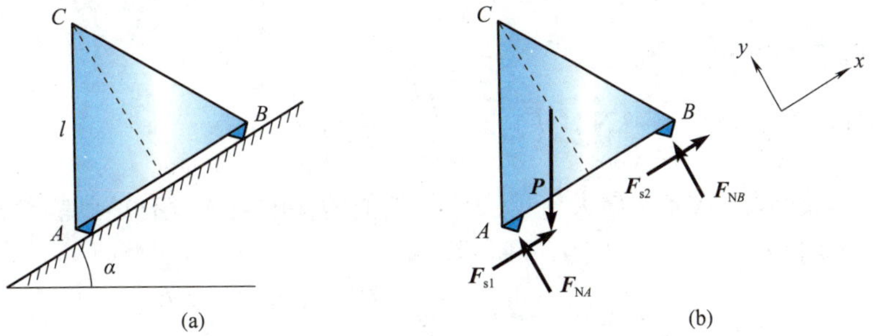

图 4-28　题 4-20

解：受力分析如图 4-28(b)所示。

正三棱柱不向下翻转的条件为

$$F_{NB} > 0$$

$$\sum M_A = 0, \quad F_{NB} \cdot l - P\cos\alpha \cdot \frac{l}{2} + P\sin\alpha \cdot \frac{\sqrt{3}}{6}l = 0$$

正三棱柱不下滑的条件为

$$\sum F_x = 0,\quad F_{s1} + F_{s2} - P\sin\alpha = 0$$

补充方程 $F_{s1} \leqslant f_{s1} \cdot F_{NA}$，$F_{s2} \leqslant f_{s2} \cdot F_{NB}$。

解得 $\tan\alpha = \dfrac{\sqrt{3}(f_{s1} + f_{s2})}{f_{s2} - f_{s1} + 2\sqrt{3}}$，$\alpha \leqslant 60^\circ$。

4-21　如图 4-29(a)所示，有两个完全相同的、半径为 0.3m、重 1kN 的圆柱放在斜面上，若各个接触面的静摩擦系数都是 0.2，试求静力平衡时 $\boldsymbol{F}_P$ 的大小(注意两个方向的运动趋势)。

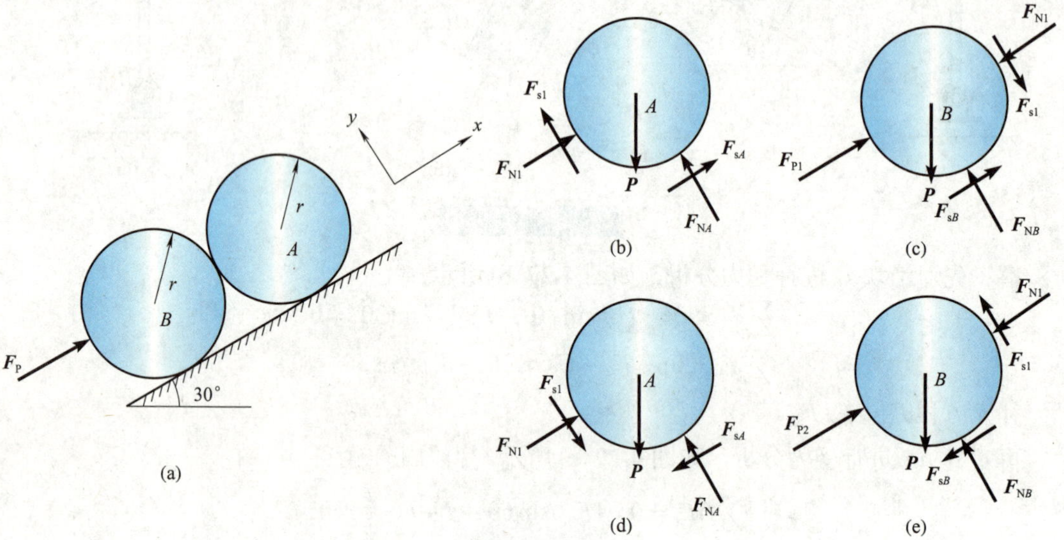

图 4-29　题 4-21

解：(1)圆柱有向下运动的趋势时，以圆柱 A 为研究对象，如图 4-29(b)所示。

$$\sum F_x = 0,\quad F_{N1} + F_{sA} - P\sin 30^\circ = 0$$
$$\sum F_y = 0,\quad F_{NA} - P\cos 30^\circ + F_{s1} = 0$$
$$\sum M_A = 0,\quad F_{sA} = F_{s1}$$

补充方程 $F_{s1} = f_{s1} \cdot F_{N1}$。

解得 $F_{N1} = \dfrac{5}{12}\text{kN}$，$F_{sA} = F_{s1} = \dfrac{1}{12}\text{kN}$，$F_{NA} = \left(\dfrac{\sqrt{3}}{2} - \dfrac{1}{12}\right)\text{kN}$。

两圆柱接触点达到静摩擦力最大值，圆柱与斜面的接触点还没有达到静摩擦力最大值。以圆柱 B 为研究对象，如图 4-29(c)所示。

$$\sum F_x = 0,\quad F_P - F_{N1} + F_{sB} - P\sin 30^\circ = 0$$
$$\sum F_y = 0,\quad F_{NB} - P\cos 30^\circ - F_{s1} = 0$$
$$\sum M_B = 0,\quad F_{sB} = F_{s1}$$

补充方程 $F_{s1} = f_{s1} \cdot F_{N1}$。

解得 $F_{N1} = \dfrac{5}{12}\text{kN}$，$F_{sB} = F_{s1} = \dfrac{1}{12}\text{kN}$，$F_{NB} = \left(\dfrac{\sqrt{3}}{2} + \dfrac{1}{12}\right)\text{kN}$，$F_{P1} = \dfrac{5}{6}\text{kN} = 0.83\text{kN}$。

(2)圆柱有向上运动的趋势时，以圆柱 A 为研究对象，如图 4-29(d)所示。

$$\sum F_x = 0,\quad F_{N1} - F_{sA} - P\sin 30^\circ = 0$$

$$\sum F_y = 0，\quad F_{NA} - P\cos 30^\circ - F_{s1} = 0$$

$$\sum M_A = 0，\quad F_{sA} = F_{s1}$$

补充方程 $F_{s1} = f_{s1} \cdot F_{N1}$。

解得 $F_{N1} = \dfrac{5}{8}\text{kN}$，$F_{sA} = F_{s1} = \dfrac{1}{8}\text{kN}$，$F_{NA} = \left(\dfrac{\sqrt{3}}{2} + \dfrac{1}{8}\right)\text{kN}$。

两圆柱接触点达到静摩擦力最大值，圆柱与斜面的接触点还没有达到静摩擦力最大值。

以圆柱 B 为研究对象，如图 4-29(e)所示。

$$\sum F_x = 0，\quad F_P - F_{N1} - F_{sB} - P\sin 30^\circ = 0$$

$$\sum F_y = 0，\quad F_{NB} - P\cos 30^\circ + F_{s1} = 0$$

$$\sum M_B = 0，\quad F_{sB} = F_{s1}$$

补充方程 $F_{s1} = f_{s1} \cdot F_{N1}$。

解得 $F_{N1} = \dfrac{5}{8}\text{kN}$，$F_{sB} = F_{s1} = \dfrac{1}{8}\text{kN}$，$F_{P2} = \dfrac{10}{8}\text{kN} = 1.25\text{kN}$。

所以 $0.83\text{kN} < F_P < 1.25\text{kN}$。

4-22 如图 4-30(a)所示，当用两手夹起一叠图书时，需要在其两端施加压力 F=225N。假设书本质量为 0.95kg，且每本书都相同。手与书间的静摩擦系数为 0.45，书与书间的静摩擦系数为 0.4。试求可以顺利夹起的最大图书数目。

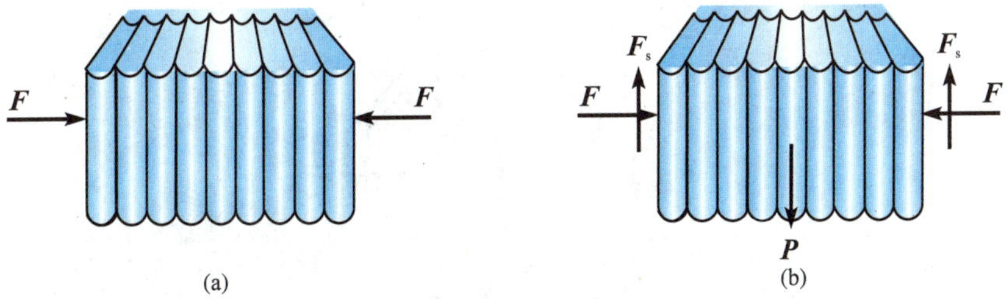

图 4-30 题 4-22

解： 受力分析如图 4-30(b)所示。

$$\sum F_y = 0，\quad -P + 2F_s = 0$$

补充方程：$F_s = f_{s1} \cdot F = 0.45F$。

解得 $n = \dfrac{P}{0.95 \times 9.8} = \dfrac{2 \times 0.45 \times 225}{0.95 \times 9.8} = 21.7$。

所以，最多可夹 21 本。

4-23 如图 4-31(a)所示，处于铅垂面内的一个机构，杆 OA、AB 长为 l，重为 G，铰点 A 光滑，滑块 B 重量 $2G$，其与滑道的静摩擦系数为 0.3。试求整体保持静力平衡时，θ 的最小值。

解： 对整体进行研究，如图 4-31(b)所示。

$$\sum F_x = 0，\quad F_{Ox} - F_s = 0$$

$$\sum F_y = 0，\quad F_{Oy} - 4G + F_{NB} = 0$$

$$\sum M_B = 0，\quad \frac{Gl}{2}\cos\theta + \frac{3Gl}{2}\cos\theta - 2F_{Oy}l\cos\theta = 0$$

补充方程 $F_s \leqslant f_s F_{NB}$。

解得 $F_{Oy}=G$，$F_{NB}=3G$。

对杆 AB 进行研究，如图 4-31(c) 所示。

$$\sum F_x=0,\quad F_{Ax}-F_s=0$$

$$\sum F_y=0,\quad F_{Ay}-G+F_{NB}-2G=0$$

$$\sum M_B=0,\quad \frac{Gl}{2}\cos\theta-F_{Ay}l\cos\theta-F_{Ax}l\sin\theta=0$$

可得 $\tan\theta=\dfrac{5}{9}$，$\theta=29^\circ$。

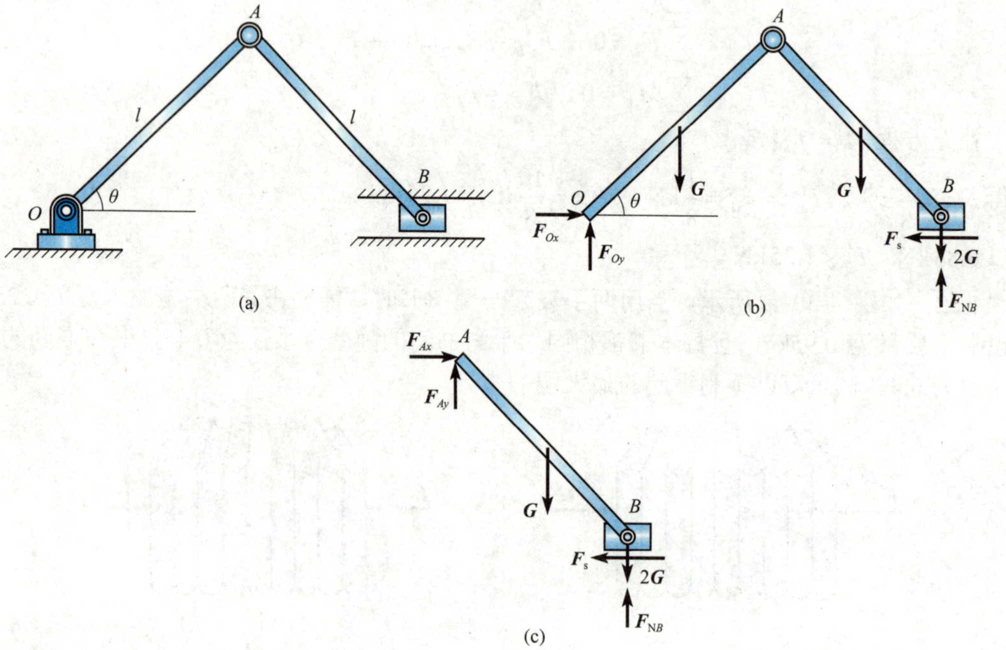

图 4-31　题 4-23

4-24　如图 4-32(a) 所示，半径为 R 的圆轮在其最上端 B 点受到一个水平拉力 $\boldsymbol{F}_H$ 作用，其与水平地面的滚动摩擦系数为δ。试问：$\boldsymbol{F}_H$ 使轮只滚不滑时，静摩擦系数 f_s 应满足什么条件？

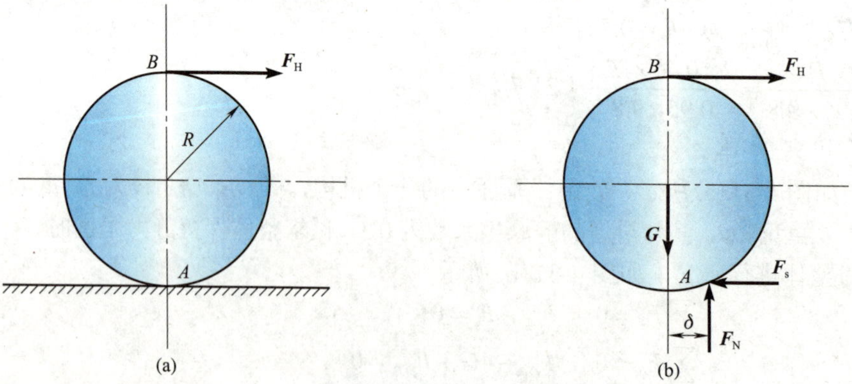

图 4-32　题 4-24

解：圆柱整体的受力如图 4-32(b) 所示，有

$$\sum F_y = 0, \quad F_N - G = 0$$
$$\sum M_A = 0, \quad F_N \cdot \delta = F_H \cdot 2R$$

根据只发生滚动不发生滑动得

$$F_s \geqslant F_H, \quad f_s \geqslant \frac{\delta}{2R}$$

4-25　如图 4-33(a)所示，两根相同的均质杆用光滑铰链连接，A 和 C 端放在粗糙的水平地面上，当△ABC 为等边三角形时，若整个系统处于静力临界平衡状态，试求杆端与水平地面的静摩擦系数。

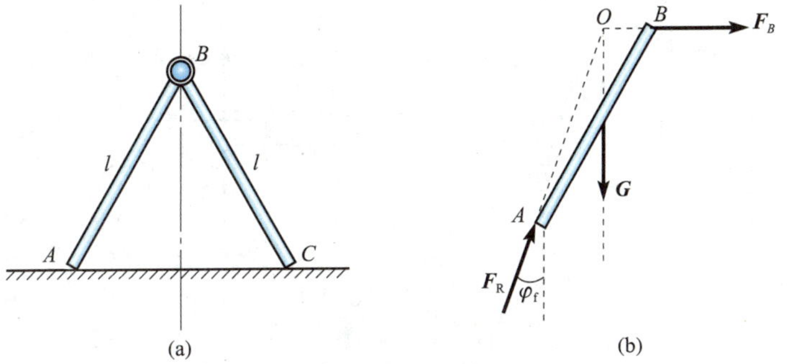

图 4-33　题 4-25

解：受力分析如图 4-33(b)所示。

系统是对称的，AB 杆和 BC 杆之间只有水平作用力。以 AB 杆为研究对象，三力平衡必汇交于一点。从点 B 作水平线，在 AB 杆中点作竖线，相交于点 O，A 点的全反力也通过 O 点。

因此
$$\tan\varphi_f = \frac{\frac{1}{4}l}{\frac{\sqrt{3}}{2}l} = \frac{\sqrt{3}}{6} = f_s$$

4-26　如图 4-34(a)所示，用光滑铰链连接的无重量直杆在铰点 B 处受到一个竖直向下的力 $\boldsymbol{F}$。两杆另两端与滑块连接，设滑块 A 与 C 的重量分别为 G_A=20N、G_C=10N。若滑块与接触面的静摩擦系数都为 0.25，试求使系统保持静力平衡的力 $\boldsymbol{F}$ 的取值范围。(图中尺寸单位为 mm)

解：$\sin\theta = 0.287$， $\cos\theta = 0.958$， $\sin\alpha = 0.447$， $\cos\alpha = 0.894$ 。

对 B 点进行受力分析，如图 4-34(b)所示。

$$\sum F_x = 0，\quad F_{BC}\cos\alpha - F_{AB}\sin\theta = 0$$
$$\sum F_y = 0，\quad F_{AB}\cos\theta - F - F_{BC}\sin\alpha = 0$$
$$F_{AB} = 1.23F，\quad F_{BC} = 0.39F$$

对 A 点进行受力分析，如图 4-34(c)所示，得

$$\sum F_x = 0，\quad F_{AB}\sin\theta - F_{sA} = 0$$
$$\sum F_y = 0，\quad F_{NA} - F_{AB}\cos\theta - G_A = 0$$

补充方程 $F_{sA} \leqslant f_s \cdot F_{NA}$。

解得 $F_{AB} \leqslant 105\text{N}$， $F \leqslant 85\text{N}$。

对 C 点进行受力分析，如图 4-34(d)所示。

$$\sum F_x = 0\text{，}\quad F_{\mathrm{N}C} - F_{BC}\cos\alpha = 0$$

$$\sum F_y = 0\text{，}\quad F_{BC}\sin\alpha + F_{\mathrm{s}C} - G_C = 0$$

补充方程 $F_{\mathrm{s}C} \leqslant f_{\mathrm{s}} \cdot F_{\mathrm{N}C}$。

解得 $F_{BC} \geqslant 14.9\,\mathrm{N}$，$F \geqslant 38\,\mathrm{N}$。

综上，$38\,\mathrm{N} \leqslant F \leqslant 85\,\mathrm{N}$。

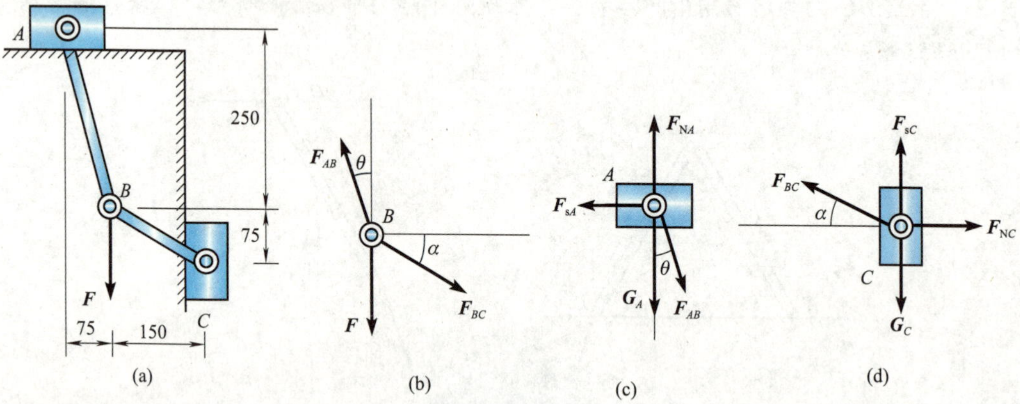

图 4-34　题 4-26

4-27　如图 4-35(a)所示，不计重量的悬臂架，其端部有套环活套在直圆柱上。设套环与圆柱的摩擦角皆为 φ_{f}，试求悬臂架不会被卡住时，竖向力 $\boldsymbol{P}$ 作用线距离圆柱中心线所能达到的最大距离。

解：受力分析如图 4-35(b)所示。

$$\sum F_x = 0\text{，}\quad F_{\mathrm{R}C} \cdot \cos\varphi_{\mathrm{f}} - F_{\mathrm{R}A} \cdot \cos\varphi_{\mathrm{f}} = 0$$

$$\sum F_x = 0\text{，}\quad F_{\mathrm{R}C} \cdot \sin\varphi_{\mathrm{f}} + F_{\mathrm{R}A} \cdot \sin\varphi_{\mathrm{f}} - P = 0$$

$$\sum M_C = 0\text{，}\quad P \cdot x - F_{\mathrm{R}A} \cdot \sin\varphi_{\mathrm{f}} \cdot b = 0$$

解得 $x = \dfrac{b}{2\tan\varphi_{\mathrm{f}}}$。

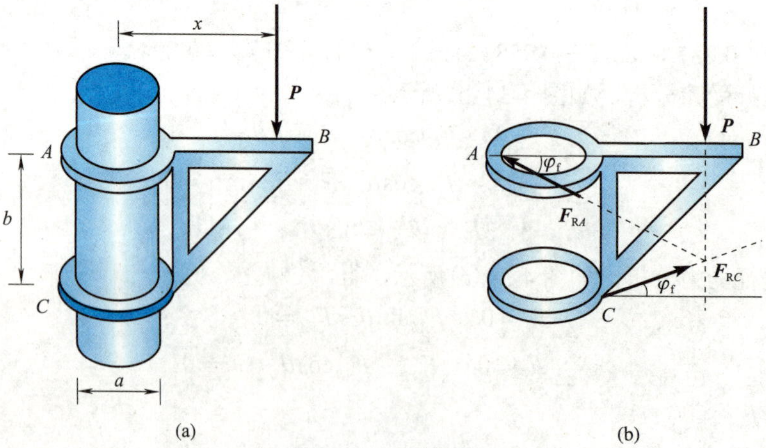

图 4-35　题 4-27

4-28 如图 4-36(a)所示，将一个高度 h=20cm，底面半径 r =5cm 的椎体放在倾斜角为 30° 的斜面上，若锥体重量为 0.1kN，其与斜面之间的静摩擦系数为 0.50，在锥顶点施加水平拉力 $\boldsymbol{F}$。试求使圆锥在斜面上保持静止时，$\boldsymbol{F}$ 的最大值与最小值。

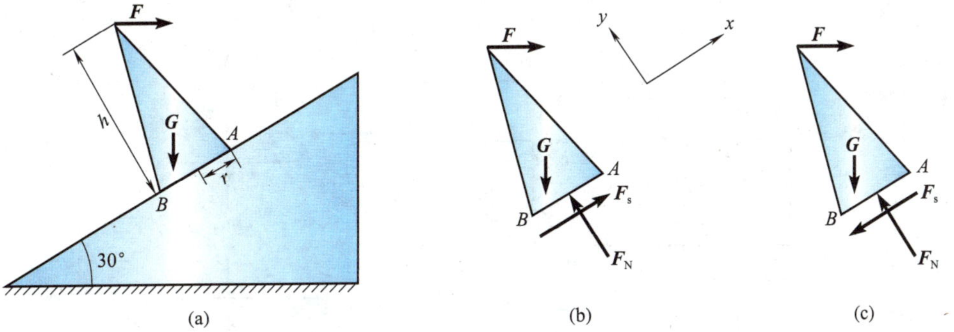

图 4-36 题 4-28

解：圆锥有向下运动的趋势时 ，如图 4-36(b)所示。

$$\sum F_x = 0,\quad F\cdot\cos 30° - G\cdot\sin 30° + F_s = 0$$
$$\sum F_y = 0,\quad -F\cdot\sin 30° - G\cdot\cos 30° + F_N = 0$$

补充方程 $F_s = f_s \cdot F_N$。

解得 $F = \left(\dfrac{\sin 30° - \cos 30°\cdot f_s}{\cos 30° + \sin 30°\cdot f_s}\right)\cdot G = 6\,\text{N}$。

圆锥有向上运动的趋势时，如图 4-36(c)所示。

$$\sum F_x = 0,\quad F\cdot\cos 30° - G\cdot\sin 30° - F_s = 0$$
$$\sum F_y = 0,\quad -F\cdot\sin 30° - G\cdot\cos 30° + F_N = 0$$

补充方程 $F_s = f_s \cdot F_N$。

解得 $F = \left(\dfrac{\sin 30° + \cos 30°\cdot f_s}{\cos 30° - \sin 30°\cdot f_s}\right)\cdot G = 151.4\,\text{N}$。

圆锥有向上翻倒的趋势时：

$$\sum M_A = 0,\quad G\sin 30°\cdot\frac{1}{4}h + G\cos 30°\cdot r - F\sin 30°\cdot h + F\cos 30°\cdot r = 0$$

$$F = \left(\frac{\sin 30°\cdot\dfrac{h}{4} + \cos 30°\cdot r}{\cos 30°\cdot h - \sin 30°\cdot r}\right)\cdot G = 46.1\,\text{N}$$

圆锥有向下翻倒的趋势时：

$$\sum M_B = 0,\quad G\sin 30°\cdot\frac{1}{4}h - G\cos 30°\cdot r - F\sin 30°\cdot h - F\cos 30°\cdot r = 0$$

$$F = \left(\frac{-\sin 30°\cdot\dfrac{h}{4} + \cos 30°\cdot r}{\cos 30°\cdot h + \sin 30°\cdot r}\right)\cdot G = 9.23\,\text{N}$$

$6\,\text{N} \leqslant F \leqslant 46.1\,\text{N}$

4-29　如图 4-37(a)所示，有三个物块堆叠一起，其重量分别为 W_1=1kN、W_2=0.5kN、W_3=0.2kN，物块 A 与 B 之间静摩擦系数为 0.6，物块 B 与 C 之间静摩擦系数为 0.4，物块 C 与地面之间静摩擦系数为 0.3。试分析力 $\boldsymbol{P}$ 增加到多大时才能令物块滑动。(竖向滑轮处没有摩擦)

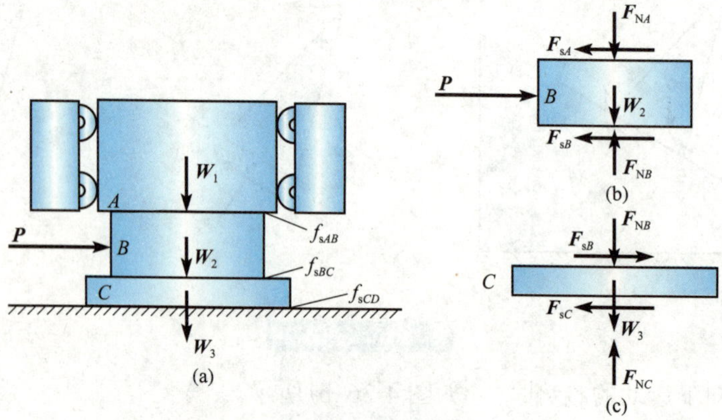

图 4-37　题 4-29

解：以物块 B 为研究对象，如图 4-37(b)所示。

$$\sum F_x = 0,\quad P - F_{sA} - F_{sB} = 0$$

$$\sum F_y = 0,\quad -W_2 + F_{NB} - F_{NA} = 0$$

以物块 C 为研究对象，如图 4-37(c)所示。

$$\sum F_x = 0,\quad -F_{sC} + F_{sB} = 0$$

$$\sum F_y = 0,\quad -W_3 + F_{NC} - F_{NB} = 0$$

$$F_{NA} = W_1 = 1\text{kN},\quad F_{sA,\max} = f_{sAB} \cdot F_{NA} = 0.6 \times 1 = 0.6(\text{kN})$$

$$F_{NB} = W_1 + W_2 = 1.5\text{kN}$$

$$F_{sB,\max} = f_{sBC} \cdot F_{NB} = 0.4 \times 1.5 = 0.6(\text{kN})$$

$$F_{NC} = W_1 + W_2 + W_3 = 1.7\text{kN}$$

$$F_{sC,\max} = f_{sCD} \cdot F_{NC} = 0.3 \times 1.7 = 0.51(\text{kN})$$

滑块 C 与地面接触处先开始滑动。

$$F_{sC} = F_{sB} = 0.51\text{kN}$$

$$P = F_{sA} + F_{sB} = 0.51 + 0.6 = 1.11(\text{kN})$$

4-30　如图 4-38(a)所示，重 $\boldsymbol{W}_1$ 的小圆柱半径为 r，重 $\boldsymbol{W}_2$ 的大圆柱半径为 R。设圆柱与地面、大圆柱与小圆柱间的静摩擦系数均为 f_s，在大圆柱上施加一个大小为 P 的水平力。试问静摩擦系数 f_s 至少应为多少才可以保证大圆柱从小圆柱上面翻过？(不考虑滚动摩阻的影响)

解：对大圆柱进行研究，如图 4-38(b)所示。

翻过瞬间，$F_N = 0$ 且大圆柱所受水平力为零。

$$\cos\theta = \frac{2\sqrt{Rr}}{R+r},\quad \sin\theta = \frac{R-r}{R+r}$$

$$\sum F_x = 0,\quad F_N - P\cos\theta - W_2\sin\theta = 0$$
$$\sum F_y = 0,\quad F_s + P\sin\theta - W_2\cos\theta = 0$$
$$\sum M_O = 0,\quad PR - F_sR = 0$$

得出 $F_s = P = \dfrac{W_2\cos\theta}{1+\sin\theta}$，$F_N = W_2$。

因为 $F_s \leqslant f_s \cdot F_N$，所以 $f_s \geqslant \dfrac{F_s}{F_N} = \dfrac{\cos\theta}{1+\sin\theta} = \sqrt{\dfrac{r}{R}}$。

以小圆柱为研究对象，如图 4-38(c)所示。

$$\sum F_x = 0,\quad -F_N\cos\theta + F_s\sin\theta + F_{s1} = 0$$
$$\sum F_y = 0,\quad -F_N\sin\theta - F_s\cos\theta - W_1 + F_{N1} = 0$$
$$\sum M_{O_1} = 0,\quad F_{s1}r = F_s r$$

得出 $F_{s1} = F_s = \dfrac{W_2\cos\theta}{1+\sin\theta}$，$F_{N1} = W_1 + W_2$。

因为 $F_{s1} \leqslant f_s \cdot F_{N1}$，所以 $f_s \geqslant \dfrac{F_s}{F_{N1}} = \dfrac{W_2}{W_1+W_2}$ $\dfrac{\cos\theta}{1+\sin\theta} = \dfrac{W_2}{W_1+W_2}\sqrt{\dfrac{r}{R}}$。

综上可知应满足 $f_s \geqslant \sqrt{\dfrac{r}{R}}$。

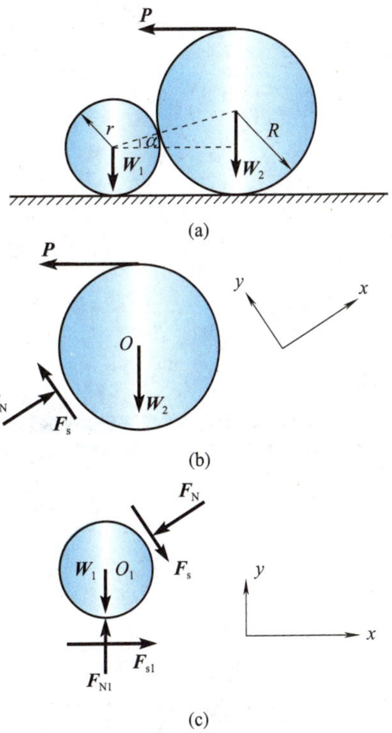

图 4-38 题 4-30

第 5 章 点的运动学

5.1 重点内容提要

1. 点运动的矢量法

矢径 $\boldsymbol{r}$ 随时间 t 变化而变化，是关于时间 t 的单值连续函数。所以点做曲线运动时，以矢量表示的运动方程为

$$\boldsymbol{r}=\boldsymbol{r}(t)$$

速度 $\boldsymbol{v}$ 是矢径 $\boldsymbol{r}$ 对时间的一阶导数。点做曲线运动的速度方程为

$$\boldsymbol{v}=\lim_{\Delta t\to 0}\frac{\Delta \boldsymbol{r}}{\Delta t}=\frac{\mathrm{d}\boldsymbol{r}}{\mathrm{d}t}=\dot{\boldsymbol{r}}$$

加速度 $\boldsymbol{a}$ 等于矢径对时间的二阶导数或速度矢量对时间的一阶导数。点做曲线运动的加速度方程为

$$\boldsymbol{a}=\frac{\mathrm{d}\boldsymbol{v}}{\mathrm{d}t}=\frac{\mathrm{d}^2\boldsymbol{r}}{\mathrm{d}t^2}=\dot{\boldsymbol{v}}=\ddot{\boldsymbol{r}}$$

2. 点运动的直角坐标法

直角坐标法表示的点的曲线运动方程为

$$\begin{cases}x=f_1(t)\\ y=f_2(t)\\ z=f_3(t)\end{cases}$$

速度方程为

$$v_x=\dot{x}=\frac{\mathrm{d}x}{\mathrm{d}t}$$

$$v_y=\dot{y}=\frac{\mathrm{d}y}{\mathrm{d}t}$$

$$v_z=\dot{z}=\frac{\mathrm{d}z}{\mathrm{d}t}$$

加速度方程为

$$a_x = \ddot{x} = \frac{\mathrm{d}v_x}{\mathrm{d}t}$$

$$a_y = \ddot{y} = \frac{\mathrm{d}v_y}{\mathrm{d}t}$$

$$a_z = \ddot{z} = \frac{\mathrm{d}v_z}{\mathrm{d}t}$$

3. 点运动的自然法

利用已知点的运动轨迹建立弧坐标和自然轴系，描述和分析点的运动，这种方法称为自然法。

以弧坐标表示的点的运动方程为

$$s = f(t)$$

以切线、主法线和副法线为坐标轴组成的正交坐标系称为曲线在点 P 的自然坐标轴系。三个轴称为自然轴。需要注意的是：自然坐标系是随点 P 的位置不断变化的游动坐标系。

用自然法表示的点做曲线运动的速度方程为

$$\boldsymbol{v} = \frac{\mathrm{d}\boldsymbol{r}}{\mathrm{d}t} = \frac{\mathrm{d}\boldsymbol{r}}{\mathrm{d}s}\frac{\mathrm{d}s}{\mathrm{d}t} = \frac{\mathrm{d}s}{\mathrm{d}t}\boldsymbol{u}_\tau = \dot{s}\boldsymbol{u}_\tau = v\boldsymbol{u}_\tau$$

用自然法表示的点做曲线运动的加速度方程为

$$\boldsymbol{a} = \frac{\mathrm{d}\boldsymbol{v}}{\mathrm{d}t} = \frac{\mathrm{d}v}{\mathrm{d}t}\boldsymbol{u}_\tau + v\frac{\mathrm{d}\boldsymbol{u}_\tau}{\mathrm{d}t} = \frac{\mathrm{d}v}{\mathrm{d}t}\boldsymbol{u}_\tau + \frac{v^2}{\rho}\boldsymbol{u}_\mathrm{n} = \boldsymbol{a}_\tau + \boldsymbol{a}_\mathrm{n}$$

切向加速度为

$$a_\tau = \frac{\mathrm{d}v}{\mathrm{d}t} = \frac{\mathrm{d}^2 s}{\mathrm{d}t^2}$$

法向加速度或向心加速度为

$$a_\mathrm{n} = \frac{v^2}{\rho} = \frac{1}{\rho}\left(\frac{\mathrm{d}s}{\mathrm{d}t}\right)^2$$

法向加速度的方向永远沿运动轨迹的法向方向，并指向轨迹的内凹一侧，即指向运动轨迹的曲率中心。

全加速度为

$$a = \sqrt{a_\tau^2 + a_\mathrm{n}^2}$$

全加速度与主法线的夹角为

$$\tan\theta = a_\tau / a_\mathrm{n}$$

5.2 典型例题

例 5-1

如图 5-1 所示，轿车做直线运动，其速度为 $v=(3t^2+2t)$m/s，t 以 s 计。当 $t=0$ 时，$s=0$。求 $t=3$s 时，轿车的位置及加速度。

解：(1) 建立坐标系，以 O 为原点，向右为正。

(2) $t=3$s 时有

$$v=\frac{\mathrm{d}s}{\mathrm{d}t}=3t^2+2t\,,\quad \int_0^s \mathrm{d}s=\int_0^t (3t^2+2t)\mathrm{d}t\,,\quad s=t^3+t^2$$

$$t=3\mathrm{s}\,,\quad s=36\mathrm{m}$$

图 5-1 例 5-1

(3) t=3s 时，轿车的加速度为

$$a=\frac{\mathrm{d}v}{\mathrm{d}t}=6t+2$$

$$t=3\mathrm{s}\,,\quad a=20\mathrm{m/s^2}$$

例 5-2

正弦机构如图 5-2 所示，柄 OM 长为 r，绕 O 轴匀速转动，它与水平线间的夹角为 $\varphi=\omega t+\theta$，其中 θ 为 t=0 时的夹角，ω为一个常数。已知动杆上 A、B 两点的距离为 b，求点 A 和点 B 的运动方程及点 B 的速度和加速度。

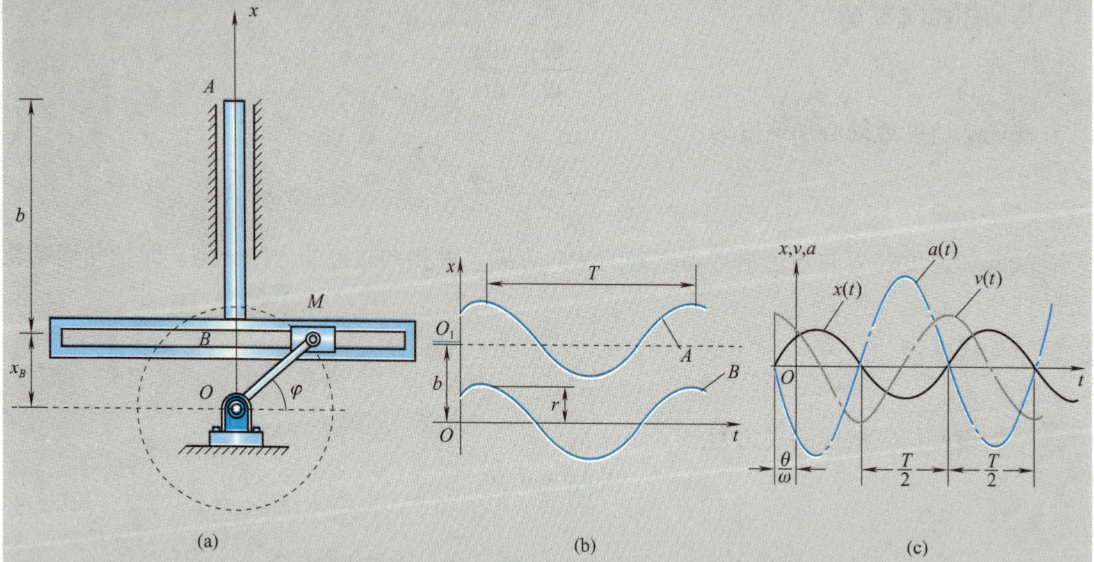

图 5-2 例 5-2

解：(1) 点 A 和点 B 沿直线运动，求它们的运动方程。

$$x_A=b+r\sin\varphi=b+r\sin(\omega t+\theta)$$

$$x_B=r\sin\varphi=r\sin(\omega t+\theta)$$

(2) 根据运动方程，求点 B 的速度和加速度。

$$v_B=\dot{x}_B=r\omega\cos(\omega t+\theta)$$

$$a_B=\ddot{x}_B=-r\omega^2\sin(\omega t+\theta)=-\omega^2 x_B$$

工程中常将点的坐标与时间的函数关系绘成图线，称为运动图线。点 A 和点 B 的运动图线如图 5-2(b)所示。将速度和加速度随时间的函数关系绘成图线，分别称为速度图线和加速度图线。点 B 的运动图线、速度图线、加速度图线如图 5-2(c)所示。

周期运动：$x(t+T)=x(t)$。

周期：$T=2\pi/\omega$。

频率：$f=1/T$。

角频率：$\omega=2\pi/T=2\pi f$。

振幅：r。

例 5-3

如图 5-3 所示，当液压减震器工作时，它的活塞在套筒内做直线往复运动。设活塞加速度 $a=-kv$（v 为活塞的速度，k 为比例常数），初速为 v_0，求活塞的运动规律。

解：活塞沿直线运动，取图示坐标系求速度和运动方程。

$$a=\frac{\mathrm{d}v}{\mathrm{d}t}=-kv,\quad \int_{v_0}^{v}\frac{\mathrm{d}v}{v}=-k\int_0^t \mathrm{d}t$$

$$\ln\frac{v}{v_0}=-kt, v=v_0\mathrm{e}^{-kt}$$

$$v=\frac{\mathrm{d}x}{\mathrm{d}t}=v_0\mathrm{e}^{-kt}$$

$$\int_{x_0}^{x}\mathrm{d}x=\int_0^t v_0\mathrm{e}^{-kt}\mathrm{d}t$$

$$x=x_0+\frac{v_0}{k}\left(1-\mathrm{e}^{-kt}\right)$$

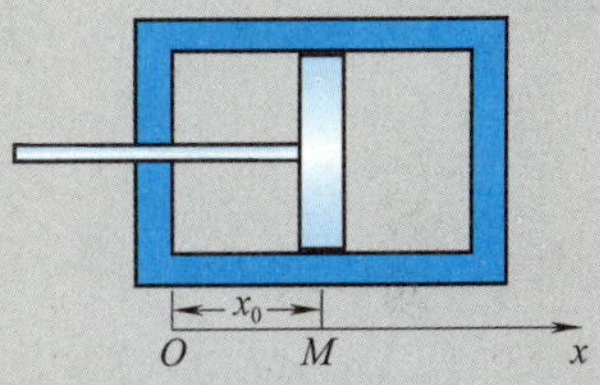

图 5-3 例 5-3

例 5-4

半径为 r 的轮子沿直线轨道无滑动滚动(纯滚动)，设轮子转角 $\varphi=\omega t$（ω 为常值），如图 5-4 所示。求用直角坐标和弧坐标表示轮缘任一点 M 的运动方程，并求该点的速度、切向加速度及法向加速度。

解：(1)取点 M 与直线轨道的接触点 O 为原点，建立直角坐标系 xOy。

(2)直角坐标系表示的运动方程为

$$OC=\overset{\frown}{MC}=r\varphi=r\omega t$$

$$x=OC-O_1M\sin\varphi=r(\omega t-\sin\omega t)$$

$$y=O_1C-O_1M\cos\varphi=r(1-\cos\omega t)$$

$$v_x=\dot{x}=r\omega(1-\cos\omega t)$$

$$v_y=\dot{y}=r\omega\sin\omega t$$

$$a_x=\ddot{x}=r\omega^2\sin\omega t,\quad a_y=\ddot{y}=r\omega^2\cos\omega t$$

$$v=\sqrt{v_x^2+v_y^2}=r\omega\sqrt{2(1-\cos\omega t)}=2r\omega\sin\frac{\omega t}{2}\quad(0\leqslant\omega t\leqslant 2\pi)$$

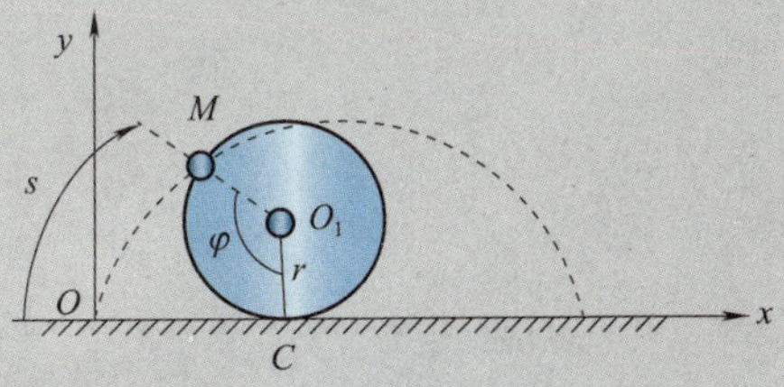

图 5-4 例 5-4

$$s=\int_0^t 2r\omega\sin\frac{\omega t}{2}\mathrm{d}t=4r\left(1-\cos\frac{\omega t}{2}\right)\quad(0\leqslant\omega t\leqslant 2\pi)$$

$$a=\sqrt{a_x^2+a_y^2}=r\omega^2$$

$$a_\tau=\dot{v}=r\omega^2\cos\frac{\omega t}{2},\quad a_\mathrm{n}=\sqrt{a^2-a_\tau^2}=r\omega^2\sin\frac{\omega t}{2}$$

例 5-5

如图 5-5 所示，初始时刻，杆 AB 放在半圆形凸轮的最高点，凸轮的半径为 R，当凸轮以速度 $(2t)$ m/s 向左运动时（t 为时间），求杆 AB 端点 A 的运动方程和速度方程。

解：

$$x=\frac{1}{2}at^2=t^2$$

$$y_A=-\sqrt{R^2-t^4}$$

$$v_A=-\frac{2t^3}{\sqrt{R^2-t^4}}$$

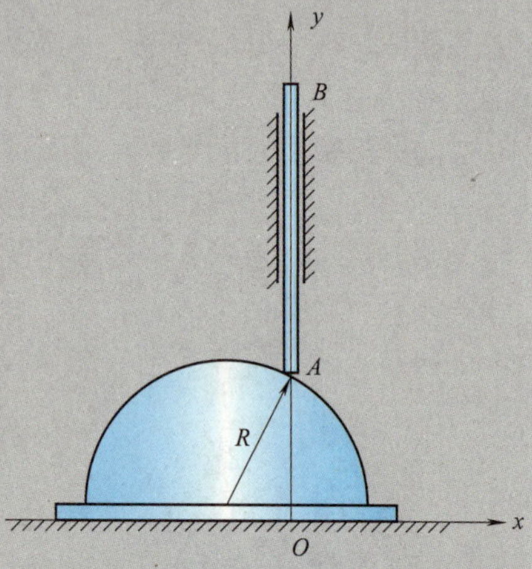

图 5-5　例 5-5

例 5-6

已知动点的运动方程为 $x=50t$，$y=500-5t^2$，其中 t 为时间。求：(1) 动点运动的轨迹；(2) t=0 时，动点的切向加速度、法向加速度及轨迹的曲率半径。

解： 运动轨迹为

$$x^2=250000-500y$$

速度为

$$v_x=50,\quad v_y=-10t,\quad v=\sqrt{v_x^2+v_y^2}=10\sqrt{25+t^2}$$

加速度为

$$a_x=0,\quad a_y=-10,\quad a=\sqrt{a_x^2+a_y^2}=10$$

切向加速度为

$$a_\tau=\frac{10t}{\sqrt{25+t^2}}$$

法向加速度为

$$a_\mathrm{n}=\frac{50}{\sqrt{25+t^2}}$$

曲率半径为

$$\rho=\frac{v^2}{a_n}=2\left(25+t^2\right)^{\frac{3}{2}}$$

例 5-7

杆 AB 绕 A 轴以 $\varphi=5t^2$（φ 以 rad 计，t 以 s 计）的规律转动。如图 5-6 所示，环 M 将杆 AB 和半径为 R（以 m 计）的固定大圆环连在一起。若以 O_1 为原点，逆时针为正向，求用自然法表示的小环 M 的运动方程和速度方程。

解：

$$s=R\cdot 2\varphi=10Rt^2$$

$$v=\dot{s}=20Rt$$

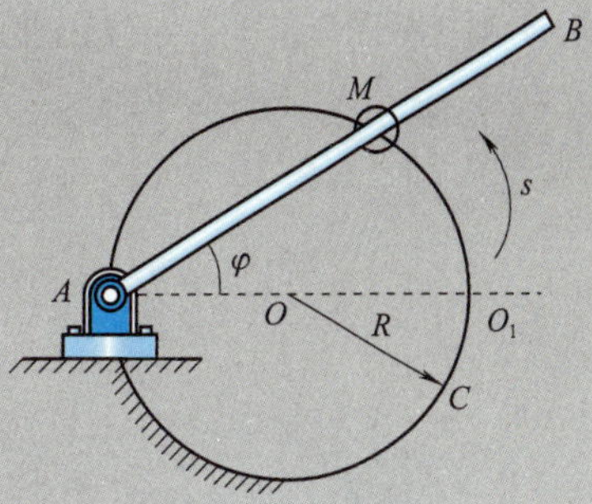

图 5-6 例 5-7

5.3 习题详解

5-1 小车沿直线以 2m/s 的速度行进，当车开始以 $a=(60v^{-4})$ m/s^2 的加速度加速行进时，求加速 3s 后小车的速度 v 和位置。

解：

$$a=60v^{-4}=\frac{\mathrm{d}v}{\mathrm{d}t}$$

对公式两侧积分得

$$\int_0^t \mathrm{d}t=\int_{v_0}^{v}\frac{\mathrm{d}v}{60v^{-4}},\quad v=(300t+32)^{\frac{1}{5}}$$

当 t=3s 时，$v=3.93\mathrm{m/s}$，有

$$v=(300t+32)^{\frac{1}{5}}=\frac{\mathrm{d}x}{\mathrm{d}t}$$

对公式两侧积分得

$$\int_0^x \mathrm{d}x=\int_0^t (300t+32)^{\frac{1}{5}}\mathrm{d}t,\quad x=\frac{(300t+32)^{\frac{6}{5}}}{360}-\frac{8}{45}$$

当 t=3s 时，$x=9.98\mathrm{m}$。

5-2 小球从静止状态下落，3s 后撞击地面。试求小球下落的高度以及小球落地时速度。

解：

$$v=gt=9.8\times 3=29.4(\mathrm{m/s})$$

$$h=\frac{1}{2}gt^2=\frac{1}{2}\times 9.8\times 3^2=44.1(\mathrm{m})$$

5-3 火车由静止状态从站台 A 出发，以 0.5m/s^2 的加速度运行 1min，随后匀速运行 15min，然后再以-1m/s^2 的加速度减速运行，在站台 B 处停靠。求站台 A 与站台 B 之间的距离。

解：

$$s_1=\int_0^{t_1}at\,\mathrm{d}t=\frac{1}{2}a_1t_1^2=900\,\mathrm{m}$$

$$s_2 = vt_2 = (a_1t_1)t_2 = 27000\,\text{m}$$

$$s_3 = \frac{0 - v^2}{2a_2} = 450\,\text{m}$$

$$s = s_1 + s_2 + s_3 = 28.35\,\text{km}$$

5-4　小球以 $v = \dfrac{5}{4+s}$ m/s 的速度沿直线运行，当 t=0 时，s=5m。求 t=6s 时小球的位置。

解：

$$\frac{\mathrm{d}s}{\mathrm{d}t} = v = \frac{5}{4+s}，\ (4+s)\mathrm{d}s = 5\mathrm{d}t$$

$$4s + \frac{1}{2}s^2 - 32.5 = 5t，\ s^2 + 8s - 125 = 0$$

$$s = \frac{-8 \pm \sqrt{564}}{2} = -4 \pm \sqrt{141} = 7.87\,(\text{m})$$

5-5　小球以 $v = (-4s^2)$ m/s 的速度沿直线运行，当 t=0 时，s=2m。求用时间 t 表示的速度和加速度函数。

解：

$$\frac{\mathrm{d}s}{\mathrm{d}t} = v = -4s^2，\ \int_2^s -\frac{1}{4s^2}\mathrm{d}s = \int_0^t \mathrm{d}t$$

解得 $s = \dfrac{2}{8t+1}$ m，$v = -\dfrac{16}{(8t+1)^2}$ m/s，$a = \dfrac{256}{(8t+1)^3}$ m/s^2。

5-6　小球从空中下落时，小球的加速度 $a = (g/v_f^2)(v_f^2 - v^2)$。试确定小球从静止状态下落时，速度达到 $v_f/2$ 所需要的时间。

解：

$$a = \frac{\mathrm{d}v}{\mathrm{d}t} = g - g\frac{v^2}{v_f^2}$$

$$\left(g - g\frac{v^2}{v_f^2}\right)\mathrm{d}t = \mathrm{d}v$$

$$\int_0^t \frac{g}{v_f^2}\mathrm{d}t = \int_0^{\frac{v_f}{2}} \frac{\mathrm{d}v}{v_f^2 - v^2}$$

解得

$$t = 0.549\left(\frac{v_f}{g}\right)$$

5-7　点的速度 $\boldsymbol{v} = [3\boldsymbol{i} + (6-2t)\boldsymbol{j}]$ m/s。t=0 时，点的位置矢量 $\boldsymbol{r} = 0$。试确定 t=1s 和 t=3s 间点的位移。

解：

$$\boldsymbol{r}_1 = \int_0^{t_1} [3\boldsymbol{i} + (6-2t)\boldsymbol{j}]\mathrm{d}t = 3\boldsymbol{i} + 5\boldsymbol{j}$$

$$\boldsymbol{r}_2 = \int_0^{t_2} [3\boldsymbol{i} + (6-2t)\boldsymbol{j}]\mathrm{d}t = 9\boldsymbol{i} + 9\boldsymbol{j}$$

$$\Delta\boldsymbol{r} = \boldsymbol{r}_2 - \boldsymbol{r}_1 = 6\boldsymbol{i} + 4\boldsymbol{j}$$

5-8　小车在空间体系中运动，其位置在直角坐标系三个轴上的投影分量分别为 $x = (0.25t^3)$ m、$y = (1.5t^2)$m、$z = (6 - 0.75t^{5/2})$m。试确定 t=2s 时小车的速度和加速度。

解：

$$\boldsymbol{v} = \frac{\mathrm{d}\boldsymbol{r}}{\mathrm{d}t} = 0.75t^2\boldsymbol{i} + 3t\boldsymbol{j} - \frac{15}{8}t^{\frac{3}{2}}\boldsymbol{k}$$

当 t=2s 时有

$$\boldsymbol{v}=\frac{\mathrm{d}\boldsymbol{r}}{\mathrm{d}t}=0.75t^2\boldsymbol{i}+3t\boldsymbol{j}-\frac{15}{8}t^{\frac{3}{2}}\boldsymbol{k}=(3\boldsymbol{i}+6\boldsymbol{j}-5.303\boldsymbol{k})\text{m/s},\quad v=8.55\text{m/s}$$

$$\boldsymbol{a}=\frac{\mathrm{d}\boldsymbol{v}}{\mathrm{d}t}=1.5t\boldsymbol{i}+3\boldsymbol{j}-\frac{45}{16}t^{\frac{1}{2}}\boldsymbol{k}=\left(3\boldsymbol{i}+3\boldsymbol{j}-\frac{45\sqrt{2}}{16}\boldsymbol{k}\right)\text{m/s}^2,\quad a=5.82\text{m/s}^2$$

5-9 如图 5-7 所示，小球被抛出时的初始速度为 v_0，小球在空中的加速度为 g，方向竖直向下。试求小球运动所能达到的最大高度 h、最大水平飞行距离 R、飞行所需时间 t。

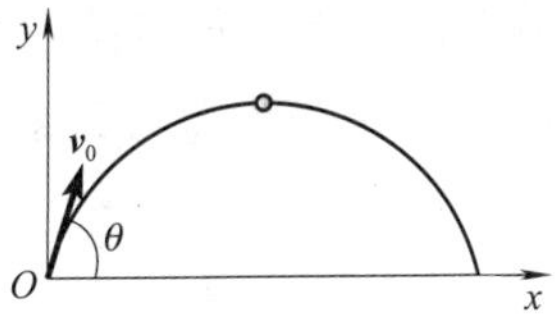

图 5-7 题 5-9

解： $$0=v_{y0}-gt_1$$

$t_1=\dfrac{v_0\sin\theta}{g}$ 时，小球达到最大高度 $h=\dfrac{{v_0}^2(\sin\theta)^2}{2g}$。

$t_2=\dfrac{2v_0\sin\theta}{g}$ 时，飞行结束。

$$R=v_{x0}\cdot t_2=v_0\cos\theta\cdot\frac{2v_0\sin\theta}{g}=\frac{{v_0}^2\sin 2\theta}{g}$$

5-10 小车沿曲线运动，运动轨迹对应的曲率半径为 100m。小车在初始状态时速度为 15m/s，然后以 $a=(-0.8t)$ m/s^2 的加速度运动。求运动开始后 5s 时小车的加速度大小。

解： 小车做加速运动 5s 末的速度为

$$v=v_0+\int_0^5 at\,\mathrm{d}t=15-\int_0^5 0.8t\,\mathrm{d}t=15-0.8\times\frac{1}{2}t^2\Big|_0^5=5(\text{m/s}^2)$$

向心加速度和切向加速度为

$$a_{\text{n}}=\frac{v^2}{R}=\frac{25}{100}=0.25(\text{m/s}^2)$$

$$a_\tau=0.8t=4(\text{m/s}^2)$$

合成加速度 $a=\sqrt{{a_\tau}^2+{a_{\text{n}}}^2}=4.01\text{m/s}^2$

5-11 点沿曲线运动，运动方程为 $s=(3t^3-4t^2+4)$ m。已知 t=2s 时点所在的曲线的曲率半径为 25m，求此时点的加速度的大小。

解： $$s=3t^3-4t^2+4,\quad v=\dot{s}=9t^2-8t,\quad a_\tau=\dot{v}=\ddot{s}=18t-8$$

$$v\big|_{t=2\text{s}}=20\text{m/s},\quad a_\tau\big|_{t=2\text{s}}=28\text{m/s}^2,\quad a_{\text{n}}\big|_{t=2\text{s}}=\frac{v^2}{\rho}=\frac{20^2}{25}=16(\text{m/s}^2)$$

$$a=\sqrt{a_\tau^2+a_{\text{n}}^2}=\sqrt{28^2+16^2}=32.2(\text{m/s}^2)$$

5-12 点的运动方程为 $x=100t$，$y=200-100t^2$。求 $t=0$ 时点的切向加速度、法向加速度及轨迹的曲率半径。

提示： 此题与习题 5-7、习题 5-8 相似，可由运动方程得出速度和加速度，并借此确定轨迹的曲率半径。t=0 时，点只在 x 方向速度不为零，速度的方向为切向加速度方向，即切向为 x 轴。加速度只在 y 方向不为零，总加速度等于法向加速度，切向加速度为零。

解： $$v_x=\frac{\mathrm{d}x}{\mathrm{d}t},\quad v_y=\frac{\mathrm{d}y}{\mathrm{d}t},\quad a_x=\frac{\mathrm{d}v_x}{\mathrm{d}t},\quad a_y=\frac{\mathrm{d}v_y}{\mathrm{d}t}$$

$$v=\sqrt{v_x^2+v_y^2}$$

$$a_\tau = \frac{\mathrm{d}v}{\mathrm{d}t}, \quad a_\mathrm{n} = \sqrt{{a_x}^2 + {a_y}^2 - a_\tau^2}$$

$$\rho = \frac{v^2}{a_\mathrm{n}}，解得 a_\tau = 0\ \mathrm{m/s^2}，\ a_\mathrm{n} = -200\ \mathrm{m/s^2}，\ \rho = 50\ \mathrm{m}$$

5-13　点的运动方程为$x = 100t$，$y = 100 - 2t^2$。求t=0时点的切向加速度、法向加速度及轨迹的曲率半径。

解： 由运动方程得出速度和加速度，并借此确定轨迹的曲率半径。t=0时，点只在x方向速度不为零。速度的方向为切向加速度分布方向，即切向为x轴。加速度只在y方向不为零，总加速度等于法向加速度，切向加速度为零。

$$t=0 时，\ v_x = \dot{x} = 100\mathrm{m/s}，\ v_y = \dot{y} = 0$$

$$a_x = \ddot{x} = 0，\ a_y = \ddot{y} = -4\mathrm{m/s^2}$$

$$a_\tau = \dot{v} = 0，\ a_\mathrm{n} = \sqrt{a^2 - a_\tau^2} = 4\mathrm{m/s^2}$$

$$\rho = \frac{v^2}{a_\mathrm{n}} = 2500\mathrm{m}$$

5-14　点的运动方程为$x = 100t$，$y = 200 - 100t^2$。求t=0时点的切向加速度、法向加速度及轨迹的曲率半径。

解：

$$v_x\big|_{t=0} = \left.\frac{\mathrm{d}x}{\mathrm{d}t}\right|_{t=0} = 100\mathrm{m/s}$$

$$v_y\big|_{t=0} = \left.\frac{\mathrm{d}y}{\mathrm{d}t}\right|_{t=0} = -200t\big|_{t=0} = 0$$

$$a_x\big|_{t=0} = \left.\frac{\mathrm{d}v_x}{\mathrm{d}t}\right|_{t=0} = 0$$

$$a_y\big|_{t=0} = \left.\frac{\mathrm{d}v_y}{\mathrm{d}t}\right|_{t=0} = -200\mathrm{m/s^2}$$

t=0时，速度只在x方向不为零，速度的方向为切向加速度方向，即切向为x轴。

加速度只在y方向不为零，总加速度等于法向加速度，切向加速度为零。

$$v_\mathrm{n}\big|_{t=0} = v_y\big|_{t=0} = 0，\ v_\tau\big|_{t=0} = v_x\big|_{t=0} = v_\mathrm{total}\big|_{t=0} = 100\mathrm{m/s}$$

$$a_\tau\big|_{t=0} = a_x\big|_{t=0}，\ a_\mathrm{n}\big|_{t=0} = a_y\big|_{t=0} = a_\mathrm{total}\big|_{t=0} = -200\mathrm{m/s^2}$$

$$r = \frac{v^2}{a_\mathrm{n}\big|_{t=0}} = 50\mathrm{m}$$

第 6 章

刚体的简单运动

6.1 重点内容提要

1. 刚体的平动

运动刚体上，若任一直线始终与其初始位置平行，则刚体的运动称为刚体的平行移动，简称移动或平动。

当刚体做平动时，刚体上各点运动轨迹形状相同；在每一瞬时，各点的速度相同，加速度也相同。因此，如果平动刚体上某点运动规律已知，则刚体的运动规律可以确定。研究刚体的平动可以归结为研究刚体内任一点(如质心)的运动，等同于点的运动。

2. 刚体的定轴转动

运动刚体内(或其延展部分)有一条直线始终保持不动，则刚体的运动称为刚体的定轴转动，简称刚体的转动。保持不动的直线称为转动轴。显然，刚体转动时，刚体体内不在转动轴上的各点都在垂直于转动轴的平面内做圆周运动，圆心均在转动轴上。

定轴转动的运动方程是转角 φ 随时间 t 变化的单值连续函数。

$$\varphi = f(t)$$

转角 φ 对时间 t 的一阶导数，称为刚体转动的瞬时角速度。

$$\omega = \frac{\mathrm{d}\varphi}{\mathrm{d}t}$$

角速度 ω 对时间 t 的一阶导数或转角 φ 对时间 t 的二阶导数，称为刚体转动时的瞬时角加速度。

$$\alpha = \frac{\mathrm{d}\omega}{\mathrm{d}t} = \frac{\mathrm{d}^2\varphi}{\mathrm{d}t^2} = \ddot{\varphi}$$

刚体做匀变速转动时有

$$\omega = \omega_0 + \alpha t$$

$$\varphi = \varphi_0 + \omega_0 t + \frac{1}{2}\alpha t^2$$

刚体做匀速转动时，即角加速度 α 为零，角速度 ω 不变，可得

$$\varphi = \varphi_0 + \omega_0 t$$

3. 转动刚体内各点速度和加速度的标量法

弧坐标

$$s = r\varphi$$

速度

$$v = \frac{\mathrm{d}s}{\mathrm{d}t} = r\frac{\mathrm{d}\varphi}{\mathrm{d}t} = r\dot{\varphi}$$

加速度包括切向加速度和法向加速度分量，分别为

$$a_\tau = \frac{\mathrm{d}v}{\mathrm{d}t} = r\frac{\mathrm{d}\omega}{\mathrm{d}t} = r\alpha = r\ddot{\varphi} = \ddot{s}$$

$$a_\mathrm{n} = \frac{v^2}{\rho} = \frac{r^2\omega^2}{r} = r\omega^2 = r\dot{\varphi}^2$$

4. 转动刚体内各点速度和加速度的矢量法

刚体转动轴为 z 轴，转动轴 z 正向的单位矢量为 $\boldsymbol{k}$，则角速度矢 $\boldsymbol{\omega}$ 可表示为

$$\boldsymbol{\omega} = \omega\boldsymbol{k}$$

角加速度矢为

$$\boldsymbol{\alpha} = \frac{\mathrm{d}\boldsymbol{\omega}}{\mathrm{d}t} = \frac{\mathrm{d}(\omega\boldsymbol{k})}{\mathrm{d}t} = \frac{\mathrm{d}(\omega)}{\mathrm{d}t}\boldsymbol{k} + \omega\frac{\mathrm{d}(\boldsymbol{k})}{\mathrm{d}t} = \frac{\mathrm{d}\omega}{\mathrm{d}t}\boldsymbol{k} = \alpha\boldsymbol{k}$$

绕定轴转动的刚体上任一点的速度矢为

$$\boldsymbol{v} = \boldsymbol{\omega} \times \boldsymbol{r}$$

速度矢 $\boldsymbol{v}$ 对时间 t 的一阶导数为加速度矢，即

$$\boldsymbol{a} = \boldsymbol{\alpha} \times \boldsymbol{r} + \boldsymbol{\omega} \times \boldsymbol{v}$$

5. 定轴轮系的传动比

齿轮传动传动比为

$$i_{12} = \pm\frac{\omega_1}{\omega_2} = \pm\frac{r_2}{r_1} = \pm\frac{z_2}{z_1}$$

公式中“+”表示主动轮与从动轮转向相同，主、从动轮为内啮合齿轮传动；“-”表示转向相反，为外啮合齿轮传动。

带传动传动比为

$$i_{12} = \pm\frac{\omega_1}{\omega_2} = \pm\frac{r_2}{r_1}$$

公式中“+”表示主动轮与从动轮转向相同，为开口结构式带传动；“-”表示转向相反，为闭口结构式带传动。

多级传动传动比为

$$i_{1n} = i_{12}i_{23}\cdots i_{(n-1)n} = (-1)^j\frac{\omega_1}{\omega_n} = (-1)^j\frac{r_n}{r_1}$$

6.2 典型例题

例 6-1

重物 A 被缠绕在半径为 r=0.2m 的鼓轮上的绳子吊起(图 6-1)。假设鼓轮的角位移为 $x=(0.15t^3)$ rad(t 以 s 计)，求当 t=2s 时重物 A 和鼓轮边缘上点 M 的速度与加速度。

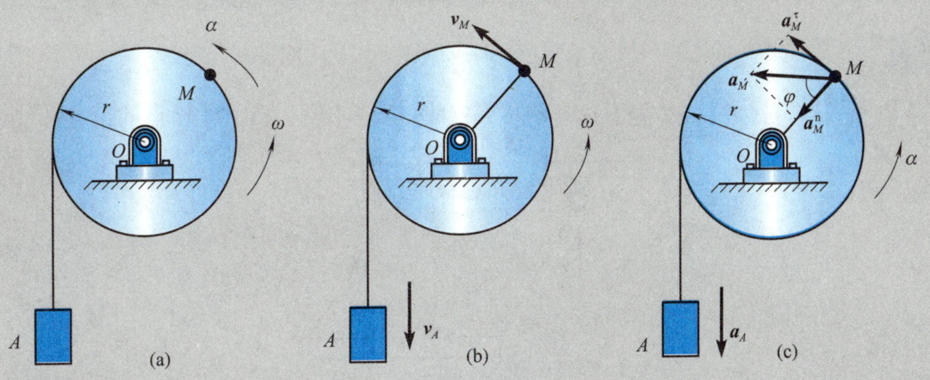

图 6-1　例 6-1

解：速度分析如图 6-1(b)所示，对于鼓轮边缘上的点 M 有

$$\varphi=0.15t^3,\quad \omega=\dot{\varphi}=0.45t^2,\quad \alpha=\ddot{\varphi}=0.9t$$

令 t=2s，得

$$\omega=1.8\text{rad/s},\quad \alpha=1.8\text{rad/s}^2,\quad v_M=r\omega=0.36\text{m/s}$$

重物 A 沿直线运动，$v_A=v_M=0.36\text{m/s}$。

加速度分析如图 6-1(c)所示，对于鼓轮边缘上的点 M，令 t=2s，得

$$a_M^{\tau}=r\alpha=0.36\text{m/s}^2,\quad a_M^{n}=r\omega^2=0.648\text{m/s}^2$$

$$a_M=\sqrt{a_M^{\tau 2}+a_M^{n2}}=0.74\ \text{m/s}^2$$

$$\tan\varphi=\frac{\alpha}{\omega^2}=0.556,\quad \varphi=29^{\circ}$$

重物 A 的加速为 $a_A=a_M^{\tau}=0.36\text{m/s}^2$。

例 6-2

如图 6-2 所示的曲柄滑杆机构，OA=r，以匀角速度 ω 绕定轴 O 转动，求杆 BCD 任意瞬时的速度和加速度。

解：建立坐标系，杆 BCD 平移，考察 m 点得

$$x=r\cos\varphi=r\cos\omega t$$

$$v=\frac{\mathrm{d}x}{\mathrm{d}t}=-r\omega\sin\omega t$$

$$a=\frac{\mathrm{d}v}{\mathrm{d}t}=-r\omega^2\cos\omega t$$

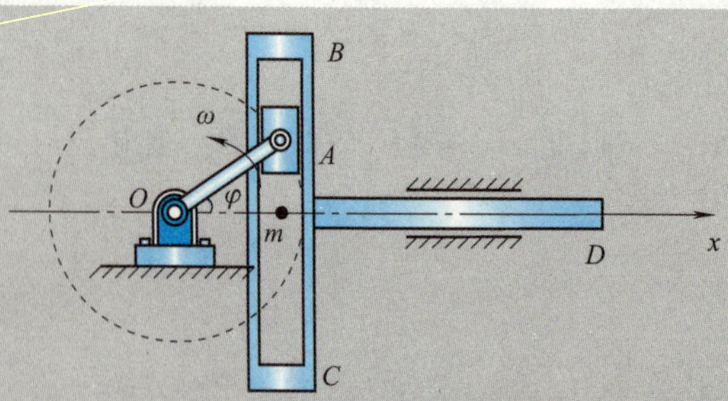

图 6-2 例 6-2

例 6-3

已知绳等长 l，$\varphi=\varphi_0\sin kt$，φ_0、k 为常数(图 6-3)。求任意时刻 M 点的速度和加速度。

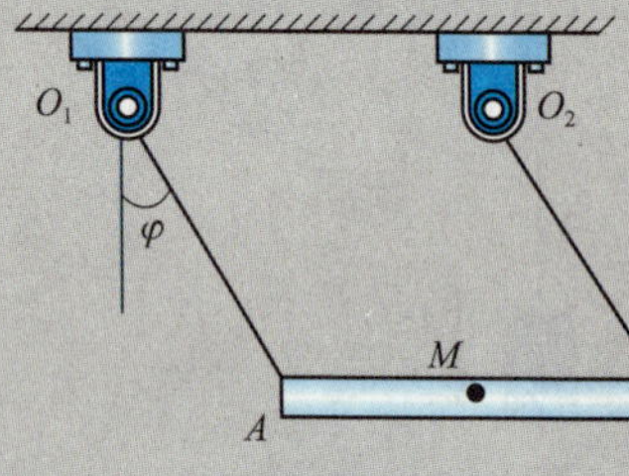

图 6-3 例 6-3

解：AB 平移，研究 A 点即可。A 做圆弧运动，以最低点处为弧坐标原点，向右为正，A 的运动方程为

$$s=\varphi l=\varphi_0\sin kt\cdot l，\quad v=\frac{\mathrm{d}s}{\mathrm{d}t}=kl\varphi_0\cos kt$$

$$a_\tau=\frac{\mathrm{d}v}{\mathrm{d}t}=-k^2l\varphi_0\sin kt，\quad a_\mathrm{n}=\frac{v^2}{\rho}=\frac{v^2}{l}=k^2l\varphi_0{}^2\cos^2kt$$

φ_0 为最高位置时的角度。

例 6-4

如图 6-4 所示，减速箱由四个齿轮组成，其齿数分别为 z_1=10、z_2=60、z_3=12、z_4=70。

(1) 求减速箱的总传动比 i_{13}；

(2) 如果 n_1=3000r/min，求 n_3。

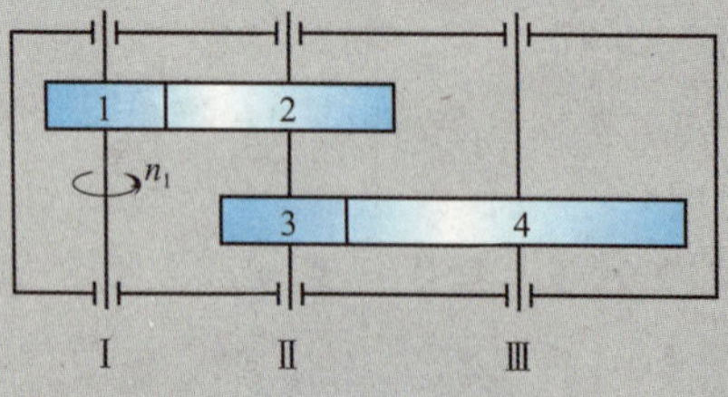

图 6-4 例 6-4

解：(1) 求减速箱的总传动比 i_{13}。

$$i_{12}=\frac{n_1}{n_2}=\frac{z_2}{z_1}=\frac{60}{10}=6$$

$$i_{23}=\frac{n_2}{n_3}=\frac{z_3}{z_2}=\frac{12}{60}=0.2$$

$$i_{13}=\frac{n_1}{n_3}=\frac{n_1}{n_2}\times\frac{n_2}{n_3}=i_{12}\times i_{23}=6\times0.2=1.2$$

(2) 如果 n_1=3000r/min，求 n_3。

$$n_3=\frac{n_1}{i_{13}}=\frac{3000}{1.2}\approx2500(\text{r/min})$$

例 6-5

杆 AC 以匀速 v_0 沿水平导槽向右运动，通过滑块 A 使杆 OB 绕 O 轴转动（图 6-5）。已知 O 轴与导槽相距 h，求杆 OB 的角速度和角加速度。

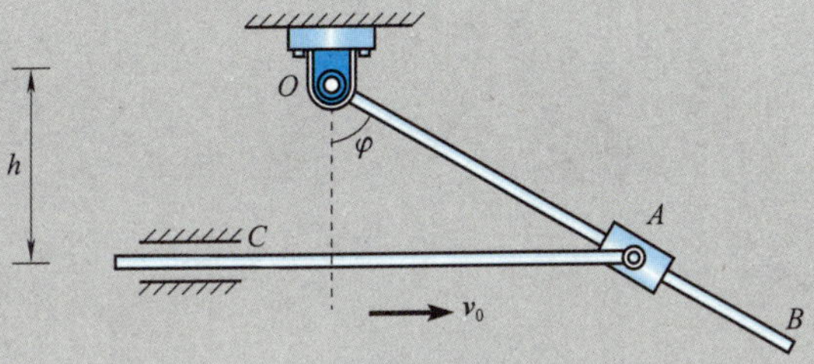

图 6-5　例 6-5

解： 已知运动求角速度、角加速度属于微分问题。

设开始时 OB 杆处于铅垂位置。

$$AC=v_0t\,,\quad \tan\varphi=\frac{AC}{OC}=\frac{v_0t}{h}\,,\quad \varphi=\arctan\frac{v_0t}{h}$$

$$\omega=\dot{\varphi}=\frac{-v_0/h}{\sin^2\left(\frac{v_0t}{h}\right)}=-\frac{v_0}{h\cdot\sin^2\left(\frac{v_0t}{h}\right)}$$

$$\alpha=\dot{\omega}=-\frac{v_0}{h}\left[-2\cdot\frac{v_0}{h}\cdot\frac{1}{\sin^2\left(\frac{v_0t}{h}\right)}\right]=\frac{2v_0^2}{h^2\cdot\sin^3\left(\frac{v_0t}{h}\right)}$$

例 6-6

飞轮绕固定轴转动，角加速度变化规律为 $\alpha=k\varphi$（k 为常量），当运动开始时，转角为 0，角速度为 ω_0（图 6-6）。求角位置 φ、角速度 ω、角加速度 α（以时间 t 表示的函数表达式）。

解： 已知角加速度求运动规律属于积分问题。

$$\alpha=\frac{\mathrm{d}\omega}{\mathrm{d}t}=\frac{\mathrm{d}\omega}{\mathrm{d}\varphi}\frac{\mathrm{d}\varphi}{\mathrm{d}t}=\frac{\omega\mathrm{d}\omega}{\mathrm{d}\varphi}=k\varphi$$

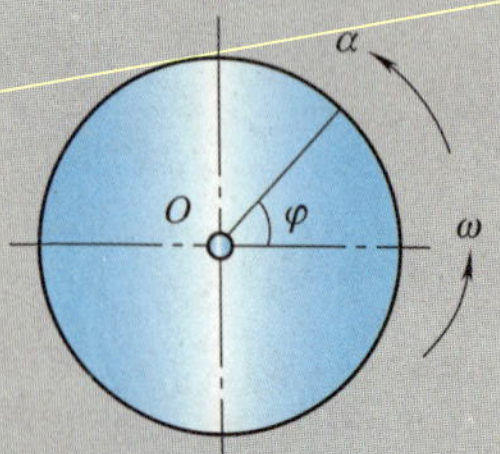

图 6-6　例 6-6

$$\int_{\omega_0}^{\omega}\omega \mathrm{d}\omega=\int_0^{\varphi}k\varphi \mathrm{d}\varphi$$

积分得

$$\omega^2-\omega_0^2=k\varphi^2,\quad \omega=\sqrt{\omega_0^2+k\varphi^2}=\frac{\mathrm{d}\varphi}{\mathrm{d}t}$$

$$\int_0^{\varphi}\frac{\mathrm{d}\varphi}{\sqrt{\omega_0^2+k\varphi^2}}=\int_0^t \mathrm{d}t$$

积分得

$$\frac{1}{\sqrt{k}}\sinh\frac{\varphi}{\dfrac{\omega_0}{\sqrt{k}}}=t$$

转动方程为

$$\varphi=\frac{\omega_0}{\sqrt{k}}\sinh\sqrt{k}t$$

角速度方程为

$$\omega=\frac{\mathrm{d}\varphi}{\mathrm{d}t}=\omega_0\cosh\sqrt{k}t$$

角加速度方程为

$$\alpha=\frac{\mathrm{d}\omega}{\mathrm{d}t}=\sqrt{k}\omega_0\sinh\sqrt{k}t$$

例 6-7

边长为 b 的正方形绕定轴转动，$\alpha=1\text{rad/s}^2$，在某瞬时 $\omega=1\text{rad/s}$。已知 A、B 两点的全加速度方向如图 6-7(a)所示，求轴心的位置及 A、B 两点的全加速度大小。

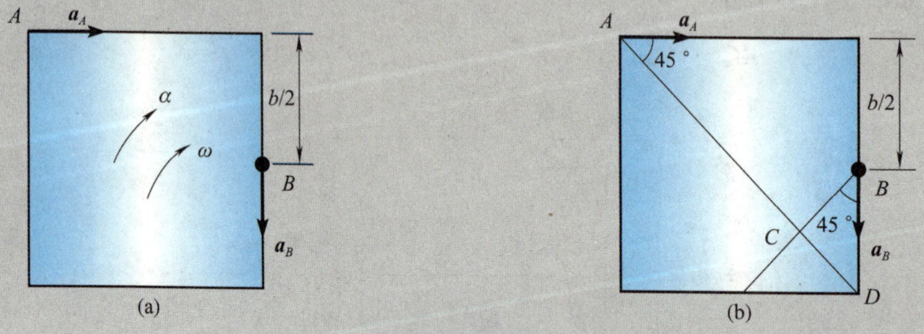

图 6-7　例 6-7

解：每一瞬时各点的加速度方向与转动半径的夹角相等，如图 6-7(b)所示。

$\tan\theta=\dfrac{\alpha}{\omega^2}=1$，$\theta=45^\circ$，$C$ 点为轴心。

$$a=R\sqrt{\alpha^2+\omega^4}=R\sqrt{2}$$

$$AC=AD-CD=\sqrt{2}b-\frac{\sqrt{2}}{4}b=\frac{3\sqrt{2}}{4}b$$

$$BC=\frac{b}{2}\cos 45^\circ=\frac{\sqrt{2}}{4}b$$

$$a_A = \frac{3\sqrt{2}}{4}b \cdot \sqrt{2} = \frac{3}{2}b$$

$$a_B = \frac{\sqrt{2}}{4}b \cdot \sqrt{2} = \frac{1}{2}b$$

例 6-8

某定轴转动刚体通过点 $M_0(2，1，3)$，其角速度矢 $\boldsymbol{\omega}$ 的方向余弦为 0.6、0.48、0.64，角速度 ω =25rad/s(图 6-8)。求刚体上点 $M(10，7，11)$的速度矢。

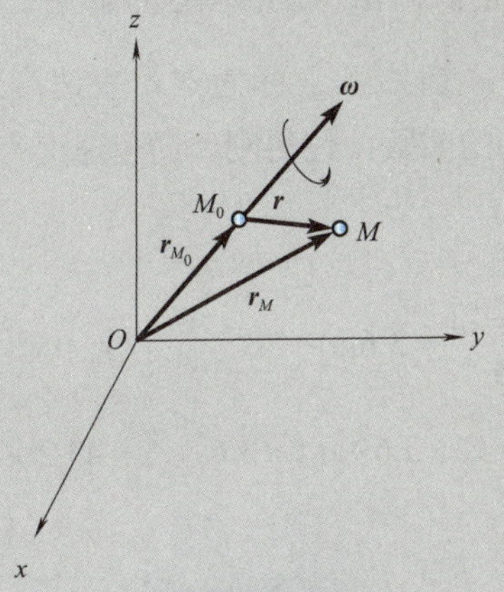

图 6-8 例 6-8

解：角速度矢量为

$$\boldsymbol{\omega} = \omega \boldsymbol{n}$$

$$\boldsymbol{n} = (0.6,\ 0.48,\ 0.64)$$

$$\boldsymbol{r} = \boldsymbol{r}_M - \boldsymbol{r}_{M_0} = (10,7,11) - (2,1,3) = (8,6,8)$$

刚体上点 M 的速度矢为

$$\boldsymbol{v} = \boldsymbol{\omega} \times \boldsymbol{r} = \omega(\boldsymbol{n} \times \boldsymbol{r}) = \omega \begin{vmatrix} \boldsymbol{i} & \boldsymbol{j} & \boldsymbol{k} \\ 0.6 & 0.48 & 0.64 \\ 8 & 6 & 8 \end{vmatrix} = 8\boldsymbol{j} - 6\boldsymbol{k}$$

6.3 习题详解

6-1 刚体绕定轴 O 转动，刚体半径为 0.5m，转动角速度 $\omega = (5t^4 + 3t^3)\text{rad/s}$，确定 t=2s 时刚体轮缘上某点 A 的速度和加速度大小。

解：

$$v = \omega r = \left(5t^4 + 3t^3\right) \times 0.5，\quad \alpha = \frac{\mathrm{d}\omega}{\mathrm{d}t} = 20t^3 + 9t^2$$

$$a_\tau = \alpha r = \left(20t^3 + 9t^2\right) \times 0.5，\quad a_\mathrm{n} = \omega^2 r = \left(5t^4 + 3t^3\right)^2 \times 0.5$$

当 t=2s 时，$v = 52\,\text{m/s}$，$a_\tau = 98\,\text{m/s}^2$，$a_\mathrm{n} = 5408\,\text{m/s}^2$，$a = \sqrt{a_\tau^2 + a_\mathrm{n}^2} = 5408.9\,\text{m/s}^2$

6-2 刚体绕定轴 O 转动，刚体转动角速度为 $\omega = \left(3t^3\right)$ rad/s，转动角加速度为

$\alpha=\left(5t^2\right)$ rad/s^2，刚体上点 A 和点 B 距转动轴的距离分别为 0.4 m 和 0.5 m，试求 t=1s 时点 A 和点 B 的速度和加速度大小。

解： 已知 $t=1\text{s}$，$\omega=3\,\text{rad/s}$。

$$v_A=\omega R=1.2\,\text{m/s}\,,\quad v_B=1.5\,\text{m/s}\,,\quad \alpha=\frac{\mathrm{d}\omega}{\mathrm{d}t}=9t^2=9\,\text{rad/s}^2$$

$$a_A^{\text{n}}=\frac{{v_A}^2}{R}=\omega^2R=3.6\,\text{m/s}^2\,,\quad a_A^{\tau}=\alpha R=3.6\,\text{m/s}^2$$

$$a_B^{\text{n}}=\frac{v_B^2}{R}=4.5\,\text{m/s}^2\,,\quad a_B^{\tau}=\alpha R=4.5\,\text{m/s}^2$$

6-3　刚体绕定轴 O 转动，初始弧坐标为零，角速度 $\omega_0=12\text{rad/s}$，转动时加速度为 $\alpha=5\text{rad/s}^2$，试求刚体需要转动的圈数，使得刚体的角速度为 $\omega=30\text{rad/s}$，并求出所需时间。

解：

$$\omega=\omega_0+\alpha t$$

$$t=\frac{\omega-\omega_0}{\alpha}=\frac{30-12}{5}=3.6(\text{s})$$

$$\theta=\omega_0t+\frac{1}{2}\alpha t^2=12\times3.6+0.5\times3.6^2\times5=43.2+32.4=75.6(\text{rad})$$

$$n=\frac{\theta}{2\pi}\approx12$$

6-4　刚体由静止状态开始绕定轴 O 转动，其角速度可表示为 $\omega=(100t^{1/2})$ rad/s，试确定转过 200 周后刚体的角速度和角加速度。

解：

$$\omega=\frac{\mathrm{d}\varphi}{\mathrm{d}t}=100\sqrt{t}\,,\quad \mathrm{d}\varphi=100\sqrt{t}\,\mathrm{d}t\,,\quad \varphi=\frac{200}{3}t\sqrt{t}\,,\quad t=\left(6\pi\right)^{\frac{2}{3}}=7.08(\text{s})$$

$$\omega=100\sqrt{\left(6\pi\right)^{\frac{2}{3}}}=100\left(6\pi\right)^{\frac{1}{3}}=266(\text{rad/s})$$

$$\alpha=\frac{\mathrm{d}\omega}{\mathrm{d}t}=\frac{50}{\sqrt{t}}=\frac{50}{\sqrt{\left(6\pi\right)^{\frac{2}{3}}}}=\frac{50}{\left(6\pi\right)^{\frac{1}{3}}}=18.8(\text{rad/s}^2)$$

6-5　半径为 6m 的刚体绕定轴以 $\omega=(2t+3)$rad/s 的角速度转动，试确定弧坐标 $\theta=40$rad 时刚体轮缘某点的切向加速度和法向加速度。

解： 角加速度 $\alpha=\dot{\omega}=2\text{ rad/s}^2$，$a_\tau=\alpha\cdot r=12\text{m/s}^2$。

$$\omega=\frac{\mathrm{d}\theta}{\mathrm{d}t}\,,\quad \mathrm{d}\theta=\omega\mathrm{d}t\,,\quad \int_0^\theta\mathrm{d}\theta=\int_{\omega_0}^{\omega}\omega\mathrm{d}t\,,\ \text{解得 } t=5\text{s。}$$

$$a_{\text{n}}=\omega^2\cdot r=1014\text{ m/s}^2$$

6-6　多级带式传动中，各轮系的半径如图 6-9 所示，单位为 cm。当 t=0s 时，轮 O_1 在电机驱动下的角速度 $\omega_A=10\text{rad/s}$，角加速度 $\alpha=5\text{rad/s}^2$。试确定轮 O_3 转过 5 圈后的角速度。

提示： 多级传动中，轮与带之间不考虑相对滑动。根据轮 O_3 转过的圈数得到轮 O_1 转过的圈数，进而确定当前轮 O_1 的角速度，再利用传动比确定轮 O_3 的角速度。

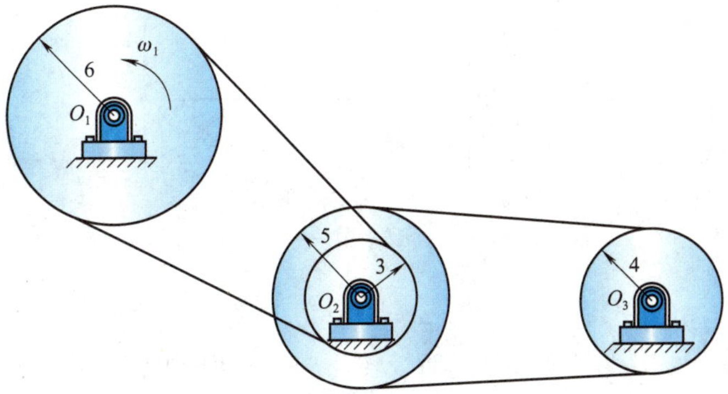

图 6-9　题 6-6

解：首先分析 O_1 和 O_2。

$$v_1 = v_3, \quad \frac{\omega_3}{\omega_1} = \frac{r_1}{r_3}, \quad \omega_3 = \omega_5$$

然后分析 O_2 和 O_3。

$$v_5 = v_4, \quad \frac{\omega_5}{\omega_4} = \frac{r_4}{r_5}, \quad \varphi = \omega t$$

在多级带式传动中有

$$\frac{\omega_4}{\omega_1} = \frac{\omega_3}{\omega_1} \cdot \frac{\omega_4}{\omega_5} = \frac{3}{2}, \quad \frac{n_{O_1}}{n_{O_3}} = \frac{\omega_1}{\omega_4}$$

$$\omega = \frac{\mathrm{d}\varphi}{\mathrm{d}t}, \quad \alpha = \frac{\mathrm{d}\omega}{\mathrm{d}t}, \quad \alpha = \frac{\mathrm{d}\omega}{\mathrm{d}t} \cdot \frac{\mathrm{d}\varphi}{\mathrm{d}\varphi} = \frac{\mathrm{d}\omega}{\mathrm{d}\varphi} \cdot \omega, \quad \int \alpha \,\mathrm{d}\varphi = \int \omega \,\mathrm{d}\omega$$

假设：轮 O_3 转过 5 圈后 O_1 的加速度为 $\omega_A'^2$，则

$$\omega_A'^2 - \omega_A^2 = 2\alpha\varphi$$

解得 $\omega_{O_1} = 15.02\text{rad/s}$，$\omega_{O_3} = 22.53\text{rad/s}$。

6-7　刚体如图 6-10 所示绕定轴转动时，在刚体转动过程中，全加速度与轮半径的夹角恒为 60°。已知初始转角为零，角速度为 ω_0，试求刚体绕定轴转动时的运动方程以及使用转角表示的角速度。

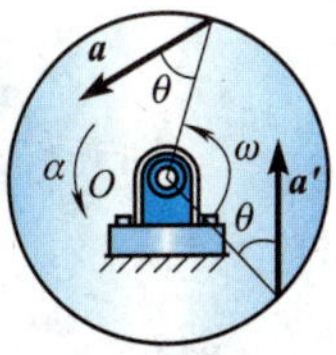

图 6-10　题 6-7

解：(1) $\dfrac{a_\tau}{a_n} = \dfrac{R\alpha}{R\omega^2} = \tan\theta = \sqrt{3}$，$\dfrac{\mathrm{d}\omega}{\mathrm{d}t}\alpha = \sqrt{3}\omega^2$，$\int_0^t \sqrt{3}\mathrm{d}t = \int_{\omega_0}^{\omega} \dfrac{1}{\omega^2}\mathrm{d}\omega$

所以

$$\frac{\mathrm{d}\theta}{\mathrm{d}t} = \omega = \frac{1}{\dfrac{1}{\omega_0} - \sqrt{3}t}, \quad \int_0^t \frac{1}{\dfrac{1}{\omega_0} - \sqrt{3}t}\mathrm{d}t = \int_0^\theta \mathrm{d}\theta$$

所以

$$\theta = \frac{\sqrt{3}}{3}\ln\left(\frac{1}{1 - \sqrt{3}\omega_0 t}\right)$$

(2)

$$\omega = \frac{1}{\dfrac{1}{\omega_0} - \sqrt{3}t}$$

所以

$$t = \frac{1}{\sqrt{3}}\left(\frac{1}{\omega_0} - \frac{1}{\omega}\right)$$

$$\theta=\frac{\sqrt{3}}{3}\ln\left(\frac{1}{1-\sqrt{3}\times\frac{1}{\sqrt{3}}\omega_0\left(\frac{1}{\omega_0}-\frac{1}{\omega}\right)}\right)$$

$$\sqrt{3}\theta=\ln\frac{\omega}{\omega_0}$$

所以

$$\omega=\omega_0 e^{\sqrt{3}\theta}$$

6-8　如图 6-11 所示，变截面刚体逆时针转动，转动角速度恒为 ω。变截面刚体的长度为 L，顶端半径为 r_1，底端半径为 r_2。一根绳沿变截面刚体缠绕，变截面刚体转动过程中，缠绕在刚体上的绳的分布逐渐由顶端变化至底端。绳的直径为 d，试求绳端点所系质量块向上的加速度。

解：

$$a_\tau=\omega r=\omega\frac{\mathrm{d}r}{\mathrm{d}t},\quad r=r_1+\frac{r_2-r_1}{L}x$$

所以

$$a_\tau=\omega\left(\frac{r_2-r_1}{L}\right)\frac{\mathrm{d}x}{\mathrm{d}t}$$

又

$$\mathrm{d}x=\frac{\mathrm{d}\theta}{2\pi}\times d$$

所以

$$a=a_\tau=d\times\frac{\omega^2}{2\pi}\left(\frac{r_2-r_1}{L}\right)$$

6-9　图 6-12 为由直径为 d 的绳缠绕而成的盘，绳只会在当前平面内分布。固定盘的中心，以匀速 v 拉绳，求盘的角加速度。

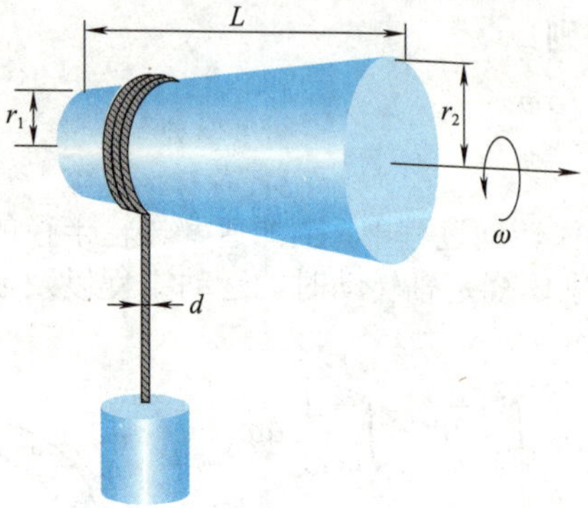

图 6-11　题 6-8

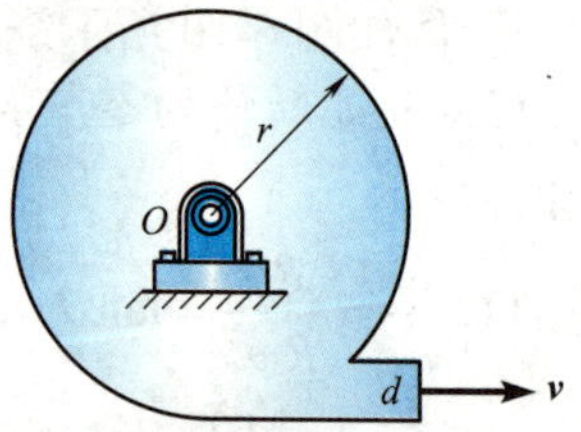

图 6-12　题 6-9

解：

$$\alpha=\frac{\mathrm{d}\omega}{\mathrm{d}t}=\frac{\mathrm{d}v}{\mathrm{d}t}\cdot\frac{1}{r},\quad \frac{\mathrm{d}r}{\mathrm{d}t}=\frac{1}{\mathrm{d}t}\cdot\left(\frac{\mathrm{d}\theta}{2\pi}d\right)=\frac{1}{2\pi}\cdot\frac{v}{r}\cdot d$$

所以

$$\alpha=\frac{v^2 d}{2\pi r^3}$$

6-10　带式传动系统中轮 O_1 的转动半径为 0.4m，轮 O_2 的转动半径为 0.15m(图 6-13)。轮 O_2 以匀角加速度 $\alpha=2\mathrm{rad/s^2}$ 由静止状态开始转动，轮 O_2 转动两周后，确定轮 O_1 轮缘上某点的速度和加速度的大小。

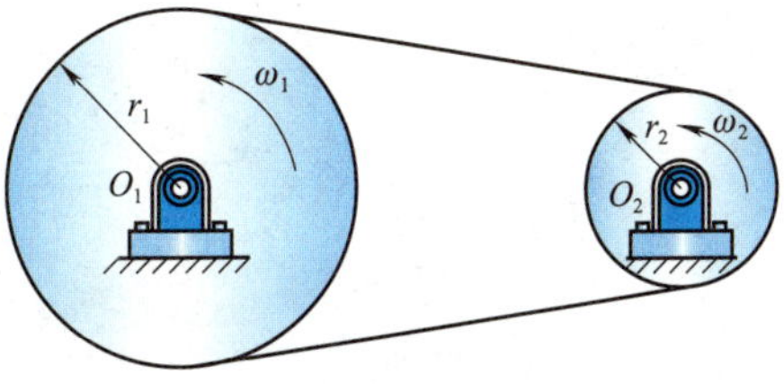

图 6-13　题 6-10

解：

$$a_\tau = \alpha_2 r_2 = 0.3\text{m/s}^2$$

$x = 2\times 2\pi r_2 = 4\pi r_2$， $2a_\tau x = v_2^2$，所以 $v_2 = 1.06\text{m/s}$

$v = v_2 = 1.06\text{m/s}$，所以，$a_\text{n} = \dfrac{v^2}{r_1} = 2.809\text{m/s}^2$

$$a = \sqrt{a_\text{n}^2 + a_\tau^2} = 2.84\text{m/s}^2$$

6-11　如图 6-14 所示，由旋转杆和钢板所组成的系统，以角速度 $\omega = 14\text{rad/s}$ 和角加速度 $\alpha = 7\text{rad/s}^2$ 进行转动，试确定当前时刻，钢板角点 D 的速度和加速度。

提示：本题与习题 6-3 解题思路一致，只是在计算加速度时，由于角加速度不为零，需要考虑切向加速度。

解：　$\boldsymbol{\omega} = -6\boldsymbol{i} + 4\boldsymbol{j} + 12\boldsymbol{k}$，$\boldsymbol{\alpha} = -3\boldsymbol{i} + 2\boldsymbol{j} + 6\boldsymbol{k}$，$\boldsymbol{r} = 0.3\boldsymbol{i} - 0.4\boldsymbol{j}$

$$\boldsymbol{v} = \boldsymbol{\omega}\times\boldsymbol{r} = \begin{vmatrix} \boldsymbol{i} & \boldsymbol{j} & \boldsymbol{k} \\ -6 & 4 & 12 \\ 0.3 & -0.4 & 0 \end{vmatrix} = 4.8\boldsymbol{i} + 3.6\boldsymbol{j} + 1.2\boldsymbol{k}$$

$$\boldsymbol{a} = \boldsymbol{\alpha}\times\boldsymbol{r} + \boldsymbol{\omega}\times\boldsymbol{v} = \begin{vmatrix} \boldsymbol{i} & \boldsymbol{j} & \boldsymbol{k} \\ -3 & 2 & 6 \\ 0.3 & -0.4 & 0 \end{vmatrix} + \begin{vmatrix} \boldsymbol{i} & \boldsymbol{j} & \boldsymbol{k} \\ -6 & 4 & 12 \\ 4.8 & 3.6 & 1.2 \end{vmatrix}$$

$$= 2.4\boldsymbol{i} + 1.8\boldsymbol{j} + 0.6\boldsymbol{k} - 38.4\boldsymbol{i} + 64.8\boldsymbol{j} - 40.8\boldsymbol{k}$$

$$= -36\boldsymbol{i} + 66.6\boldsymbol{j} - 40.2\boldsymbol{k}$$

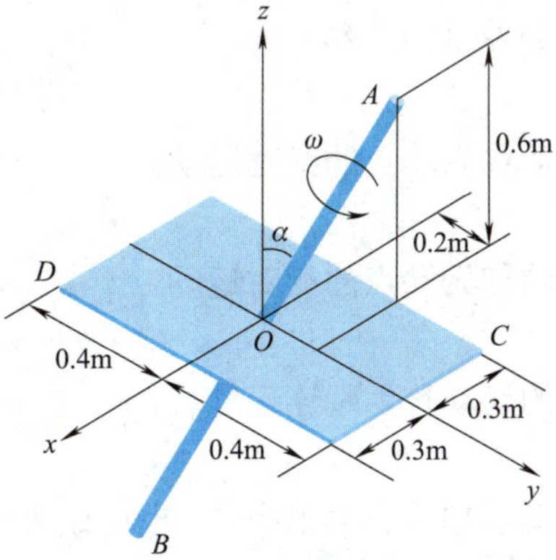

图 6-14　题 6-11

第7章

点的合成运动

7.1 重点内容提要

1. 基本概念

(1) 点的合成运动。

质点在一种参考系下的运动一般可由相对于其他参考系下的几个运动复合而成，称为点的合成运动。

(2) 动点。

在点的合成运动中，将所研究的运动的质点简称为动点。

(3) 定系。

选取保持固定状态的参考系为定参考系。

(4) 动系。

选取固结于运动刚体上的参考系为动参考系。

(5) 绝对运动。

动点相对于定参考系的运动称为动点的绝对运动。

(6) 相对运动。

动点相对于动参考系的运动称为动点的相对运动。

(7) 牵连运动。

动参考系相对于定参考系的运动称为牵连运动。

(8) 牵连点。

牵连点即在动参考系上与动点相重合的那个点，也可以看作动点在动参考系上的投影点。

2. 绝对运动轨迹与相对运动轨迹的关系

$$\begin{cases} x = x_{O'} + x'\cos\varphi - y'\sin\varphi \\ y = y_{O'} + x'\sin\varphi + y'\cos\varphi \end{cases}$$

3. 点的速度合成定理

$$\boldsymbol{v}_a = \boldsymbol{v}_e + \boldsymbol{v}_r$$

在点的合成运动中，任一瞬时，动点的绝对速度等于它的牵连速度和相对速度的矢量和。

4. 点的加速度合成定理

$$\boldsymbol{a}_a = \boldsymbol{a}_e + \boldsymbol{a}_r + \boldsymbol{a}_C$$

在点的合成运动中，任一瞬时，动点的绝对加速度等于它的牵连加速度、相对加速度和科氏加速度三者的矢量和。当动参考系做平动时，科氏加速度等于零。

7.2 典型例题

例 7-1

如图 7-1(a) 所示，长为 l 的曲柄 OA 绕固定轴 O 转动，通过套筒 A 带动 T 形杆沿水平方向往复平移，进而推动小车运动。图 7-1(a) 所示瞬时，φ=45°，曲柄 OA 的角速度为ω，角加速度为α，求小车的速度与加速度。

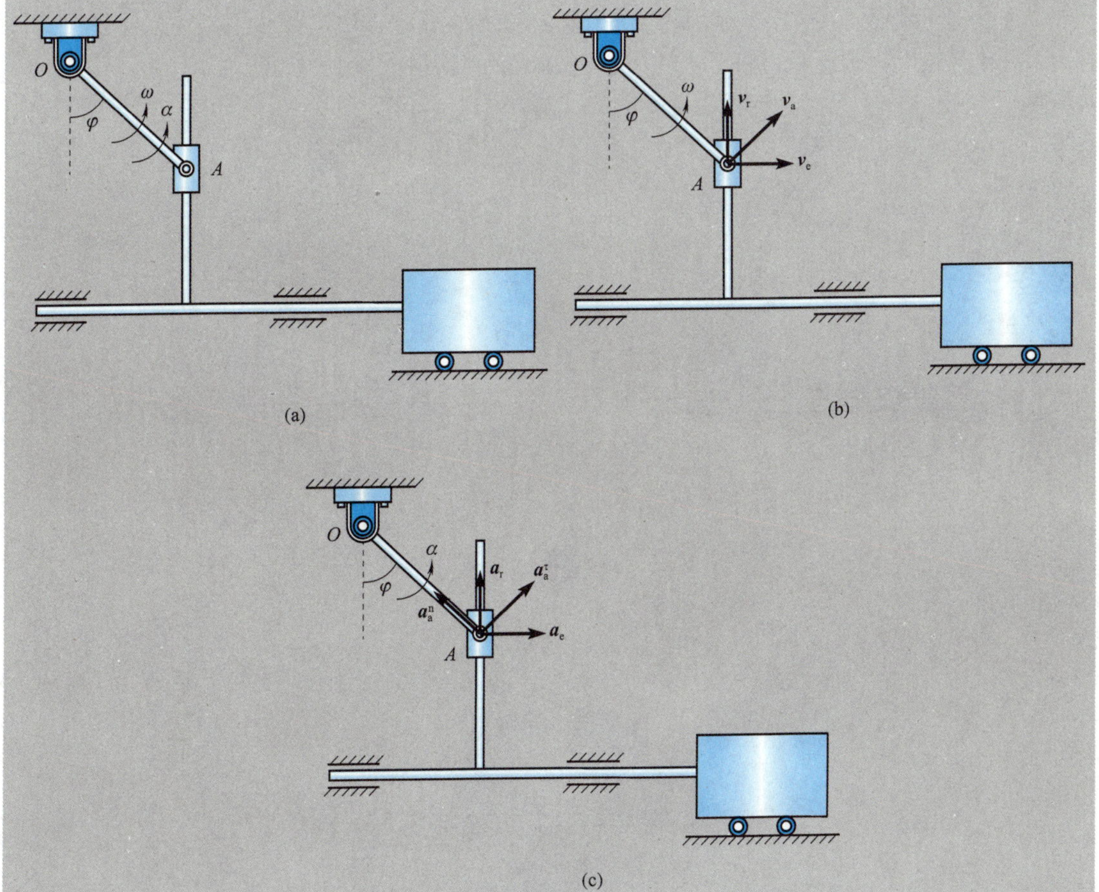

图 7-1　例 7-1

解：(1) 速度分析如图 7-1(b) 所示，*OA* 杆上的 *A* 点为动点，动系放在 T 形杆上，动系平动。

绝对运动：圆周运动（半径 l）。

相对运动：直线运动。

牵连运动：平动。

$$\boldsymbol{v}_{\mathrm{a}}=\boldsymbol{v}_{\mathrm{e}}+\boldsymbol{v}_{\mathrm{r}}$$

$$v_{\mathrm{e}}=v_{\mathrm{a}}\cos\varphi=\omega l\cos 45^{\circ}=\sqrt{2}\omega l/2$$

小车的速度等于牵连速度。

(2) 加速度分析如图 7-1(c) 所示。

$$\boldsymbol{a}_{\mathrm{a}}^{\tau}+\boldsymbol{a}_{\mathrm{a}}^{\mathrm{n}}=\boldsymbol{a}_{\mathrm{e}}+\boldsymbol{a}_{\mathrm{r}} \tag{7-1}$$

式(7-1)沿水平方向投影得　$a_{\mathrm{a}}^{\tau}\cos\varphi-a_{\mathrm{a}}^{\mathrm{n}}\sin\varphi=a_{\mathrm{e}}$

$$a_{\mathrm{e}}=l\alpha\cos 45^{\circ}-l\omega^{2}\sin 45^{\circ}=\frac{\sqrt{2}}{2}(\alpha-\omega^{2})l$$

小车的加速度等于牵连加速度。

例 7-2

已知半圆形凸轮的半径为 R，图 7-2(a) 所示瞬时 $\theta=30^{\circ}$，凸轮以 $\boldsymbol{v}_D$ 和 $\boldsymbol{a}_D$ 平动，杆 *OA* 靠在凸轮上。求此瞬时杆 *OA* 的角速度 ω 和角加速度 α。

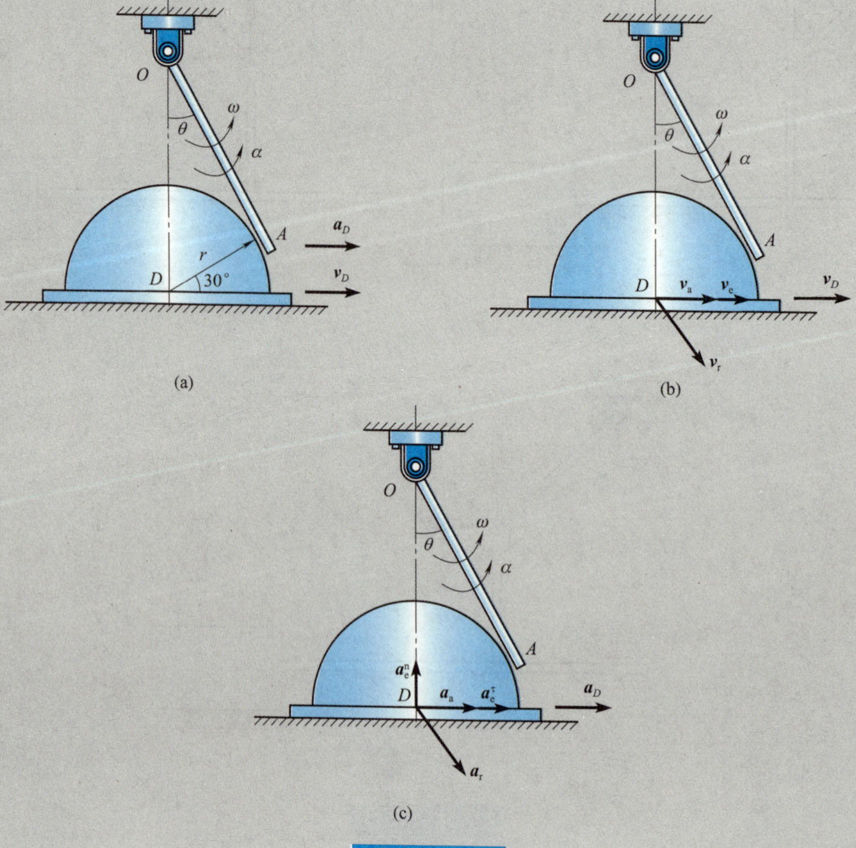

图 7-2　例 7-2

解：(1) 速度分析如图 7-2(b) 所示，特殊问题：由于接触点在两个物体上的位置均是变化的，因此不宜选接触点为动点。

凸轮上 D 点为动点，动系放在杆 OA 上。

绝对运动：直线运动。

相对运动：直线运动。

牵连运动：定轴转动。

$$\boldsymbol{v}_{\mathrm{a}} = \boldsymbol{v}_{\mathrm{e}} + \boldsymbol{v}_{\mathrm{r}}$$

$$v_{\mathrm{r}} = 0,\quad v_{\mathrm{e}} = v_{\mathrm{a}} = v_D$$

$$\omega = \frac{v_{\mathrm{e}}}{OD} = \frac{v_D}{R/\sin\theta} = \frac{v_D}{2R}$$

(2) 加速度分析如图 7-2(c) 所示。

$$\boldsymbol{a}_{\mathrm{a}} = \boldsymbol{a}_{\mathrm{e}}^{\tau} + \boldsymbol{a}_{\mathrm{e}}^{\mathrm{n}} + \boldsymbol{a}_{\mathrm{r}} + \boldsymbol{a}_{\mathrm{C}} \tag{7-2}$$

其中，$a_{\mathrm{C}} = 2\omega v_{\mathrm{r}} = 0$，$a_{\mathrm{e}}^{\mathrm{n}} = \omega^2 \cdot OD = \dfrac{v_D^2}{2R}$

式 (7-2) 沿垂直于杆 OA 方向投影得

$$a_{\mathrm{a}} \cos\theta = a_{\mathrm{e}}^{\mathrm{n}} \sin\theta + a_{\mathrm{e}}^{\tau} \cos\theta$$

$$a_{\mathrm{e}}^{\tau} = a_{\mathrm{a}} - a_{\mathrm{e}}^{\mathrm{n}} \tan\theta = a_D - \frac{\sqrt{3} v_D^2}{6R}$$

$$\alpha = \frac{a_{\mathrm{e}}^{\tau}}{OD} = \frac{a_D}{2R} - \frac{\sqrt{3} v_D^2}{12R^2}$$

例 7-3

摇杆 OA 绕固定轴 O 转动，通过销栓 D 带动直杆 BC 沿水平方向往复平移，轴 O 与直杆 BC 的距离为 h。图 7-3(a) 所示瞬时，已知摇杆 OA 的倾角为 θ，直杆 BC 的速度为 $\boldsymbol{v}$，加速度为 $\boldsymbol{a}$。试求此瞬时摇杆 OA 的角速度 ω 和角加速度 α。

解：(1) 速度分析如图 7-3(b) 所示。

销栓 D 为动点，动系放在摇杆 OA 上。

绝对运动：直线运动。

相对运动：直线运动。

牵连运动：定轴转动。

$$\boldsymbol{v}_{\mathrm{a}} = \boldsymbol{v}_{\mathrm{e}} + \boldsymbol{v}_{\mathrm{r}}$$

$$v_{\mathrm{r}} = v_{\mathrm{a}} \sin\theta = v \sin\theta$$

$$v_{\mathrm{e}} = v_{\mathrm{a}} \cos\theta = v \cos\theta$$

$$\omega = \frac{v_{\mathrm{e}}}{OD} = \frac{v}{h} \cos^2\theta$$

(2) 加速度分析如图 7-3(c) 所示。

$$\boldsymbol{a}_{\mathrm{a}} = \boldsymbol{a}_{\mathrm{e}}^{\tau} + \boldsymbol{a}_{\mathrm{e}}^{\mathrm{n}} + \boldsymbol{a}_{\mathrm{r}} + \boldsymbol{a}_{\mathrm{K}} \tag{7-3}$$

$$a_{\mathrm{e}}^{\mathrm{n}} = OD \cdot \omega^2 = \frac{h}{\cos\theta} \cdot \left(\frac{v\cos^2\theta}{h}\right)^2 = \frac{v^2 \cos^3\theta}{h}$$

$$a_K = 2\omega v_r = 2\frac{v\cos^2\theta}{h}\cdot v\sin\theta = \frac{v^2\cos\theta\cdot\sin 2\theta}{h}$$

式(7-3)沿垂直于杆 OA 方向投影得

$$a_e^\tau = a_C + a_a\cos\theta = (v^2\cos\theta\sin 2\theta)/h + a\cos\theta$$

$$\alpha = \frac{a_e^\tau}{OD} = (v^2\cos^2\theta\sin 2\theta)/h^2 + \frac{a}{h}\cos^2\theta$$

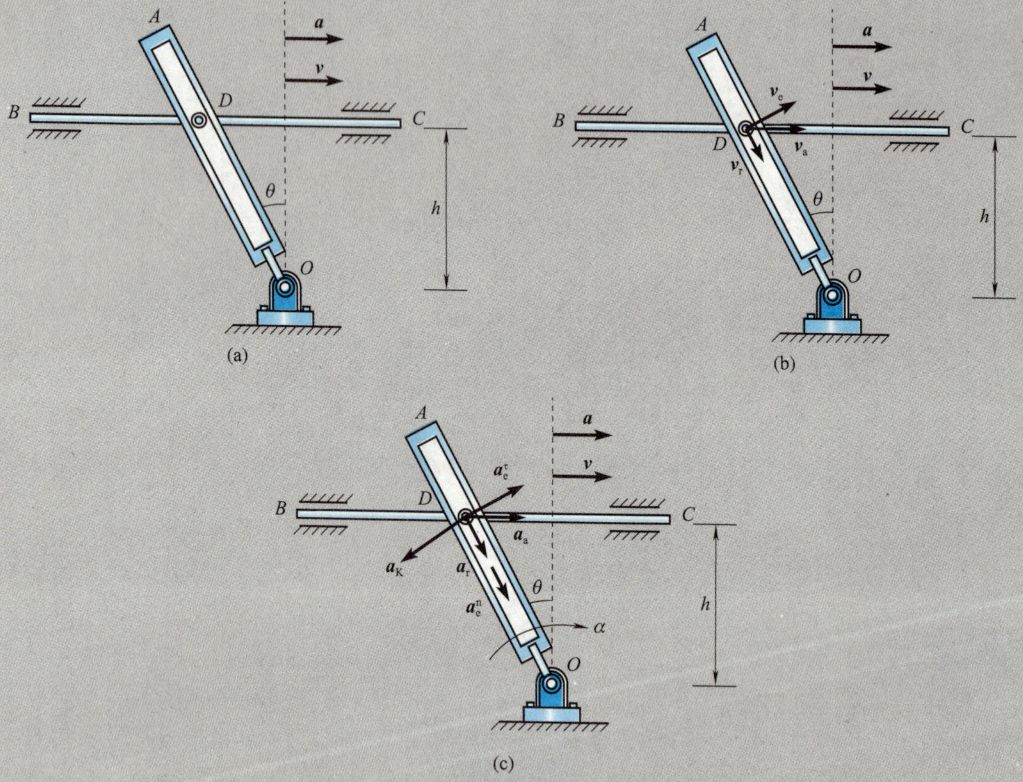

图 7-3　例 7-3

例 7-4

长为 r 的曲柄 O_1A 绕固定轴 O_1 转动，通过滑块 A 带动 T 形槽杆 BC 沿水平方向往复平移，进而通过套筒 F 带动摇杆 O_2E 绕 O_2 轴转动。图 7-4 所示瞬时，已知 h 及摇杆 O_1A 的倾角θ、角速度ω，且 $O_1A//O_2E$。试求此瞬时摇杆 O_2E 的角速度ω_1。

解：速度分析如图 7-4(b)所示，先分析 A 点。

滑块 A 为动点，动系放在 T 形槽杆 BC 上。

绝对运动：圆周运动。

相对运动：直线运动。

牵连运动：平动。

$$\boldsymbol{v}_{a1} = \boldsymbol{v}_{e1} + \boldsymbol{v}_{r1}$$

$$v_{e1} = v_{a1}\sin\theta = \omega r\sin\theta$$

再分析 F 点。

滑块 F 为动点，动系放在杆 O_2E 上。

绝对运动：直线运动。

相对运动：直线运动。

牵连运动：定轴转动。

$$\boldsymbol{v}_{a2}=\boldsymbol{v}_{e2}+\boldsymbol{v}_{r2}$$

由于 T 形槽杆平动，故

$$v_{a2}=v_{e1}$$

$$v_{e2}=v_{a2}\sin\theta=\omega r\sin^2\theta$$

$$\omega_1=\omega_{O_2E}=\frac{v_{e2}}{O_2F}=\frac{\omega r\sin^2\theta}{h/\sin\theta}=\frac{\omega r}{h}\sin^3\theta$$

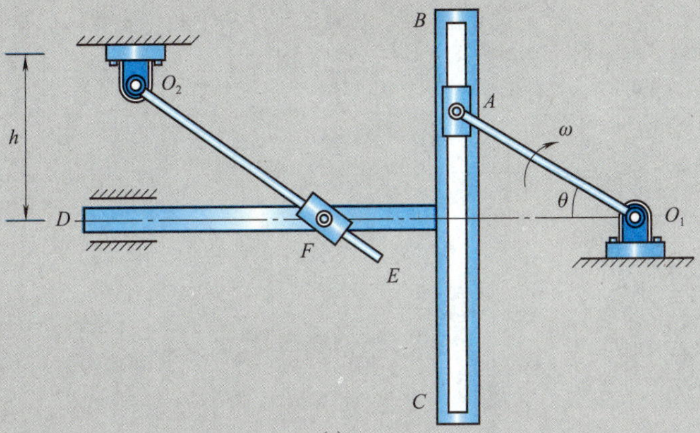

(a)

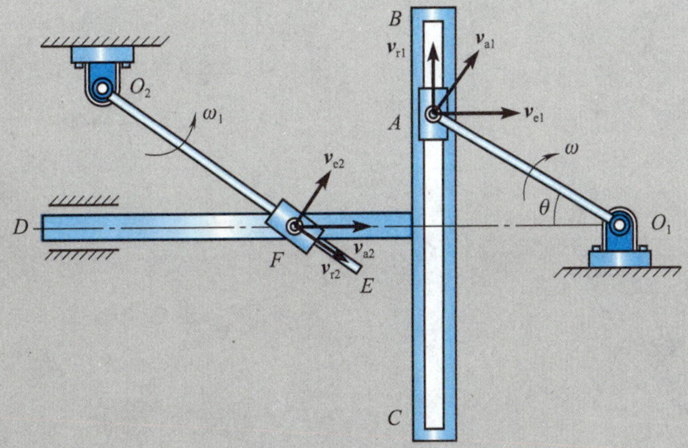

(b)

图 7-4　例 7-4

例 7-5

如图 7-5(a)所示，匀速转动的主动轮 O 通过轮缘上的销栓 A 带动摇杆 O_1C 做定轴转动。已知主动轮 O 的角速度 ω_O=2rad/s，半径 OA=100mm。图 7-5(a)所示瞬时，$OO_1\perp OA$，$O_1A=AB$，θ=30°。试求此瞬时摇杆 O_1C 的角速度ω和角加速度α、滑块 B 的速度及加速度。

解：(1)速度分析如图 7-5(b)所示，先分析 A 点。

滑块 A 为动点，动系放在摇杆 O_1C 上。

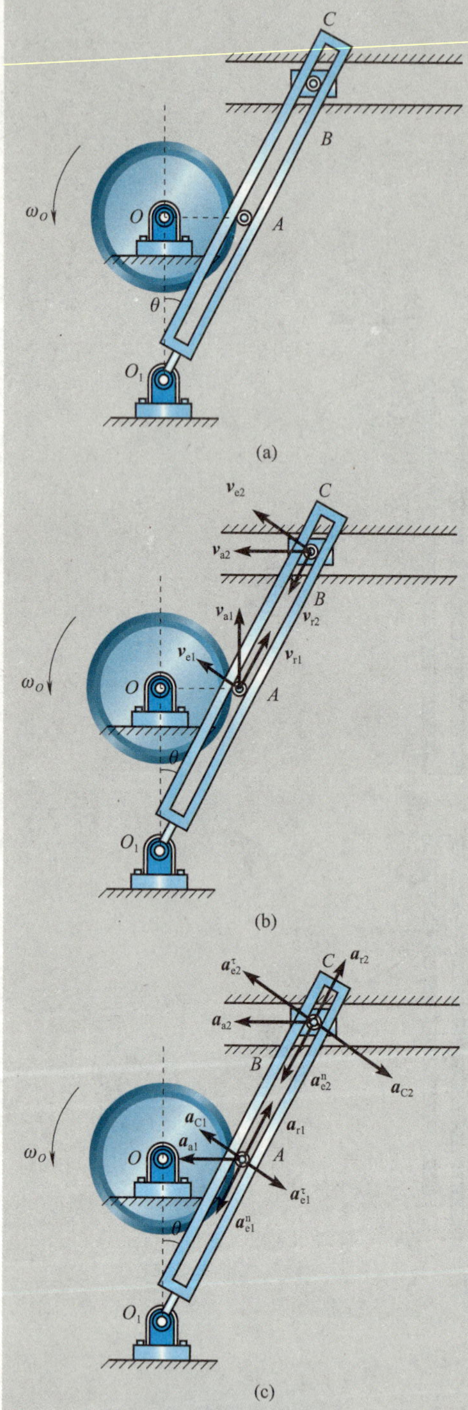

图 7-5　例 7-5

绝对运动：圆周运动。

相对运动：直线运动。

牵连运动：定轴转动。

$$\boldsymbol{v}_{a1} = \boldsymbol{v}_{e1} + \boldsymbol{v}_{r1}$$

$$v_{e1} = v_{a1}\sin 30^\circ = \omega_O OA/2$$

$$\omega_{O_1C} = \frac{v_{e1}}{O_1A} = 0.5\ \text{rad/s（逆时针）}$$

$$v_{r1} = v_{a1}\cos 30^\circ = \sqrt{3}\omega_O OA/2$$

再分析 B 点。

滑块 B 为动点，动系放在摇杆 O_1C 上。

绝对运动：直线运动。

相对运动：直线运动。

牵连运动：定轴转动。

$$\boldsymbol{v}_{a2} = \boldsymbol{v}_{e2} + \boldsymbol{v}_{r2}$$

其中，$v_{e2} = \omega_{O_1C} \cdot O_1B = 0.2\text{m/s}$

$$v_B = v_{a2} = \frac{v_{e2}}{\cos 30^\circ} = 0.23\text{m/s}$$

$$v_{r2} = v_{a2}\sin 30^\circ = 0.115\text{m/s}$$

(2) 加速度分析如图 7-5(c) 所示，先分析 A 点。

$$\boldsymbol{a}_{a1} = \boldsymbol{a}_{e1}^{\tau} + \boldsymbol{a}_{e1}^{n} + \boldsymbol{a}_{r1} + \boldsymbol{a}_{C1} \tag{7-4}$$

式 (7-4) 沿垂直于杆 O_1C 方向投影得

$$a_{a1}\cos\theta = a_{C1} - a_{e1}^{\tau}$$

$$a_{e1}^{\tau} = a_{C1} - a_{a1}\cos 30^\circ$$

$$= 2\omega_{O_1C}v_{r1} - \omega_O^2 OA\cos 30^\circ = -\sqrt{3}OA$$

$$\alpha_{O_1C} = \frac{a_{e1}^{\tau}}{O_1A} = -\frac{\sqrt{3}}{2}\ \text{rad/s}^2\ \text{（逆时针）}$$

再分析 B 点。

$$\boldsymbol{a}_{a2} = \boldsymbol{a}_{e2}^{\tau} + \boldsymbol{a}_{e2}^{n} + \boldsymbol{a}_{r2} + \boldsymbol{a}_{C2} \tag{7-5}$$

式 (7-5) 沿垂直于杆 O_1C 方向投影得

$$a_{a2}\cos\theta = a_{e2}^{\tau} - a_{C2}$$

其中，$a_{e2}^{\tau} = \alpha_{O_1C} \cdot O_1B$，$a_{C2} = 2\omega_{O_1C} \cdot v_{C2}$

$$a_B = a_{a2} = \frac{a_{e2}^{\tau} - a_{C2}}{\cos 30^\circ}$$

$$= \frac{2}{\sqrt{3}} \times \frac{\sqrt{3}}{2} \times 0.4 - \frac{2}{\sqrt{3}} \times 0.115 = 0.27(\text{m/s}^2)$$

例 7-6

圆盘半径为 R=50mm，以角速度 ω_1 绕水平轴 CD 转动，支承 CD 的框架又以角速度 ω_2 绕铅直的 AB 轴转动，如图 7-6 所示。圆盘垂直于 CD，圆心在 CD 与 AB 的交点 O 处。ω_1=5rad/s，ω_2=3rad/s。求圆盘边缘上点 1 和点 2 的绝对加速度。

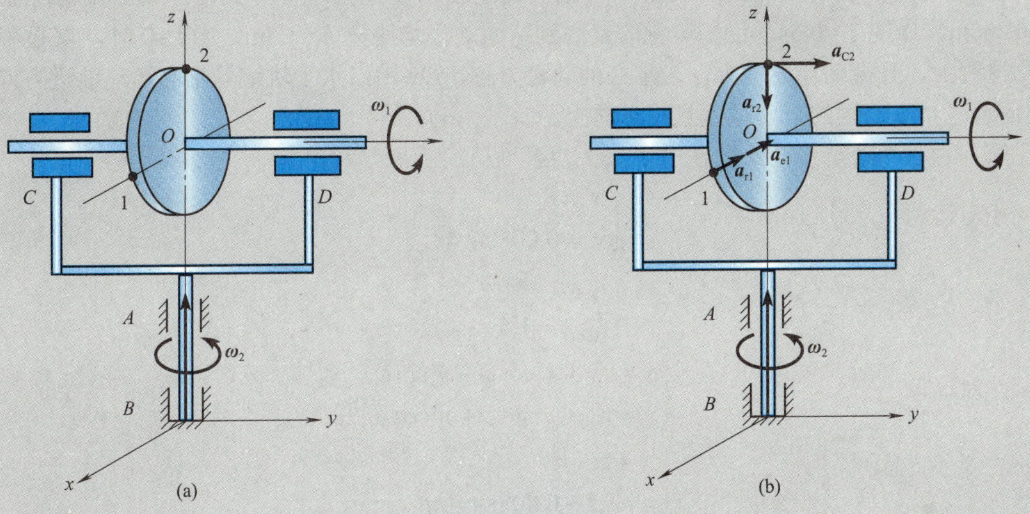

图 7-6　例 7-6

解：加速度分析如图 7-6(b)所示。

圆盘上的点 1 或点 2 为动点，动系放在框架 $BACD$ 上。

绝对运动：未知。

相对运动：圆周运动(圆心 O 点)。

牵连运动：定轴转动(AB 轴)。

先分析点 1。

$$\boldsymbol{a}_{a1} = \boldsymbol{a}_{e1} + \boldsymbol{a}_{r1} + \boldsymbol{a}_{C1}$$

科氏加速度等于零，牵连加速度与相对加速度共线。

$$a_{r1} = \omega_1^2 R\ ,\quad a_{e1} = \omega_2^2 R$$

$$a_{a1} = a_{e1} + a_{r1} = 1700\text{mm/s}^2$$

再分析 2 点。

$$\boldsymbol{a}_{a2} = \boldsymbol{a}_{e2} + \boldsymbol{a}_{r2} + \boldsymbol{a}_{C2}$$

牵连加速度等于零，科氏加速度与相对加速度垂直。

$$a_{C2} = 2\omega_2\omega_1 R = 1500\text{mm/s}^2\ ,\quad a_{r2} = \omega_1^2 R = 1250\text{mm/s}^2$$

$$a_{a2} = \sqrt{a_{r2}^2 + a_{C2}^2} = 1953\ \text{mm/s}^2$$

$$\theta = \arctan\frac{a_{C2}}{a_{r2}} = 50.2^\circ$$

7.3 习题详解

7-1　电车在水平直线轨道上以 v=5m/s 的速度行驶，同时车身又在弹簧上振动，振幅 a=0.008m，周期 T=0.5s。已知车身的重心到路面的平均距离 h=1.5m，当 t=0 时，重心在其平均位置上，且振动速度向上，求重心的轨迹方程。Ox 轴沿水平轨道且指向运动前进方向，Oy 轴通过 t=0 瞬时的重心位置且铅直向上。

解： 重心为动点，动系放在电车上，动系平动。

相对运动
$$\begin{cases} x' = 0 \\ y' = 0.008\sin 4\pi t \end{cases}$$

牵连运动
$$\begin{cases} x_{O'} = vt = 5t \\ y_{O'} = 1.5 \end{cases}$$

绝对运动
$$\begin{cases} x = x_{O'} + x'\cos\varphi - y'\sin\varphi \\ y = y_{O'} + x'\sin\varphi + y'\cos\varphi \end{cases}$$

$$\begin{cases} x = 5t \\ y = 1.5 + 0.008\sin 4\pi t \end{cases}$$

重心轨迹为 $y = 1.5 + 0.008\sin 0.8\pi x$

7-2　车刀 M 按规律 x=$a\sin\omega t$ 做横向往复运动(图 7-7)。圆盘以匀角速度 ω 绕轴 O 转动，轴 O 与车刀的绝对运动轨迹相交，求车刀相对于圆盘的运动轨迹方程。

解： 动点为刀尖点 M。

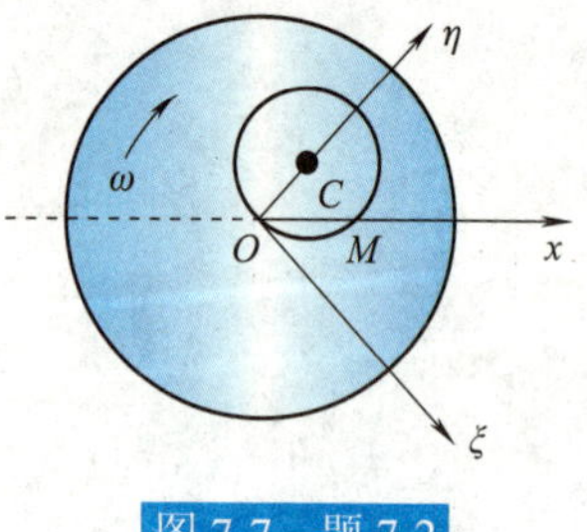

图 7-7　题 7-2

绝对运动轨迹为
$$\begin{cases} x = a\sin\omega t \\ y = 0 \end{cases}$$

牵连运动轨迹为
$$\begin{cases} x_{O'} = 0 \\ y_{O'} = 0 \\ \varphi = \omega t \end{cases}$$

相对运动轨迹为
$$\begin{cases} x' = \xi \\ y' = \eta \end{cases}$$

由轨迹关系
$$\begin{cases} x = x_{O'} + x'\cos\varphi - y'\sin\varphi \\ y = y_{O'} + x'\sin\varphi + y'\cos\varphi \end{cases}$$

可得
$$\begin{cases} a\sin\omega t = \xi\cos\omega t - \eta\sin\omega t \\ 0 = \xi\sin\omega t + \eta\cos\omega t \end{cases}$$

进一步可得其轨迹方程为 $\xi^2 + \left(\eta + \dfrac{a}{2}\right)^2 = \dfrac{a^2}{4}$。

7-3　如图 7-8(a)所示，水轮机转轮以 n=60r/min 的转速转动，水流入转轮的绝对速度 v=30m/s 并与半径成 α=60°。设半径 R=2m，求转轮边缘上水的相对速度。

解： 取水滴 M 为动点，水轮为动系，速度分析如图 7-8(b)所示，则

$$\boldsymbol{v}_{\rm a} = \boldsymbol{v}_{\rm e} + \boldsymbol{v}_{\rm r} \tag{7-6}$$

$$v_a=30\text{m/s},\quad v_e=\frac{2\pi n}{60}R=(4\pi)\text{m/s}$$

将式(7-6)向点 M 处的切向和法向投影，得

$$30\sin 60^\circ=4\pi+v_r\sin\theta$$

$$30\cos 60^\circ=v_r\cos\theta$$

解出

$$v_r=20.1\text{m/s},\quad \theta=41.8^\circ$$

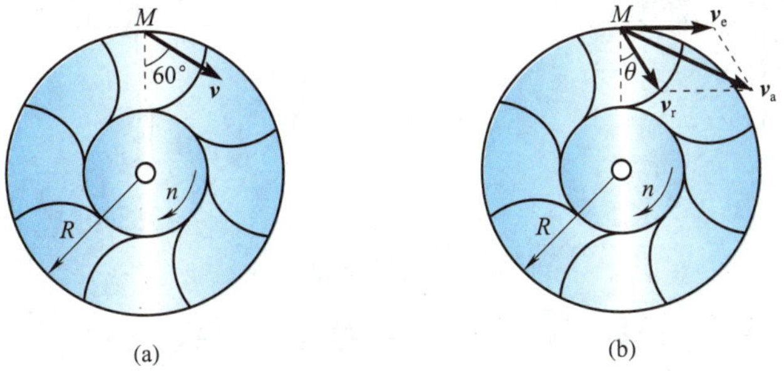

图 7-8　题 7-3

7-4　杆 OC 绕 O 点往复转动，杆上套一个滑块 A 带动铅垂杆 AB 上下运动，如图 7-9(a) 所示。已知 l=30cm，当 θ=30° 时，ω=2rad/s，求 AB 杆的速度和滑块在 OC 杆上滑动的速度。

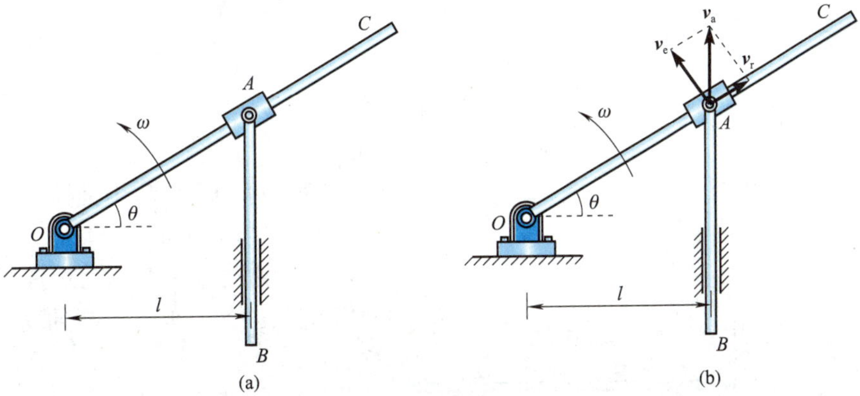

图 7-9　题 7-4

解：滑块 A 为动点，动系放在杆 OC 上。绝对运动为竖直平动，相对运动为沿杆 OC 滑动，牵连运动为杆 OC 绕 O 点的定轴转动。速度分析如图 7-9(b)所示，绝对速度设为向上，大小未知；相对速度设为沿杆 OC 向上，大小未知；牵连速度垂直 OA 向上。

$$\boldsymbol{v}_a=\boldsymbol{v}_e+\boldsymbol{v}_r$$

$$v_e=\omega\cdot OA=2\times 0.3\times\frac{2}{\sqrt{3}}=0.4\sqrt{3}(\text{m/s})$$

$$v_a=\frac{v_e}{\cos 30^\circ}=0.8\text{m/s},\quad v_r=v_a\sin 30^\circ=0.4\text{m/s}$$

7-5　图 7-10(a)所示曲柄滑道机构中，杆 BC 水平，而杆 DE 保持铅垂。曲柄长 OA=10cm，并以匀角速度 ω=20rad/s 绕 O 轴转动，通过滑块 A 使杆 BC 做往复运动。求当曲柄与水平线间的夹角 φ=0°、30°、90° 时，杆 BC 的速度。

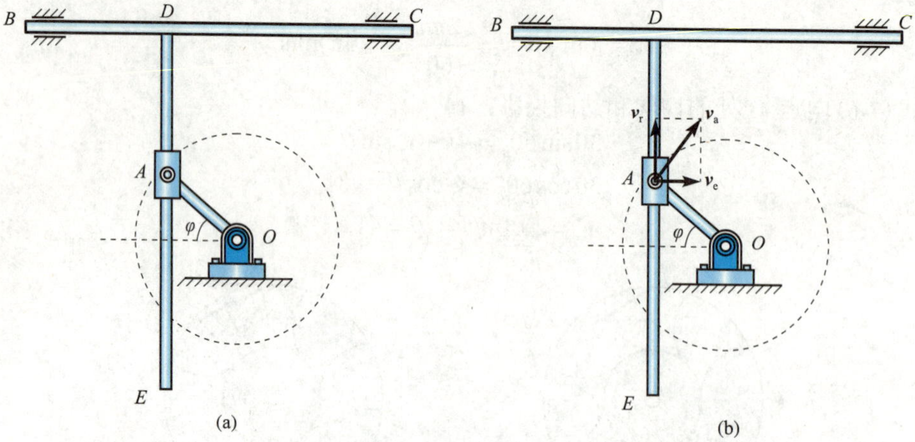

图 7-10　题 7-5

解： 滑块 A 为动点，动系放在杆 DE 上。绝对运动为绕 O 点的圆周运动，相对运动为沿杆 DE 滑动，牵连运动为随杆 DE 水平平动，速度分析如图 7-10(b) 所示。

$$\boldsymbol{v}_a = \boldsymbol{v}_e + \boldsymbol{v}_r$$

$$v_a = \omega \cdot OA = 20 \times 0.1 = 2(\text{m/s})$$

$$v_e = v_a \sin\varphi$$

杆 BC 速度等于牵连速度。

$$\varphi = 0°,\ v_e = 0\text{m/s}$$

$$\varphi = 30°,\ v_e = 1\text{m/s}$$

$$\varphi = 90°,\ v_e = 2\text{m/s}$$

7-6　杆 OA 长 l，由推杆推动而在图面内绕点 O 转动，如图 7-11(a) 所示。试求杆端 A 的速度的大小(表示为由推杆至点 O 的距离 x 的函数)。假定推杆的速度为 $\boldsymbol{u}$，其弯头长为 a。

解： (1) 选取动点、定系和动系。

动点：推杆与 OA 杆的接触点 B。

定系：固定于图面。

动系：OA 杆。

(2) 运动分析。

绝对运动：直线转动。

相对运动：沿 OA 杆直线运动。

牵连运动：绕 O 点定轴转动。

(3) 速度分析，如图 7-11(b) 所示。

绝对速度和相对速度的方向已知，但大小未知，如图 7-11(b) 所示。

$$\boldsymbol{v}_a = \boldsymbol{v}_e + \boldsymbol{v}_r$$

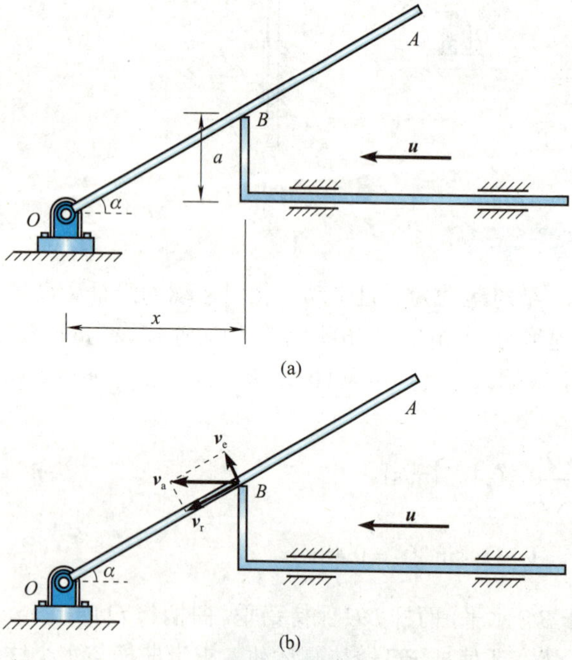

图 7-11　题 7-6

$$v_e = v_a \sin\alpha = u\sin\alpha\text{，}\quad \sin\alpha = \frac{a}{\sqrt{a^2+x^2}}\text{，}\quad \omega = \frac{v_e}{OB} = \frac{u\sin\alpha}{\sqrt{x^2+a^2}}$$

解得
$$v_A=\omega\cdot l=\frac{aul}{a^2+x^2}$$

7-7　如图 7-12(a)所示，在具有平动滑道 BC 的曲柄滑道机构中，曲柄(位于滑道后面)长 $l=0.2\text{m}$，以匀角速度 3π rad/s 转动。曲柄端 A 与滑道槽中滑动的滑块铰接，带动滑道做往复平动。当曲柄与滑道轴线的夹角为 30° 时，求滑道的速度。

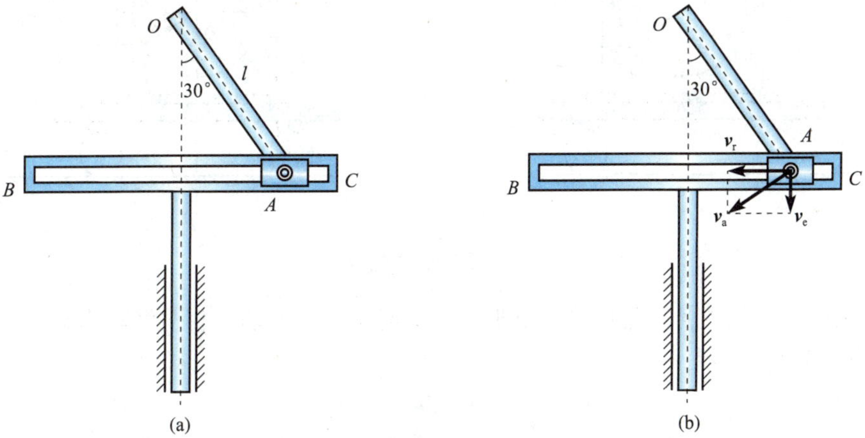

图 7-12　题 7-7

解：以滑块 A 为动点，动系放在滑道 BC 上，速度分析如图 7-12(b)所示。

因为
$$\boldsymbol{v}_a=\boldsymbol{v}_r+\boldsymbol{v}_e$$
$$v_a=\omega\cdot l=0.6\pi=1.884\,\text{m/s}$$

$v_e=v_a\sin 30^\circ=0.3\pi=0.942\,\text{m/s}$，方向竖直向下。

7-8　如图 7-13(a)所示，三角形滑块 C 以匀加速度 $\boldsymbol{a}_0$ 向右行驶，滑块的斜面与杆 AB 的 A 端接触，直杆 AB 沿导槽做直线运动，求杆的加速度。

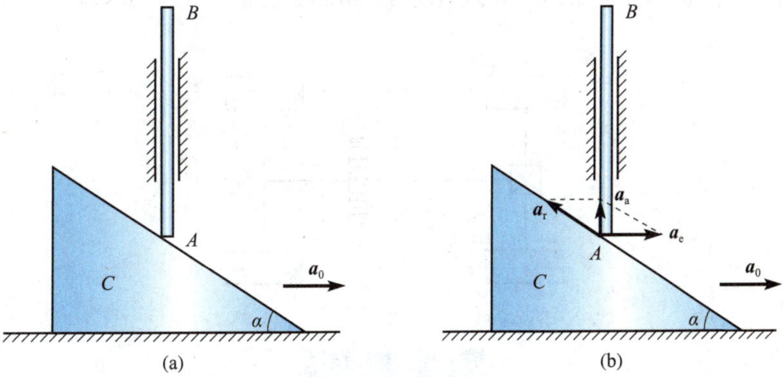

图 7-13　题 7-8

解：以杆 AB 上的点 A 为动点，动系放在三角形滑块 C 上，动系平动，加速度分析如图 7-13(b)所示。

$$\boldsymbol{a}_a=\boldsymbol{a}_r+\boldsymbol{a}_e$$

$$a_a = a_e \tan\alpha = a_0 \tan\alpha$$

7-9 小车以加速度 $a = 0.492\text{m/s}^2$ 沿水平线向右运动，电动机转子的转动规律为 $\varphi = t^2$，其中 φ 以 rad 为单位。转子半径等于 0.2m。设在 t =1s 时，转子边缘上的点 A 处于图 7-14(a) 所示位置，求此瞬时点 A 的绝对加速度。

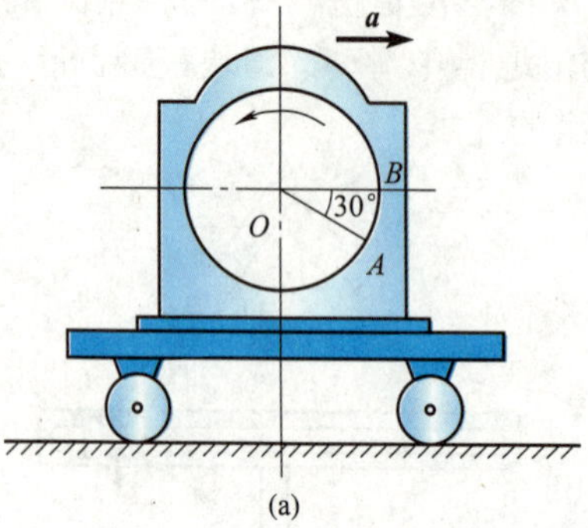

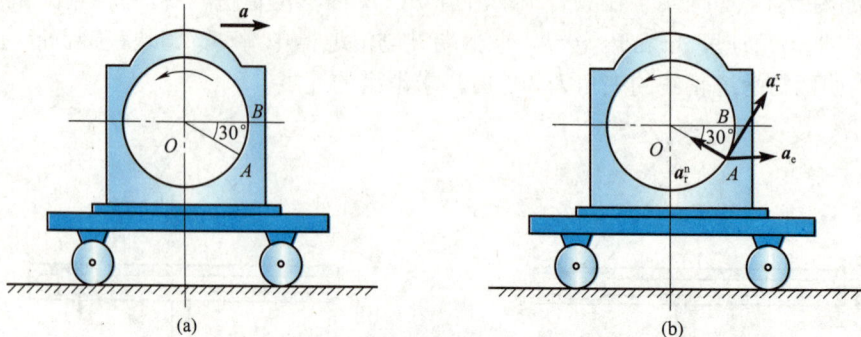

图 7-14 题 7-9

解：以转子 A 为动点，动系放在小车上，牵连运动为平动，相对运动为圆周运动，加速度分析如图 7-14(b) 所示。

$$\boldsymbol{a}_a = \boldsymbol{a}_e + \boldsymbol{a}_r^\tau + \boldsymbol{a}_r^n \tag{7-7}$$

$$a_r^\tau = \ddot{\varphi} \cdot r = 2 \times 0.2 = 0.4(\text{m/s}^2), \quad a_r^n = \dot{\varphi}^2 \cdot r = 2^2 \times 0.2 = 0.8(\text{m/s}^2)$$

$$a_e = 0.492\text{m/s}^2$$

式(7-7)分别在 x、y 轴方向投影有

$$a_{ax} = a_e + a_r^\tau \cos 60° - a_r^n \cos 30° = 0$$

$$a_{ay} = a_r^\tau \sin 60° + a_r^n \sin 30° = 0.746\,\text{m/s}^2$$

可得 $a_a = 0.746\text{m/s}^2$，方向竖直向上。

7-10 汽车以加速度 a_0 =2m/s² 沿直线道路行驶。汽车纵轴上装有半径为 R =0.25m 的飞轮，在此瞬时，飞轮的角速度 ω =4rad/s，角加速度 α = 4rad/s²(图 7-15)。求该瞬时飞轮外缘上一点的绝对加速度。

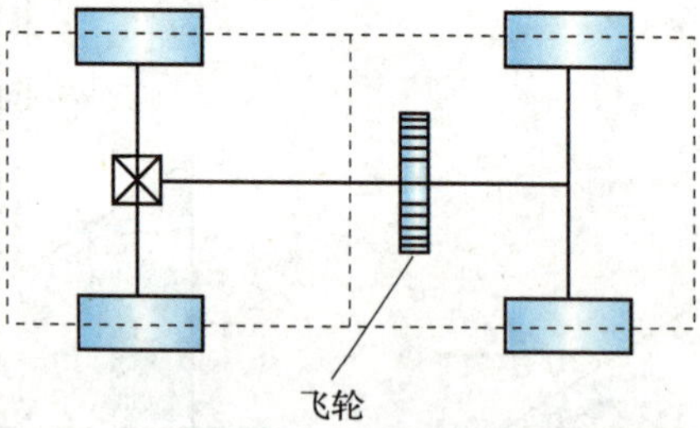

图 7-15 题 7-10

解：以飞轮外缘上一点为动点，动系放在汽车上，牵连运动为平动，相对运动为圆周运动

$$\boldsymbol{a}_a = \boldsymbol{a}_e + \boldsymbol{a}_r^\tau + \boldsymbol{a}_r^n$$

$$v = \omega R = 1\text{m/s}$$

$$a_r^n = \frac{v^2}{R} = 4\text{m/s}^2$$

$$a_r^\tau = \alpha R = 1\text{m/s}^2$$

$$a_e = 2\text{m/s}^2$$

$$a = \sqrt{a_e^2 + \left(a_r^n\right)^2 + \left(a_r^\tau\right)^2} = \sqrt{21}\text{m/s}^2 = 4.58\text{m/s}^2$$

7-11　如图 7-16(a)所示，传动锤的曲柄拨杆机构由往复运动的直线滑道拨杆组成。滑道拨杆由连接在曲柄一端的滑块 A 带动，曲柄长 $OA = r = 0.4\text{m}$，以匀角速度 4π rad/s 转动。当 $t = 0$ 时，滑道拨杆处在最低位置，求滑道拨杆的加速度。

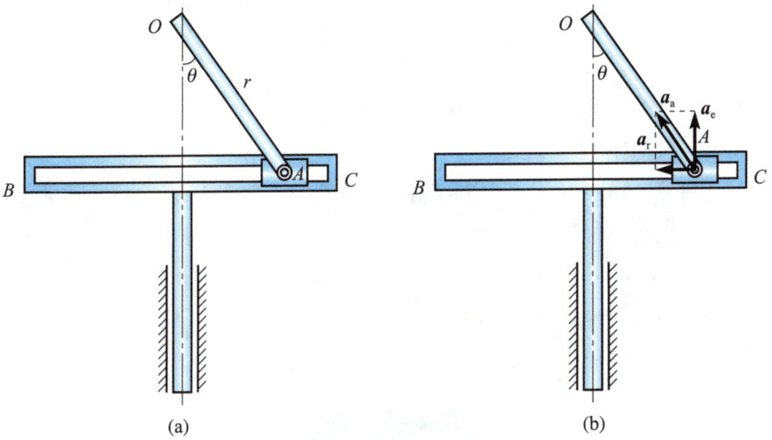

图 7-16　题 7-11

解：以滑块 A 为动点，动系放在滑道拨杆上，牵连运动为平动，相对运动为沿 BC 槽的直线运动，加速度分析如图 7-16(b)所示。

$$\boldsymbol{a}_a = \boldsymbol{a}_e + \boldsymbol{a}_r^\tau + \boldsymbol{a}_r^n$$

$$\omega = 4\pi t, \quad a_a = \omega^2 \cdot r = 16\pi^2 r$$

滑道拨杆加速度为 $a_e = a_a \cos\theta = 16\pi^2 r \cos(4\pi t) = 63.2\cos(4\pi t)$

7-12　如图 7-17(a)所示，圆盘以角速度 $\omega = (2t)$ rad/s 绕轴 O_1O_2 转动，点 M 沿圆盘的半径按规律 $OM = (4t^2)$cm 向边缘运动。半径 OM 与轴 O_1O_2 的夹角为 60°。求 $t = 1$s 时点 M 绝对加速度的大小。

解：以点 M 为动点，动系放在圆盘上，加速度分析如图 7-17(b)所示。

因为动坐标系转动，因此绝对加速度为

$$\boldsymbol{a}_a = \boldsymbol{a}_r + \boldsymbol{a}_e^\tau + \boldsymbol{a}_e^n + \boldsymbol{a}_C \tag{7-8}$$

相对加速度为 $$a_r\big|_{t=1} = \frac{d^2(4t^2)}{dt^2}\bigg|_{t=1} = 8\text{cm/s}^2$$

将其在圆盘面内分解为 $a_{ry} = 4\text{cm/s}^2$，$a_{rz} = 4\sqrt{3}\text{cm/s}^2$

根据右手螺旋定则确定科氏加速度的方向。

$$a_C\big|_{t=1} = 2\omega_e \times v_r\big|_{t=1} \times \sin 60^\circ = 2\times 2\times 8\times \frac{\sqrt{3}}{2}(\text{cm/s}^2) = 16\sqrt{3}(\text{cm/s}^2)\ \text{(垂直于盘面向外)}$$

牵连加速度为

$$a_{\rm e}^{\rm n}\Big|_{t=1}=\omega^2\Big|_{t=1}\times\frac{\sqrt{3}}{2}|OM|=4\times\frac{\sqrt{3}}{2}\times4\times1^2=8\sqrt{3}({\rm cm/s^2})\ (\text{指向转轴})$$

$$a_{\rm e}^{\tau}\Big|_{t=1}=\frac{{\rm d}\omega}{{\rm d}t}\times\frac{\sqrt{3}}{2}|OM|=4\sqrt{3}({\rm cm/s^2})\ (\text{垂直于盘面向外})$$

式(7-8)沿坐标轴投影得

$$a_{\rm ax}=a_{\rm e}^{\tau}+a_{\rm C}=4\sqrt{3}+16\sqrt{3}=20\sqrt{3}({\rm cm/s^2}),\quad a_{\rm ay}=a_{\rm ry}=4{\rm cm/s^2}$$

$$a_{\rm az}=-a_{\rm e}^{\rm n}+a_{\rm rz}=-8\sqrt{3}+4\sqrt{3}=-4\sqrt{3}({\rm cm/s^2})$$

$$a_M=\sqrt{a_{\rm ax}^2+a_{\rm ay}^2+a_{\rm az}^2}=\sqrt{\left(20\sqrt{3}\right)^2+4^2+\left(-4\sqrt{3}\right)^2}=35.55({\rm cm/s^2})$$

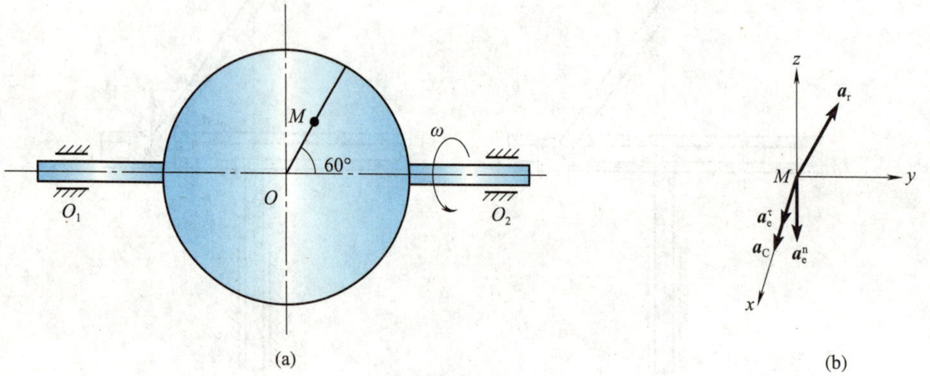

图 7-17　题 7-12

7-13　如图 7-18(a)所示，外形为半圆弧的凸轮 A，半径 $r=30$cm，沿水平方向向右做匀加速运动，其加速度 $a_A=80{\rm cm/s^2}$。凸轮推动直杆 BC 沿铅垂导槽上下运动。设在图 7-18(a)所示瞬时，$v_A=60$cm/s，求杆 BC 的速度和加速度。

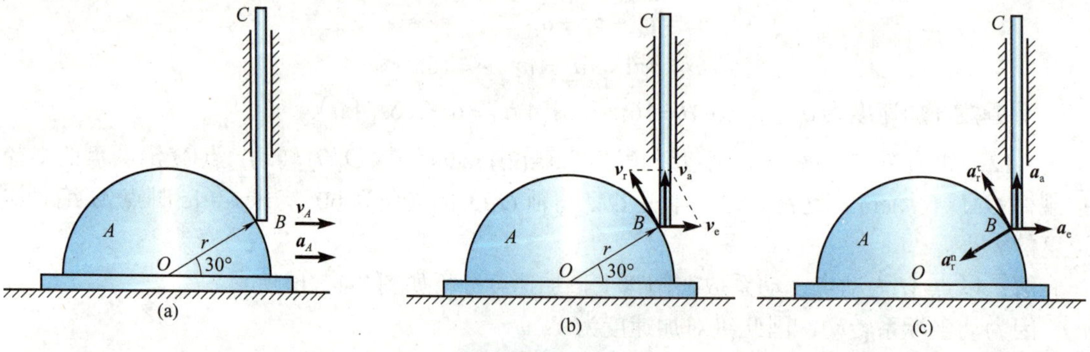

图 7-18　题 7-13

解：(1)选取动点、定系和动系。

动点：B 点。定系：地面。动系：固结于凸轮。

(2)运动分析。

绝对运动：竖直方向直线运动。相对运动：沿圆弧曲线运动。牵连运动：直线运动。

(3)速度分析，如图 7-18(b)所示。

	$\boldsymbol{v}_a$	=	$\boldsymbol{v}_e$	+	$\boldsymbol{v}_r$
大小	?		v_A		?
方向	√		√		√

速度矢量图，由几何关系得

$$v_a = v_e \cot 30° = 104\,\mathrm{cm/s}$$

$$v_r = \frac{v_e}{\sin 30°} = 120\,\mathrm{cm/s}$$

(4) 加速度分析，如图 7-18(c) 所示。

	$\boldsymbol{a}_a$	=	$\boldsymbol{a}_e$	+	$\boldsymbol{a}_r$
大小	?		a_A		?
方向	√		√		√

$$a_r^n = \frac{v_r^2}{r} = 480\,\mathrm{cm/s^2}$$

加速度表达式向 $\boldsymbol{a}_r^n$ 所在直线方向投影，得

$$a_a \cos 60° + a_e \cos 30° = a_r^n$$

解得 $a_a = 821.4\,\mathrm{cm/s^2}$

7-14　大圆环 C 固定不动，AB 杆绕 A 端在圆环平面内转动，在图 7-19(a) 所示位置，其角速度为 2rad/s，角加速度为 $2\mathrm{rad/s^2}$。杆用小圆环 M 套在大圆环上。若 R =0.5m，θ =30°，求此时 (1) M 沿大圆环 C 滑动的速度；(2) M 沿 AB 杆滑动的速度；(3) M 的绝对加速度。

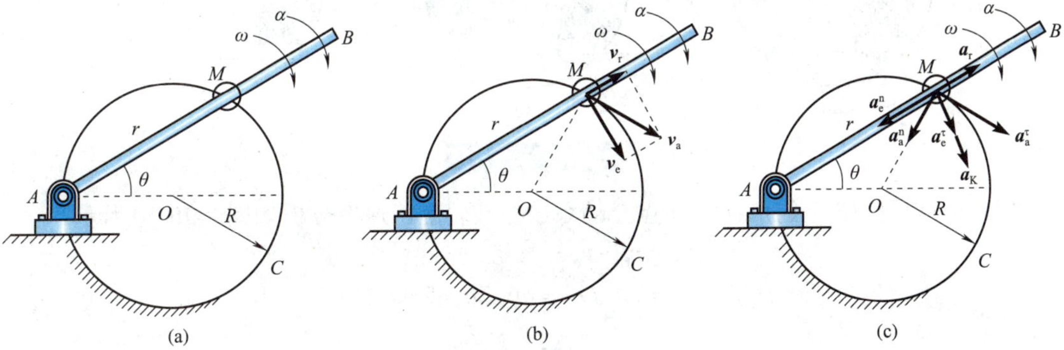

图 7-19　题 7-14

解： (1) 以小圆环 M 为动点，动系放在杆 AB 上，速度分析如图 7-19(b) 所示。

$$\boldsymbol{v}_a = \boldsymbol{v}_r + \boldsymbol{v}_e$$

$$v_e = \omega \cdot r = \sqrt{3}\,\mathrm{m/s}$$

$$v_a = \frac{v_e}{\cos 30°} = 2\,\mathrm{m/s}$$

$$v_r = v_a \sin 30° = 1\,\mathrm{m/s}$$

(2) 加速度分析如图 7-19(c) 所示。

$$\boldsymbol{a}_a^\tau + \boldsymbol{a}_a^n = \boldsymbol{a}_r + \boldsymbol{a}_e^\tau + \boldsymbol{a}_e^n + \boldsymbol{a}_K \tag{7-9}$$

式 (7-9) 沿垂直杆 AB 方向投影得 $a_a^\tau \cos 30° + a_a^n \sin 30° = a_e^\tau + a_K$。

$$a_a^n = \frac{v_a^2}{R} = \frac{2^2}{0.5} = 8(\text{m/s}^2)$$
$$a_K = 2\omega_e v_r = 2 \times 2 \times 1 = 4(\text{m/s}^2)$$
$$a_e^\tau = \alpha \times \sqrt{3}R = 2 \times \sqrt{3} \times 0.5 = \sqrt{3}(\text{m/s}^2)$$

解得
$$a_a^\tau = 2\text{m/s}^2$$

所以
$$a_a = \sqrt{\left(a_a^\tau\right)^2 + \left(a_a^n\right)^2} = \sqrt{2^2 + 8^2} = 8.25(\text{m/s}^2)$$

7-15　偏心凸轮的偏心距 $OC = a$，轮半径 $r = \sqrt{3}a$，凸轮以匀角速度 ω_0 绕 O 轴转动。设某瞬时 OC 与 CA 成直角，如图 7-20(a) 所示，试求此瞬时从动杆 AB 的速度和加速度。

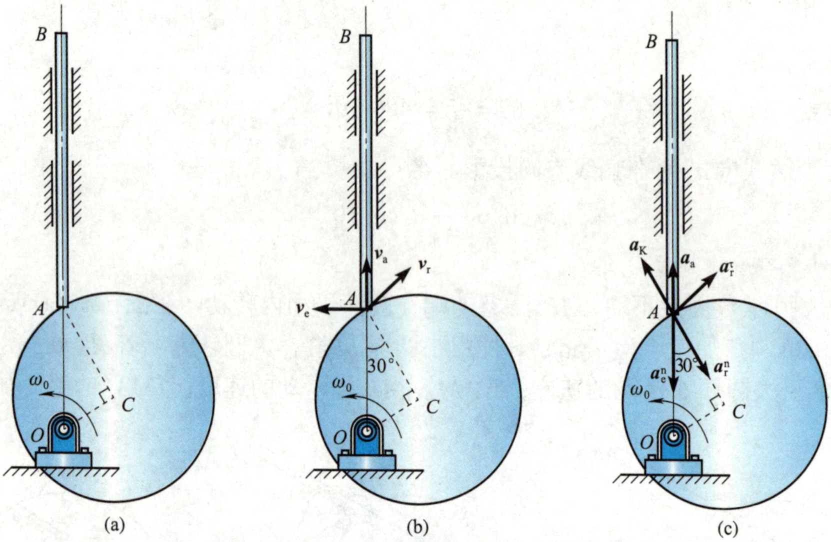

图 7-20　题 7-15

解：(1) 以杆 AB 上的点 A 为动点，动系放在凸轮上，速度分析如图 7-20(b) 所示。

$$\boldsymbol{v}_a = \boldsymbol{v}_r + \boldsymbol{v}_e$$
$$v_e = \omega_0 \cdot OA = \omega_0 \cdot 2a = 2\omega_0 a$$
$$v_a = v_e \tan 30° = \frac{2\sqrt{3}\omega_0 a}{3}$$
$$v_r = \frac{v_e}{\cos 30°} = \frac{4\sqrt{3}}{3}\omega_0 a$$

(2) 加速度分析如图 7-20(c) 所示。

$$\boldsymbol{a}_a = \boldsymbol{a}_r^\tau + \boldsymbol{a}_r^n + \boldsymbol{a}_e^n + \boldsymbol{a}_K \tag{7-10}$$

式(7-10)沿 AC 方向投影得 $a_a \cos 30° = -a_r^n - a_e^n \cos 30° + a_K$。

$$a_r^n = \frac{v_r^2}{AC} = \frac{\left(4\sqrt{3}\omega_0 a\right)^2}{9\sqrt{3}a} = \frac{16\sqrt{3}}{9}\omega_0^2 a$$
$$a_K = 2\omega_e v_r = 2 \times \omega_0 \times \frac{4\sqrt{3}}{3}\omega_0 a = \frac{8\sqrt{3}}{3}\omega_0^2 a$$
$$a_e^n = \omega_0^2 \cdot OA = \omega_0^2 \times 2a = 2\omega_0^2 a$$

解得
$$a_a = -\frac{2a\omega_0^{\ 2}}{9}$$

7-16 如图 7-21(a)所示，半径为 r 的空心圆环刚连在 AB 轴上，AB 的轴线在圆环轴线平面内，圆环内充满液体，并依箭头方向以匀相对速度 u 在环内流动。AB 轴沿顺时针方向转动（从 A 向 B 看），其转动的角速度ω为常数，求 M 点处液体分子的绝对加速度。

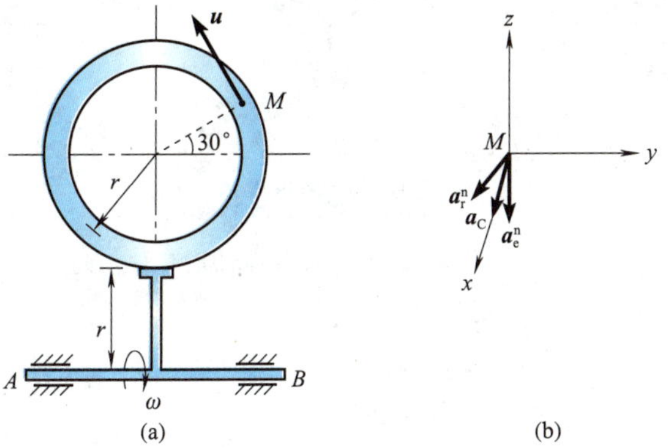

图 7-21 题 7-16

解：加速度分析如图 7-21(b)所示。

以 M 点处液体分子为动点，动系放在空心圆环上，牵连运动为定轴转动。

$$\boldsymbol{a}_a = \boldsymbol{a}_r + \boldsymbol{a}_e + \boldsymbol{a}_C$$

$$a_C = 2\omega v_r \sin\theta = \sqrt{3}\omega u$$

$$a_r = a_r^n = \frac{v^2}{r} = \frac{u^2}{r},\quad a_e^n = \omega^2 \cdot (2r + r\sin 30°) = \frac{5r\omega^2}{2}$$

进一步求出加速度在三个方向的分量为

$$a_{ax} = a_C$$

$$a_{ay} = -a_r \cos 30°$$

$$a_{az} = -a_r \sin 30° - a_e^n$$

所以其绝对加速度为 $a = \sqrt{\dfrac{3u^4}{4r^2} + \dfrac{1}{4}\left(\dfrac{u^2}{r} + 5r\omega^2\right)^2 + 3\omega^2 u^2}$。

7-17 如图 7-22(a)所示，在半径为 r 的圆环内充满液体，液体按箭头方向以相对速度 u 在环内做匀速运动，如圆环以等角速度 ω 绕 O 轴转动，求在圆环内点 1、点 2 处液体的绝对加速度大小。

解：(1)如图 7-22(b)所示，以点 1 为动点，动系放在圆环上。绝对运动未知，相对运动为绕 O_1 圆周运动，牵连运动为绕 O 定轴转动。

$$\boldsymbol{a}_{a1} = \boldsymbol{a}_{r1} + \boldsymbol{a}_{e1} + \boldsymbol{a}_{C1}$$

$a_{e1}^n = \omega^2 r$（指向 O），$a_{r1}^n = \dfrac{u^2}{r}$（指向 O_1），$a_{C1} = 2\omega u$（指向 O_1）。

$a_{a1} = -\omega^2 r + \dfrac{u^2}{r} + 2\omega u$（指向 O_1）。

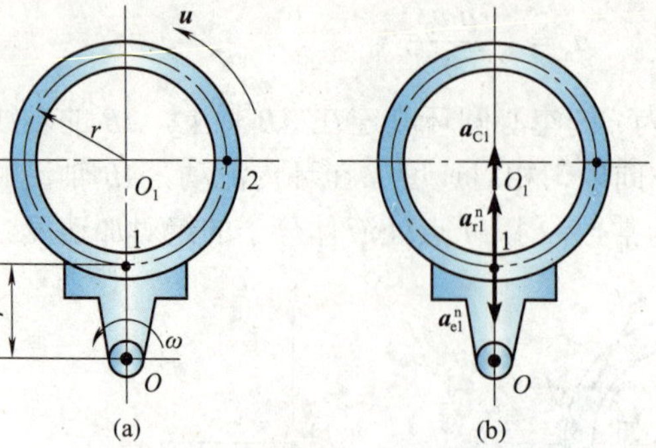

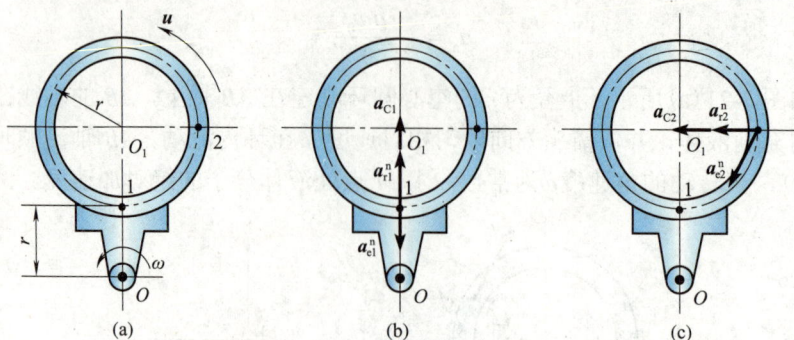

图 7-22　题 7-17

(2) 如图 7-22(c) 所示，以点 2 为动点，动系放在圆环上。绝对运动未知，相对运动为绕 O_1 圆周运动，牵连运动为绕 O 定轴转动。

$$\boldsymbol{a}_{a2} = \boldsymbol{a}_{r2} + \boldsymbol{a}_{e2} + \boldsymbol{a}_{C2}$$

$$a_{e2}^n = \sqrt{5}\omega^2 r \text{（指向 } O\text{）}$$

$$a_{r2}^n = \frac{u^2}{r} \text{（指向 } O_1\text{）}$$

$$a_{C2} = 2\omega u \text{（指向 } O_1\text{）}$$

$$a_{a2} = \sqrt{\left(\omega^2 r + \frac{u^2}{r} + 2\omega u\right)^2 + 4\omega^4 r^2}$$

7-18　如图 7-23(a) 所示，点 M 以不变的相对速度 v_r 沿圆锥体的母线向下运动。此圆锥体以角速度 ω 绕 OA 轴做匀速转动。MO 与 AO 的夹角为 α，且当 $t = 0$ 时，点 M 在 M_0 处，$OM_0=b$。求在 t s 时，点 M 的绝对加速度的大小。

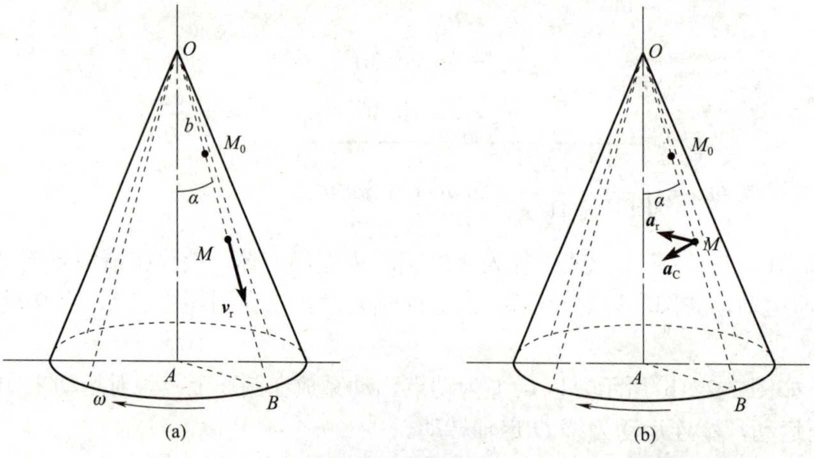

图 7-23　题 7-18

解：如图 7-23(b) 所示，以点 M 为动点，动系放在圆锥上。绝对运动未知，相对运动为沿 OB 直线运动，牵连运动为绕 OA 定轴转动。

$$\boldsymbol{a}_a = \boldsymbol{a}_r + \boldsymbol{a}_e + \boldsymbol{a}_C$$

$$a_e=(b+v_r t)\sin\alpha\omega^2,\quad a_r=0,\quad a_C=2\omega v_r\sin\alpha$$

$$a_a=\sqrt{a_e^2+a_C^2}=\sqrt{[(b+v_r t)\sin\alpha\omega^2]^2+(2\omega v_r\sin\alpha)^2}$$

$$=\sqrt{(b+v_r t)^2\omega^4+4\omega^2 v_r^2}\sin\alpha$$

7-19　图 7-24(a)所示，曲杆 OBC 绕 O 轴转动，使套在其上的小环 M 沿固定直杆 OA 滑动。已知 OB=10cm，OB 与 BC 垂直，曲杆的角速度 ω=0.5rad/s。求当 φ=60° 时，小环 M 的速度和加速度。

解：(1)选取动点、定系和动系。

动点：M 点。

定系：OA 杆。

动系：固结于曲杆 OBC。

(2)运动分析。

绝对运动：沿着 OA 的直线运动。

相对运动：沿着 BC 的直线运动。

牵连运动：定轴转动。

(3)速度分析。

	$\boldsymbol{v}_a$ =	$\boldsymbol{v}_e$ +	$\boldsymbol{v}_r$
大小	?	$\omega\cdot OM$	?
方向	√	√	√

速度矢量图如图 7-24(b)所示，由几何关系得

$$v_a=v_e\tan\varphi=17.3\ \text{cm/s}$$

$$v_r=\frac{v_e}{\cos\varphi}=20\ \text{cm/s}$$

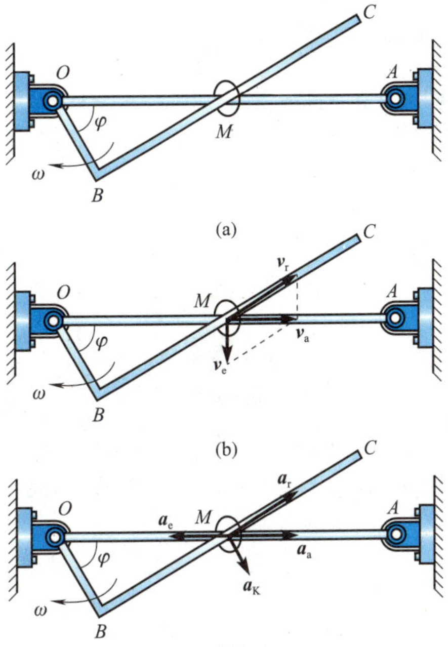

图 7-24　题 7-19

(4)加速度分析。

	$\boldsymbol{a}_a$ =	$\boldsymbol{a}_e$ +	$\boldsymbol{a}_r$ +	$\boldsymbol{a}_K$
大小	?	$\omega^2 OM$	?	$2\omega\times v_r$
方向	√	√	√	√

速度矢量图如图 7-24(c)所示，加速度表达式沿竖直和水平方向分别投影得

$$0=a_r\cos\varphi-a_K\sin\varphi$$

$$a_a=a_r\sin\varphi+a_K\cos\varphi-a_e$$

解得

$$a_a=-35\ \text{cm/s}^2$$

故小环 M 的加速度大小为 35cm/s^2，方向水平向左。

第 8 章

刚体的平面运动

8.1 重点内容提要

1. 刚体平面运动的定义

刚体运动过程中其上任意一点到某一固定平面的距离始终保持不变，这样的运动称为刚体平面运动。刚体平面运动可以看作是两种简单运动组合而成的复杂运动。

2. 刚体平面运动方程

$$\begin{cases} x_{O'} = f_1(t) \\ y_{O'} = f_2(t) \\ \varphi = f_3(t) \end{cases}$$

平面运动的刚体所对应的平面图形的运动可由随基点 O' 的平移运动和绕着 O' 点的定轴转动组合而成。

3. 平面运动刚体上点的速度分析

(1) 基点法。

$$\boldsymbol{v}_M = \boldsymbol{v}_{O'} + \boldsymbol{v}_{MO'}$$

任意一点 M 的速度为牵连速度和相对速度的矢量和。

(2) 投影法。

$$(\boldsymbol{v}_M)_{O'M} = (\boldsymbol{v}_{O'})_{O'M}$$

同一平面图形上任意两点的速度在这两点连线上的投影相等。

(3) 瞬心法。

平面图形内任意一点的速度等于该点随图形绕瞬时速度为零的点转动的速度，此为速度瞬心法。平面图形上瞬时速度为零的点称为瞬时速度中心，简称速度瞬心。

4. 平面运动刚体上点的加速度分析

$$\boldsymbol{a}_M = \boldsymbol{a}_{O'} + \boldsymbol{a}_{MO'}^{\tau} + \boldsymbol{a}_{MO'}^{n}$$

平面图形中任意一点 M 的加速度为基点 O' 的加速度 $\boldsymbol{a}_{O'}$、M 点相对于 O' 点的切向加速度

$\boldsymbol{a}_{MO'}^{\tau}$ 和法向加速度 $\boldsymbol{a}_{MO'}^{n}$ 之矢量和。

5. 加速度投影定理

当平面图形做瞬时平动时（$\omega=0$），平面图形上两点加速度在这两点连线上的投影相等。当平面图形在某瞬时角加速度 $\alpha=0$ 时，平面图形上两点加速度在这两点连线的垂线上的投影相等。

6. 运动学综合应用

工程中实际应用的机构一般都由多个物体组合而成，其运动问题可能同时包含平面运动和点的合成运动问题，因此需要综合应用运动学的相关知识进行分析。

8.2 典型例题

例 8-1

如图 8-1(a)所示，滚子半径 $R=OA=15\text{cm}$，做纯滚动，OA 杆以 $n=60\text{r/min}$ 的常角速度转动。当 $\theta=60°$ 时($OA\perp AB$)，求滚轮的角速度 ω_B 和角加速度 α_B。

解：(1)速度分析如图 8-1(b)所示。

OA 定轴转动，AB 杆和轮 B 做平面运动。

研究 AB 杆：P_1 为其速度瞬心。

$$\omega=n\pi/30=60\pi/30=2\pi(\text{rad/s})$$

$$v_A=\omega\cdot OA=15\times2\pi=30\pi(\text{cm/s})$$

$$\omega_{AB}=v_A/AP_1=30\pi/(3\times15)=2\pi/3(\text{rad/s})$$

$$v_B=BP_1\cdot\omega_{AB}=2\sqrt{3}\times15\times2\pi/3$$
$$=20\sqrt{3}\pi(\text{cm/s})$$

研究轮 B：P_2 为其速度瞬心。

$$\omega_B=v_B/BP_2=20\sqrt{3}\pi/15=7.25(\text{rad/s})$$

(2)加速度分析如图 8-1(c)所示。

$$a_A=\omega^2\cdot OA=15\times(2\pi)^2=60\pi^2(\text{cm/s}^2)$$

以 A 为基点，分析 B 点加速度。

	$\boldsymbol{a}_B$	=	$\boldsymbol{a}_A$	+	$\boldsymbol{a}_{BA}^{n}$	+	$\boldsymbol{a}_{BA}^{\tau}$
大小	?		$\omega^2 OA$		$\omega_{AB}^2 AB$		?
方向	√		√		√		√

加速度表达式沿 BA 投影得 $a_B\cos30°=a_{BA}^{n}$。

$$a_B=a_{BA}^{n}/\cos30°=\frac{20\sqrt{3}}{3}\pi^2\bigg/\frac{\sqrt{3}}{2}=\frac{40}{3}\pi^2=131.5(\text{cm/s}^2)$$

$$\alpha_B=a_B/BP_2=131.5/15=8.77(\text{rad/s}^2)$$

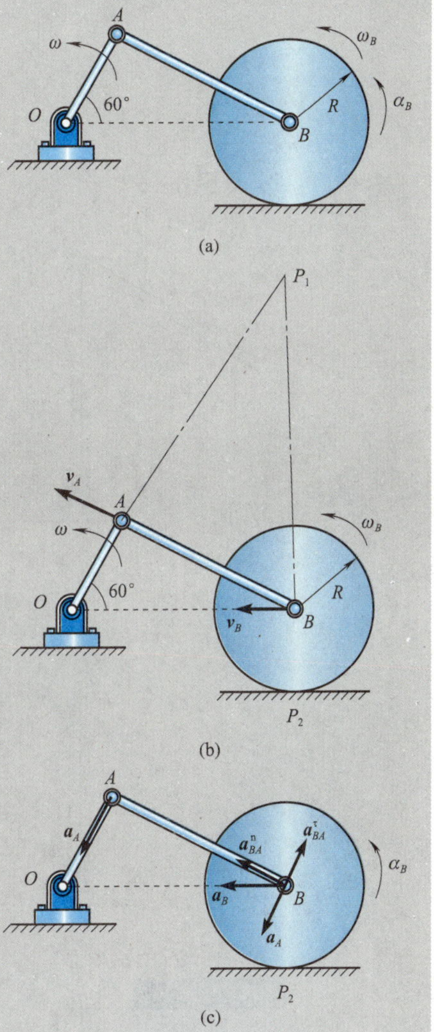

图 8-1　例 8-1

例 8-2

图 8-2(a)所示的曲柄连杆机构中，曲柄 $AB=r_1=20\text{cm}$，转速 $n_1=50\text{r/min}$，连杆 $BC=l=45.36\text{cm}$，摇杆 $CD=r_2=40\text{cm}$。求在图示位置时，摇杆 CD 的角加速度 α_2 及连杆 BC 的角加速度 α 。

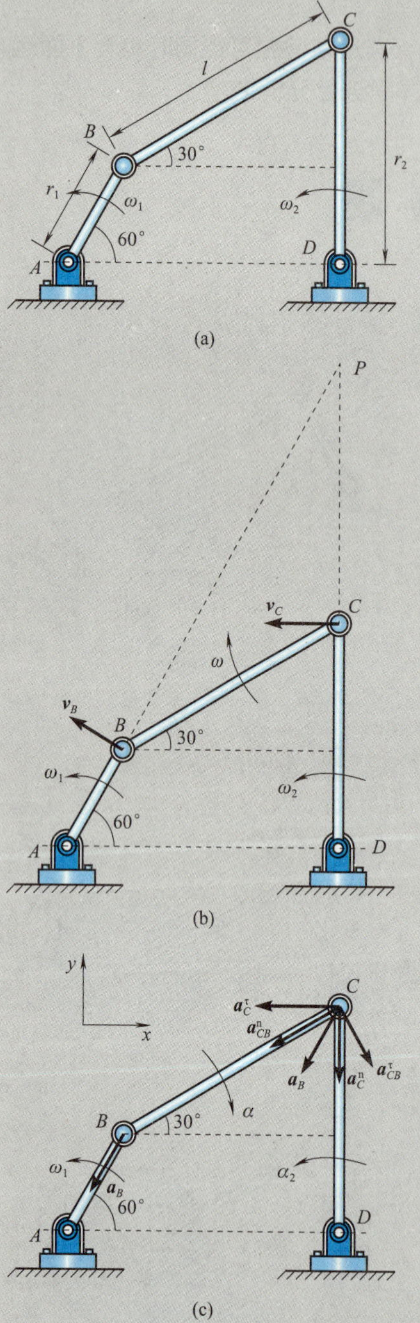

图 8-2 例 8-2

解：(1)速度分析如图 8-2(b)所示，点 P 为 BC 杆的速度瞬心。有

$$\omega=\frac{v_B}{BP}=\frac{\omega_1 r_1}{BP}$$

其中，$\omega_1=2\pi n_1/60=5.24(\text{rad/s})$ 。又

$$v_C=\omega \cdot PC$$

$$\omega_2=\frac{v_C}{CD}=\frac{\omega \cdot PC}{r_2}$$

$PC=l$， $BP=l\cos 30^\circ/\cos 60^\circ=\sqrt{3}l$，则有

$$\omega=\frac{\omega_1 r_1}{\sqrt{3}l}=1.33\text{rad/s}$$

$$\omega_2=\frac{\omega l}{r_2}=1.51\text{rad/s}$$

(2)加速度分析如图 8-2(c)所示，选 B 为基点，则 C 点加速度为

$$\boldsymbol{a}_C=\boldsymbol{a}_B+\boldsymbol{a}_{CB}^\tau+\boldsymbol{a}_{CB}^n$$

其中，$\boldsymbol{a}_B$ 大小和方向已知。 C 点做圆周运动，则 $\boldsymbol{a}_C$ 可分解为切向和法向两项加速度，即 $\boldsymbol{a}_C=\boldsymbol{a}_C^\tau+\boldsymbol{a}_C^n$，且 $\boldsymbol{a}_C^\tau$ 大小为 $\alpha_2 r_2$，方向垂直 CD，其中 α_2 未知；$\boldsymbol{a}_C^n$ 大小为 $\omega_2^2 r_2$，方向由 C 指向 D 。另基点法中 $\boldsymbol{a}_{CB}^\tau$ 大小为 αl，方向垂直 BC，其中 α 未知； $\boldsymbol{a}_{CB}^n$ 大小为 $\omega^2 l$，方向由 C 指向 B 。

综上所述，其中仅 α_2 及 α 未知。把矢量画在 C 点，如图 8-2(c)所示。将以 B 为基点表示的 C 点加速度在 x 轴及 y 轴上投影得方程

$$-a_C^\tau=-a_B\sin 30^\circ+a_{CB}^\tau\sin 30^\circ-a_{CB}^n\cos 30^\circ$$

$$-a_C^n=-a_B\cos 30^\circ-a_{CB}^\tau\cos 30^\circ-a_{CB}^n\sin 30^\circ$$

即

$$\alpha_2 r_2=\frac{1}{2}\omega_1^2 r_1-\frac{1}{2}\alpha l+\frac{\sqrt{3}}{2}\omega^2 l$$

$$\omega_2^2 r_2=\frac{\sqrt{3}}{2}\omega_1^2 r_1+\frac{\sqrt{3}}{2}\alpha l+\frac{1}{2}\omega^2 l$$

求解可得

$$\alpha=\frac{2\omega_2^2r_2-\omega^2l-\sqrt{3}\omega_1^2r_1}{\sqrt{3}l}=-10.81\text{rad}/\text{s}^2$$

$$\alpha_2=\frac{\omega_1^2r_1-\alpha l+\sqrt{3}\omega^2l}{2r_2}=14.73\text{rad}/\text{s}^2$$

负号表示指向反向，应为逆时针转向。

例 8-3

如图 8-3(a)所示的平面机构，AB 杆的 A 端与齿轮中心铰接，齿轮在齿条带动下向上滚动，其中心的速度为常数 $v_A=16\text{cm}/\text{s}$。AB 杆的 B 端在可绕 O 轴转动的套筒内，并可沿筒内滑动，求在图示瞬时 AB 杆的角速度和角加速度。

解：从运动关系考察，A 点在竖直方向做直线运动，AB 杆做平面运动且可在套筒中滑动，OA 的距离随时间发生改变，套筒 O 做定轴转动，其转动快慢和 AB 杆一样。选 A 点为动点，套筒为动系，相对轨迹为 AB，则速度合成公式为

	$\boldsymbol{v}_A$	=	$\boldsymbol{v}_e$	+	$\boldsymbol{v}_r$
大小	v_A		ωOA		?
方向	√		√		√

作速度四边形如图 8-3(b)所示，则由图中几何关系可得

$$v_e=v_A\cos\beta=16\times\frac{8}{\sqrt{8^2+6^2}}=12.8(\text{cm}/\text{s})$$

$$v_r=v_A\sin\beta=16\times\frac{6}{\sqrt{8^2+6^2}}=9.6(\text{cm}/\text{s})$$

$$\omega=\frac{v_e}{OA}=\frac{12.8}{10}=1.28(\text{rad}/\text{s})$$

转向为逆时针方向。

加速度合成公式为

	$\boldsymbol{a}_A$	=	$\boldsymbol{a}_e$	+	$\boldsymbol{a}_r$	+	$\boldsymbol{a}_C$
大小	0		?		?		$2\omega v_r$
方向	√		√		√		√

其中，$\boldsymbol{a}_e=\boldsymbol{a}_e^\tau+\boldsymbol{a}_e^n$，$a_e^\tau=\alpha OA$，$\alpha$ 为待求量；$a_e^n=\omega^2OA$。各加速度方向如图 8-3(c)所示。将加速度合成公式在垂直于 AB 杆的方向投影，有

$$0=a_e^\tau+a_c=\alpha OA+2\omega v_r$$

求解可得

$$\alpha=-2.46\text{rad/s}^2$$

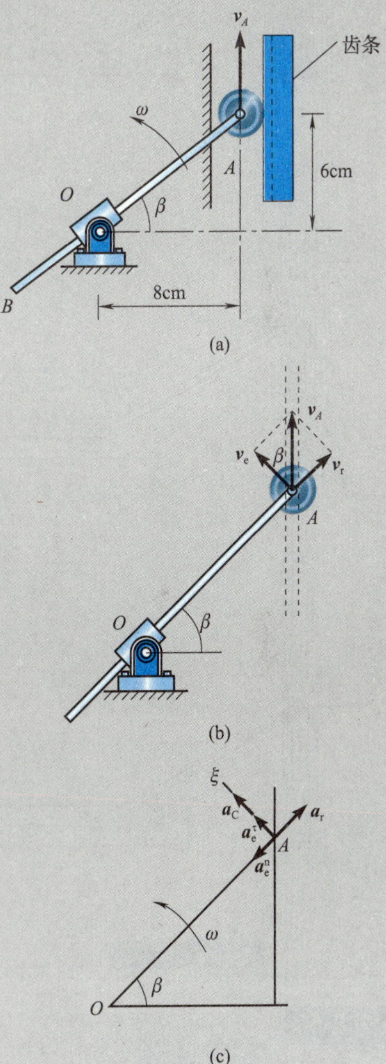

图 8-3　例 8-3

例 8-4

如图 8-4(a)所示平面机构，杆 AB 长为 l，滑块 A 可沿摇杆 OC 的长槽滑动。摇杆 OC 以匀角速度 ω 绕轴 O 转动，滑块 B 以匀速 $v=l\omega$ 沿水平导轨滑动。图示瞬时 OC 铅直，AB 与水平线 OB 夹角为 30°。求此瞬时 AB 杆的角速度及角加速度。

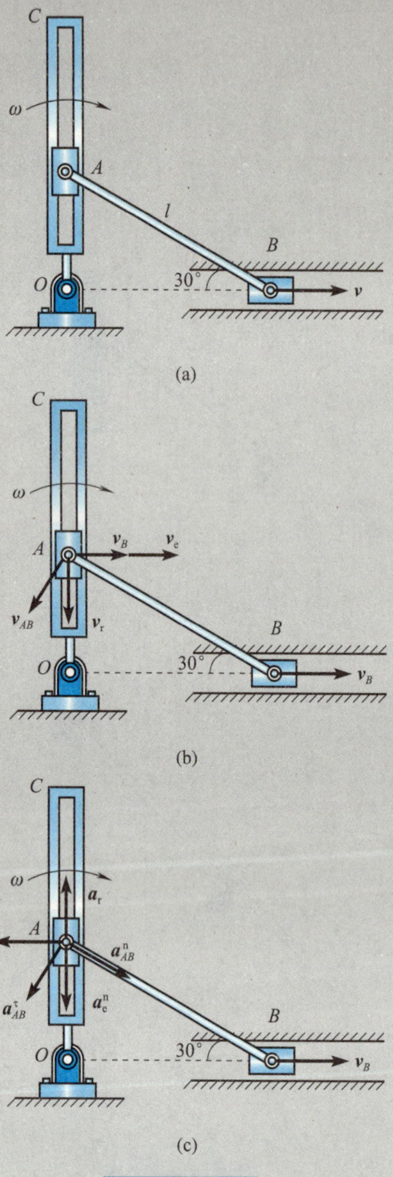

图 8-4 例 8-4

解：(1)速度分析如图 8-4(b)所示。

以 B 为基点，分析 A 点速度。

$$\boldsymbol{v}_A=\boldsymbol{v}_B+\boldsymbol{v}_{AB}$$

以滑块 A 为动点，动系放在摇杆 OC 上。

$$\boldsymbol{v}_a=\boldsymbol{v}_e+\boldsymbol{v}_r$$

因为 $$\boldsymbol{v}_A=\boldsymbol{v}_a$$

所以 $$\boldsymbol{v}_B+\boldsymbol{v}_{AB}=\boldsymbol{v}_e+\boldsymbol{v}_r \tag{8-1}$$

其中 $$v_B=l\omega,\quad v_e=\omega\cdot OA$$

式(8-1)沿水平方向投影得

$$v_B-v_{AB}\sin 30°=v_e=\frac{l\omega}{2}$$

$$v_{AB}=2(v_B-v_e)=l\omega,\quad \omega_{AB}=\frac{v_{AB}}{l}=\omega$$

式(8-1)沿竖直方向投影得

$$v_r=v_{AB}\cos 30°=\frac{\sqrt{3}}{2}l\omega$$

(2)加速度分析如图 8-4(c)所示。

以 B 为基点，分析 A 点加速度。

$$\boldsymbol{a}_A=\boldsymbol{a}_B+\boldsymbol{a}_{AB}^{\tau}+\boldsymbol{a}_{AB}^{n}$$

以滑块 A 为动点，动系放在摇杆 OC 上。

$$\boldsymbol{a}_a=\boldsymbol{a}_e^n+\boldsymbol{a}_r+\boldsymbol{a}_K$$

因为 $$\boldsymbol{a}_a=\boldsymbol{a}_A$$

所以 $$\boldsymbol{a}_e^n+\boldsymbol{a}_r+\boldsymbol{a}_K=\boldsymbol{a}_B+\boldsymbol{a}_{AB}^{\tau}+\boldsymbol{a}_{AB}^{n} \tag{8-2}$$

其中 $$a_e^n=\frac{\omega^2 l}{2},\quad a_K=2\omega\cdot v_r,\quad a_{AB}^n=\omega_{AB}^2\cdot l$$

式(8-2)在水平方向投影得

$$a_K=a_{AB}^{\tau}\sin 30°-a_{AB}^{n}\cos 30°$$

解得 $$a_{AB}^{\tau}=3\sqrt{3}l\omega^2,\quad \alpha_{AB}=\frac{a_{AB}^{\tau}}{AB}=3\sqrt{3}\omega^2$$

例 8-5

如图 8-5 所示平面机构中，杆 AC 铅直运动，杆 BD 水平运动，A 为铰链，滑块 B 可沿槽杆 AE 滑动。图示瞬时 $AB=60\text{mm}$，$\theta=30°$，$v_A=10\sqrt{3}\text{mm/s}$，$a_A=10\sqrt{3}\text{mm/s}^2$，$v_B=50\text{mm/s}$，$a_B=10\text{mm/s}^2$。求该瞬时，槽杆 AE 的角速度、角加速度及滑块 B 相对槽

杆 AE 的加速度。

解：(1) 速度分析如图 8-5(b) 所示。

以 A 为基点，分析槽杆 AE 上与 B 点重合的 B' 点速度。

$$\boldsymbol{v}_{B'}=\boldsymbol{v}_A+\boldsymbol{v}_{B'A}$$

以滑块 B 为动点，动系放在槽杆 AE 上。

$$\boldsymbol{v}_{\mathrm{a}}=\boldsymbol{v}_{\mathrm{e}}+\boldsymbol{v}_{\mathrm{r}}$$

因为
$$\boldsymbol{v}_{B'}=\boldsymbol{v}_{\mathrm{e}}$$

所以
$$\boldsymbol{v}_{\mathrm{a}}-\boldsymbol{v}_{\mathrm{r}}=\boldsymbol{v}_A+\boldsymbol{v}_{B'A} \tag{8-3}$$

其中
$$\boldsymbol{v}_{\mathrm{a}}=\boldsymbol{v}_B$$

将式 (8-3) 沿垂直槽杆 AE 方向投影得

$$v_B\cos30^\circ=-v_A\cos60^\circ+v_{B'A}$$

式 (8-3) 沿槽杆 AE 方向投影得 $v_B\sin30^\circ=v_A\sin60^\circ+v_{\mathrm{r}}$

解得 $v_{B'A}=30\sqrt{3}\text{mm/s}$， $v_{\mathrm{r}}=10\text{mm/s}$， $\omega_{AE}=\dfrac{v_{B'A}}{AB}=\dfrac{\sqrt{3}}{2}\text{rad/s}$

(2) 加速度分析如图 8-5(c) 所示。

以 A 为基点，分析槽杆 AE 上与 B 点重合的 B' 点加速度。

$$\boldsymbol{a}_{B'}=\boldsymbol{a}_A+\boldsymbol{a}_{B'A}^{\tau}+\boldsymbol{a}_{B'A}^{\mathrm{n}}$$

以滑块 B 为动点，动系放在槽杆 AE 上。

$$\boldsymbol{a}_{\mathrm{a}}=\boldsymbol{a}_{\mathrm{e}}+\boldsymbol{a}_{\mathrm{r}}+\boldsymbol{a}_{\mathrm{K}}$$

因为
$$\boldsymbol{a}_{B'}=\boldsymbol{a}_{\mathrm{e}}$$

所以
$$\boldsymbol{a}_{\mathrm{a}}-\boldsymbol{a}_{\mathrm{r}}-\boldsymbol{a}_{\mathrm{K}}=\boldsymbol{a}_A+\boldsymbol{a}_{B'A}^{\tau}+\boldsymbol{a}_{B'A}^{\mathrm{n}} \tag{8-4}$$

其中
$$\boldsymbol{a}_{\mathrm{a}}=\boldsymbol{a}_B$$

式 (8-4) 沿垂直槽杆 AE 方向投影得

$$-a_B\cos30^\circ=-a_A\sin30^\circ+a_{B'A}^{\tau}-a_{\mathrm{K}}$$

式 (8-4) 沿槽杆 AE 方向投影得

$$-a_B\sin30^\circ=a_A\cos30^\circ+a_{B'A}^{\mathrm{n}}+a_{\mathrm{r}}\text{。}$$

其中
$$a_{B'A}^{\mathrm{n}}=\omega_{AE}^2\cdot AB=45\text{mm/s}^2$$

$$a_{\mathrm{K}}=2\omega_{AE}\cdot v_r=10\sqrt{3}\text{mm/s}^2$$

$$a_{B'A}^{\tau}=\alpha_{AE}\cdot AB$$

$$a_{\mathrm{r}}=-65\text{mm/s}^2\text{，}\quad \alpha_{AE}=\frac{a_{B'A}^{\tau}}{AB}=\frac{\sqrt{3}}{6}\text{rad/s}^2$$

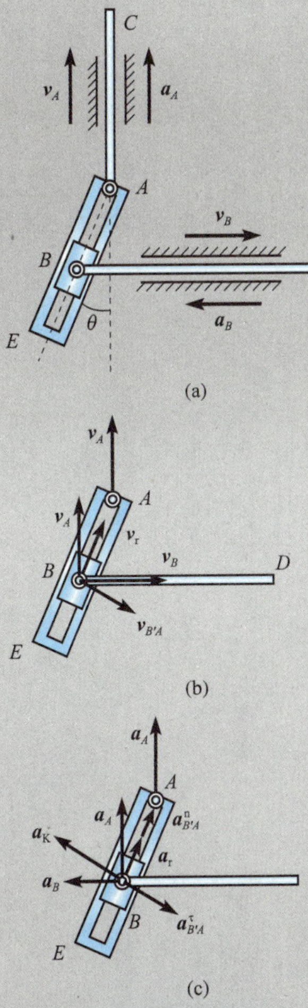

图 8-5 例 8-5

例 8-6

如图 8-6 所示机构中，曲柄 OA 以匀角速度 ω_O 绕 O 轴转动，带动摇杆 AB 做摆动，连杆 DG 一端的滑块 D 沿水平轨道运动，带动导杆 GF 沿铅垂槽滑动，导杆上的销钉 E 可沿摇杆 AB 上的滑槽做相对运动。已知滑块 D 的速度和加速度分别为 $\boldsymbol{v}_1$、$\boldsymbol{a}_1$，试求图示瞬时摇杆 AB 的角速度和角加速度。

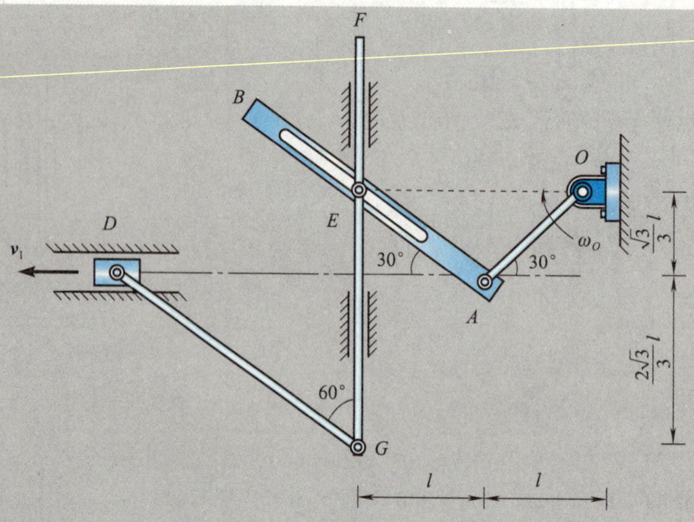

F
B
O
E
D
v_1
30°
30°
ω_O
A
$\frac{\sqrt{3}}{3}l$
$\frac{2\sqrt{3}}{3}l$
60°
G
l
l

(a)

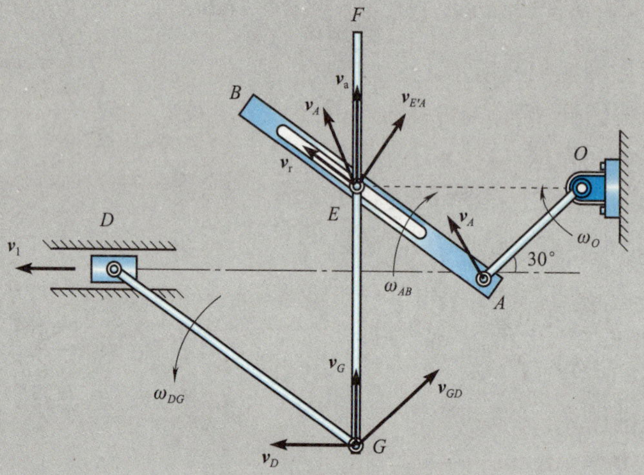

F
v_a
B
v_A
$v_{E'A}$
v_r
O
E
v_A
ω_O
D
v_1
30°
ω_{AB}
A
ω_{DG}
v_G
v_{GD}
G
v_D

(b)

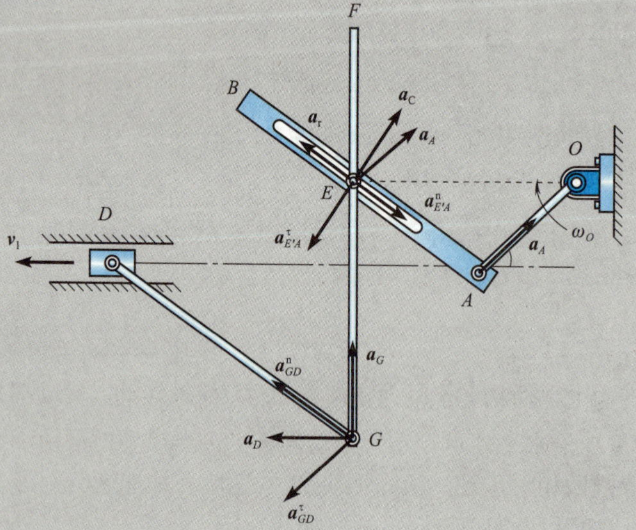

F
B
a_C
a_r
a_A
O
E
$a_{E'A}^n$
$a_{E'A}^\tau$
D
v_1
ω_O
a_A
A
a_{GD}^n
a_G
a_D
G
a_{GD}^τ

(c)

图 8-6　例 8-6

解：(1) 速度分析。

$$OA = AE = \frac{2\sqrt{3}}{3}l\text{，}\quad DG = \frac{4\sqrt{3}}{3}l\text{，}\quad v_A = \frac{2\sqrt{3}}{3}\omega_O l$$

以 D 为基点，分析 G 点速度。

$$\boldsymbol{v}_G = \boldsymbol{v}_D + \boldsymbol{v}_{GD}$$

$$v_G = v_D \cot 30^\circ = \sqrt{3}v_1\text{，}\quad v_{GD} = \frac{v_D}{\sin 30^\circ} = 2v_1\text{，}\quad \omega_{DG} = \frac{v_{GD}}{DG} = \frac{\sqrt{3}v_1}{2l}$$

以销钉 E 为动点，动系放在摇杆 AB 上。

$$\boldsymbol{v}_\mathrm{a} = \boldsymbol{v}_\mathrm{e} + \boldsymbol{v}_\mathrm{r}$$

以 A 为基点，分析摇杆 AB 与 E 点重合的 E' 点速度。

$$\boldsymbol{v}_{E'} = \boldsymbol{v}_A + \boldsymbol{v}_{E'A}$$

因为
$$\boldsymbol{v}_{E'} = \boldsymbol{v}_\mathrm{e}$$

所以
$$\boldsymbol{v}_\mathrm{a} = \boldsymbol{v}_A + \boldsymbol{v}_{E'A} + \boldsymbol{v}_\mathrm{r} \tag{8-5}$$

式(8-5)沿垂直 AB 杆方向投影得

$$v_\mathrm{a}\cos30^\circ = v_A\cos60^\circ + v_{E'A}\text{，}\quad v_\mathrm{a} = v_G = \sqrt{3}v_1$$

$$v_{E'A} = \frac{3}{2}v_1 - \frac{\sqrt{3}}{3}\omega_O l\text{，}\quad \omega_{AB} = \frac{v_{E'A}}{AE} = \frac{3\sqrt{3}v_1}{4l} - \frac{\omega_O}{2}$$

式(8-5)沿 AB 杆方向投影得

$$v_\mathrm{a}\cos60^\circ = v_A\cos30^\circ + v_\mathrm{r}$$

$$v_\mathrm{r} = \frac{\sqrt{3}}{2}v_1 - \omega_O l$$

(2) 加速度分析。

以 D 为基点，分析 G 点加速度。

$$\boldsymbol{a}_G = \boldsymbol{a}_D + \boldsymbol{a}_{GD}^\tau + \boldsymbol{a}_{GD}^\mathrm{n}$$

上式沿 DG 杆方向投影得

$$a_G\cos60^\circ = a_D\cos30^\circ + a_{GD}^\mathrm{n}$$

$$a_{GD}^\mathrm{n} = \omega_{DG}^2 DG = \frac{\sqrt{3}v_1^2}{l}\text{，}\quad a_G = \sqrt{3}a_1 + \frac{2\sqrt{3}v_1^2}{l}$$

以销钉 E 为动点，动系放在摇杆 AB 上。

$$\boldsymbol{a}_\mathrm{a} = \boldsymbol{a}_\mathrm{e} + \boldsymbol{a}_\mathrm{r} + \boldsymbol{a}_\mathrm{C}$$

以 A 为基点，分析 E' 点加速度。

$$\boldsymbol{a}_{E'} = \boldsymbol{a}_A + \boldsymbol{a}_{E'A}^\tau + \boldsymbol{a}_{E'A}^\mathrm{n}$$

因为
$$\boldsymbol{a}_{E'} = \boldsymbol{a}_\mathrm{e}$$

所以
$$\boldsymbol{a}_\mathrm{a} = \boldsymbol{a}_A + \boldsymbol{a}_{E'A}^\tau + \boldsymbol{a}_{E'A}^\mathrm{n} + \boldsymbol{a}_\mathrm{r} + \boldsymbol{a}_\mathrm{C} \tag{8-6}$$

式(8-6)沿垂直 AB 杆方向投影得

$$a_\mathrm{a}\cos30^\circ = a_A\cos30^\circ - a_{E'A}^\tau + a_\mathrm{C}$$

其中，
$$a_A = \frac{2\sqrt{3}}{3}\omega_O^2 l\text{，}\quad a_\mathrm{a} = a_G\text{，}\quad a_\mathrm{C} = 2\omega_{AB}v_\mathrm{r} = \frac{9v_1^2}{4l} - 2\sqrt{3}v_1\omega_O + \omega_O^2 l$$

$$a_{E'A}^{\tau}=-\frac{3}{2}a_1-\frac{3v_1^2}{4l}-2\sqrt{3}v_1\omega_O+2\omega_O^2 l$$

$$\alpha_{AB}=\frac{a_{E'A}^{\tau}}{AE}=-\frac{3\sqrt{3}}{4}\frac{a_1}{l}-\frac{3\sqrt{3}v_1^2}{8l^2}-\frac{3v_1\omega_O}{l}+\sqrt{3}\omega_O^2$$

8.3 习题详解

8-1 半径为 r 的齿轮由曲柄 OA 带动，沿着半径为 R 的固定齿轮滚动，如图 8-7 所示。曲柄 OA 以匀角加速度 α 绕 O 轴转动，当运动开始时，角速度 $\omega_0=0$，转角 $\varphi_0=0$，求动齿轮以中心 A 为基点的平面运动方程。

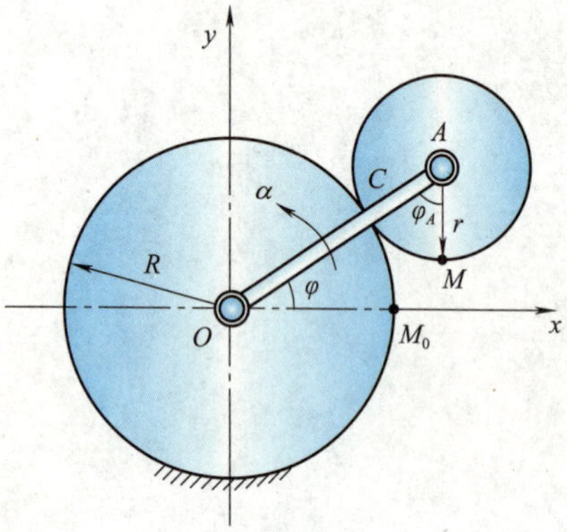

图 8-7 题 8-1

解： 杆 OA 做定轴转动，轮 A 做平面运动。

$$a=\alpha(R+r)$$

$$\varphi=\frac{1}{2}\alpha t^2$$

$$\begin{cases}x_A=(R+r)\cos\varphi\\ y_A=(R+r)\sin\varphi\end{cases}$$

$$\begin{cases}x_A=(R+r)\cos\frac{1}{2}\alpha t^2\\ y_A=(R+r)\sin\frac{1}{2}\alpha t^2\end{cases}$$

$$\varphi_A=\frac{\varphi R}{r}=\frac{\alpha R t^2}{2r}$$

8-2 如图 8-8 所示，圆柱 A 缠以细绳，绳子的 B 端固定在天花板上。圆柱自静止落下，其轴心的速度为 $v=2\sqrt{3gh}/3$，其中 g 为常量，h 为圆柱轴心到初始位置的距离。圆柱半径为 r，求圆柱的平面运动方程。

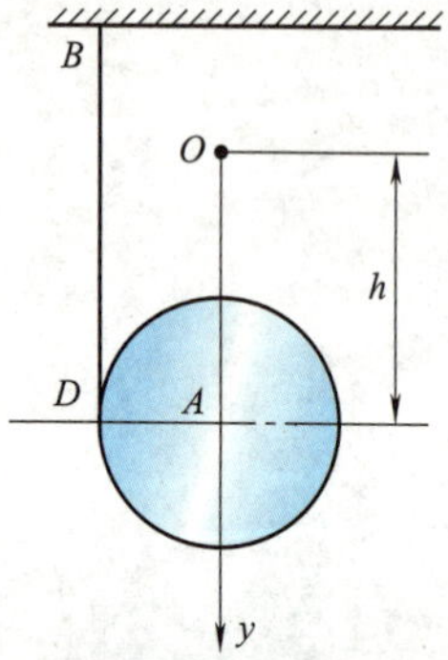

图 8-8 题 8-2

解： 已知 $v=\dfrac{2\sqrt{3gh}}{3}$，$h=\theta r$。

因为 $\dfrac{\mathrm{d}h}{\mathrm{d}t}=v$，可以推出 $h=\dfrac{gt^2}{3}$，为匀加速直线运动。

平面运动方程为 $y=\dfrac{gt^2}{3}$，$\theta=\dfrac{gt^2}{3r}$。

8-3 如图 8-9(a)所示，半径为 R 的圆盘沿水平面做纯滚动，圆心 C 速度为 $\boldsymbol{v}$，试在图上画出 A、B 两点的速度方向及 AB 杆的速度瞬心位置。

解： A、B 两点的速度方向及 AB 杆的速度瞬心如图 8-9(b)所示。

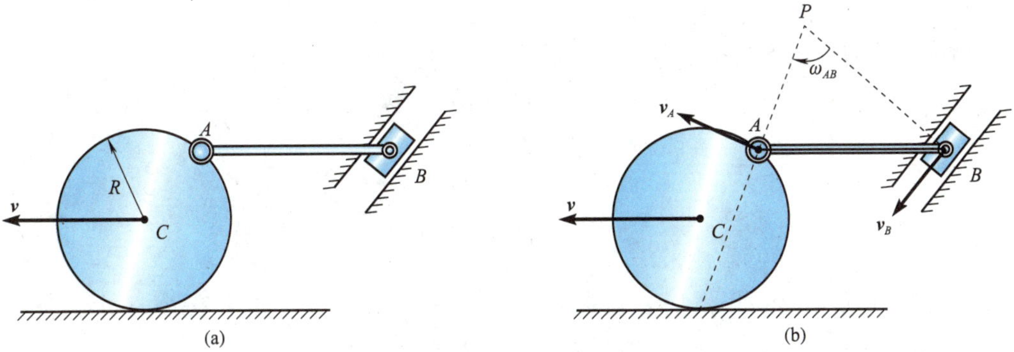

图 8-9　题 8-3

8-4　如图 8-10 所示的平面机构，$OA = O_1B = CD = 2r$，曲柄 OA 以匀角速度 ω 绕 O 转动，半径为 r 的 D 轮沿水平面做纯滚动，图示位置 $O_1A = AB = r$，求此瞬时 D 轮的角速度 ω_D 和角加速度 α_D，并将转向画在图上。

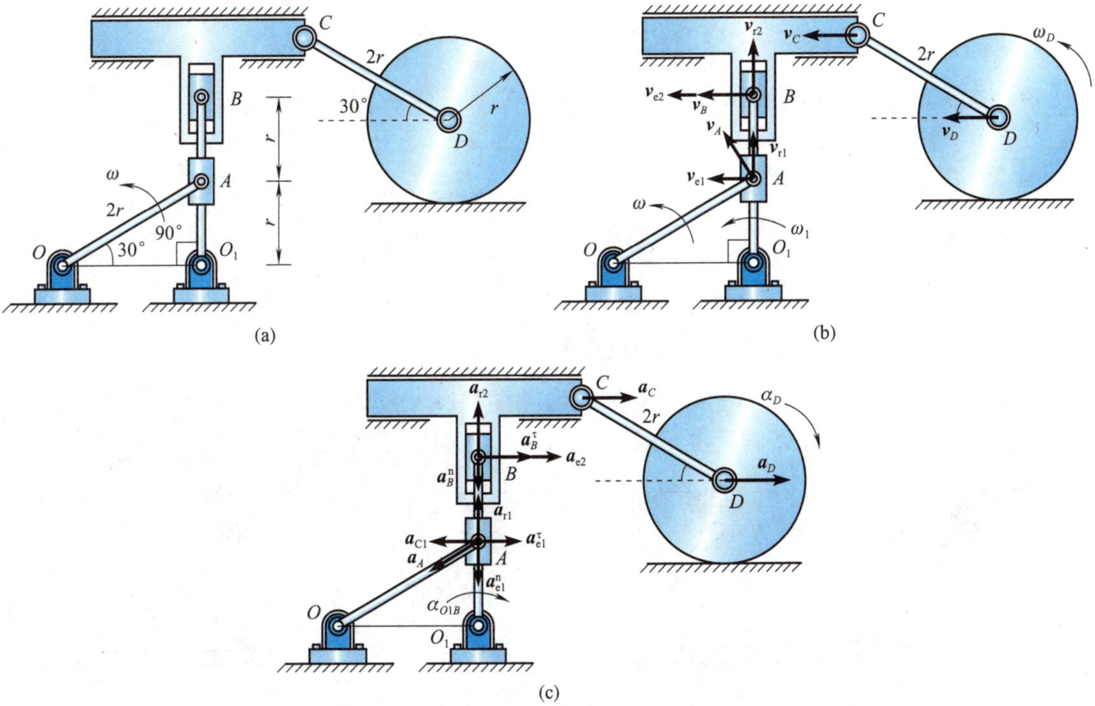

图 8-10　题 8-4

解：(1)A 点速度分析，以滑块 A 为动点，动系放在杆 O_1B 上。绝对运动：滑块 A 绕 O 做圆周运动，相对运动：滑块 A 沿杆 O_1B 滑动，牵连运动杆：O_1B 绕 O_1 定轴转动，如图 8-10(b) 所示。

$$v_{a1} = v_A = \omega \cdot OA = 2\omega r$$

$$\boldsymbol{v}_{a1} = \boldsymbol{v}_{r1} + \boldsymbol{v}_{e1}$$

$$v_{e1} = v_{a1} \cdot \sin 30° = \omega r，\quad \omega_1 = \frac{v_{e1}}{|O_1A|} = \omega$$

$$v_{r1}=v_{a1}\cdot\cos 30^\circ=\sqrt{3}\omega r$$

B 点速度分析：以滑块 B 为动点，动系放在 T 形杆 BC 上，动系平动。

$$v_{a2}=v_B=\omega_1\cdot O_1B=2\omega r$$

$$\boldsymbol{v}_{a2}=\boldsymbol{v}_{r2}+\boldsymbol{v}_{e2}$$

$$v_C=v_D=v_{e2}=v_{a2}=2\omega r$$

$$\omega_D=\frac{v_D}{r}=2\omega$$

(2) A 点加速度分析：以滑块 A 为动点，动系放在杆 O_1B 上，如图 8-10(c)所示。

$$\boldsymbol{a}_{a1}=\boldsymbol{a}_{r1}+\boldsymbol{a}_{e1}^{\tau}+\boldsymbol{a}_{e1}^{n}+\boldsymbol{a}_{C1} \tag{8-7}$$

$$a_{a1}=a_A=\omega^2\cdot OA=2\omega^2 r$$

$$a_{e1}^{n}=\omega_1^2\cdot O_1A=\omega^2 r,\quad a_{C1}=2\omega_1\cdot v_{r1}=2\sqrt{3}\omega^2 r$$

加速度表达式(8-7)在水平方向投影得

$$a_{a1}\cos 30^\circ=-a_{e1}^{\tau}+a_{C1}$$

可得

$$a_{e}^{\tau}=\sqrt{3}\omega^2 r,\quad \alpha_{O_1B}=\frac{a_{e1}^{\tau}}{O_1A}=\sqrt{3}\omega^2$$

B 点加速度分析：以滑块 B 为动点，动系放在 T 形杆 BC 上，动系平动。

$$\boldsymbol{a}_B^{\tau}+\boldsymbol{a}_B^{n}=\boldsymbol{a}_{r2}+\boldsymbol{a}_{e2} \tag{8-8}$$

$$a_B^{\tau}=\alpha_{O_1B}\cdot O_1B=2\sqrt{3}\omega^2 r$$

加速度表达式(8-8)在水平方向投影得

$$a_B^{\tau}=a_{e2}=2\sqrt{3}\omega^2 r$$

$$a_C=a_D=a_{e2}=2\sqrt{3}\omega^2 r,\quad \alpha_D=\frac{a_D}{r}=2\sqrt{3}\omega^2$$

8-5　如图 8-11(a)所示，$AB=CD=r$，瞬时角速度 ω_0、角加速度 α 已知，转向如图 8-11(a)所示。试求杆 EF 的中点 M 的速度 $\boldsymbol{v}_M$ 和加速度 $\boldsymbol{a}_M$（方向标在图上）。

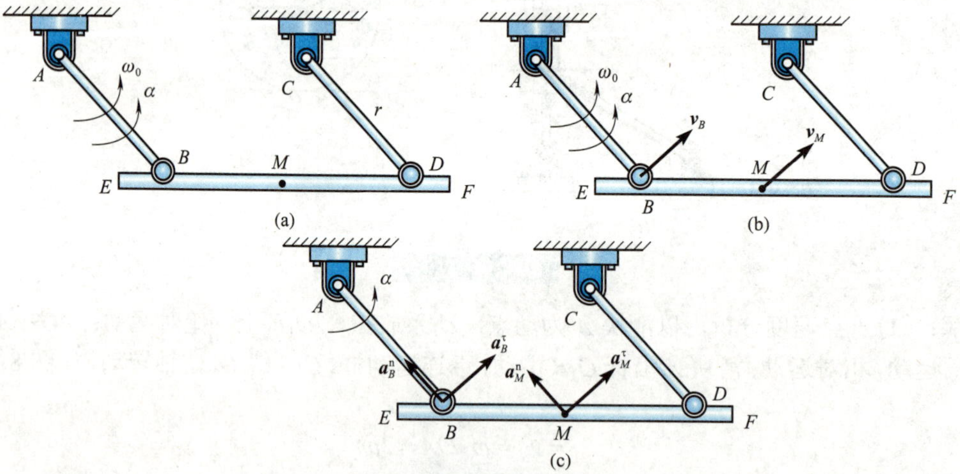

图 8-11　题 8-5

解：杆 EF 平动，每一点的速度和加速度都相等。

$$\boldsymbol{v}_M=\boldsymbol{v}_B,\quad \boldsymbol{a}_M=\boldsymbol{a}_B$$

速度大小为$v_M = v_B = \omega r$，方向如图 8-11(b)所示。

向心加速度大小为$a_M^{n} = \omega^2 r$。

切向加速度大小为$a_M^{\tau} = \alpha r$，方向如图 8-11(c)所示。

全加速度大小为$a_M = \sqrt{a_n^2 + a_\tau^2} = r\sqrt{\omega^4 + \alpha^2}$。

8-6　如图 8-12(a)所示，轮 C 在水平面上做纯滚动，销钉 C 固结在圆轮的中心 C 上，此销钉在摇杆内滑动，并带动摇杆绕 O 轴转动，轮 C 以速度 $v = 4\text{m/s}$ 匀速滚动。$OC = 2\sqrt{3}\text{m}$，$\theta = 60°$，$R = 1\text{m}$，求在图示位置摇杆 OA 的角速度 ω_0 与角加速度 α_0。

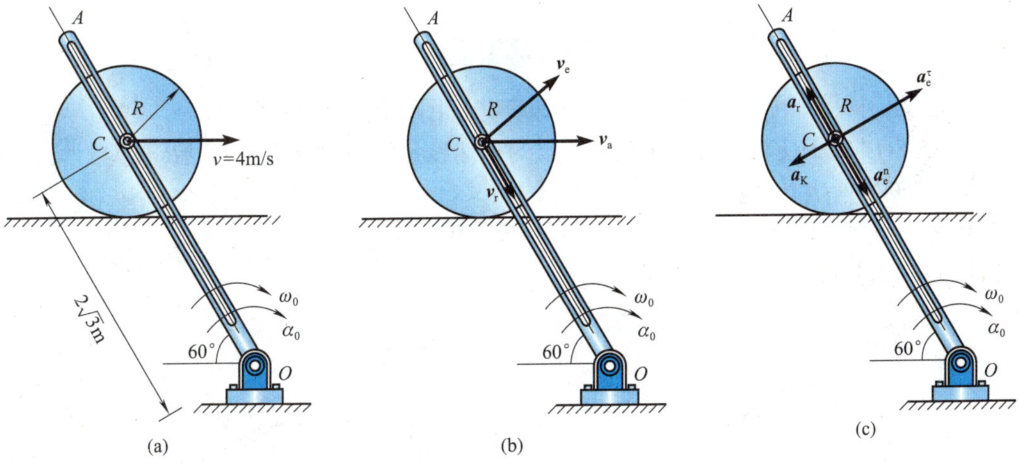

图 8-12　题 8-6

解：以销钉 C 为动点，动系放在摇杆 OA 上。

(1)速度分析如图 8-12(b)所示。

	$\boldsymbol{v}_a$	=	$\boldsymbol{v}_e$	+	$\boldsymbol{v}_r$
大小	v		?		?
方向	√		√		√

$$v_a = v = 4\text{m/s}，\quad v_e = v_a \sin 60° = 2\sqrt{3}\text{m/s}，\quad v_r = v_a \cos 60° = 2\text{m/s}$$

摇杆 OA 的角速度为$\omega_0 = \dfrac{v_e}{OC} = 1\text{rad/s}$。

(2)加速度矢量如图 8-12(c)所示。

$$\boldsymbol{a}_a = \boldsymbol{a}_r + \boldsymbol{a}_e^{\tau} + \boldsymbol{a}_e^{n} + \boldsymbol{a}_K$$

$$a_a = 0，\quad a_K = 2\omega_0 \cdot v_r = 4\text{m/s}^2$$

加速度表达式向垂直于摇杆 OA 方向投影。得 $a_e^{\tau} = a_K = 4\text{m/s}^2$。

所以角加速度为$\alpha_0 = a_e^{\tau} / OC = \dfrac{2\sqrt{3}}{3}\text{rad/s}^2$，顺时针方向。

8-7　圆盘以匀角速度 ω 绕 O 轴转动，圆盘上开一个滑槽，动点 A 在槽内运动的速度和加速度分别为 $\boldsymbol{v}_r$、$\boldsymbol{a}_r$，方向如图 8-13(a)所示。试分别画出 A 点的速度、加速度关系图。

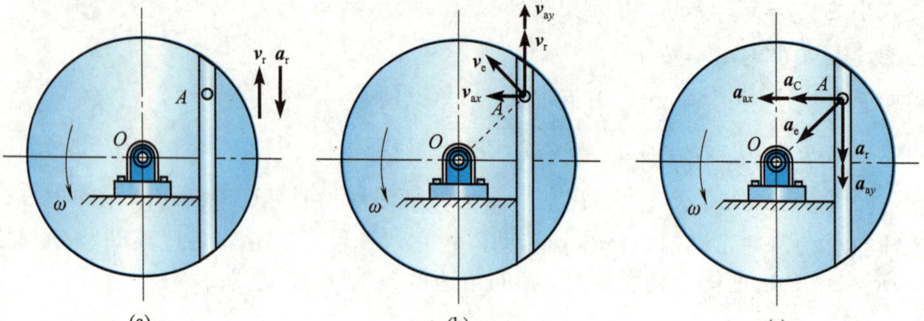

图 8-13　题 8-7

解：速度分析图如图 8-13(b)所示，加速度分析图如图 8-13(c)所示。

8-8　图 8-14(a)所示曲柄 OA 长为 r，以匀角速度 ω 绕 O 轴转动，杆 AB 长为 l，$l=2r$。当 OA 垂直于 OB 时，求 ω_{AB} 和 AB 杆中点 C 的速度。

解：$v_A=\omega\cdot r$，且 $\boldsymbol{v}_A$ 与 $\boldsymbol{v}_B$ 平行，此时 AB 杆瞬时平动。

所以 $v_C=v_A=v_B=\omega r$，$\omega_{AB}=0$。

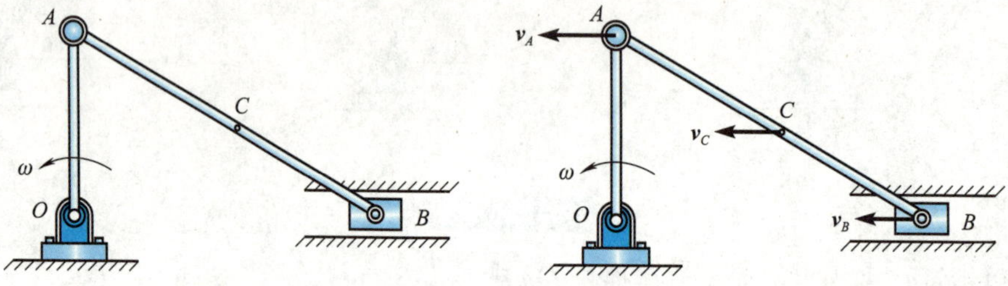

图 8-14　题 8-8

8-9　图 8-15 所示曲柄连杆机构中，曲柄 $OA=40\text{cm}$，连杆 $AB=1\text{m}$。曲柄 OA 绕 O 轴做匀速转动，其转速 $n=180\text{r/min}$。当曲柄与水平线间成 $45°$ 时，求连杆 AB 的角速度及其中点 M 的速度。

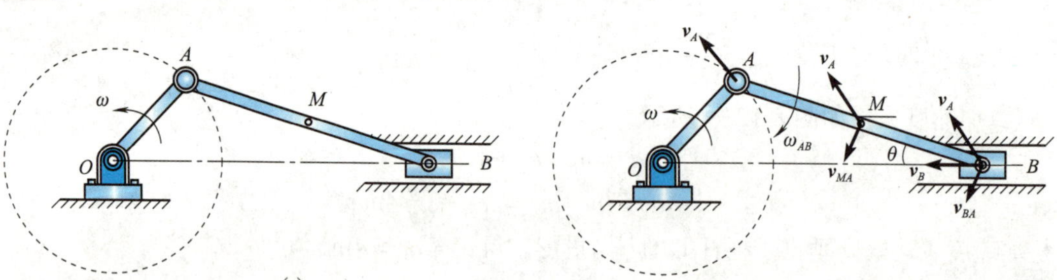

图 8-15　题 8-9

解：速度分析如图 8-15(b)所示。

取 A 为基点，分析 B 点速度。

$$\boldsymbol{v}_B=\boldsymbol{v}_A+\boldsymbol{v}_{BA} \tag{8-9}$$

由曲柄的转速可以求出其角速度为 $\omega=\dfrac{180\cdot 2\pi}{60}=6\pi(\text{rad/ s})$

$$v_A = r_A\omega = 2.4\pi(\text{m/s})$$

速度表达式(8-9)在竖直方向投影得 $v_A\cos 45^\circ = v_{BA}\cos\theta$， $\cos\theta = \dfrac{\sqrt{23}}{5}$， $\sin\theta = \dfrac{\sqrt{2}}{5}$ 。

解得 $v_{BA} = \dfrac{6\sqrt{46}}{23}\pi(\text{m/s})$， $\omega_{BA} = \dfrac{v_{BA}}{AB} = \dfrac{6\sqrt{46}}{23}\pi = 5.56(\text{rad/s})$ 。

取 A 为基点，分析 M 点速度。

$$\boldsymbol{v}_M = \boldsymbol{v}_A + \boldsymbol{v}_{MA} \tag{8-10}$$

$$v_{MA} = \omega_{AB}\cdot MA = \left(\frac{3\sqrt{46}}{23}\pi\right)\text{m/s}$$

式(8-10)分别在竖直方向和水平方向投影得

$$v_{My} = v_A\cos 45^\circ - v_{MA}\cos\theta = \frac{3\sqrt{2}\pi}{5}(\text{m/s}) = 2.66(\text{m/s})$$

$$v_{Mx} = v_A\sin 45^\circ + v_{MA}\sin\theta = \pi\left(\frac{6\sqrt{2}}{5} + \frac{6\sqrt{23}}{115}\right)(\text{m/s}) = 6.11(\text{m/s})$$

$$v_M = \sqrt{v_{Mx}^2 + v_{My}^2} = 6.66\text{m/s}$$

8-10　机构在图 8-16(a)所示位置时，曲柄 $O'A$ 垂直于 AB， AB 平行于 $O'O$，已知 $BC = BO$，试求 A 、 D 两点微小位移之间的关系。

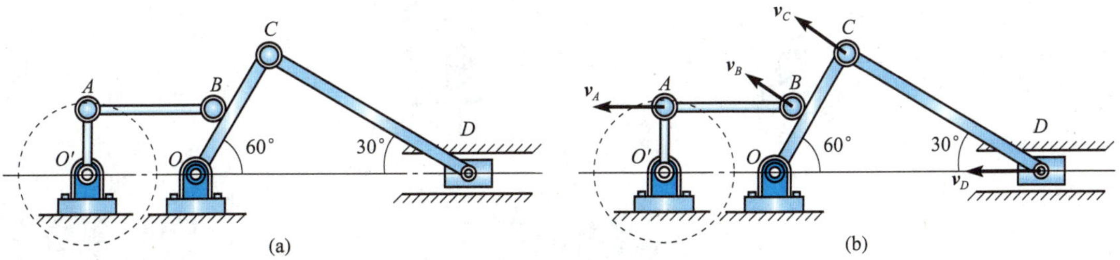

图 8-16　题 8-10

解： A 、 D 两点微小位移之间的关系就是速度关系，如图 8-16(b)所示，根据速度投影定理有

$$v_A = v_B\cdot\cos 30^\circ$$

$$v_B = \frac{2\sqrt{3}v_A}{3},\quad v_C = 2v_B = \frac{4\sqrt{3}v_A}{3}$$

$$v_D = \frac{v_C}{\cos 30^\circ} = \frac{8}{3}v_A$$

所以

$$\Delta x_D = \frac{8}{3}\Delta x_A$$

8-11　绕线轮沿水平面滚动而不滑动，轮的半径为 R （图 8-17)。在轮上有一圆柱，其半径为 r ，将线绕于圆柱上，线的 B 端以速度 $\boldsymbol{u}$ 与加速度 $\boldsymbol{a}$ 沿水平方向运动，求绕线轮轴心 O 的速度和加速度。

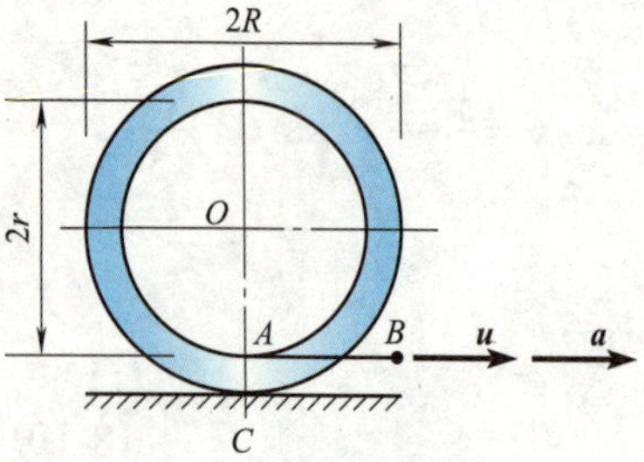

图 8-17 题 8-11

解：线轮为纯滚动，所以 C 点为速度瞬心。

$$\omega=\frac{u}{R-r}，顺时针；\ v_O=\omega R=\frac{uR}{R-r}$$

速度表达式每个瞬时都成立，可以直接对时间求导得

$$\alpha=\dot{\omega}=\frac{\dot{u}}{R-r}=\frac{a}{R-r}$$

$$a_O=\dot{v}_O=\frac{aR}{R-r}$$

8-12 图 8-18 所示曲柄 $OA=20\text{cm}$，绕 O 以匀角速度 $\omega_0=10\text{rad/s}$ 转动，此曲柄带动连杆 AB，使连杆端点的滑块 B 沿着铅垂方向运动，$AB=100\text{cm}$，求当曲柄与连杆相互垂直并与水平线间各成 $\alpha=45°$ 和 $\beta=45°$ 时，求连杆 AB 的角速度、角加速度及滑块 B 的加速度。

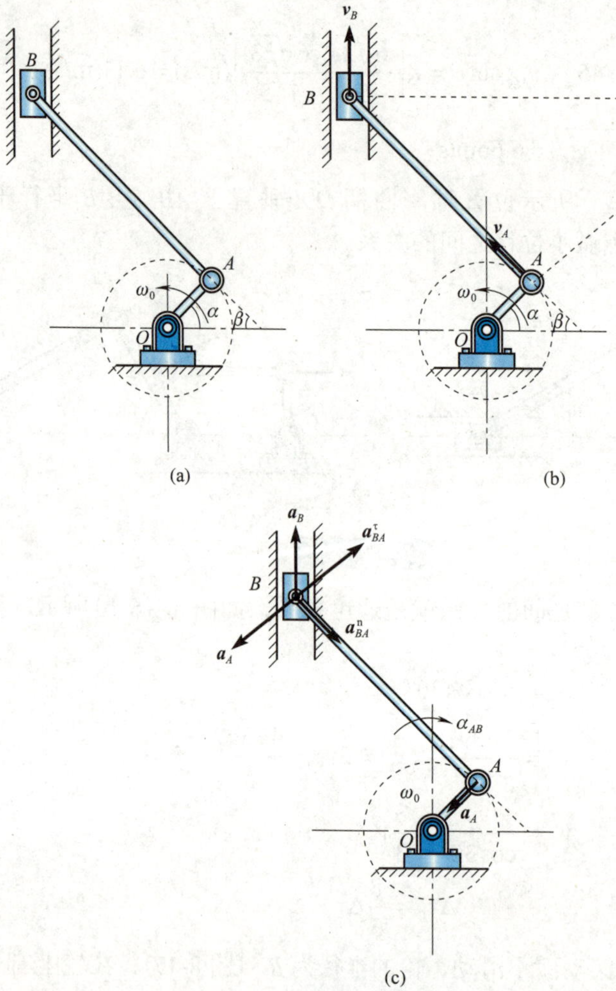

图 8-18 题 8-12

解：(1) 由图 8-18(b) 中 $\boldsymbol{v}_A$ 和 $\boldsymbol{v}_B$ 的速度方向可知 P 点为杆 AB 的速度瞬心。故连杆的角速度为

$$\omega_{AB}=\frac{v_A}{PA}=\frac{OA\cdot\omega_0}{AB\tan 45^\circ}=\frac{20\times 10}{100}=2(\text{rad/s})$$

(2)加速度分析如图 8-18(c)所示。

以 A 为基点，分折 B 点加速度有

$$\boldsymbol{a}_B=\boldsymbol{a}_A+\boldsymbol{a}_{BA}，\quad \boldsymbol{a}_{BA}=\boldsymbol{a}_{BA}^{\text{n}}+\boldsymbol{a}_{BA}^{\tau}，\quad \boldsymbol{a}_B=\boldsymbol{a}_A+\boldsymbol{a}_{BA}^{\text{n}}+\boldsymbol{a}_{BA}^{\tau} \tag{8-11}$$

加速度表达式(8-11)向杆 AB 方向投影有

$$-a_B\cos 45^\circ=a_{BA}^{\text{n}}$$

$$a_{BA}^{\text{n}}=\omega_{AB}^2\cdot AB=2^2\times 1=4(\text{m/s}^2)$$

$$a_B=-a_{BA}^{\text{n}}/\cos 45^\circ=-4\sqrt{2}\text{m/s}^2=-5.66\text{m/s}^2$$

加速度表达式(8-11)向垂直于杆 AB 方向投影有

$$a_B\sin 45^\circ=a_{BA}^{\tau}-a_A^{\text{n}}$$

$$a_A=a_A^{\text{n}}=\omega_0^2\cdot OA=10^2\times 0.2=20(\text{m/s}^2)$$

$$a_{BA}^{\tau}=a_B\cos 45^\circ+a_A^{\text{n}}=16\text{m/s}^2$$

连杆的角加速度 $\alpha_{BA}=\alpha_{BA}^{\tau}/BA=16/1=16(\text{rad/s}^2)$。

8-13　四连杆机构 $OABO_1$ 中，$OO_1=OA=O_1B=10\text{cm}$，OA 以匀角速度 $\omega=2\text{rad/s}$ 转动，当 $\varphi=90^\circ$ 时，O_1B 和 OO_1 在同一条直线上。求：(1) AB 和 O_1B 的角速度；(2) AB 和 O_1B 的角加速度。

解：(1)分析杆 AB，速度如图 8-19(b)所示。

$$v_A=\omega\cdot OA=0.2\,\text{m/s}$$

取 A 点为基点，则 B 点的速度为

$$\boldsymbol{v}_B=\boldsymbol{v}_A+\boldsymbol{v}_{BA}$$

$$v_{BA}=\frac{v_A}{\sin\theta}=\frac{0.2}{0.447}=0.447(\text{m/s})，\quad v_B=v_A\cot\theta=0.4\,\text{m/s}$$

所以　$$\omega_{AB}=\frac{v_{BA}}{AB}=2\,\text{rad/s}，\quad \omega_{O_1B}=\frac{v_B}{O_1B}=4\,\text{rad/s}$$

(2)加速度分析如图 8-19(c)所示。

OA 做匀速转动，A 点的加速度已知。

$$a_A=\omega^2\cdot OA=0.4\text{m/s}^2$$

对杆 AB 进行研究，根据基点法：选取 A 为基点，则 B 点的加速度为

$$\boldsymbol{a}_B=\boldsymbol{a}_B^{\tau}+\boldsymbol{a}_B^{\text{n}}=\boldsymbol{a}_A+\boldsymbol{a}_{BA}^{\tau}+\boldsymbol{a}_{BA}^{\text{n}} \tag{8-12}$$

$$a_{BA}^{\text{n}}=\omega_{AB}^2\cdot AB=2^2\times\sqrt{0.05}=0.894(\text{m/s}^2)$$

$$a_B^{\text{n}}=\frac{v_B^2}{O_1B}=\frac{0.4^2}{0.1}=1.6(\text{m/s}^2)$$

式(8-12)沿水平方向投影得

$$a_B^{\text{n}}=-a_{BA}^{\tau}\sin\theta+a_{BA}^{\text{n}}\cos\theta$$

其中 $\cos\theta=\dfrac{0.2}{\sqrt{0.05}}=0.894$，$\sin\theta=\dfrac{0.1}{\sqrt{0.05}}=0.447$，解得 $a_{BA}^{\tau}=-1.791\text{m/s}^2$，$\alpha_{AB}=\dfrac{a_{BA}^{\tau}}{AB}=-8\,\text{rad/s}^2$。

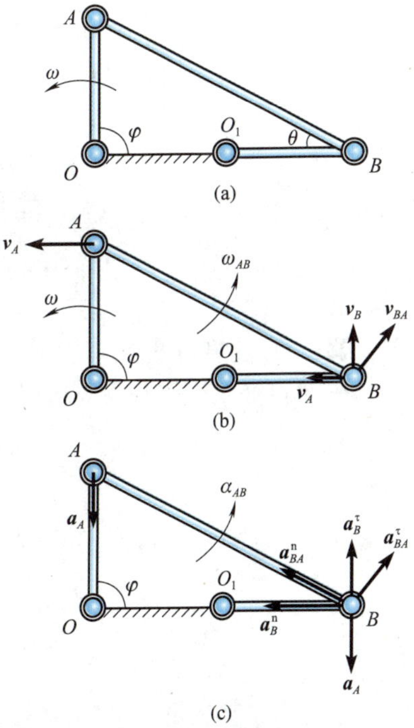

图 8-19　题 8-13

式(8-12)沿 AB 杆方向投影为

$$a_B^\tau \sin\theta + a_B^n \cos\theta = -a_A \sin\theta + a_{BA}^n$$

解得 $a_B^\tau = -1.6\text{m/s}^2$，$\alpha_B = \dfrac{a_B^\tau}{O_1B} = -16\,\text{rad/s}^2$。

8-14 如图 8-20(a)所示机构，曲柄 OA 以匀角速度 ω 绕 O 轴逆时针转动，已知 $OA = r$、$OO_1 = \sqrt{3}r$、$AB = 2r$。当 OA 运动到水平位置时，AB 杆也处于水平位置。求此瞬时：(1)滑块 B 的速度；(2)摇杆 O_1C 的角速度和角加速度。

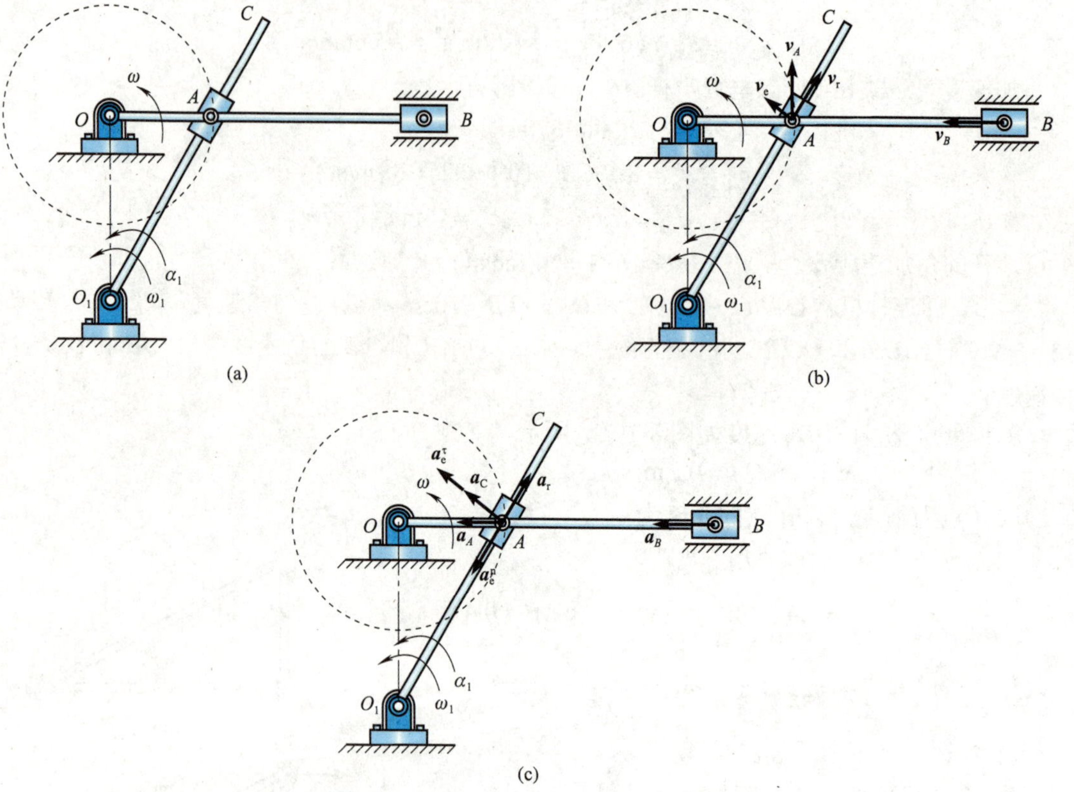

图 8-20 题 8-14

解：(1)速度分析。

在 A 点处，以滑块 A 为动点，动系放在杆 O_1C 上，速度分析图如图 8-20(b)所示。

$$v_a = v_A = \omega \cdot OA = \omega r$$

$$\boldsymbol{v}_a = \boldsymbol{v}_r + \boldsymbol{v}_e$$

$$v_e = v_a \cdot \sin 30° = \frac{1}{2}\omega r$$

$$O_1A = 2r$$

$$\omega_1 = \frac{v_e}{O_1A} = \frac{1}{4}\omega$$

$$v_r = v_a \cdot \cos 30° = \frac{\sqrt{3}}{2}\omega r$$

根据速度投影定理有

$$v_B = v_A \cdot \cos 90^\circ = 0$$

(2) 加速度分析，以滑块 A 为动点，动系放在 O_1C 上，加速度分析图如图 8-20 (c) 所示。

$$\boldsymbol{a}_a = \boldsymbol{a}_r + \boldsymbol{a}_e^\tau + \boldsymbol{a}_e^n + \boldsymbol{a}_K \tag{8-13}$$

式 (8-13) 沿垂直杆 O_1C 方向投影得

$$a_a \cos 30^\circ = a_e^\tau + a_K$$

$$a_a = a_A = \omega^2 r$$

$$a_K = 2\omega_e v_r = 2 \times \frac{\omega}{4} \times \frac{\sqrt{3}}{2}\omega r = \frac{\sqrt{3}}{4}\omega^2 r$$

解得

$$a_e^\tau = \frac{\sqrt{3}}{4}\omega^2 r, \quad \alpha_1 = \frac{a_e^\tau}{O_1A} = \frac{\sqrt{3}}{8}\omega^2$$

8-15　曲柄连杆机构带动摇杆 EH 绕 E 轴摆动，如图 8-21 (a) 所示，在连杆 ABD 上装有两个滑块，滑块 B 沿水平槽滑动，滑块 D 沿摇杆 EH 滑动。已知：曲柄 OA 以匀角速度 ω 逆时针转动，$OA = AB = BD = l$。在图示位置时，$\varphi = 30^\circ$，EH 垂直于 OE。试求该瞬时摇杆 EH 的角速度、角加速度。

解： (1) 速度分析如图 8-21 (b) 所示。

$$v_A = \omega \cdot OA = \omega l$$

由图 8-21 (b) 知 O' 为 AB 杆的速度瞬心，$O'A = AB = l$，$O'D = \sqrt{3}l$，所以

$$\omega_{AB} = \frac{v_A}{O'A} = \omega$$

$$v_D = \omega_{AB} \cdot O'D = \sqrt{3}\omega l$$

以滑块 D 为动点，动系放在杆 EH 上。

$$\boldsymbol{v}_a = \boldsymbol{v}_r + \boldsymbol{v}_e$$

$$v_e = v_D \cdot \cos 30^\circ = \frac{3}{2}\omega l$$

$$v_r = v_D \cdot \cos 60^\circ = \frac{\sqrt{3}}{2}\omega l$$

所以

$$\omega_{EH} = \frac{v_e}{ED} = 3\omega$$

(2) 加速度分析，如图 8-21 (c) 所示。

$$a_A = \omega^2 l, \quad a_{BA}^n = \omega_{BA}^2 l = \omega^2 l$$

以点 A 为基点，分析点 B 加速度。

$$\boldsymbol{a}_B = \boldsymbol{a}_A + \boldsymbol{a}_{BA}^\tau + \boldsymbol{a}_{BA}^n \tag{8-14}$$

式 (8-14) 沿竖直方向投影得

$$0 = a_A \cos 60^\circ + a_{BA}^\tau \cos 30^\circ - a_{BA}^n \cos 60^\circ$$

解得 $a_{BA}^\tau = 0$，所以 $\alpha_{AB} = 0$。

再以点 A 为基点，分析点 D 的加速度。

$$\boldsymbol{a}_D = \boldsymbol{a}_A + \boldsymbol{a}_{DA}^\tau + \boldsymbol{a}_{DA}^n \tag{8-15}$$

以滑块 D 为动点，动系放在杆 EH 上。

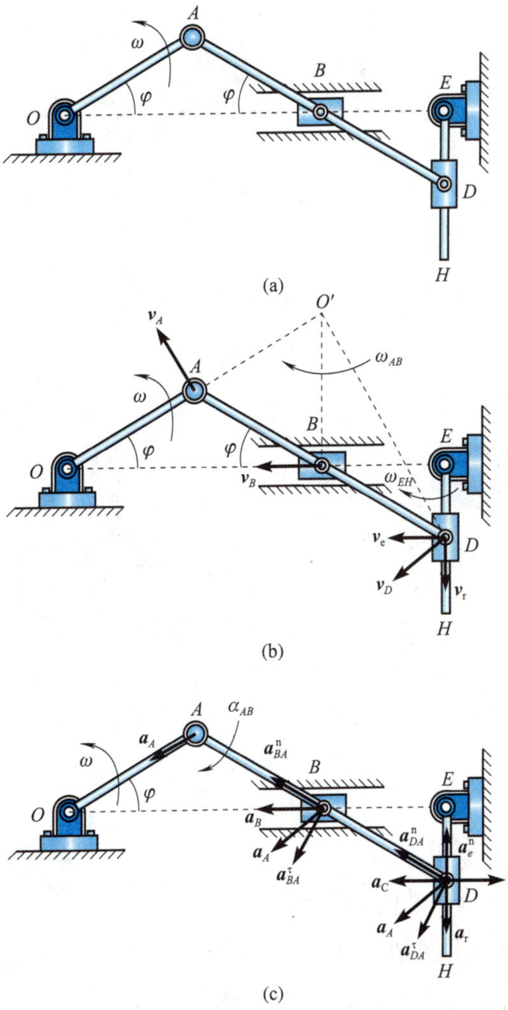

图 8-21　题 8-15

$$\boldsymbol{a}_{\rm a}=\boldsymbol{a}_{\rm r}+\boldsymbol{a}_{\rm e}^{\tau}+\boldsymbol{a}_{\rm e}^{\rm n}+\boldsymbol{a}_{\rm C} \tag{8-16}$$

因为$a_D=a_{\rm a}$，所以

$$\boldsymbol{a}_A+\boldsymbol{a}_{DA}^{\tau}+\boldsymbol{a}_{DA}^{\rm n}=\boldsymbol{a}_{\rm r}+\boldsymbol{a}_{\rm e}^{\tau}+\boldsymbol{a}_{\rm e}^{\rm n}+\boldsymbol{a}_{\rm C} \tag{8-17}$$

式(8-17)沿水平方向投影得

$$a_A\cos30^\circ+a_{DA}^{\rm n}\cos30^\circ=-a_{\rm e}^{\tau}+a_{\rm C}$$

$$a_{DA}^{\rm n}=2\omega_{BA}^2 l=2\omega^2 l\quad a_{\rm C}=2\omega_{\rm e}v_{\rm r}=2\times3\omega\times\frac{\sqrt{3}}{2}\omega l=3\sqrt{3}\omega^2 l$$

解得
$$a_{\rm e}^{\tau}=\frac{3\sqrt{3}}{2}\omega^2 l,\quad \alpha_{EH}=\frac{a_{\rm e}^{\tau}}{ED}=3\sqrt{3}\omega^2$$

8-16　图8-22(a)所示机构中，连杆AE穿过套筒B后与套筒E铰接。套筒E可沿摇杆ED滑动，从而带动摇杆摆动。已知曲柄OA做匀速转动，其转速为$n=120\text{r/min}$；机构在图示位置时，$OA=150\text{mm}$，$AB=BE=400\text{mm}$，$ED=300\text{mm}$。OA、ED都在铅垂位置，试求此时摇杆ED的角速度和角加速度。

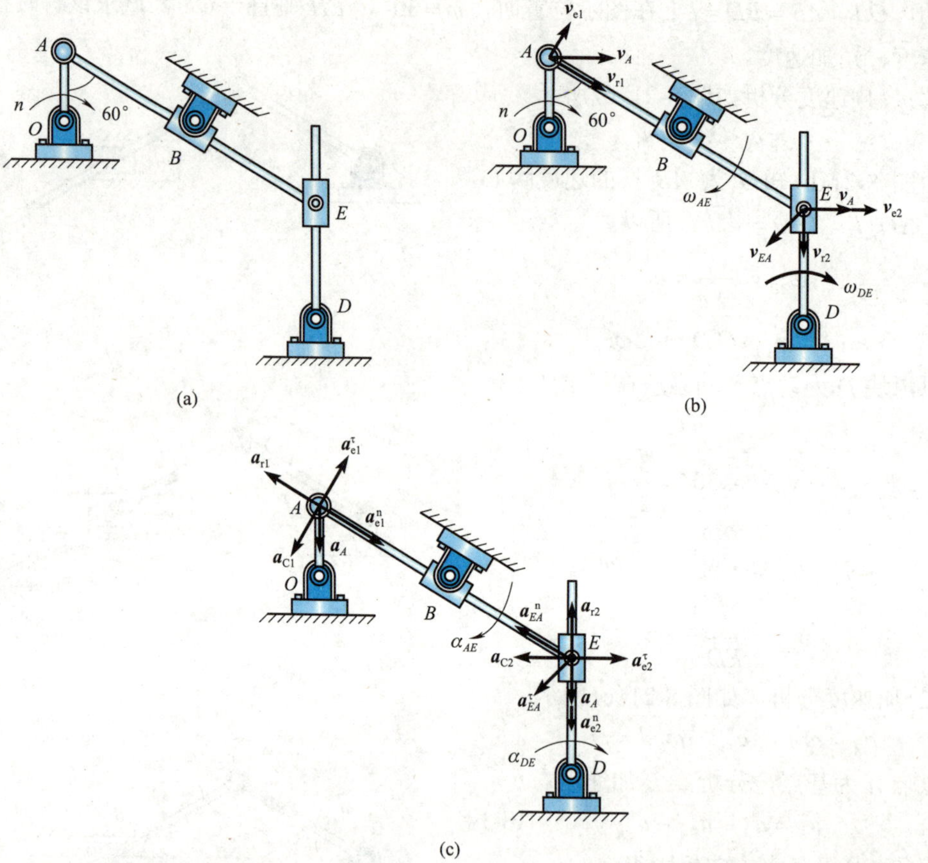

图8-22　题8-16

解：(1)速度分析。

由曲柄 OA 的转速可知其角速度为$\omega_{OA}=\dfrac{2\pi n}{60}=4\pi(\text{rad/s})$，进一步求出$v_A=\omega_{OA}\cdot OA=0.6\pi(\text{m/s})$，其中$v_{\rm a1}=v_A$。

在 A 点处，以 A 为动点，动系放在套筒 B 上，速度分析图如图 8-22(b)所示。

$$\boldsymbol{v}_{a1} = \boldsymbol{v}_{r1} + \boldsymbol{v}_{e1}$$

$$v_{e1} = v_{a1} \cdot \sin 30^\circ = 0.3\pi(\text{m/s})$$

$$\omega_{AE} = \frac{v_{e1}}{AB} = 0.75\pi(\text{m/s})$$

$$v_{r1} = v_{a1} \cdot \cos 30^\circ = 0.3\sqrt{3}\pi(\text{m/s})$$

在 E 点处，以滑块 E 为动点，动系放在杆 DE 上。

$$\boldsymbol{v}_{a2} = \boldsymbol{v}_{r2} + \boldsymbol{v}_{e2}$$

取 A 点为基点，则 E 点的速度为

$$\boldsymbol{v}_E = \boldsymbol{v}_A + \boldsymbol{v}_{EA}$$

因为 $\boldsymbol{v}_{a2} = \boldsymbol{v}_E$，所以有

$$\boldsymbol{v}_{r2} + \boldsymbol{v}_{e2} = \boldsymbol{v}_A + \boldsymbol{v}_{EA} \tag{8-18}$$

式(8-18)在水平方向投影得

$$v_{e2} = v_A - v_{EA} \sin 30^\circ$$

其中 $$v_{EA} = \omega_{AE} \cdot AE = 0.75\pi \times 0.8 = 0.6\pi(\text{m/s})$$

解得 $$v_{e2} = 0.3\pi\text{m/s}，\quad \omega_{DE} = \frac{v_{e2}}{DE} = \frac{0.3\pi}{0.3} = 3.14(\text{rad/s})$$

式(8-18)在竖直方向投影得

$$v_{r2} = v_{EA} \cos 30^\circ = 0.3\sqrt{3}\pi(\text{m/s})$$

(2)加速度分析。

在 A 点处，以 A 为动点，动系放在套筒 B 上，加速度分析如图 8-22(c)所示。

加速度关系为

$$\boldsymbol{a}_{a1}^{n} = \boldsymbol{a}_{e1}^{n} + \boldsymbol{a}_{e1}^{\tau} + \boldsymbol{a}_{r1} + \boldsymbol{a}_{C1} \tag{8-19}$$

其中 $$a_{a1}^{n} = a_A = \omega_{OA}^2 \cdot OA$$

式(8-19)在垂直于杆 AE 方向投影得

$$a_{a1}^{n}\cos 30^\circ = -a_{e1}^{\tau} + a_{C1}$$

$$a_{a1}^{n} = a_A^{n} = \omega_{OA}^2 \cdot OA = 2.4\pi^2 = 23.66(\text{m/s}^2)$$

$$a_{C1} = 2\omega_{AE} \cdot v_{r1} = 2 \times 0.75\pi \times 0.3\sqrt{3}\pi$$

$$= 0.45\sqrt{3}\pi^2 = 7.685(\text{m/s}^2)$$

$$a_{e1}^{\tau} = -0.75\sqrt{3}\pi^2 = -12.8(\text{m/s}^2)，\quad \alpha_{AE} = \frac{a_{e1}^{\tau}}{AB} = -32\text{rad/s}^2$$

在 E 点处，以滑块 E 为动点，动系放在杆 DE 上。

$$\boldsymbol{a}_{a2} = \boldsymbol{a}_{r2} + \boldsymbol{a}_{e2} + \boldsymbol{a}_{C2}$$

取 A 点为基点，则 E 点的加速度为

$$\boldsymbol{a}_E = \boldsymbol{a}_A + \boldsymbol{a}_{EA}^{\tau} + \boldsymbol{a}_{EA}^{n}$$

因为 $\boldsymbol{a}_{a2} = \boldsymbol{a}_E$，所以有

$$\boldsymbol{a}_{r2} + \boldsymbol{a}_{e2} + \boldsymbol{a}_{C2} = \boldsymbol{a}_A + \boldsymbol{a}_{EA}^{\tau} + \boldsymbol{a}_{EA}^{n} \tag{8-20}$$

将式(8-20)沿水平方向投影得

$$a_{e2}^{\tau} - a_{C2} = -a_{EA}^{\tau}\cos 60^\circ - a_{EA}^{n}\cos 30^\circ$$

$$a_{C2} = 2\omega_{DE} \cdot v_{r2} = 2 \times \pi \times 0.3\sqrt{3}\pi = 0.6\sqrt{3}\pi^2 = 10.25(\text{m/s}^2)$$

$$a_{EA}^{n} = \omega_{EA}^2 \cdot EA = (0.75\pi)^2 \times 0.8 = 0.45\pi^2 = 4.437(\text{m/s}^2)$$

$$a_{EA}^{\tau} = \alpha_{AE} \cdot EA = -1.875\sqrt{3}\pi^2 \times 0.8$$

$$= -1.5\sqrt{3}\pi^2 = -25.6(\text{m/s}^2)$$

可得 a_{e2}^{τ}=19.2(m/s²)，$\alpha_{ED} = \dfrac{a_{e2}^{\tau}}{DE} = 64(\text{rad/s}^2)$。

8-17　滑块 A 以匀速 $v_A = 0.6\text{m/s}$ 沿铅直导槽向下运动，滑块 B 沿水平导槽滑动，套筒 D 在 AB 杆上滑动。图 8-23(a)所示瞬时，AB 杆与导槽成 45°，ED 杆处于水平位置。求该瞬时，ED 杆的角速度和角加速度。

解：(1)速度分析，如图 8-23(b)所示，P 点为 AB 杆速度瞬心，所以

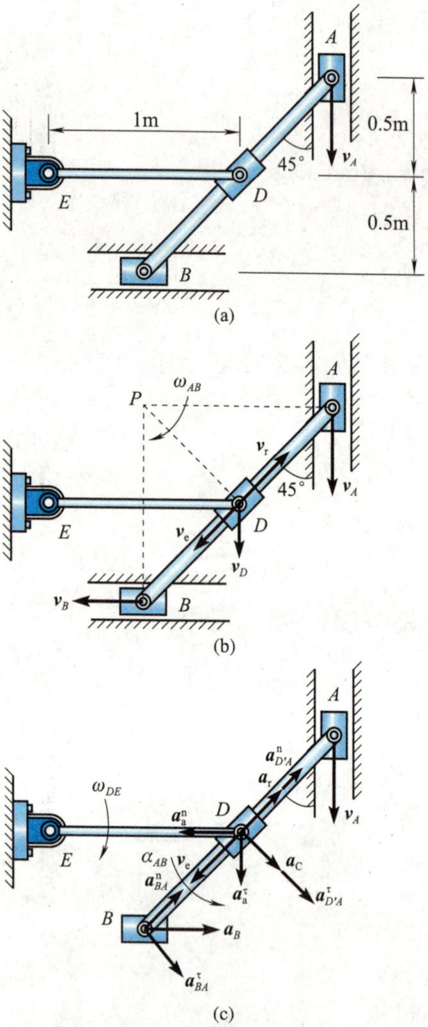

图 8-23　题 8-17

$$\omega_{AB} = \frac{v_A}{PA} = 0.6\text{rad/s}$$

以滑块 D 为动点，动系放在杆 AB 上。

$$\boldsymbol{v}_{a} = \boldsymbol{v}_{r} + \boldsymbol{v}_{e}$$

$$v_{e} = \omega_{AB} \cdot PD = 0.6 \times 0.5\sqrt{2} = 0.424(\text{m/s})$$

将速度合成公式沿垂直于 ED 杆方向投影可得

$$v_D = 0，\quad \omega_{ED} = 0$$

$$v_r = v_e = 0.4243\text{m/s}$$

(2)加速度分析，如图 8-23(c)所示。

取 A 点为基点，则 B 点的加速度为

$$\boldsymbol{a}_B = \boldsymbol{a}_A + \boldsymbol{a}_{BA}^{\tau} + \boldsymbol{a}_{BA}^{n}$$

$$a_{BA}^{n} = \omega_{AB}^2 \cdot AB = 0.6^2 \times \sqrt{2} = 0.5(\text{m/s}^2)$$

$$a_{BA}^{\tau} = a_{BA}^{n} = 0.5\text{m/s}^2，\quad \alpha_{AB} = \frac{a_{BA}^{\tau}}{AB} = \frac{0.5}{\sqrt{2}} = 0.35(\text{m/s}^2)$$

以滑块 D 为动点，动系放在杆 AB 上。

$$\boldsymbol{a}_{a} = \boldsymbol{a}_{r} + \boldsymbol{a}_{e} + \boldsymbol{a}_{C}$$

取 A 点为基点，杆 AB 上与 D 点重合的 D' 点的加速度为

$$\boldsymbol{a}_{D'} = \boldsymbol{a}_A + \boldsymbol{a}_{D'A}^{\tau} + \boldsymbol{a}_{D'A}^{n}$$

因为 $\boldsymbol{a}_{e} = \boldsymbol{a}_{D'}$，所以有 $\boldsymbol{a}_{a} - \boldsymbol{a}_{r} - \boldsymbol{a}_{C} = \boldsymbol{a}_A + \boldsymbol{a}_{D'A}^{\tau} + \boldsymbol{a}_{D'A}^{n}$。

$$\boldsymbol{a}_{a} = \boldsymbol{a}_{a}^{\tau} + \boldsymbol{a}_{a}^{n} \tag{8-21}$$

将式（8-21）沿垂直于 AB 杆方向投影

$$a_{a}^{\tau}\cos45° - a_{a}^{n}\cos45° + a_{C} = a_{D'A}^{\tau}$$

$$a_{a}^{n} = 0，\quad a_{C} = 2\omega_{AB} \cdot v_{r} = 2 \times 0.6 \times 0.4243 = 0.509(\text{m/s}^2)$$

$$a_{D'A}^{\tau} = \alpha_{AB} \cdot D'A = 0.36 \times \frac{\sqrt{2}}{2} = 0.255(\text{m/s}^2)$$

可得 $a_{a}^{\tau} = -0.36\ \text{m/s}^2$，$\alpha_{ED} = \dfrac{a_{a}^{\tau}}{DE} = 0.36\ \text{rad/s}^2$

8-18　平面四连杆机构 $ABCD$ 的尺寸和位置如图 8-24(a)所示。若杆 AB 以匀角速度

$\omega = 1\ \text{rad/s}$ 绕 A 转动，求 C 点的加速度。

解：(1) 速度分析，如图 8-24(b) 所示。

B 点速度向右，$v_B = \omega \cdot AB = 1 \times 0.1 = 0.1(\text{m/s})$，$C$ 点速度垂直于 CD 向上。

P 点为 BC 杆的速度瞬心

$$\omega_{BC} = \frac{v_B}{PB} = \frac{0.1}{0.2} = 0.5(\text{rad/s})，\quad v_C = \omega_{BC} \cdot PC = 0.5 \times 0.1\sqrt{2} = 0.0707(\text{m/s})$$

$$\omega_{CD} = \frac{v_C}{CD} = \frac{0.0707}{0.2\sqrt{2}} = 0.25(\text{rad/s})$$

(2) 加速度分析，如图 8-24(c) 所示。

以 B 为基点，分析 C 点加速度。

$$\boldsymbol{a}_C^{\tau} + \boldsymbol{a}_C^{n} = \boldsymbol{a}_B + \boldsymbol{a}_{CB}^{\tau} + \boldsymbol{a}_{CB}^{n} \tag{8-22}$$

式 (8-22) 向垂直于杆 CD 方向投影得

$$a_C^{\tau} = a_B \cos 45^{\circ} + a_{CB}^{n}$$

$$a_B = \omega_{AB}^2 \cdot AB = 1 \times 0.1 = 0.1(\text{m/s}^2)$$

$$a_{CB}^{n} = \omega_{CB}^2 \cdot CB = 0.5^2 \times 0.1\sqrt{2} = 0.035(\text{m/s}^2)$$

解得 $\quad a_C^{\tau} = 0.1\text{m/s}^2，\quad a_C^{n} = \omega_{CD}^2 \cdot CD = 0.25^2 \times 0.2\sqrt{2} = 0.018(\text{m/s}^2)$

$$a_C = \sqrt{a_C^{\tau 2} + a_C^{n2}} = \sqrt{0.1^2 + 0.018^2} = 0.1(\text{m/s}^2)$$

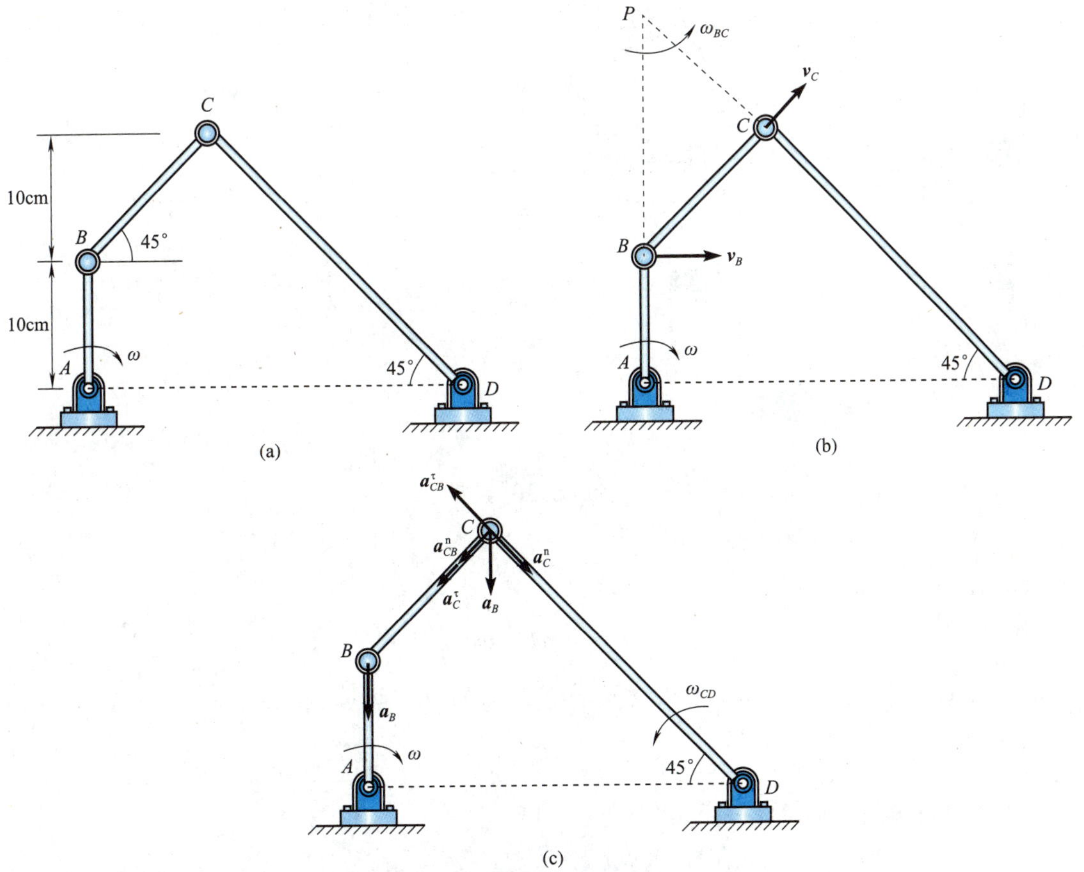

图 8-24　题 8-18

8-19 图 8-25 所示四种刨床，已知曲柄 $O_1A=a$，以角速度 ω 转动，$b=4a$。求在图示位置时，滑枕 CD 平动的速度和加速度。

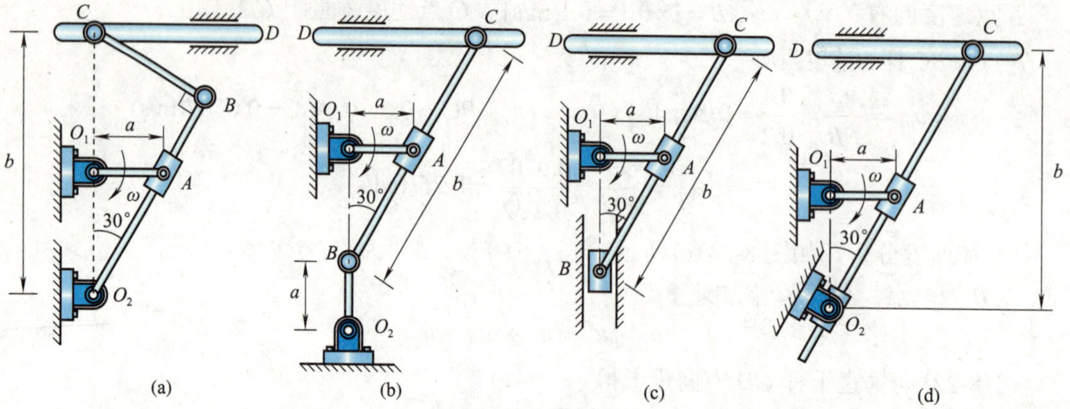

图 8-25 题 8-19

解：

1)求解图 8-25(a)所示刨床

(1)速度分析。速度分析如图 8-26(a)所示。

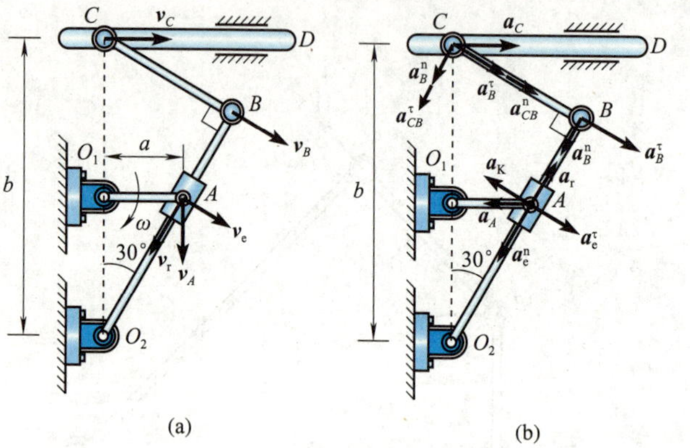

图 8-26

$$v_A=\omega a$$

以滑块 A 为动点，动系放在杆 O_2B 上。

$$\boldsymbol{v}_{\rm a}=\boldsymbol{v}_{\rm r}+\boldsymbol{v}_{\rm e}$$

因为 $v_{\rm a}=v_A$，所以有

$$v_{\rm e}=v_A\sin 30^\circ=\frac{1}{2}\omega a,$$

$$v_{\rm r}=v_A\sin 60^\circ=\frac{\sqrt{3}}{2}\omega a$$

$$\omega_{O_2B}=\frac{v_{\rm e}}{O_2A}=\frac{1}{4}\omega$$

$$v_B=\omega_{O_2B}\cdot O_2B=\frac{\sqrt{3}}{8}\omega b$$

由投影法，$v_{B(BC)}=v_{C(BC)}$，可得 $v_B=v_C\cos 30^\circ$，即

$$\frac{\sqrt{3}}{8}\omega b=v_C\cos 30^\circ$$

解得

$$v_C=\frac{1}{4}\omega b=\omega a$$

由 B、C 两点的速度方向可得 BC 杆的速度瞬心为 O_2，所以有

$$\omega_{CB}=\frac{v_C}{b}=\frac{1}{4}\omega$$

(2)加速度分析。加速度分析如图 8-26(b)所示。

以滑块 A 为动点，动系放在杆 O_2B 上。

$$\boldsymbol{a}_{\rm a}=\boldsymbol{a}_{\rm r}+\boldsymbol{a}_{\rm e}^{\tau}+\boldsymbol{a}_{\rm e}^{\rm n}+\boldsymbol{a}_{\rm K} \tag{8-23}$$

其中 $a_a = a_A$，式(8-23)沿垂直杆 O_2B 方向投影得

$$a_a \cos 30° = -a_e^\tau + a_K$$

$$a_A = \omega^2 a\text{，}\quad a_K = 2\omega_e v_r = 2\times\frac{\omega}{4}\times\frac{\sqrt{3}}{2}\omega a = \frac{\sqrt{3}}{4}\omega^2 a$$

解得 $a_e^\tau = -\dfrac{\sqrt{3}}{4}\omega^2 a$，$\alpha_{O_2B} = \dfrac{a_e^\tau}{O_2A} = -\dfrac{\sqrt{3}}{8}\omega^2$。

以点 B 为基点，分析点 C 的加速度。

$$\boldsymbol{a}_C = \boldsymbol{a}_B^\tau + \boldsymbol{a}_B^n + \boldsymbol{a}_{CB}^\tau + \boldsymbol{a}_{CB}^n \tag{8-24}$$

式(8-24)沿杆 CB 方向投影得

$$a_C \cos 30° = a_B^\tau + a_{CB}^n$$

$$a_B^\tau = \alpha_{O_2B}\cdot O_2B = -\frac{\sqrt{3}}{8}\omega^2\times 2\sqrt{3}a = -\frac{3}{4}\omega^2 a\text{，}\quad a_{CB}^n = \omega_{CB}^2\cdot CB = \frac{1}{8}\omega^2 a$$

解得

$$a_C = -\frac{5\sqrt{3}}{12}\omega^2 a$$

2)求解图 8-25(b)所示刨床

(1)速度分析，速度分析如图 8-27(a)所示。

$v_A = \omega a$，以滑块 A 为动点，动系放在杆 CB 上。

$$\boldsymbol{v}_a = \boldsymbol{v}_r + \boldsymbol{v}_e$$

因为 $v_a = v_A$，有 $v_e = v_A\cdot\tan 30° = \dfrac{\sqrt{3}}{3}\omega a$

由 v_B 和 v_C 方向知 $\omega_{BC}=0$，杆 CB 瞬时平动。

$v_e = v_B = v_C$，$v_C = \dfrac{\sqrt{3}}{3}\omega a$(水平向左)

(2)加速度分析。加速度分析如图 8-27(b)所示。

以点 C 为基点，分析点 B 加速度。

$$\boldsymbol{a}_B^\tau + \boldsymbol{a}_B^n = \boldsymbol{a}_C + \boldsymbol{a}_{BC}^\tau + \boldsymbol{a}_{BC}^n \tag{8-25}$$

式(8-25)沿竖直方向投影得

$$a_B^n = a_{BC}^\tau \cos 60° - a_{BC}^n \cos 30°\text{。}$$

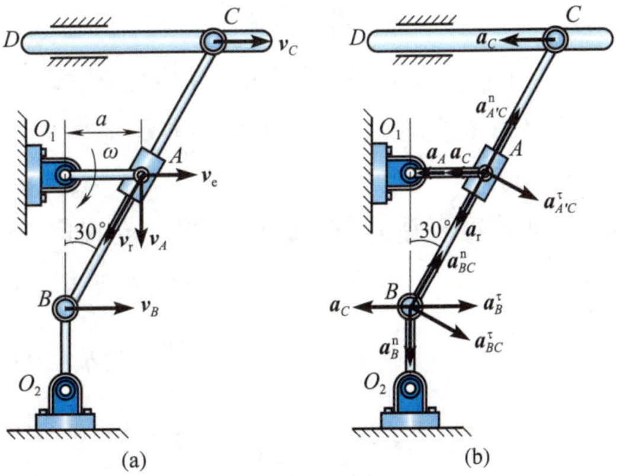

图 8-27

其中

$$a_B^n = \frac{v_B^2}{a} = \frac{1}{3}\omega^2 a\text{，}\quad a_{BC}^n = 0$$

解得

$$a_{BC}^\tau = \frac{2}{3}\omega^2 a\text{，}\quad \alpha_{BC} = \frac{a_{BC}^\tau}{b} = \frac{1}{6}\omega^2$$

以滑块 A 为动点，动系放在杆 CB 上。

$$\boldsymbol{a}_a = \boldsymbol{a}_r + \boldsymbol{a}_e \tag{8-26}$$

以点 C 为基点，分析点 A'（点 A' 为 BC 杆上与 A 点重合的点）的加速度为

$$\boldsymbol{a}_{A'} = \boldsymbol{a}_C + \boldsymbol{a}_{A'C}^\tau + \boldsymbol{a}_{A'C}^n \tag{8-27}$$

因为

$$a_{A'} = a_e$$

所以

$$\boldsymbol{a}_C + \boldsymbol{a}_{A'C}^\tau + \boldsymbol{a}_{A'C}^n = \boldsymbol{a}_a - \boldsymbol{a}_r \tag{8-28}$$

式(8-28)沿垂直杆 BC 方向投影得

$$a_C\cos30° - a_{A'C}^{\tau} = a_A\cos30°$$

$$a_{A'C}^{\tau} = \alpha_{BC} \cdot \frac{b}{2} = \frac{1}{6}\omega^2 \cdot 2a = \frac{1}{3}\omega^2 a,\quad a_A = \omega^2 a$$

解得

$$a_C = \left(1 + \frac{2\sqrt{3}}{9}\right)\omega^2 a$$

3) 求解图 8-25(c) 所示刨床

(1) 速度分析。速度分析如图 8-28(a) 所示。

$v_A = \omega a$，以滑块 A 为动点，动系放在杆 CB 上。

$$\boldsymbol{v}_a = \boldsymbol{v}_r + \boldsymbol{v}_e \tag{8-29}$$

式 (8-29) 在水平和竖直方向投影得

$$v_{ax} = v_e\cos30° - v_r\sin30° = 0$$

$$v_{ay} = -v_e\sin30° + v_r\cos30° = \omega a$$

解得 $\quad v_e = \omega a$，$v_r = \sqrt{3}\omega a$

由 B、C 点的速度方向可知，P 点为杆 BC 的速度瞬心，所以

$$\omega_{BC} = \frac{v_e}{PA} = \frac{\omega a}{2a} = \frac{\omega}{2}$$

$$v_{CD} = v_C = \omega_{BC} \cdot PC = \frac{\omega}{2} \cdot 2\sqrt{3}a = \sqrt{3}\omega a$$

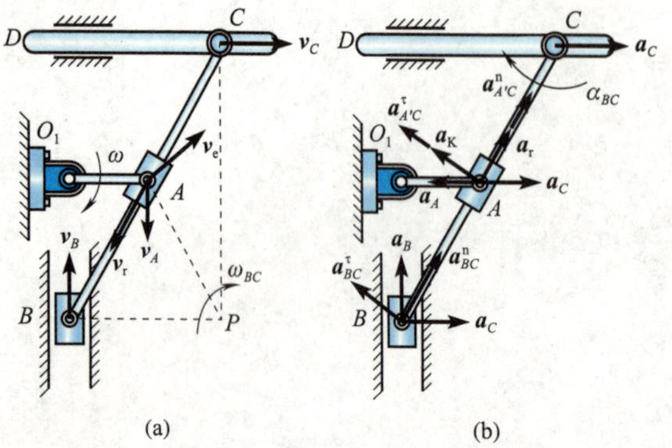

图 8-28

(2) 加速度分析。加速度分析如图 8-28(b) 所示。

以点 C 为基点，分析点 B 的加速度为

$$\boldsymbol{a}_B = \boldsymbol{a}_C + \boldsymbol{a}_{BC}^{\tau} + \boldsymbol{a}_{BC}^{n} \tag{8-30}$$

加速度表达式 (8-30) 在水平方向投影得

$$0 = a_C - a_{BC}^{\tau}\cos30° + a_{BC}^{n}\cos60°$$

$$a_{BC}^{n} = \omega_{BC}^2 \cdot BC = \frac{\omega^2}{4} \cdot 4a = \omega^2 a$$

$$a_{BC}^{\tau} = \alpha_{BC} \cdot BC = \alpha_{BC} \cdot 4a = 4\alpha_{BC}a$$

$$0 = a_C - 2\sqrt{3}\alpha_{BC}a + 0.5\omega^2 a \tag{8-31}$$

以滑块 A 为动点，动系放在杆 CB 上。

$$\boldsymbol{a}_a = \boldsymbol{a}_r + \boldsymbol{a}_e + \boldsymbol{a}_K$$

以点 C 为基点，分析点 A' 的加速度。

$$\boldsymbol{a}_{A'} = \boldsymbol{a}_C + \boldsymbol{a}_{A'C}^{\tau} + \boldsymbol{a}_{A'C}^{n}$$

因为

$$a_{A'} = a_e$$

所以

$$\boldsymbol{a}_C + \boldsymbol{a}_{A'C}^{\tau} + \boldsymbol{a}_{A'C}^{n} = \boldsymbol{a}_a - \boldsymbol{a}_r - \boldsymbol{a}_K \tag{8-32}$$

式 (8-32) 沿垂直杆 BC 方向投影得

$$-a_C\cos30° + a_{A'C}^{\tau} = a_A\cos30° - a_K$$

$$a_{A'C}^{\tau} = \alpha_{BC} \cdot 2a,\quad a_A = \omega^2 a,\quad a_K = 2\omega_{BC} \cdot v_r = 2 \cdot \frac{\omega}{2} \cdot \sqrt{3}\omega a = \sqrt{3}\omega^2 a$$

$$-a_C \cdot \frac{\sqrt{3}}{2} + 2\alpha_{BC}a = \omega^2 a \cdot \frac{\sqrt{3}}{2} - \sqrt{3}\omega^2 a \tag{8-33}$$

联立式(8-31)和式(8-33)，解得 $a_C = 4\omega^2 a$，$\alpha_{BC} = \dfrac{3\sqrt{3}}{4}\omega^2$。

4)求解图 8-25(d)所示刨床

(1)速度分析。速度分析如图 8-29(a)所示。

$v_A = \omega a$，以滑块 A 为动点，动系放在杆 CB 上。

$$\boldsymbol{v}_{\mathrm{a}} = \boldsymbol{v}_{\mathrm{r}} + \boldsymbol{v}_{\mathrm{e}} \tag{8-34}$$

式(8-34)在 x 轴和 y 轴方向投影得

$$v_{\mathrm{ax}} = \omega a\cos 30° = v_{\mathrm{r}} - v_{\mathrm{e}}\cos\varphi = v_{\mathrm{r}} - \omega_{BC}\cdot PA\cos\varphi = v_{\mathrm{r}} - \omega_{BC}\cdot PO_2$$

$$v_{\mathrm{ay}} = \omega a\sin 30° = v_{\mathrm{e}}\sin\varphi = \omega_{BC}\cdot PA\sin\varphi = \omega_{BC}\cdot O_2A$$

由几何关系可得　$PO_2 = \dfrac{8a}{3}$，$AO_2 = 2a$，$PC = 4a + \dfrac{4a}{3} = \dfrac{16a}{3}$

解得　$\omega_{BC} = 0.25\omega$，$v_{\mathrm{r}} = \left(\dfrac{\sqrt{3}}{2} + \dfrac{2}{3}\right)\omega a$

P 点为杆 BC 的速度瞬心，$v_{CD} = v_C = \omega_{BC}\cdot PC = \dfrac{\omega}{4}\cdot\dfrac{16a}{3} = \dfrac{4}{3}\omega a$。

套筒 O_2 处，杆 BC 相对于套筒的速度就是杆 BC 上 O_2' 点的速度。

$$v_{\mathrm{r1}} = v_{O_2'} = \omega_{BC}\cdot PO_2 = \frac{\omega}{4}\cdot\frac{8a}{3} = \frac{2}{3}\omega a$$

(2)加速度分析。加速度分析如图 8-29(b)所示。

以点 C 为动点，动系放在套筒 O_2 上。

$$\boldsymbol{a}_{\mathrm{a1}} = \boldsymbol{a}_{\mathrm{r1}} + \boldsymbol{a}_{\mathrm{e1}} + \boldsymbol{a}_{\mathrm{C1}} \tag{8-35}$$

式(8-35)在垂直杆 BC 方向投影得

$$a_C\cos 30° = -a_{\mathrm{e1}} + a_{\mathrm{C1}}$$

$$a_{\mathrm{e1}} = \alpha_{BC}\cdot CO_2 = \alpha_{BC}\cdot\frac{8\sqrt{3}}{3}a = \frac{8\sqrt{3}}{3}\alpha_{BC}a$$

$$a_{\mathrm{C1}} = 2\omega_{BC}\cdot v_{\mathrm{r1}} = 2\cdot\frac{\omega}{4}\cdot\frac{2}{3}\omega a = \frac{1}{3}\omega^2 a$$

$$a_C\cdot\frac{\sqrt{3}}{2} = -\alpha_{BC}\cdot\frac{8\sqrt{3}}{3}a + \frac{1}{3}\omega^2 a \tag{8-36}$$

以滑块 A 为动点，动系放在杆 CB 上。

$$\boldsymbol{a}_{\mathrm{a2}} = \boldsymbol{a}_{\mathrm{r2}} + \boldsymbol{a}_{\mathrm{e2}} + \boldsymbol{a}_{\mathrm{C2}}$$

以点 C 为基点，分析点 A' 的加速度。

$$\boldsymbol{a}_{A'} = \boldsymbol{a}_C + \boldsymbol{a}_{A'C}^{\tau} + \boldsymbol{a}_{A'C}^{\mathrm{n}}$$

因为 $a_{A'} = a_{\mathrm{e2}}$，所以

$$\boldsymbol{a}_C + \boldsymbol{a}_{A'C}^{\tau} + \boldsymbol{a}_{A'C}^{\mathrm{n}} = \boldsymbol{a}_{\mathrm{a2}} - \boldsymbol{a}_{\mathrm{r2}} - \boldsymbol{a}_{\mathrm{C2}} \tag{8-37}$$

式(8-37)沿垂直杆 BC 方向投影得

$$-a_C\cos 30° - a_{A'C}^{\tau} = a_A\cos 30° - a_{\mathrm{C2}}$$

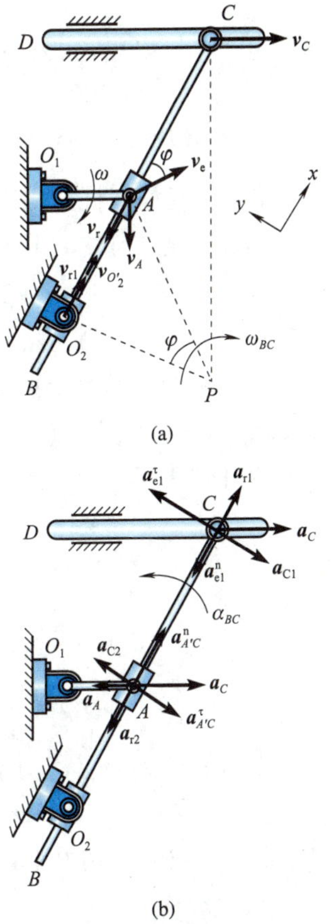

图 8-29

$$a_{A'C}^{\tau} = \alpha_{BC} \cdot AC = \alpha_{BC} \cdot \left(\frac{8\sqrt{3}}{3}a - 2a\right)，\ a_A = \omega^2 a$$

$$a_{C2} = 2\omega_{BC} \cdot v_r = 2 \cdot \frac{\omega}{4} \cdot \left(\frac{\sqrt{3}}{2} + \frac{2}{3}\right)\omega a = \left(\frac{\sqrt{3}}{4} + \frac{1}{3}\right)\omega^2 a$$

$$-a_C \cdot \frac{\sqrt{3}}{2} - \left(\frac{8\sqrt{3}}{3} - 2\right)\alpha_{BC} a = \omega^2 a \cdot \frac{\sqrt{3}}{2} - \left(\frac{\sqrt{3}}{4} + \frac{1}{3}\right)\omega^2 a \tag{8-38}$$

联立式(8-36)和式(8-38)，解得 $a_C = -\frac{4\sqrt{3}}{9}\omega^2 a$，$\alpha_{BC} = \frac{\sqrt{3}}{8}\omega^2$。

8-20　轻型杠杆式推钢机如图 8-30 所示，曲柄 OA 借连杆 AB 带动摇杆 O_1B 绕 O_1 轴摆动，杆 EC 以铰链与滑块 C 相连，滑块 C 可沿杆 O_1B 滑动，摇杆摆动时带动杆 EC 推动钢材，如图 8-30(a)所示。已知 $OA = a$，$AB = \sqrt{3}a$，$O_1B = 2b/3$（$a = 0.2\text{m}$，$b = 1\text{m}$），在图示位置时，$BC = 4b/3$，$\omega_{OA} = 0.5\text{rad/s}$。求：(1)滑块 C 的绝对速度和相对于摇杆 O_1B 的速度；(2)滑块 C 的绝对加速度和相对于摇杆 O_1B 的加速度。

解：(1)速度分析如图 8-30(b)所示。

取 A 点为基点，B 点的速度为

$$\boldsymbol{v}_B = \boldsymbol{v}_A + \boldsymbol{v}_{BA}$$

$$v_A = \omega_{OA} \cdot OA = 0.5 \times 0.2 = 0.1(\text{m/s})$$

$$v_B = \frac{v_A}{\cos 30^\circ} = \frac{0.2}{3}\sqrt{3}(\text{m/s})，\ v_{BA} = v_A \tan 30^\circ = \frac{0.1}{3}\sqrt{3}(\text{m/s})$$

$$\omega_{AB} = \frac{v_{BA}}{AB} = \frac{1}{6}(\text{rad/s})$$

以滑块 C 为动点，动系放在杆 O_1C 上。

$$\boldsymbol{v}_a = \boldsymbol{v}_r + \boldsymbol{v}_e \tag{8-39}$$

将式(8-39)分别沿垂直于 O_1C 方向和平行于 O_1C 方向上投影，有

$$\begin{cases} v_a \sin 60^\circ = v_e \\ v_a \cos 60^\circ = v_r \end{cases}$$

研究 O_1C 杆，因为

$$\omega_{O_1C} = \frac{v_B}{O_1B} = 0.1\sqrt{3}\,\text{rad/s}$$

所以

$$v_e = \omega_{O_1C} \cdot O_1C = 0.1\sqrt{3} \times 2 = 0.2\sqrt{3}(\text{m/s})$$

由此解得 $\begin{cases} v_a = 0.4\text{m/s} = v_C \\ v_r = 0.2\text{m/s} \end{cases}$

(2)加速度分析。

加速度分解如图 8-30(c)所示。以 A 为基点研究 B 点的加速度，加速度基点法公式为

$$\boldsymbol{a}_B^{\tau} + \boldsymbol{a}_B^{n} = \boldsymbol{a}_A + \boldsymbol{a}_{BA}^{\tau} + \boldsymbol{a}_{BA}^{n} \tag{8-40}$$

将式(8-40)沿 AB 杆方向投影得

$$a_B^{\tau} \sin 60^\circ - a_B^{n} \cos 60^\circ = a_{BA}^{n}$$

其中

$$a_B^{\mathrm{n}} = O_1B \cdot \omega_{O_1C}^2 = 0.02\mathrm{m/s^2}$$

$$a_{BA}^{\mathrm{n}} = AB \cdot \omega_{AB}^2 = \frac{0.1}{18}\sqrt{3}\mathrm{m/s^2}$$

解得

$$a_B^{\tau} = \frac{0.1}{9} + \frac{0.02}{3}\sqrt{3}(\mathrm{m/s^2})$$

$$\alpha_{O_1C} = \frac{a_B^{\tau}}{O_1B} = \frac{0.1}{6} + 0.01\sqrt{3}(\mathrm{rad/s^2})$$

以滑块 C 为动点，动系放在 O_1C 杆上

$$\boldsymbol{a}_{\mathrm{a}} = \boldsymbol{a}_{\mathrm{e}}^{\tau} + \boldsymbol{a}_{\mathrm{e}}^{\mathrm{n}} + \boldsymbol{a}_{\mathrm{r}} + \boldsymbol{a}_{\mathrm{K}} \tag{8-41}$$

其中，$\boldsymbol{a}_{\mathrm{K}}$ 表示科氏加速度。

将式(8-41)沿垂直于 O_1C 方向投影。

$$a_{\mathrm{K}} \sin 60^{\circ} = a_{\mathrm{K}} + a_{\mathrm{e}}^{\tau}$$

其中

$$a_{\mathrm{K}} = 2\omega_{O_1C}v_{\mathrm{r}} = 2 \times 0.1\sqrt{3} \times 0.2 = 0.04\sqrt{3}(\mathrm{m/s^2})$$

$$a_{\mathrm{e}}^{\tau} = O_1C \cdot \alpha_{O_1C} = 2 \times \left(\frac{0.1}{6} + 0.01\sqrt{3}\right) = 0.068(\mathrm{m/s^2})$$

解得

$$a_{\mathrm{K}} = 0.159\,\mathrm{m/s^2}$$

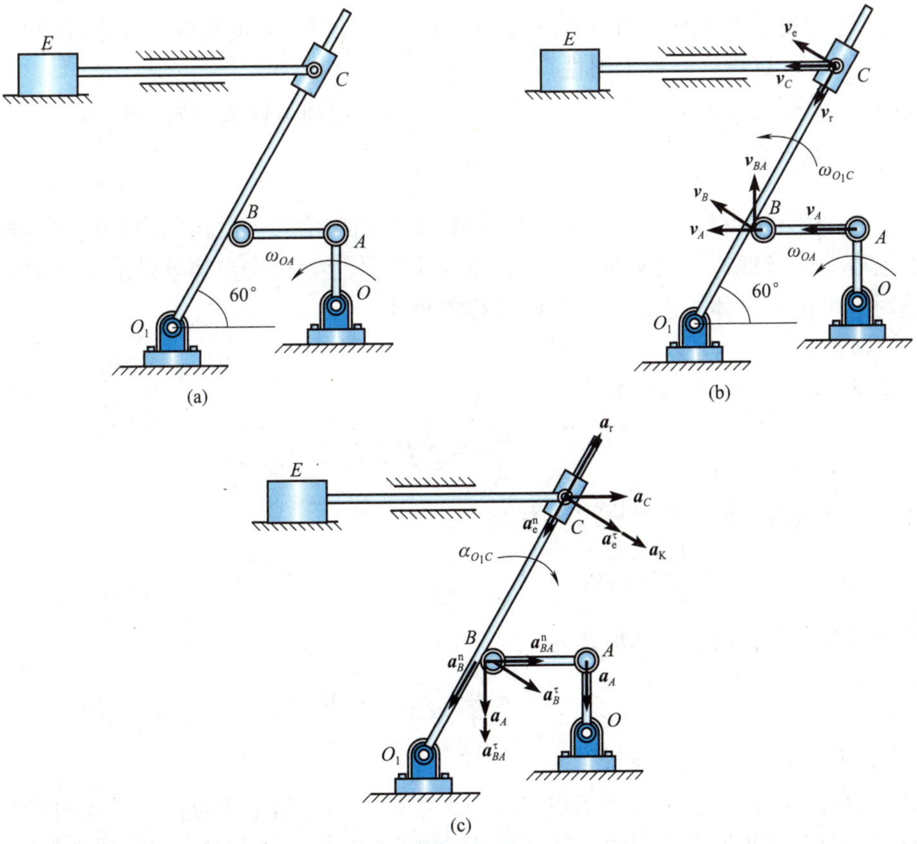

图 8-30　题 8-20

第 9 章

质点动力学的基本方程

9.1 重点内容提要

1. 质点动力学的基础是牛顿三大定律

牛顿第一定律(惯性定律)。不受力作用的质点，将保持静止或做匀速直线运动。不受力作用的质点(包括受平衡力系作用的质点)，不是处于静止状态，就是保持其原有的速度(包括大小和方向)不变，这种性质称为惯性。

牛顿第二定律(力与加速度之间的关系定律)。第二定律可以表示为

$$\frac{\mathrm{d}}{\mathrm{d}t}(m\boldsymbol{v})=\boldsymbol{F}$$

牛顿第三定律(作用与反作用定律)。两个物体间的作用力与反作用力总是大小相等、方向相反、沿着同一直线，且同时分别作用在这两个物体上。这一定律就是静力学的公理四，它不仅适用于平衡的物体，也适用于任何运动的物体。

2. 质点的运动微分方程

质点运动微分方程的矢量形式为

$$m\frac{\mathrm{d}^2\boldsymbol{r}}{\mathrm{d}t^2}=\sum_{i=1}^{n}\boldsymbol{F}_i$$

质点运动微分方程的直角坐标形式为

$$m\frac{\mathrm{d}x}{\mathrm{d}t}=\sum_{i=1}^{n}F_{xi}\text{，}\quad m\frac{\mathrm{d}y}{\mathrm{d}t}=\sum_{i=1}^{n}F_{yi}\text{，}\quad m\frac{\mathrm{d}z}{\mathrm{d}t}=\sum_{i=1}^{n}F_{zi}$$

质点运动微分方程的弧坐标形式为

$$m\frac{\mathrm{d}v}{\mathrm{d}t}=\sum_{i=1}^{n}F_{\mathrm{t}i}\text{，}\quad m\frac{v^2}{\rho}=\sum_{i=1}^{n}F_{\mathrm{n}i}\text{，}\quad 0=\sum_{i=1}^{n}F_{\mathrm{b}i}$$

3. 质点动力学的两类基本问题

一是已知质点的运动，求作用于质点的力；二是已知作用于质点的力，求质点的运动。这称为质点动力学的两类基本问题。第一类基本问题比较简单，例如，已知质点的运动方程，

只须对时间求两次导数就能得到质点的加速度，然后代入质点的运动微分方程，即可求解。第二类基本问题从数学的角度看，是解微分方程或求积分的问题，对此，需按作用力的函数规律进行积分，并根据具体问题的运动条件确定积分常数。

9.2 典型例题

例 9-1

一个光滑、质量为 2kg 的项圈 C，如图 9-1(a)所示，附加到刚度 k=3N/m 的弹簧上，弹簧原长为 0.75m，如果项圈从 A 点由静止释放，试确定项圈的加速度表达式。

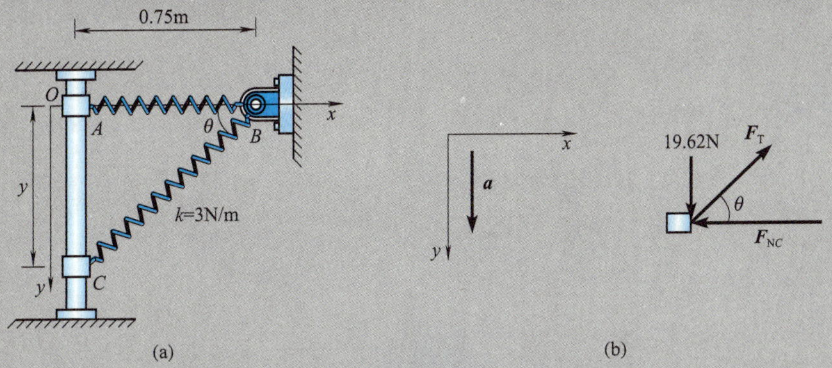

图 9-1　例 9-1

解：项圈在任意 y 位置的受力体图如图 9-1(b)所示，另外，假设项圈沿着 y 正轴加速下滑的运动方程为

$$\sum F_x = ma_x, \quad -F_{NC} + F_T \cos\theta = 0 \tag{9-1}$$

$$\sum F_y = ma_y, \quad 19.62 - F_T \sin\theta = 2a \tag{9-2}$$

从式(9-2)可以看到，加速度依赖于弹簧力的大小和方向。

弹簧力的大小是弹簧拉伸长度的函数：$F_T = ks$。弹簧原长 AB=0.75m，所以

$$s = CB - AB = \sqrt{y^2 + 0.75^2} - 0.75$$

因为 k=3N/m，可得

$$F_T = ks = 3(\sqrt{y^2 + 0.75^2} - 0.75) \tag{9-3}$$

角度 θ 的正切函数为

$$\tan\theta = \frac{y}{0.75} \tag{9-4}$$

将式(9-3)、式(9-4)代入式(9-2)可得

$$a = 9.81 - 1.5y + \frac{1.125y}{\sqrt{y^2 + 0.75^2}}$$

例 9-2

质量 $m=0.45\text{kg}$ 的小球 A 系在长 $l=1.8\text{m}$ 的绳上，沿着水平圆轨迹以恒定速度运动（图 9-2），绳子与杆 BC 之间的夹角 θ 为 60°，求小球的速度 $\boldsymbol{v}$ 与绳子张力 $\boldsymbol{F}$ 的大小。

解：以小球为研究的质点，作用于质点的力有重力 $m\boldsymbol{g}$ 和绳的拉力 $\boldsymbol{F}$。选取在自然轴上投影的运动微分方程，得

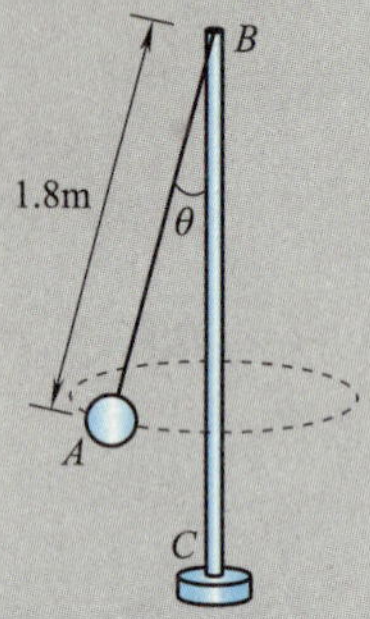

图 9-2　例 9-2

$$m\frac{v^2}{\rho}=F\sin\theta,\quad 0=F\cos\theta-mg$$

因 $\rho=l\sin\theta$，于是解得

$$F=\frac{mg}{\cos\theta}=\frac{0.45\times 9.8}{1/2}=8.82(\text{N})$$

$$v=\sqrt{\frac{Fl\sin^2\theta}{m}}=\sqrt{\frac{8.82\times 1.8\times\left(\frac{\sqrt{3}}{2}\right)^2}{0.45}}=5.1(\text{m/s})$$

例 9-3

已知桁车吊的重物重量为 $\boldsymbol{G}$，以匀速 $\boldsymbol{v}_0$ 前进，绳长为 l(图 9-3)。求突然刹车时，绳子所受的最大拉力。

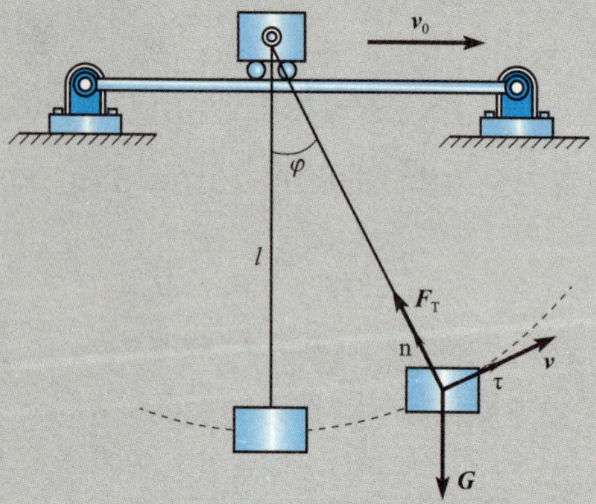

图 9-3　例 9-3

解：取重物为研究对象，桁车突然刹车后，重物做圆弧摆动。当其摆至 φ 时，受力如图 9-3 所示。由自然轴系的质点运动微分方程有

$$ma_\tau=\sum F_\tau,\quad \frac{G}{g}\frac{\mathrm{d}v}{\mathrm{d}t}=-G\sin\varphi \tag{9-5}$$

$$ma_\mathrm{n}=\sum F_\mathrm{n},\quad \frac{G}{g}\cdot\frac{v^2}{e}=F_\mathrm{T}-G\cos\varphi \tag{9-6}$$

拉力 $\boldsymbol{F}_\mathrm{T}$ 与重物的速度 $\boldsymbol{v}$、摆角 φ 有关，对式(9-5)进行分离变量并积分得

$$\frac{\mathrm{d}v}{\mathrm{d}t}=\frac{\mathrm{d}v}{\mathrm{d}\varphi}\cdot\frac{\mathrm{d}\varphi}{\mathrm{d}t}=\frac{\mathrm{d}v}{\mathrm{d}\varphi}\cdot\frac{v}{l},\quad \frac{G}{g}\frac{\mathrm{d}v}{\mathrm{d}\varphi}\frac{v}{l}=-G\sin\varphi$$

$$\int_{v_0}^{v} v\mathrm{d}v = \int_0^{\varphi} -gl\sin\varphi\,\mathrm{d}\varphi$$

$$v^2 = {v_0}^2 + 2gl(\cos\varphi - 1) \tag{9-7}$$

将式(9-7)代入式(9-6)得

$$F_{\mathrm{T}} = \frac{G{v_0}^2}{gl} + 3G\cos\varphi - 2G$$

当 $\varphi = 0$ 时

$$F_{\mathrm{T,\,max}} = \frac{G{v_0}^2}{gl} + G = G\left(1 + \frac{{v_0}^2}{gl}\right)$$

例 9-4

试求卫星脱离地球引力的最小速度(第二宇宙速度)。

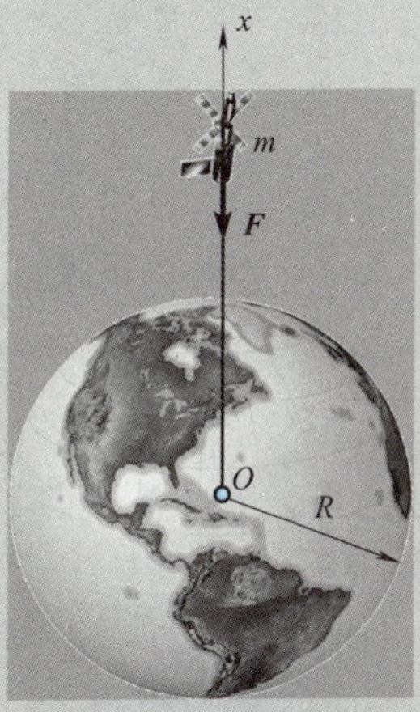

图 9-4　例 9-4

解：(1)取卫星为研究对象，将其看成质量为 m 的质点，建立图 9-4 所示的坐标系。

(2)质点只受万有引力作用且是位置的函数。设在任意位置 x 处，卫星受地球引力 F 的作用。

$$F = f\cdot\frac{mM}{x^2}\text{，}\quad mg = f\frac{mM}{R^2}\text{，}\quad F = \frac{mgR^2}{x^2}$$

(3)建立运动微分方程。

$$m\frac{\mathrm{d}^2x}{\mathrm{d}t^2} = -\frac{mgR^2}{x^2}$$

(4)积分求速度。

$$m\frac{\mathrm{d}^2x}{\mathrm{d}t^2} = m\frac{\mathrm{d}v_x}{\mathrm{d}t} = m\frac{\mathrm{d}v_x}{\mathrm{d}x}\frac{\mathrm{d}x}{\mathrm{d}t} = mv_x\frac{\mathrm{d}v_x}{\mathrm{d}x} = -\frac{mgR^2}{x^2}$$

$$t = 0\text{，}\quad x = R\text{，}\quad v_x = v_0$$

$$\int_{v_0}^{v} mv_x\mathrm{d}v_x = \int_R^x -\frac{mgR^2}{x^2}\mathrm{d}x$$

卫星在任意位置时的速度为

$$v = \sqrt{(v_0^2 - 2gR) + \frac{2gR^2}{x}}$$

可见，v 随着 x 的增加而减小。若 $v_0^2 < 2gR$，则在某一位置 $x=R+h$ 时，卫星的速度减小到零，卫星回落。若 $v_0^2 > 2gR$，无论 x 多大(甚至为∞)，卫星也不会回落。因此，卫星脱离地球引力而一去不返时($x\to\infty$)的最小初速度为

$$v_0 = \sqrt{2gR} = \sqrt{2\times 9.8\times 10^{-3}\times 6370} = 11.2(\mathrm{km/s})$$

例 9-5

质量为 m 的物块在光滑水平面上与弹簧相连（图 9-5)，弹簧刚度系数为 k。在弹簧拉长变形量为 a 时，释放物块。求物块的运动规律。

解：以弹簧未变形处为坐标原点 O，物块在任意坐标 x 处的弹簧变形量为$|x|$，弹簧拉力的大小为 $F=k|x|$，指向 O 点。物块沿 x 轴的运动微分方程为

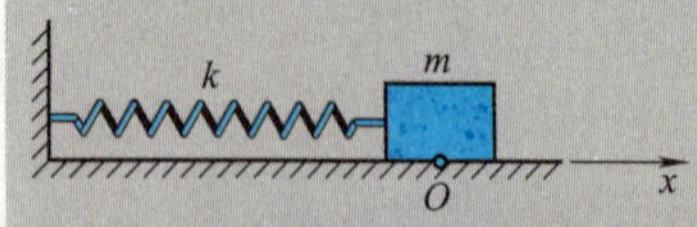

图 9-5　例 9-5

$$m\frac{\mathrm{d}^2x}{\mathrm{d}t^2}=F_x=-kx$$

$$m\frac{\mathrm{d}^2x}{\mathrm{d}t^2}+kx=0$$

令 $\omega_n^2=\dfrac{k}{m}$，$\dfrac{\mathrm{d}^2x}{\mathrm{d}t^2}+\omega_n^2x=0$，有

$$x=A\cos(\omega_nt+\theta) \tag{9-8}$$

其中，A、θ 为任意常数，由运动的初始条件决定。

取 $x=a$ 处的时间 $t=0$，且此时有 $\dfrac{\mathrm{d}x}{\mathrm{d}t}=0$。

代入式(9-8)，有 $a=A\cos\theta$，$0=-\omega_nA\sin\theta$，得 $\theta=0$，$A=a$。

物块的运动方程为 $x=a\cos\omega_nt$。

振动中心为 O 点，振幅为 a，周期 $T=2\pi/\omega_n$，ω_n 为圆频率。

例 9-6

图 9-6 所示小球质量为 m，悬挂于长为 l 的细绳上，绳重不计。小球在铅垂面内摆动时，在最低处的速度为 v；摆到最高处时，绳与铅垂线夹角为 φ，此时小球速度为零。试计算小球在最低与最高位置时绳的拉力。

解：小球做圆周运动，受重力 $P=mg$ 和绳拉力；球在最低处有法向加速度。

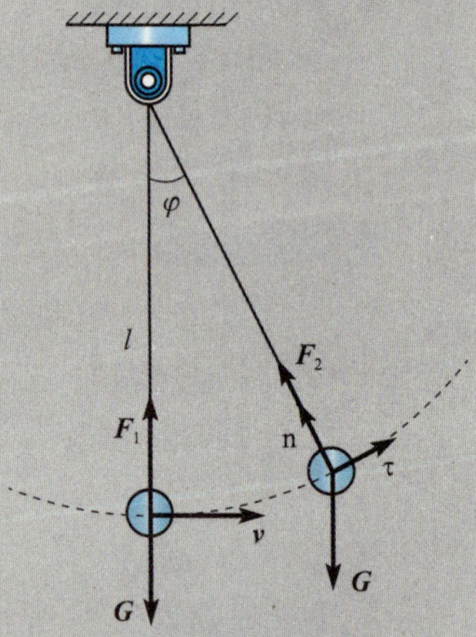

图 9-6　例 9-6

由质点运动方程沿法向的投影式有

$$ma_{\mathrm{n}}=m\frac{v^2}{l}=F_1-mg$$

绳拉力为

$$F_1=mg+m\frac{v^2}{l}=m\left(g+\frac{v^2}{l}\right)$$

球在最高处时，速度为零，法向加速度为零。

球的运动微分方程沿法向投影为 $ma_{\mathrm{n}}=m\dfrac{v^2}{l}=F_2-mg\cos\varphi=0$。

绳拉力为 $F_2=mg\cos\varphi$。

例 9-7

已知物体质量为 m，自高度 h 处以速度 v_0 水平抛出(图 9-7)，空气阻力 $F_{\mathrm{R}}=-kmv$，k 为比例常数，v 为物体的速度，求物体的运动方程和速度。

解：已知力求运动。

$$F_{\mathrm{R}x}=-km\dot{x}\text{，}\quad F_{\mathrm{R}y}=-km\dot{y}$$

$$m\ddot{x}=F_{Rx}=-km\dot{x}\text{，}\quad \ddot{x}+k\dot{x}=0 \tag{9-9}$$

$$m\ddot{y}=F_{Ry}-mg=-km\dot{y}-mg\text{，}\quad \ddot{y}+k\dot{y}=-g \tag{9-10}$$

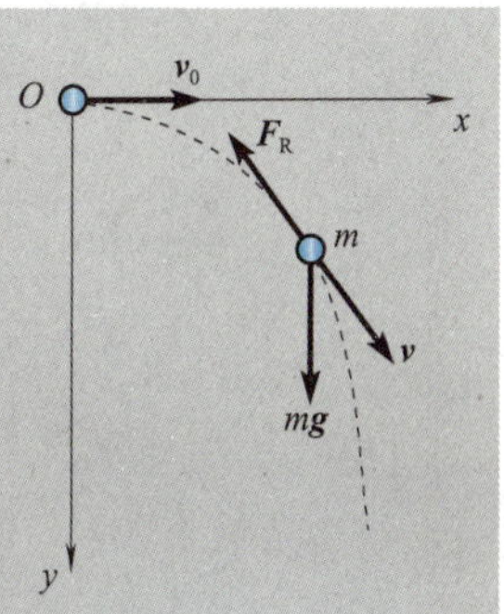

图 9-7　例 9-7

由式(9-9)有 $\dfrac{d\dot{x}}{dt}=-k\dot{x}$，$\dfrac{d\dot{x}}{\dot{x}}=-kdt$。

$$t=0\text{，}\quad \dot{x}=v_0\text{，}\quad \ln\frac{\dot{x}}{v_0}=-kt\text{，}\quad \frac{\dot{x}}{v_0}=e^{-kt}$$

$$\dot{x}=v_0e^{-kt}\text{，}\quad dx=v_0e^{-kt}dt$$

$$t=0\text{，}\quad \dot{x}=v_0\text{，}\quad x=\frac{v_0}{k}(1-e^{-kt})$$

由式(9-10)有 $\ddot{y}+k\dot{y}=-g$，$\ddot{y}=-k\dot{y}-g$，$d\dot{y}=(-k\dot{y}-g)dt$。

$$\frac{d\dot{y}}{k\dot{y}+g}=-dt \tag{9-11}$$

$t=0$ 时，$\dot{y}=0$，对式(9-11)求积分得 $\ln(k\dot{y}+g)=-kt+\ln g$，$k\dot{y}+g=e^{-kt+\ln g}=ge^{-kt}$。

$$\dot{y}=\frac{g}{k}(e^{-kt}-1) \tag{9-12}$$

$t=0$ 时，$y=h$，对式(9-12)求积分得 $y=\dfrac{g}{k}\left(-\dfrac{1}{k}e^{-kt}-t\right)+h+\dfrac{g}{k^2}=h-\dfrac{g}{k}t+\dfrac{g}{k^2}(1-e^{-kt})$

运动方程为

$$x=\frac{v_0}{k}(1-e^{-kt})$$

$$y=h-\frac{g}{k}t+\frac{g}{k^2}(1-e^{-kt})$$

从运动方程中消去 t 可得轨迹方程为

$$y=h-\frac{g}{k^2}\ln\frac{v_0}{v_0-kx}+\frac{gx}{kv_0}$$

例 9-8

如图 9-8(a)所示，质量为 2kg 的滑块在力 F 作用下沿杆 AB 运动，杆 AB 在铅直平面内绕 A 转动。已知 $s=0.4t$，$\varphi=0.5t$(s 的单位为 m，φ的单位为 rad，t 的单位为 s)，滑块与杆 AB 的摩擦系数为 0.1。求 t=0.2s 时力 F 的大小。

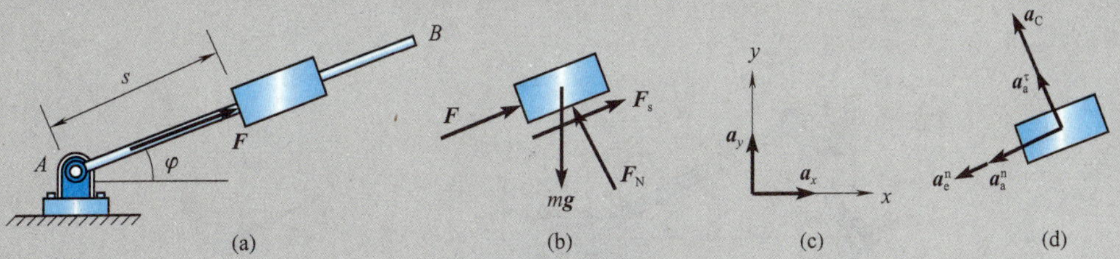

图 9-8　例 9-8

解： 建立坐标系，取滑块为研究对象，受力及运动分析如图 9-8(b)所示。

(1)方法 1。加速度分析如图 9-8(c)所示。

$$s = 0.4t\text{，}\quad \varphi = 0.5t$$

$$x = s\cos\varphi = 0.4t\cos 0.5t$$

$$y = s\sin\varphi = 0.4t\sin 0.5t$$

$$a_x = \ddot{x} = -0.4\sin 0.5t - 0.1t\cos 0.5t$$

$$a_y = \ddot{y} = 0.4\cos 0.5t - 0.1t\sin 0.5t$$

$$t = 0.2\text{s}\text{，}\quad a_x = -0.05983\text{m/s}^2\text{，}\quad a_y = 0.396\text{m/s}^2$$

$$ma_x = F\cos 0.1 - 0.1F_{\rm N}\cos 0.1 - F_{\rm N}\sin 0.1$$

$$ma_y = F\sin 0.1 - 0.1F_{\rm N}\sin 0.1 + F_{\rm N}\cos 0.1 - mg$$

解得

$$F = 3.95\text{N}$$

(2)方法 2。加速度分析如图 9-8(d)所示。

取滑块为动点，动系放在摇杆上，计算滑块的加速度。

$$s = 0.4t\text{，}\quad \varphi = 0.5t$$

$$v_{\rm r} = 0.4\text{ m/s}\text{，}\quad a_{\rm r} = 0\text{ m/s}^2$$

$$\omega_{AB} = 0.5\text{ rad/s}\text{，}\quad \alpha_{AB} = 0\text{ rad/s}^2$$

$$\boldsymbol{a}_{\rm a}^{\rm n} + \boldsymbol{a}_{\rm a}^{\tau} = \boldsymbol{a}_{\rm e}^{\rm n} + \boldsymbol{a}_{\rm e}^{\tau} + \boldsymbol{a}_{\rm r} + \boldsymbol{a}_{\rm C}$$

$$a_{\rm r} = 0\text{，}\quad a_{\rm e}^{\tau} = 0\text{，}\quad a_{\rm C} = 2\omega_{AB}\cdot v_{\rm r} = 0.4\text{m/s}^2$$

$$a_{\rm a}^{\rm n} = 0.5^5 \times 0.08 = 0.02(\text{m/s}^2)\text{，}\quad a_{\rm a}^{\tau} = 0.40\text{m/s}^2$$

$$ma_{\rm a}^{\rm n} = -F + 0.1F_{\rm N} + mg\sin 0.1$$

$$ma_{\rm a}^{\tau} = F_{\rm N} - mg\cos 0.1$$

解得

$$F = 3.95\text{N}$$

9.3 习题详解

9-1 曲柄连杆机构如图 9-9(a)所示。曲柄 OA 以匀角速度 ω 转动，$OA=r$，$AB=l$，$\lambda = r/l$，当λ比较小时，以 O 为坐标原点，滑块 B 的运动方程可近似写为

$$x = l\left(1 - \frac{\lambda^2}{4}\right) + r\left(\cos\omega t + \frac{\lambda}{4}\cos 2\omega t\right)$$

如果滑块的质量为 m，忽略摩擦及连杆 AB 的质量，试求当 $\varphi = \omega t = 0$ 和 $\frac{\pi}{2}$ 时，连杆 AB 所受的力。

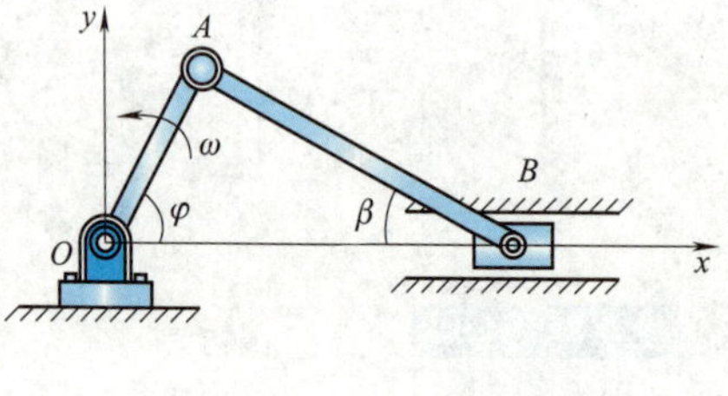

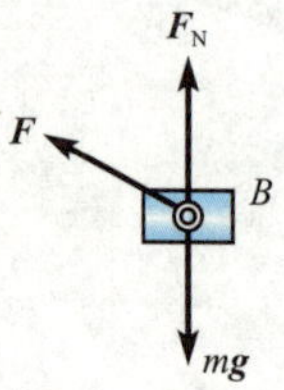

图 9-9 题 9-1

解：研究滑块，受力分析如图 9-9(b) 所示。

$$ma_x = -F\cos\beta\text{，}\quad x = l\left(1-\frac{\lambda^2}{4}\right)+r\left(\cos\omega t+\frac{\lambda}{4}\cos 2\omega t\right)$$

$$a_x = \ddot{x} = -r\omega^2\left(\cos\omega t+\lambda\cos 2\omega t\right)$$

$$F = mr\omega^2\left(\cos\omega t+\lambda\cos 2\omega t\right)/\cos\beta$$

当 $\varphi = \omega t = 0$ 时，$\beta = 0$，$F = mr\omega^2(1+\lambda)$。

当 $\varphi = \omega t = \dfrac{\pi}{2}$ 时，$\cos\beta = \sqrt{l^2-r^2}/l$，$F = -mr\omega^2/\sqrt{l^2-r^2}$。

9-2　如图 9-10 所示，转盘 A 上放置一箱子 B，当转盘 A 转动 10s 后，箱子开始滑移。已知箱子有一个恒定的切向加速度，大小为 $0.24\text{m}/\text{s}^2$，求箱子和转盘之间的静摩擦系数。

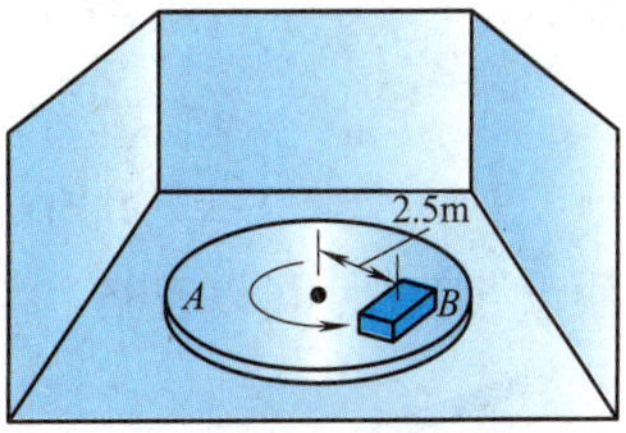

图 9-10　题 9-2

解：已知 $v = a_\tau t = 2.4\text{m/s}$，$a_\text{n} = \dfrac{v^2}{r} = 2.3\text{m/s}^2$。

以箱子为研究对象进行受力分析。

主法向　　$ma_\text{n} = F_\text{f}^\text{n} = 2.3\text{m}$

切向　　$ma_\tau = F_\text{f}^\tau = 0.24\text{m}$

副法向　　$0 = F_\text{N} - mg$

摩擦力　　$F_\text{f} = \sqrt{\left(F_\text{f}^\tau\right)^2+\left(F_\text{f}^\text{n}\right)^2} = 2.31\text{N}$

联合以上各式可得摩擦系数为 $f = \dfrac{F_\text{f}}{F_\text{N}} = \dfrac{2.31}{9.8} = 0.236$。

9-3　如图 9-11 所示，质量为 100kg 的物块 A 从静止开始释放，如果滑轮和绳子的质量忽略不计，求质量为 20kg 的物块 B 在 2s 时的速度。

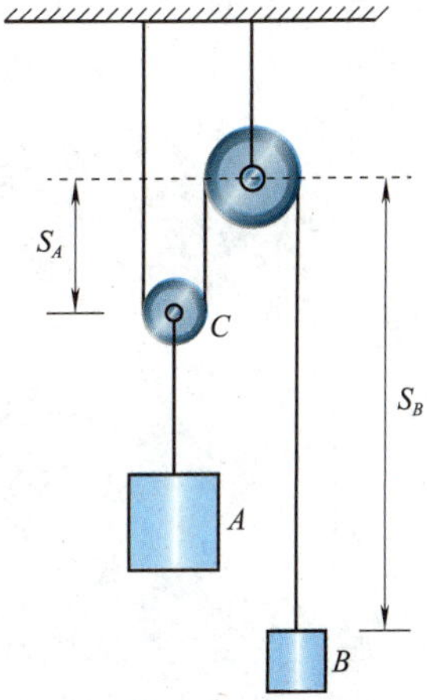

图 9-11　题 9-3

解：对物块 A 进行受力分析，根据牛顿第二定律有

$$m_A a_A = m_A g - 2T$$

即　　$$a_A = \frac{m_A g - 2T}{m_A} = g - \frac{2T}{m_A}$$

对物块 B 进行受力分析，根据牛顿第二定律有

$$m_B a_B = T - m_B g$$

即　　$$a_B = \frac{T}{m_B} - g$$

由 $x_B = 2x_A$ 有　　$$a_B = 2a_A$$

得　　$$\frac{T}{m_B} - g = 2g - \frac{4T}{m_A}$$

解得　　$$T = \frac{100g}{3}$$

$$a_B = \frac{T}{m_B} - g = \frac{100g}{60} - g = \frac{2}{3}g = 6.53(\text{m}/\text{s}^2)$$

$$v_{B,t=2} = a_B t = 6.53\times 2 = 13.07(\text{m}/\text{s})$$

9-4　假设汽车轮胎和路面的静摩擦系数为 0.80，求以下两种条件下一辆汽车从静止到行驶 400m 后能达到的最大理论速度：(1)汽车前轮制动，前轮承受 62%的车重；(2)汽车后轮

制动，后轮承受43%的车重。

解：(1)前轮制动时。

$v^2=2as$，加速度越大，速度就越大，求极限加速度即可。

$$\frac{P}{g}\cdot a=F_s=0.62P\times 0.8$$

所以

$$a=\frac{0.62P\times 0.8}{P/g}=0.62\times 0.8g$$

$$v=\sqrt{2\times 0.62\times 0.8g\times 400}=\sqrt{2\times 0.62\times 0.8\times 400g}=62.36(\text{m/s})$$

(2)后轮制动时。

$$\frac{P}{g}\cdot a=0.43P\times 0.8$$

所以

$$a=0.43\times 0.8g$$

$$v=\sqrt{2\times 0.43\times 0.8g\times 400}=\sqrt{2\times 0.43\times 0.8\times 400g}=51.93(\text{m/s})$$

9-5　如图9-12(a)所示，质量为m的赛车以恒定的速度$\boldsymbol{v}$在曲率半径为ρ的轨道上行驶，假设汽车大小可以忽略，为使车轮不依靠摩擦阻止汽车的滑动，求赛道倾斜角θ。

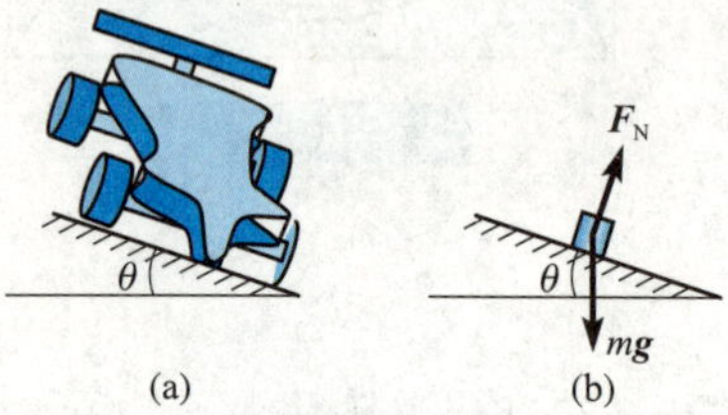

图9-12　题9-5

解：小车受力如图9-12(b)所示。

$$m\frac{v^2}{\rho}=F_N\sin\theta$$

$$mg=F_N\cos\theta$$

解得

$$\theta=\arctan\frac{v^2}{g\rho}$$

9-6　如图9-13(a)所示，一个包裹在A点的加速度为3m/s^2，若滑道上每点的动摩擦系数相同，求包裹在B点的加速度。

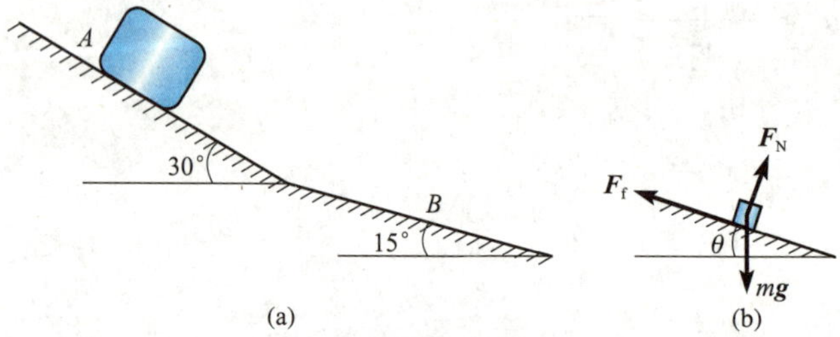

图9-13　题9-6

解：包裹受力如图9-13(b)所示。

在A点时，由重力分解得

$$ma_A=mg\sin 30°-F_{f1}$$

$$F_{N1}=mg\cos 30°$$

$$F_{f1}=fF_{N1}$$

解得

$$f=\frac{9.8\times 0.5-3}{9.8\times 0.866}=0.224$$

在B点时有

$$ma_B = mg\sin 15^\circ - F_{f2}$$
$$F_{N2} = mg\cos 15^\circ$$
$$F_{f2} = fF_{N2}$$
$$a_B = 9.8\times 0.2588 - 0.224\times 9.8\times 0.9659 = 0.416(\mathrm{m/s^2})$$

9-7　如图 9-14(a)所示，物块 A 与 B 的质量分别为 40kg 和 8kg，所有接触表面的静摩擦系数 $f_s = 0.20$，动摩擦系数 $f_d = 0.15$。求(1)当 P=0 时，物块 B 的加速度与绳的张力；(2)当 P=40N 时，物块 B 的加速度与绳的张力。

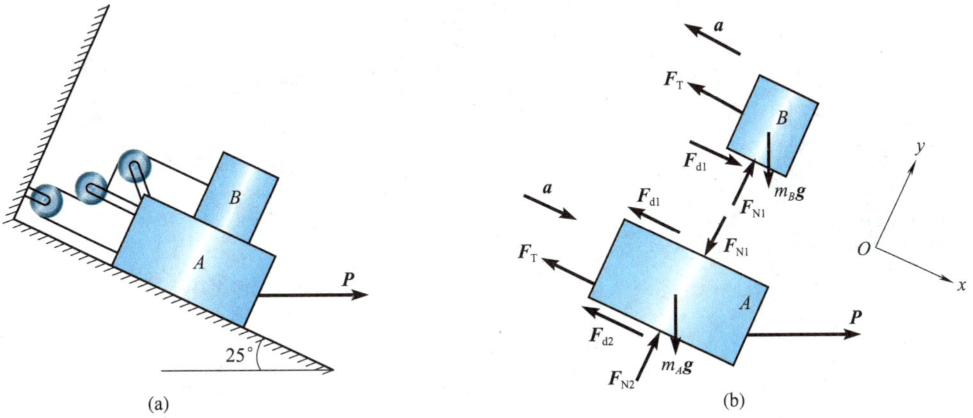

图 9-14　题 9-7

解：受力图如图 9-14(b)所示。

(1)当 P=0 时。

以物块 B 为研究对象得

$$F_{T1} - m_Bg\sin 25^\circ - F_{d1} = m_Ba_1$$
$$F_{N1} - m_Bg\cos 25^\circ = 0$$
$$F_{d1} = f_dF_{N1}$$

以物块 A 为研究对象得

$$m_Ag\sin 25^\circ - F_{d1} - F_{d2} - F_{T1} = m_Aa_1$$
$$F_{N2} - F_{N1} - m_Ag\cos 25^\circ = 0$$
$$F_{d2} = f_dF_{N2}$$
$$F_{N1} = m_Bg\cos 25^\circ = 8\times 9.8\times\cos 25^\circ = 71.05(\mathrm{N})$$
$$F_{d1} = f_dF_{N1} = 0.15\times 71.05 = 10.66(\mathrm{N})$$
$$F_{N2} = (m_A + m_B)g\cos 25^\circ = 48\times 9.8\times\cos 25^\circ = 426.33(\mathrm{N})$$
$$F_{d2} = f_dF_{N2} = 0.15\times 426.33 = 63.95(\mathrm{N})$$

解得
$$a_1 = 0.98\mathrm{m/s^2},\quad F_{T1} = 51.63\mathrm{N}$$

(2)当 P=40N 时。

以物块 B 为研究对象得

$$F_{T_2} - m_Bg\sin 25^\circ - F_{d1} = m_Ba_2$$
$$F_{N1} - m_Bg\cos 25^\circ = 0$$
$$F_{d1} = f_dF_{N1}$$

以物块 A 为研究对象得

$$m_A g\sin 25^\circ - F_{d1} - F_{d2} - F_{T2} + P\cos 25^\circ = m_A a_2$$

$$F_{N2} - F_{N1} - m_A g\cos 25^\circ - P\sin 25^\circ = 0$$

$$F_{d2} = f_d F_{N2}$$

解得

$$a_2 = 1.79\text{m/s}^2,\quad F_{T2} = 58.13\text{N}$$

9-8　如图 9-15 所示，跳台滑雪的滑道可以用抛物线近似，求质量为 68kg 的滑雪者到达起跳末端 A 点的速度为 19.8m/s 时的加速度。

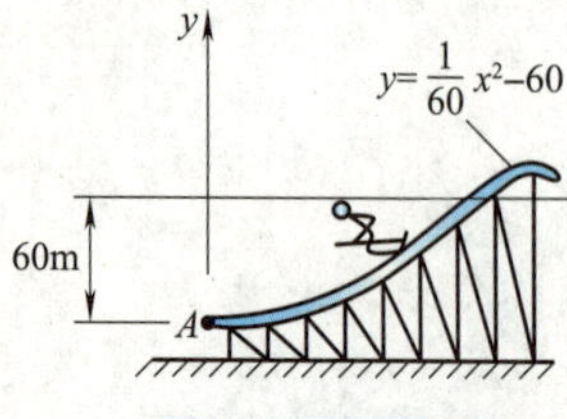

图 9-15　题 9-8

解：滑道的曲率半径由公式可得

$$R = \left|\frac{\left(1+y''\right)^{\frac{3}{2}}}{y''}\right| = 30\left(1+\frac{x^2}{900}\right)^{\frac{3}{2}}$$

在 $x=0$ 处，计算可得 R=30m。

法向加速度为

$$a_n = \frac{v^2}{R} = \frac{19.8^2}{30} = 13.068(\text{m/s}^2)$$

切向加速度 $a=0$。

9-9　如图 9-16 所示，将 150N 的力作用于静止的滑块 B 上，如果 150N 的力持续作用于滑块 B，求当滑块 B 撞到支撑 C 时的速度。若使得滑块 B 到达支撑 C 时的速度恰好为零，求 150N 的力应该作用的距离。

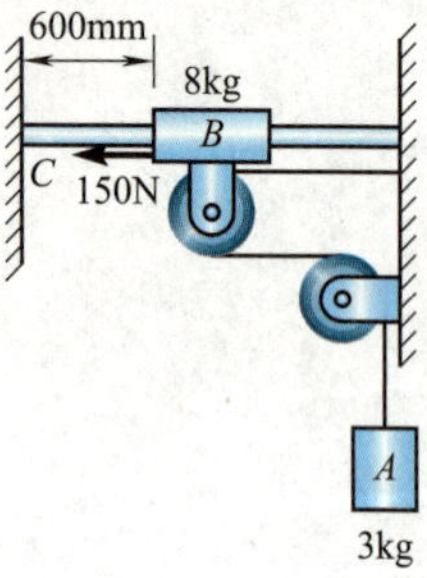

图 9-16　题 9-9

解：(1) 设绳的拉力为 F。

对滑块 B 有　$150 - 2F = m_B a_B$

对重物 A 有　$F - m_A g = m_A a_A$

$$x_A = \frac{1}{2}a_A t^2,\quad x_B = \frac{1}{2}a_B t^2$$

因为　$a_A : a_B = 2:1$

解得　$F = 56.76\text{N}$，$a_B = 4.56\text{m/s}^2$

$t = 0.513\text{s}$，$v = 2.34\text{m/s}$

(2) 先撤去力 F，滑块 B 向右运动。

$$2F' = m_B a'_B$$

$$m_A g - F' = m_A a'_A$$

$$a'_A = 2a'_B$$

解得 $F' = 11.76\text{N}$，$a'_A = 2a'_B = 5.88\text{m/s}$。

设力 F 的作用时间为 t。

$$x_1 = \frac{1}{2}at^2$$

$$v = at,\quad v^2 = 2a'x_2,\ \text{所以}\ x_2 = \frac{a^2t^2}{2a'}$$

因为 $x_1 + x_2 = 0.6$，所以 $t = 0.32\text{s}$，$x = 235.2\text{mm}$。

9-10　如图 9-17 所示，地球上一个高尔夫球被击中后上升的最大高度为 60.96m，飞行的地面距离为 228.52m。假设球在月球上被击中的瞬间的速度大小和方向与地球上相同，求在月球上的上升高度和地面飞行距离。已知球的轨迹为抛物线，月球上的重力加速度是地球上的 16.5%。

解： 地球，$v_y - gt_{地} = 0$，$t_{地} = \dfrac{v_y}{g}$

月球，$v_y - 0.165gt_{月} = 0$，$t_{月} = \dfrac{1000v_y}{165g} = \dfrac{1000}{165}t_{地}$

$$x_{月} = v_x t_{月} = v_x \frac{1000}{165}t_{地} = 1384.96\text{m}$$

$$h_{月} = \frac{v_y}{2}\left(\frac{t_{月}}{2}\right) = 369.46\text{m}$$

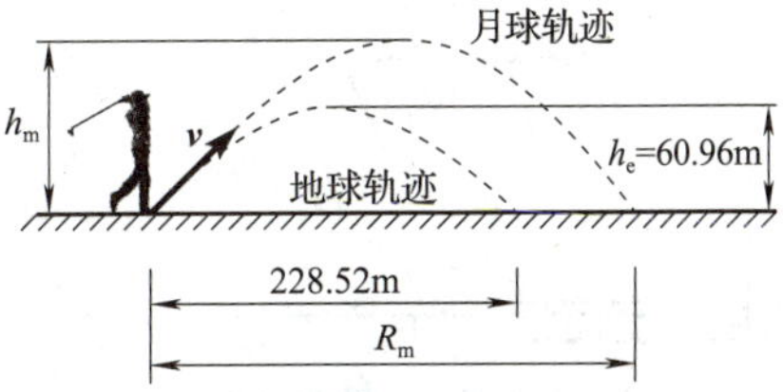

图 9-17　题 9-10

9-11　质量为 m 的小球以水平速度 $\boldsymbol{v}$ 射入水中，阻力与速度的方向相反(图 9-18)，$\boldsymbol{F} = -\mu\boldsymbol{v}$，不计浮力，试求小球的运动速度和运动规律。

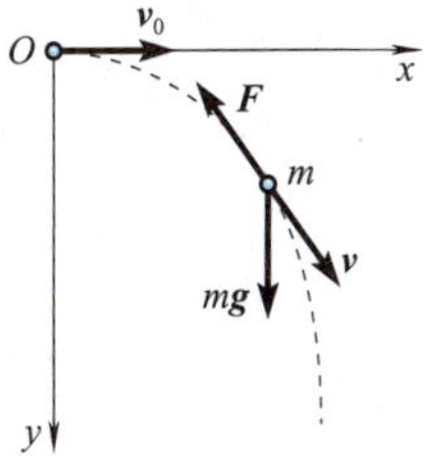

图 9-18　题 9-11

解：

$$m\frac{\mathrm{d}^2x}{\mathrm{d}t^2} = m\frac{\mathrm{d}v_x}{\mathrm{d}t} = -\mu v_x$$

$$m\frac{\mathrm{d}^2y}{\mathrm{d}t^2} = m\frac{\mathrm{d}v_y}{\mathrm{d}t} = -\mu v_y + mg$$

$$\frac{\mathrm{d}v_x}{v_x} = -\frac{\mu}{m}\mathrm{d}t$$

$$\frac{\mathrm{d}v_y}{v_y - \dfrac{mg}{\mu}} = -\frac{\mu}{m}\mathrm{d}t$$

$$\ln v_x = -\frac{\mu}{m}t + C_1$$

$$\ln\left(v_y - \frac{mg}{\mu}\right) = -\frac{\mu}{m}t + C_2$$

$$v_x = v\mathrm{e}^{-\frac{\mu}{m}t}$$

$$v_y = -\frac{mg}{\mu}\mathrm{e}^{-\frac{\mu}{m}t} + \frac{mg}{\mu}$$

$$\frac{\mathrm{d}x}{\mathrm{d}t} = v\mathrm{e}^{-\frac{\mu}{m}t}$$

$$\frac{\mathrm{d}y}{\mathrm{d}t} = -\frac{mg}{\mu}\mathrm{e}^{-\frac{\mu}{m}t} + \frac{mg}{\mu}$$

$$x = \frac{mv}{\mu}\left(1 - \mathrm{e}^{-\frac{\mu}{m}t}\right)$$

$$y = -\frac{m^2g}{\mu^2}\left(1 - \mathrm{e}^{-\frac{\mu}{m}t}\right) + \frac{mg}{\mu}t$$

9-12　质量为 m 的质点带有电荷 e，以速度 $\boldsymbol{v}_0$ 进入强度 $E = A\cos\omega t$ 的电场中，初速度方向与电场强度垂直，如图 9-19 所示。质点在电场中受 $\boldsymbol{F} = -e\boldsymbol{E}$ 作用。已知常数 A、k，忽略质点的重力，试求质点的运动轨迹。

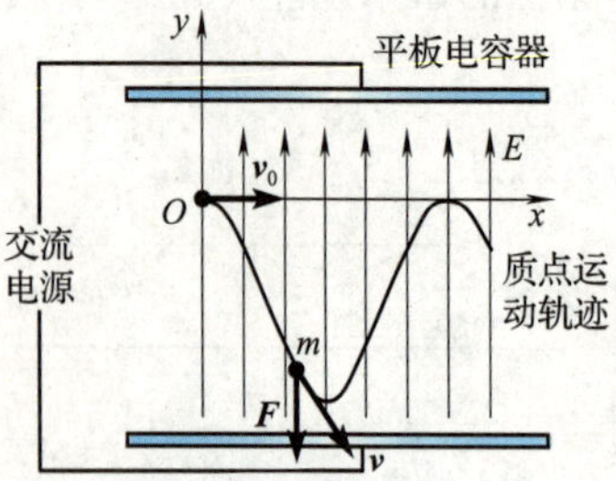

图 9-19　题 9-12

解：

$$m\frac{d^2x}{dt^2}=m\frac{dv_x}{dt}=0$$

$$m\frac{d^2y}{dt^2}=m\frac{dv_y}{dt}=-eA\cos kt \tag{9-13}$$

当 $t=0$ 时，$v_x=v_0$，$v_y=0$，$\int_{v_0}^{v_x}dv_x=0$。

对式(9-13)积分得

$$\int_0^{v_y}dv_y=-\frac{eA}{m}\int_0^t\cos kt\,dt$$

$$v_x=\frac{dx}{dt}=v_0$$

$$v_y=\frac{dy}{dt}=-\frac{eA}{mk}\int_0^t\sin kt\,dt$$

由 $t=0$，$x=y=0$，积分得运动方程：

$$\int_0^x dx=\int_0^t v_0 dt$$

$$\int_0^y dy=-\frac{eA}{m}\int_0^t\sin kt\,dt$$

$$x=v_0t，\quad y=\frac{eA}{mk^2}(\cos kt-1)$$

消去 t，得轨迹方程：

$$y=\frac{eA}{mk^2}\left[\cos\left(\frac{k}{v_0}x\right)-1\right]$$

第10章 动量定理

10.1 重点内容提要

1. 质点的动量

质点的质量 m 与速度 $\boldsymbol{v}$ 的乘积 $m\boldsymbol{v}$ 称为该质点的动量。

$$\boldsymbol{p}=m\boldsymbol{v}$$

2. 质点系的动量

由 n 个质点组成的质点系中，各质点动量的矢量和称为该质点系的动量。用 $\boldsymbol{p}$ 表示动量，即有

$$\boldsymbol{p}=\sum_{i=1}^{n}m_i\boldsymbol{v}_i \quad \text{或} \quad \boldsymbol{p}=\sum_{i=1}^{n}m_i\boldsymbol{v}_i=m_R\boldsymbol{v}_C$$

动量在固定坐标系 $Oxyz$ 各坐标轴上的投影为

$$p_x=\sum_{i=1}^{n}m_i v_{x_i}\,,\quad p_y=\sum_{i=1}^{n}m_i v_{y_i}\,,\quad p_z=\sum_{i=1}^{n}m_i v_{z_i}$$

3. 冲量

如果作用力是时间的函数，在微小的时间间隔内，力的冲量称为元冲量，即

$$\mathrm{d}\boldsymbol{I}=\boldsymbol{F}\mathrm{d}t$$

变力在作用时间区间内的冲量是矢量积分。

$$\boldsymbol{I}=\int_0^t\boldsymbol{F}\mathrm{d}t$$

4. 质点的动量定理

质点的动量定理微分形式为

$$\mathrm{d}\boldsymbol{p}=\mathrm{d}m\boldsymbol{v}=\boldsymbol{F}\mathrm{d}t$$

质点动量定理的积分形式为

$$m\boldsymbol{v}_t-m\boldsymbol{v}_0=\int_0^t\boldsymbol{F}\mathrm{d}t=\boldsymbol{I}$$

5. 质点系的动量定理

质点系动量定理的微分形式为

$$\mathrm{d}\boldsymbol{p}=\sum_{i=1}^{n}\boldsymbol{F}_i^{(\mathrm{e})}\mathrm{d}t=\sum_{i=1}^{n}\mathrm{d}\boldsymbol{I}_i^{(\mathrm{e})}$$

质点系动量定理的微分投影形式为

$$\frac{\mathrm{d}p_x}{\mathrm{d}t}=\sum_{i=1}^{n}F_{x_i}^{(\mathrm{e})},\quad \frac{\mathrm{d}p_y}{\mathrm{d}t}=\sum_{i=1}^{n}F_{y_i}^{(\mathrm{e})},\quad \frac{\mathrm{d}p_z}{\mathrm{d}t}=\sum_{i=1}^{n}F_{z_i}^{(\mathrm{e})}$$

质点系动量定理的积分形式为

$$\boldsymbol{p}-\boldsymbol{p}_0=\sum_{i=1}^{n}\boldsymbol{I}_i^{(\mathrm{e})}$$

质点系动量定理的积分投影形式为

$$p_x-p_{0x}=\sum_{i=1}^{n}I_{x_i}^{(\mathrm{e})},\quad p_y-p_{0y}=\sum_{i=1}^{n}I_{y_i}^{(\mathrm{e})},\quad p_z-p_{0z}=\sum_{i=1}^{n}I_{z_i}^{(\mathrm{e})}$$

6. 质心运动定理

$$m\boldsymbol{a}_C=\sum_{i=1}^{n}\boldsymbol{F}_i^{(\mathrm{e})}$$

质心运动定理的投影式为

$$ma_{Cx}=\sum_{i=1}^{n}m_i a_{Cx_i}=\sum_{i=1}^{n}F_{x_i}^{(\mathrm{e})},\quad ma_{Cy}=\sum_{i=1}^{n}m_i a_{Cy_i}=\sum_{i=1}^{n}F_{y_i}^{(\mathrm{e})},\quad ma_{Cz}=\sum_{i=1}^{n}m_i a_{Cz_i}=\sum_{i=1}^{n}F_{z_i}^{(\mathrm{e})}$$

7. 质心运动守恒

$$\sum_{i=1}^{n}\boldsymbol{F}_i^{(\mathrm{e})}=0,\quad \boldsymbol{a}_C=0,\quad \boldsymbol{v}_C=\boldsymbol{C}\ (\text{常矢量})$$

如果作用于质点系上的外力主矢恒等于零，则质心的速度为常矢量。如果系统的质心初始为静止状态，$\boldsymbol{v}_C=0$，则质心的矢径$\boldsymbol{r}_C=$常矢量，即质心位置保持不变。

$$\sum_{i=1}^{n}F_{x_i}^{(\mathrm{e})}=0,\quad a_{Cx}=0,\quad v_{Cx}=\text{常量}$$

如果外力的主矢在某一坐标轴(如x轴)上的投影为零，质心速度在某一坐标轴上的投影为常量。质心速度在该坐标轴方向上守恒。如果质心初始为静止状态，即$v_{Cx}=0$，则质心在x轴的坐标保持不变。

10.2 典型例题

例 10-1

椭圆规机构如图 10-1 所示，$OA=l$，$AB=AD=l$，AO、BD、B、D 质量均为 m，曲柄 OA 的角速度为 ω，求系统的动量。

解：机构的动量为各构件动量的矢量和，即

$$\boldsymbol{p}=\boldsymbol{p}_{OA}+\boldsymbol{p}_{BD}+\boldsymbol{p}_D+\boldsymbol{p}_B$$

$$\boldsymbol{p}=\boldsymbol{p}_{OA}+\boldsymbol{p}_1$$

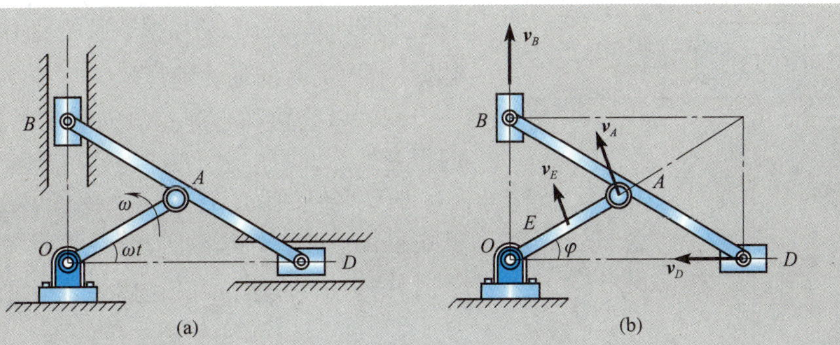

图 10-1 例 10-1

B、D 和 BD 杆组合体的质心在 A 处，动量为 $\boldsymbol{p}_1$。

$$\boldsymbol{p}_{OA} = m\boldsymbol{v}_E, \quad \boldsymbol{p}_1 = 3m\boldsymbol{v}_A$$

$\boldsymbol{v}_A$ 和 $\boldsymbol{v}_E$ 方向相同。

$$p = mv_E + 3mv_A = m\cdot\frac{l}{2}\cdot\omega + 3m\cdot l\cdot\omega = \frac{7}{2}m\omega l$$

$$P_x = -\frac{7}{2}ml\omega\sin\varphi, \quad P_y = \frac{7}{2}ml\omega\cos\varphi, \quad \varphi = \omega t$$

$$\boldsymbol{p} = -\frac{7}{2}ml\omega\sin\varphi\boldsymbol{i} + \frac{7}{2}ml\omega\cos\varphi\boldsymbol{j}$$

例 10-2

均质杆 AB 长为 l，静止直立于光滑水平面上(图 10-2)。求杆无初速度倒下时 A 的轨迹。

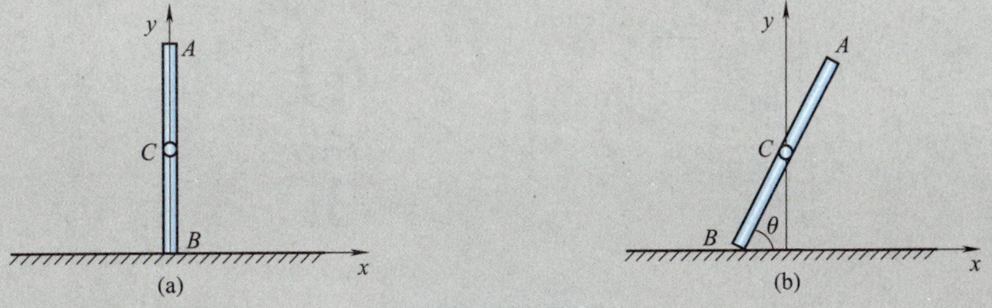

图 10-2 例 10-2

解：以 AB 杆为研究对象，如图 10-2(b)所示，因为水平方向不受外力作用，所以水平方向动量守恒，即 $v_{Cx} = 0$。

所以

$$x_A = \frac{l\cos\theta}{2}$$

$$y_A = l\sin\theta$$

其轨迹方程为

$$4x_A^2 + y_A^2 = l^2$$

例 10-3

质量为 m_A 的物块 A 可沿光滑水平面自由滑动，小球 B 的质量为 m_B，以长为 l 的细杆与物块铰接(图 10-3)，设杆质量不计。初始时系统静止，并有初始摆角 φ_0；释放后，

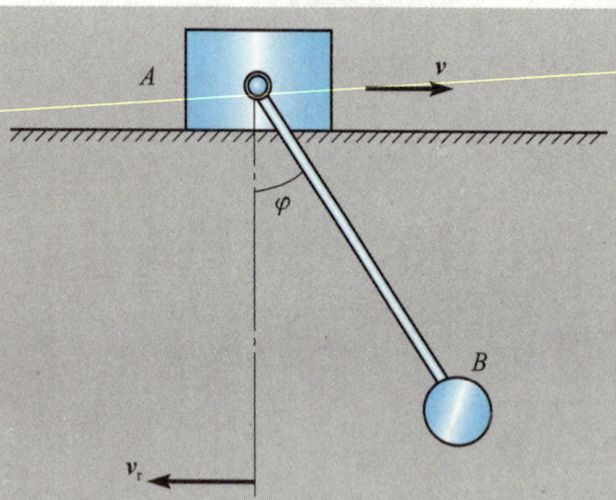

图 10-3　例 10-3

杆近似以 $\varphi=\varphi_0\cos\omega t$ 的规律摆动（ω为已知常数）。求物块 A 的最大速度。

解： 以物块和小球整体为研究对象，水平方向不受外力作用，水平方向动量守恒。

杆的角速度为 $\dot{\varphi}=-\omega\varphi_0\sin\omega t$

其中 $\sin\omega t=1$，即 $\varphi=0$ 时，角速度最大，$\dot{\varphi}_{\max}=\omega\varphi_0$。

杆铅垂时，球相对于物块有最大的水平速度。

$$v_{\mathrm{r}}=l\dot{\varphi}_{\max}=l\omega\varphi_0$$

小球速度向左时，物块应有向右的速度 v。

小球向左的绝对速度值为 $v_B=v_{\mathrm{a}}=v_{\mathrm{r}}-v$。

水平方向动量守恒，有

$$m_A v-m_B\left(v_{\mathrm{r}}-v\right)=0$$

解得物块的最大速度为

$$v=\frac{m_B v_{\mathrm{r}}}{m_A+m_B}=\frac{m_B l\omega\varphi_0}{m_A+m_B}$$

例 10-4

如图 10-4(a)所示，重物 A 和 B 的质量分别为 m_1、m_2。若 A 下降的加速度为 a，滑轮质量不计。求支座 O 的反力。

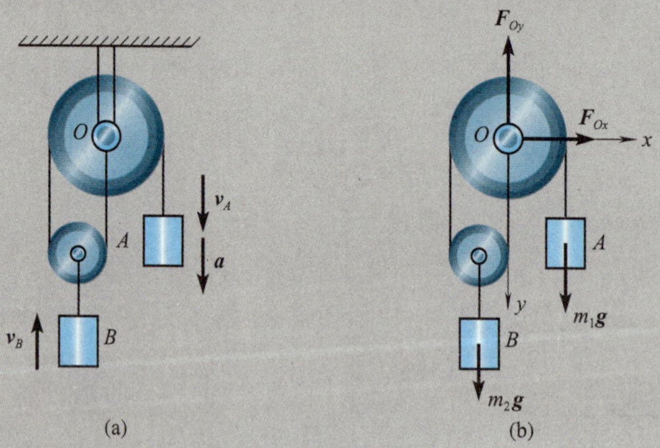

图 10-4　例 10-4

解： 以整个系统为研究对象，受力如图 10-4(a)所示。建立如图 10-4(b)所示坐标系。设 A 下降的速度为 v_A，B 上升的速度为 v_B，由运动学关系得

$$v_B=\frac{1}{2}v_A$$

系统的动量在坐标轴上的投影为

$$P_x=0，\quad P_y=m_1v_A-m_2v_B=\left(m_1-\frac{1}{2}m_2\right)v_A$$

由质点系的动量定理得

$$0=F_{Ox}，\quad \frac{\mathrm{d}}{\mathrm{d}t}\left[\left(m_1-\frac{1}{2}m_2\right)v_A\right]=m_1g+m_2g-F_{Oy}$$

注意到
$$\frac{\mathrm{d}v_A}{\mathrm{d}t}=a$$
可得
$$F_{Ox}=0$$
$$F_{Oy}=m_1g+m_2g-\left(m_1-\frac{1}{2}m_2\right)a$$

例 10-5

如图 10-5 所示，凸轮半径为 R，重为 P，偏心距为 e，已知 ω，挺杆重 Q，质心在 C_2，当 $\varphi=60°$ 时水平力为 F，求凸轮轴承处的约束反力。

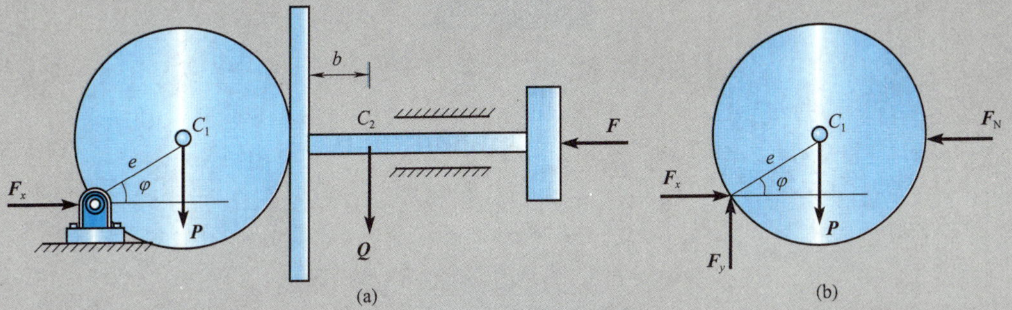

图 10-5 例 10-5

解：求系统质心位置 x_C。

$$x_C=\frac{Pe\cos\varphi+Q(e\cos\varphi+R+b)}{P+Q}$$

$$\varphi=\omega t\ ,\quad \omega=\frac{\mathrm{d}\varphi}{\mathrm{d}t}$$

x_C 对 t 求两次导得 $\quad \ddot{x}_C=-e\omega^2\cos\varphi$

由质心运动定理有 $\quad \dfrac{P+Q}{g}\ddot{x}_C=F_x-F$

当 $\varphi=60°$ 时，$F_x=F-\dfrac{P+Q}{g}e\omega^2\cos\varphi=F-\dfrac{P+Q}{2g}e\omega^2$。

分析凸轮，如图 10-5(b)所示。

$$y_{C_1}=e\sin\varphi\ ,\quad \ddot{y}_{C_1}=-e\omega^2\sin\varphi$$

由质心运动定理有 $\quad \dfrac{P}{g}\ddot{y}_{C_1}=F_y-P$

当 $\varphi=60°$ 时，$F_y=P-\dfrac{P}{g}e\omega^2\sin\varphi=P\left(1-\dfrac{\sqrt{3}}{2g}e\omega^2\right)$。

例 10-6

如图 10-6(a)所示，在静止的小船上，一个人自船头走到船尾，设人的质量为 m_2，船的质量为 m_1，船长为 l，水的阻力不计。求船的位移。

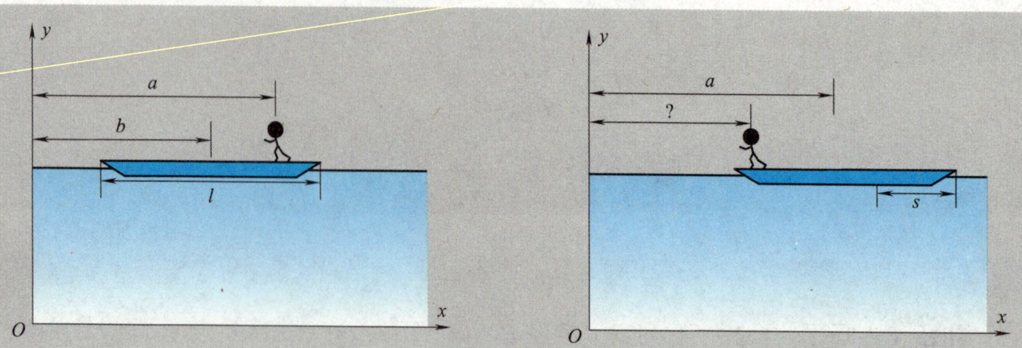

(a) (b)

图 10-6 例 10-6

解：外力在水平 x 轴上的投影等于零，质心在水平 x 轴上的坐标保持不变。人走动前，质心坐标为

$$x_{C_1}=\frac{m_2a+m_1b}{m_2+m_1}$$

如图 10-6(b)所示，人走到船尾时，船移动的距离为 s，质心坐标为

$$x_{C_2}=\frac{m_2\left(a-l+s\right)+m_1\left(b+s\right)}{m_2+m_1}$$

$$x_{C_1}=x_{C_2}\text{，得 }s=\frac{m_2l}{m_2+m_1}$$

10.3 习题详解

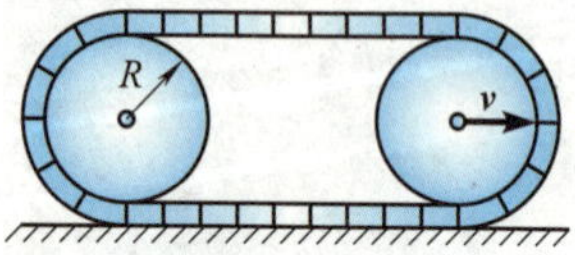

图 10-7 题 10-1

10-1 如图 10-7 所示，履带式挖掘机的履带质量为 m_a，两个车轮的质量均为 m_b。假定车轮为均质圆盘，半径为 R。设挖掘机前进速度为 $\boldsymbol{v}$，计算该质点系的动量。

解：取整体为研究对象得 $\boldsymbol{p}=m\boldsymbol{v}=(2m_b+m_a)\boldsymbol{v}$

10-2 如图 10-8(a)所示机构，OA、AB 为均质细杆，且 $OA=l_1$，$AB=l_2$，质量均为 m。半径为 R、质量同样为 m 的均质轮做纯滚动。图示瞬时 OA 杆的角速度为 ω，求该机构的动量。

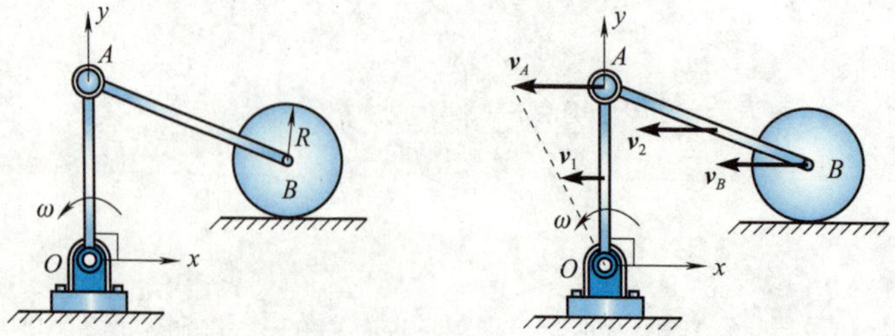

(a) (b)

图 10-8 题 10-2

解：动量为

$$\boldsymbol{P} = m\boldsymbol{v}_1 + m\boldsymbol{v}_2 + m\boldsymbol{v}_B$$

以 A 为基点，分析 B 点速度可知 AB 杆做瞬时平移。

$$v_A = v_2 = v_B = \omega l_1$$

将系统动量向 x 轴投影得

$$P_x = -\frac{m\omega l_1}{2} - m\omega l_1 - m\omega l_1 = -\frac{5m\omega l_1}{2}$$

向 y 轴投影得 $$P_y = 0$$

所以系统的动量大小为 $P = \dfrac{5m\omega l_1}{2}$，水平向左。

10-3 子弹质量为15g，以速度 $v = 600$ m/s 从枪膛中射出，子弹在枪膛中走了 $t = 0.00095$ s，设枪膛的横截面积 $\sigma = 120\text{mm}^2$，求射出子弹所需的气体平均压力。

解：子弹经过枪膛这段时间的动量改变量等于冲量。

$$m_1v_1 - m_0v_0 = Ft$$

$$m_1v_1 = P\sigma t$$

$$0.015 \times 600 = 120 \times P \times 0.00095$$

$$P = \frac{9}{0.114} = 78.95(\text{MPa})$$

10-4 汽车的行驶速度为 18 m/s，制动后 5s 停止，求车轮与路面的摩擦系数 f。

解：

$$a = \frac{v}{t} = \frac{18}{5}\text{m/s}^2$$

$$ma = F_f，\quad F_f = fF_\text{N}，\quad F_\text{N} = P$$

$$\frac{P}{g}a = fP，\quad f = \frac{18}{5g}$$

10-5 图 10-9(a)所示均质圆盘绕偏心轴 O 以匀角速度转动，重 P_1 的滑杆借右端弹簧的推压顶在圆盘上，当圆盘转动时，滑杆做往复运动。设圆盘重 P_2，半径为 r，偏心距为 e，求任一瞬时机座螺钉的总动反力。

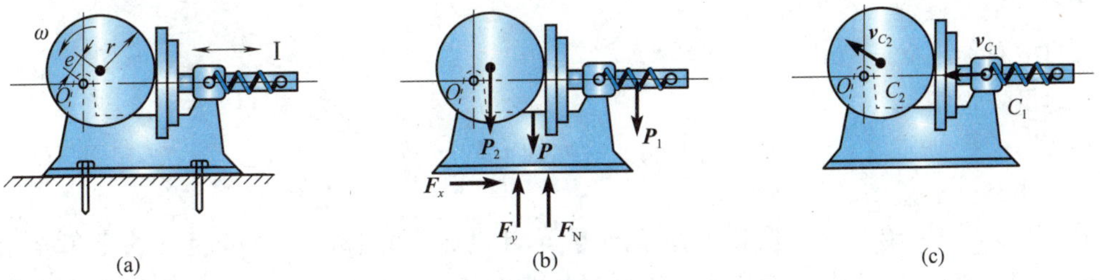

图 10-9 题 10-5

解：设机座的重量为 $\boldsymbol{P}$，则当偏心轮转动时，质点系的受力如图 10-9(b)所示。当偏心轮静止时，水平约束力不存在，此时的反力为静反力：$\boldsymbol{F}_\text{N}$、$\boldsymbol{P}_1$、$\boldsymbol{P}_2$、$\boldsymbol{P}$。当偏心轮转动时，存在动反力：$\boldsymbol{F}_x$ 和 $\boldsymbol{F}_y$。

质点系的速度分析如图 10-9(c)所示，$v_{C_2} = \omega e$，$v_{C_1} = v_{C_2}\sin\omega t$。

当偏心轮转动时，偏心轮的动量为

$$P_{C_1}=\frac{P_1}{g}v_{C_1}=\frac{P_1\omega e}{g}$$

夹板的动量为

$$P_{C_2}=\frac{P_2v_{C_2}}{g}=\frac{P_2e\omega\sin\omega t}{g}$$

机座的动量为零。

质点系的动量为

$$\boldsymbol{P}=\boldsymbol{P}_{C1}+\boldsymbol{P}_{C2}$$

$$P_x=P_{C_1x}+P_{C_2x}==\frac{P_1e\omega\sin\omega t}{g}+\frac{P_2e\omega\sin\omega t}{g}=\frac{(P_1+P_2)e\omega\sin\omega t}{g}$$

$$P_y=P_{C_1y}+P_{C_2y}=\frac{P_2e\omega\cos\omega t}{g}+0=\frac{P_2e\omega\cos\omega t}{g}$$

$$\frac{\mathrm{d}P_x}{\mathrm{d}t}=F_x$$

$$F_x=\frac{\mathrm{d}}{\mathrm{d}t}\left[\frac{(P_1+P_2)e\omega\sin\omega t}{g}\right]=-\frac{e\omega^2(P_1+P_2)\cos\omega t}{g}=-\frac{P_1+P_2}{g}\omega^2 e\cos\omega t$$

$$\frac{\mathrm{d}P_y}{\mathrm{d}t}=F_y+F_{\mathrm{N}}-P-P_1-P_2$$

其中，$F_{\mathrm{N}}-P-P_1-P_2=0$，故有

$$F_y=\frac{\mathrm{d}P_y}{\mathrm{d}t}=\frac{\mathrm{d}}{\mathrm{d}t}\left(\frac{e\omega P_2\cos\omega t}{g}\right)=-\frac{e\omega^2P_2\sin\omega t}{g}$$

10-6　平台车质量 $m_1=600\,\mathrm{kg}$，可沿水平轨道运动。平台车上站一人，质量 $m_2=75\,\mathrm{kg}$，车与人共同以速度 $v=10\,\mathrm{m/s}$ 向右运动。当人相对于平台车以速度 $v_{\mathrm{r}}=2\,\mathrm{m/s}$ 向左跳出时，不计平台车水平方向的阻力及摩擦，问平台车增加的速度为多少？

解：根据运动分析得

	$\boldsymbol{v}_{\mathrm{a}}$	=	$\boldsymbol{v}_{\mathrm{e}}$	+	$\boldsymbol{v}_{\mathrm{r}}$
大小	?		v		v_{r}
方向	√		√		√

所以人的绝对速度 $v_{\mathrm{a}}=8\,\mathrm{m/s}$，方向向右。

由动量守恒得

$$(m_1+m_2)v=m_1(v+\Delta v)+m_2v_{\mathrm{a}}$$

求得 $\Delta v=0.25\,\mathrm{m/s}$。

10-7　如图 10-10 所示，质量为 M 的平板车 A 以速度 $\boldsymbol{v}_0$ 移动，质量为 m 的小车 B 以相对速度 $\boldsymbol{u}_0$ 沿平板车匀速运动。某瞬时制动小车，求小车在平板车上停下后，平板车和小车的共同速度 $\boldsymbol{v}$。

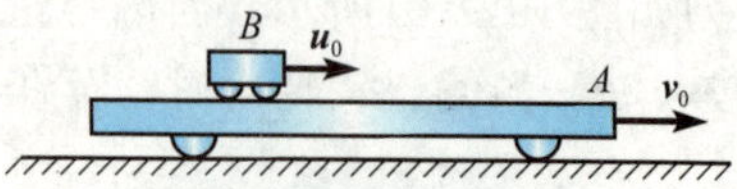

图 10-10　题 10-7

解：该小车与平板车组成的系统不受外力的作用。系统水平方向动量守恒，即

$$M\cdot v_0+m\cdot(u_0+v_0)=(m+M)v$$

可得小车在平板车上停止后，共同速度为

$$v=v_0+\frac{m\cdot u_0}{m+M}$$

10-8 已知滑块 A 的质量为 m_A，弹簧刚度系数为 k，$AB=l$，小球 B 的质量为 m_B，$\varphi=\omega t$，ω 为常数，AB 杆上的力偶矩为 M（图 10-11）。不计弹簧质量，求滑块 A 的运动微分方程。

解： 取整体作为研究对象，则质点系质心坐标为

$$x_C=\frac{m_A x+(x+l\sin\omega t)m_B}{m_A+m_B}=x+\frac{m_B l\sin\omega t}{m_A+m_B}$$

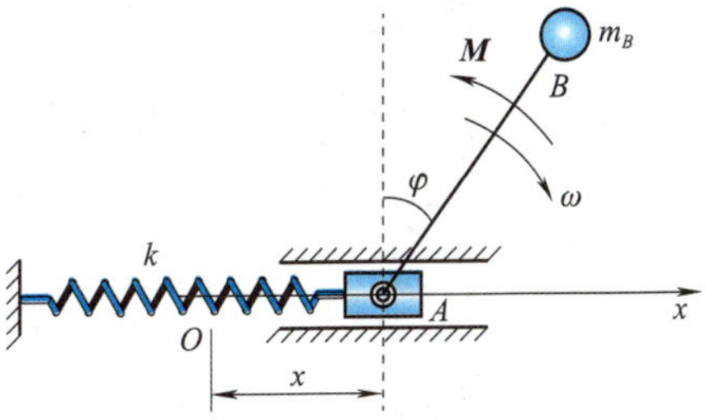

图 10-11 题 10-8

根据质心运动定理有

$$(m_A+m_B)\frac{d^2x_C}{dt^2}=-k\cdot x$$

可得

$$\frac{d^2x}{dt^2}+\frac{k\cdot x}{m_A+m_B}=\frac{m_B l\omega^2}{m_A+m_B}\sin\omega t$$

10-9 三个质量分别为 $m_1=20\text{kg}$、$m_2=15\text{kg}$、$m_3=5\text{kg}$ 的重物，用绕过滑轮 L 和 N 的两段不可伸长的绳子连接（图 10-12）。重物 m_2 位于质量为 $m=90\text{kg}$ 的四棱柱 $ABCD$ 的顶面 BC 上。当 m_1 下落时，重物 m_2 向右移动，重物 m_3 沿着侧面 AB 上升，不计四棱柱、重物、地板之间的摩擦，忽略绳子和滑轮的质量，当重物 m_1 下降 1m 时，求四棱柱 $ABCD$ 的位移。

解： 设四棱柱沿 x 轴正向运动 Δx，因为该系统静止，且 $\sum F_x=0$，故 x 方向的质心位置守恒。由

$$x_{C_1}=\frac{mx+m_1x_1+m_2x_2+m_3x_3}{m+m_1+m_2+m_3}$$

$$x_{C_2}=\frac{m(x+\Delta x)+m_1(x_1+\Delta x)+m_2(x_2+\Delta x+1)+m_3(x_3+\Delta x+0.5)}{m+m_1+m_2+m_3}$$

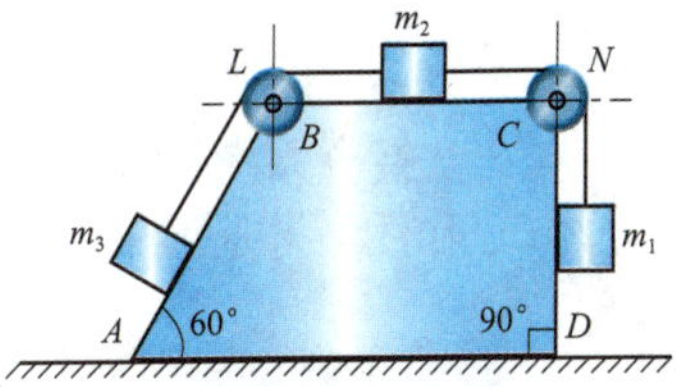

图 10-12 题 10-9

$$x_{C_1}=x_{C_2}$$

解得 $\Delta x=-0.1346(\text{m})(\leftarrow)$

10-10 如图 10-13 所示，质量分别为 m_1 和 m_2 的两个重物，用绕过滑轮 A 的不可伸长的绳子连接。楔形物体放置在光滑水平面上，两重物分别沿着楔形物体的两个侧面滑动。楔形物体质量为 $m=4m_1=16m_2$，忽略绳子和滑轮的质量。假设楔形物体侧面是光滑的，试求当重物 m_1 下降 $h=5\text{cm}$ 时，楔形物体沿水平面的位移。

解： 开始时系统静止，重物 m_1 下降 $h=5\text{cm}$ 时，实际上重物 m_1 沿斜面移动了 10cm，相对于楔形物体向左移动了 $5\sqrt{3}\text{cm}$；同时 m_2 上升了 $5\sqrt{3}\text{cm}$，相对于楔形物体左移 5cm。假设楔形物体沿水平面的位移为 s（向右），由整体水平方向动量守恒有

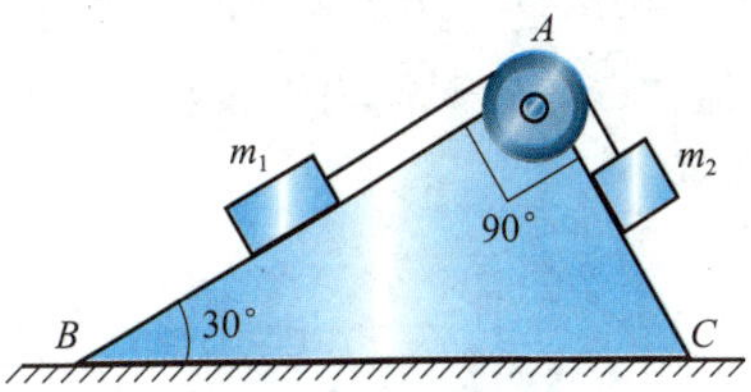

图 10-13 题 10-10

$$16\times s+4\times\left(s-5\sqrt{3}\right)+(s-5)=0,\quad s=\frac{20\sqrt{3}+5}{21}$$

10-11 在图 10-14(a) 所示曲柄滑杆机构中，曲柄以等角速度 ω 绕 O 轴转动。开始时，曲柄 OA 水平向右。曲柄的质量为 m_1，滑块 A 的质量为 m_2，滑杆的质量为 m_3，曲柄的质心在 OA 的中点，$OA=l$；滑杆的质心在点 C。求：(1) 机构质量中心的运动方程；(2) 作用在轴 O 处的最大水平约束力。

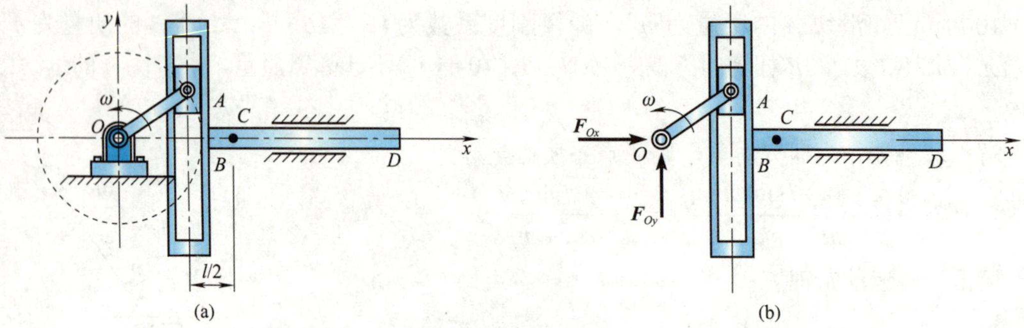

图 10-14　题 10-11

解：(1) 以整个系统为研究对象，建立如图 10-14(a) 所示的直角坐标 xOy。求得系统的质心坐标为

$$x_C = \frac{m_1 \frac{l}{2}\cos\omega t + m_2 l\cos\omega t + m_3(l\cos\omega t + \frac{l}{2})}{m_1 + m_2 + m_3}$$

$$= \frac{m_3 l}{2(m_1 + m_2 + m_3)} + \frac{m_1 + 2m_2 + 2m_3}{2(m_1 + m_2 + m_3)} l\cos\omega t$$

$$y_C = \frac{m_1 \cdot \frac{l}{2}\sin\omega t + m_2 l\sin\omega t}{m_1 + m_2 + m_3} = \frac{m_1 + 2m_2}{2(m_1 + m_2 + m_3)} l\sin\omega t$$

(2) 以整个系统为研究对象，其受力分析如图 10-14(b) 所示。在 x 方向，系统只受 O 点反力 $\boldsymbol{F}_{Ox}$ 作用，根据质心运动定理，$F_{Ox} = (m_1 + m_2 + m_3)a_C$。

其中
$$a_C = \ddot{x}_C = -\frac{m_1 + 2m_2 + 2m_3}{2(m_1 + m_2 + m_3)} l\omega^2 \cos\omega t$$

则
$$F_{Ox} = -\frac{m_1 + 2m_2 + 2m_3}{2} l\omega^2 \cos\omega t$$

故作用在 O 处的最大水平反力为 $F_{Ox\max} = \dfrac{m_1 + 2m_2 + 2m_3}{2} l\omega^2$

10-12　水沿铅垂方向以速度 $v_1 = 1\text{m/s}$（与水平面成直角 $\alpha_1 = 90^\circ$）流入变截面固定水道，水道关于图面对称，入口处的截面积为 0.02m^2（图 10-15）。在水道出口处水的速度为 $v_2 = 2\text{m/s}$，方向与水平面成 $\alpha_2 = 30^\circ$。求水作用在水道壁上的附加压力的水平分量（设 q_v 为流体在单位时间内流过截面的体积）。

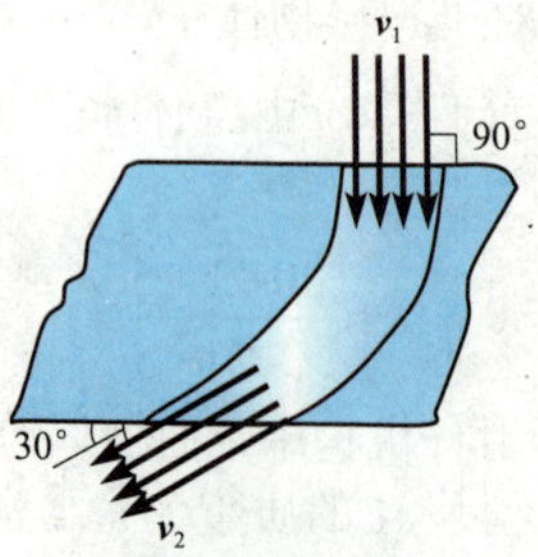

图 10-15　题 10-12

解：

$$q_v = 0.02 \times 1 = A_2 \cdot 2$$
$$A_2 = 0.01\text{m}^2$$

液体水平方向的速度由 0 变为 $2 \times \frac{\sqrt{3}}{2} = \sqrt{3}(\text{m/s})$。

$$F = q_v \rho (v_2 - v_1) = 0.02 \times 1000 \times \sqrt{3} = 34.64(\text{N})$$

10-13 水的体积流量为 Q，密度为 ρ，落在叶片上的速度 v_1 沿着水平方向，水流出的速度 v_2 与水平面成 α 角（图 10-16）。求水柱加在涡轮固定叶片上水平分量的压力。

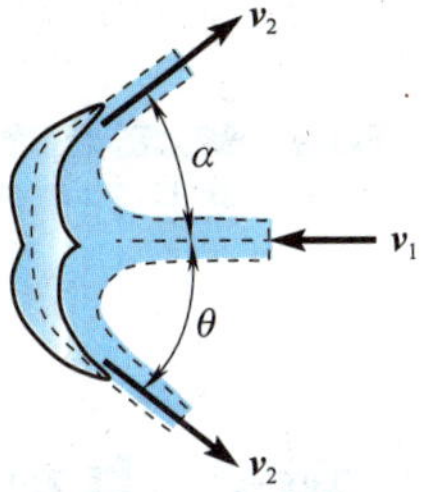

图 10-16 题 10-13

解： 根据动量定理得

$$\frac{\mathrm{d}\boldsymbol{P}}{\mathrm{d}t} = \sum \boldsymbol{F}^{(e)}$$
$$\frac{Q\mathrm{d}t\rho(v_2\cos\theta + v_1)}{\mathrm{d}t} = F$$
$$F = Q\rho(v_2\cos\theta + v_1)$$

第11章

动量矩定理

11.1 重点内容提要

1. 质点对点的动量矩

$$\boldsymbol{M}_O(m\boldsymbol{v})=\boldsymbol{r}\times m\boldsymbol{v}$$

2. 质点对轴的动量矩

$$M_z(m\boldsymbol{v})=\pm m\boldsymbol{v}_{xy}d$$

类似于静力学知识中力对点的矩和力对轴的矩的关系，质点对某点的动量矩在通过该点的任一轴上的投影等于质点对该轴的动量矩，即

$$\left[\boldsymbol{M}_O(m\boldsymbol{v})\right]_z=M_z(m\boldsymbol{v})$$

3. 质点系对点的动量矩

$$\boldsymbol{L}_O=\sum_{i=1}^{n}\boldsymbol{M}_O(m_i\boldsymbol{v}_i)=\sum_{i=1}^{n}(\boldsymbol{r}_i\times m_i\boldsymbol{v}_i)$$

4. 质点系对轴的动量矩

$$L_z=\sum_{i=1}^{n}M_z(m_i\boldsymbol{v}_i)$$

$$\left[\boldsymbol{L}_O\right]_z=\sum_{i=1}^{n}\left[\boldsymbol{M}_O(m_i\boldsymbol{v}_i)\right]_z=\sum_{i=1}^{n}M_z(m_i\boldsymbol{v}_i)=L_z$$

上式表明，质点系对点的动量矩在通过该点的任一轴上的投影，等于质点系对该轴的动量矩。

5. 质点系相对质心的动量矩

$$\boldsymbol{L}_C=\sum_{i=1}^{n}\boldsymbol{M}_C(m_i\boldsymbol{v}_{ir})=\sum_{i=1}^{n}(\boldsymbol{r'}_i\times m_i\boldsymbol{v}_{ir})$$

6. 质点系相对固定点 O 的动量矩

$$\boldsymbol{L}_O=\boldsymbol{r}_C\times m\boldsymbol{v}_C+\boldsymbol{L}_C$$

7. 运动刚体的动量矩

平移运动刚体对点 O 的动量矩为

$$\boldsymbol{L}_O=\sum_{i=1}^{n}\left(\boldsymbol{r}_i\times m_i\boldsymbol{v}_i\right)=\left(\sum_{i=1}^{n}m_i\boldsymbol{r}_i\right)\times\boldsymbol{v}_i=m\boldsymbol{r}_C\times\boldsymbol{v}=\boldsymbol{r}_C\times m\boldsymbol{v}$$

定轴转动刚体对转轴的动量矩为

$$L_z=J_z\omega$$

平面运动刚体对任一点的动量矩为

$$L_A=R\times mv_C+L_C=mv_CR+J_C(v_C/R)$$

8. 刚体对轴的转动惯量

$$J_z=\sum_{i=1}^{n}m_ir_i^2$$

9. 平行移轴定理

$$J_z=J_{z_C}+md^2$$

10. 质点的动量矩定理

$$\frac{\mathrm{d}}{\mathrm{d}t}\boldsymbol{M}_O\left(m\boldsymbol{v}\right)=\frac{\mathrm{d}}{\mathrm{d}t}\left(\boldsymbol{r}\times m\boldsymbol{v}\right)=\frac{\mathrm{d}\boldsymbol{r}}{\mathrm{d}t}\times m\boldsymbol{v}+\boldsymbol{r}\times\frac{\mathrm{d}\left(m\boldsymbol{v}\right)}{\mathrm{d}t}=\boldsymbol{r}\times\boldsymbol{F}=\boldsymbol{M}_O\left(\boldsymbol{F}\right)$$

在固定坐标系 $Oxyz$ 各坐标轴上的投影为

$$\frac{\mathrm{d}}{\mathrm{d}t}M_x\left(m\boldsymbol{v}\right)=M_x\left(\boldsymbol{F}\right),\quad \frac{\mathrm{d}}{\mathrm{d}t}M_y\left(m\boldsymbol{v}\right)=M_y\left(\boldsymbol{F}\right),\quad \frac{\mathrm{d}}{\mathrm{d}t}M_z\left(m\boldsymbol{v}\right)=M_z\left(\boldsymbol{F}\right)$$

11. 质点系的动量矩定理

$$\frac{\mathrm{d}\boldsymbol{L}_O}{\mathrm{d}t}=\sum_{i=1}^{n}\boldsymbol{M}_O\left(\boldsymbol{F}_i^{(\mathrm{e})}\right)$$

在固定坐标系 $Oxyz$ 各坐标轴上的投影为

$$\frac{\mathrm{d}\boldsymbol{L}_x}{\mathrm{d}t}=\sum_{i=1}^{n}\boldsymbol{M}_x\left(\boldsymbol{F}_i^{(\mathrm{e})}\right),\quad \frac{\mathrm{d}\boldsymbol{L}_y}{\mathrm{d}t}=\sum_{i=1}^{n}\boldsymbol{M}_y\left(\boldsymbol{F}_i^{(\mathrm{e})}\right),\quad \frac{\mathrm{d}\boldsymbol{L}_z}{\mathrm{d}t}=\sum_{i=1}^{n}\boldsymbol{M}_z\left(\boldsymbol{F}_i^{(\mathrm{e})}\right)$$

积分形式为

$$\boldsymbol{L}_{O2}-\boldsymbol{L}_{O1}=\int_{t_1}^{t_2}\boldsymbol{M}_O^{(\mathrm{e})}\mathrm{d}t$$

12. 质点系动量矩定律的守恒形式

$$\sum_{i=1}^{n}\boldsymbol{M}_O\left(\boldsymbol{F}_i^{(\mathrm{e})}\right)=0,\quad \boldsymbol{L}_O=\text{常矢量}$$

如果质点系对某固定点 O 的外力主矩为零，则质点系对该点的动量矩保持不变。

$$\sum_{i=1}^{n}M_x\left(F_i^{(\mathrm{e})}\right)=0,\quad L_x=\text{常量}$$

当外力系对某定轴的主矩的和为零时，质点系对该轴的动量矩守恒。

13. 相对质心的动量矩定理

$$\frac{\mathrm{d}\boldsymbol{L}_C}{\mathrm{d}t}=\sum\boldsymbol{r}'_i\times\boldsymbol{F}_i^{(\mathrm{e})}$$

14. 刚体定轴转动微分方程

$$\frac{\mathrm{d}}{\mathrm{d}t}(J_z\omega)=\sum_{i=1}^{n}\boldsymbol{M}_z(\boldsymbol{F}_i) \quad 或 \quad J_z\alpha=\sum_{i=1}^{n}\boldsymbol{M}_z(\boldsymbol{F}_i)$$

15. 刚体平面运动微分方程

$$m\boldsymbol{a}_C=\sum_{i=1}^{n}\boldsymbol{F}_i^{(\mathrm{e})},\quad \frac{\mathrm{d}}{\mathrm{d}t}(J_C\omega)=J_C\alpha=\sum_{i=1}^{n}M_C\left(\boldsymbol{F}_i^{(\mathrm{e})}\right)$$

投影式为

$$m\ddot{x}_C=\sum F_x^{(\mathrm{e})},\quad m\ddot{y}_C=\sum F_y^{(\mathrm{e})},\quad J_C\alpha=\sum M_C\left(\boldsymbol{F}_i^{(\mathrm{e})}\right)$$

11.2 典型例题

例 11-1

质量为 m_1、长为 l 的均质杆与质量为 m_2、半径为 R 的均质圆盘铰接于圆心 A 点。图 11-1(a)所示瞬时杆的角速度为 ω_1，而圆盘以角速度 ω_2 纯滚动。求该瞬时系统的动量和对 A 点的动量矩。

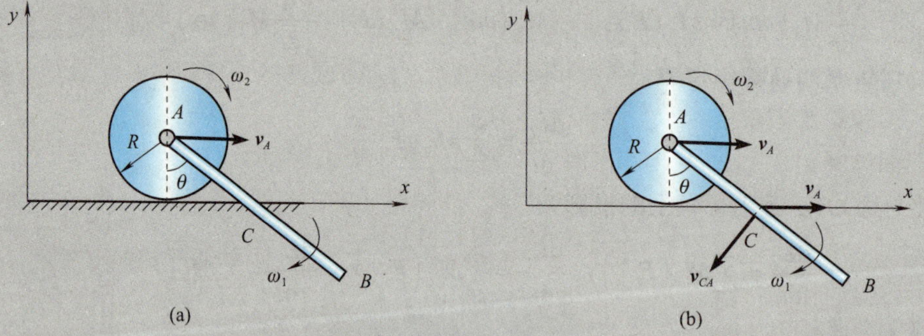

图 11-1 例 11-1

解：速度分析如图 11-1(b)所示。

(1)计算动量。

$$p_x=m_1v_{Cx}+m_2v_A=m_1\left(v_A-\frac{l\omega_1}{2}\cos\theta\right)+m_2v_A$$

$$p_y=m_1v_{Cy}=m_1\left(-\frac{l\omega_1}{2}\sin\theta\right)$$

(2)计算动量矩。

$$L_A=M_A(m_1\boldsymbol{v}_C)+J_C\omega_1+J_A\omega_2$$
$$=m_1v_A\cdot\frac{l}{2}\cos\theta-m_1\omega_1\frac{e^2}{4}+\frac{m_1l^2}{12}\omega_1+\frac{m_2R^2}{2}\omega_2$$

例 11-2

图 11-2(a)所示行星齿轮机构在水平面内运动。质量为 m_1 的均质曲柄 OA 带动行星齿

轮Ⅱ在固定齿轮Ⅰ上纯滚动。齿轮Ⅱ的质量为m_2，半径为r_2。定齿轮Ⅰ的半径为r_1。求齿轮Ⅱ对轴O的动量矩。

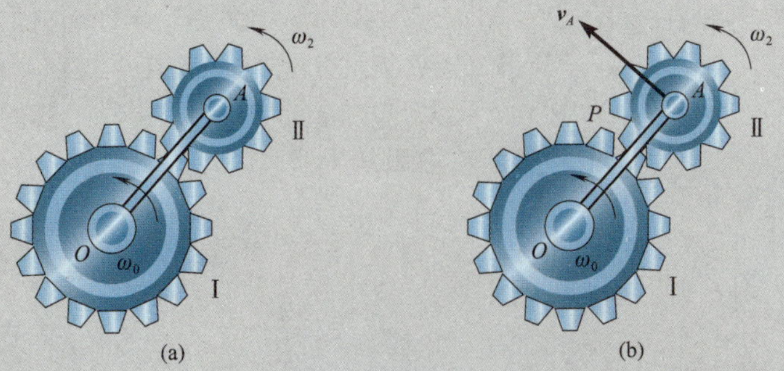

图 11-2　例 11-2

解：速度分析如图 11-2(b)所示，P点为速度瞬心。

$$v_A=(r_1+r_2)\cdot\omega_0=r_2\omega_2$$

$$\omega_2=\frac{r_1+r_2}{r_2}\omega_0$$

$$L_O=(r_1+r_2)\cdot m_2v_A+J_A\omega_2=(r_1+r_2)\cdot m_2v_A+\frac{1}{2}m_2r_2^2\omega_2$$

例 11-3

如图 11-3(a)所示，长度为l、质量不计的杆OA与半径为R、质量为m的均质圆盘B在A处铰接，杆OA有角速度ω，圆盘B以角速度ω(逆时针向)旋转。求圆盘对轴O的动量矩。

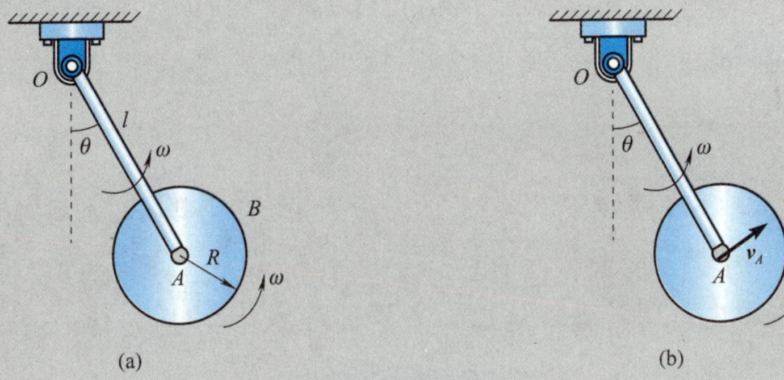

图 11-3　例 11-3

解：速度分析如图 11-3(b)所示。

$$L_O=l\cdot mv_A+L_A$$

$$L_O=l\cdot ml\omega+J_A\omega_A$$

$$L_O=ml^2\omega+\frac{1}{2}mR^2\cdot 2\omega$$

$$L_O=m(R^2+l^2)\omega$$

例 11-4

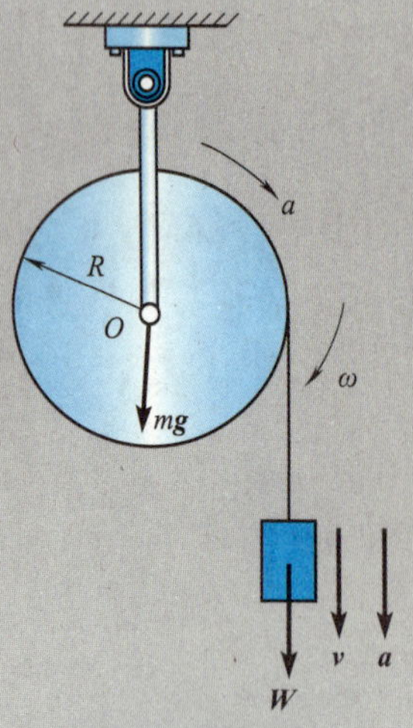

图 11-4　例 11-4

如图 11-4 所示，均质圆轮半径为 R、质量为 m，圆轮对转轴的转动惯量为 J_O。圆轮在重物 A 带动下绕固定轴 O 转动，已知重物重量为 $\boldsymbol{W}$。求重物下落的加速度。

解：取系统为研究对象。

$$L_O = J_O\omega + \frac{W}{g}vR\text{，}\quad \omega = \frac{v}{R}$$

$$L_O = \left(\frac{J_O}{R} + \frac{W}{g}R\right)v\text{，}\quad \sum M_O = WR$$

由动量矩定理得

$$\frac{\mathrm{d}L_O}{\mathrm{d}t} = \sum M_O\text{，}\quad \left(\frac{J_O}{R} + \frac{W}{g}R\right)\frac{\mathrm{d}v}{\mathrm{d}t} = WR$$

$$a = \frac{WR^2}{J_O + WR^2/g}$$

例 11-5

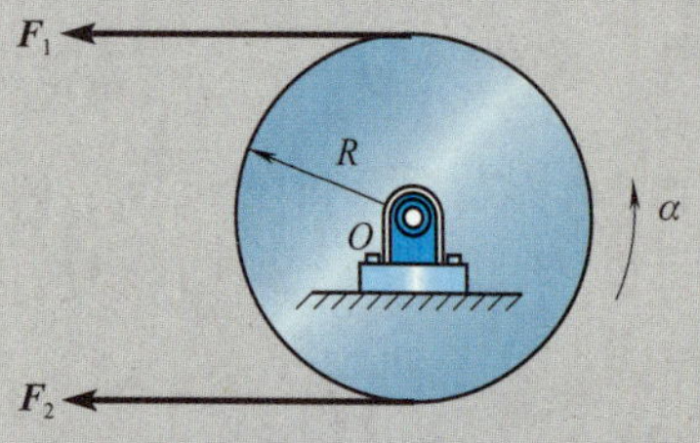

图 11-5　例 11-5

如图 11-5 所示，已知滑轮半径为 R，转动惯量为 J，带动滑轮的胶带拉力为 $\boldsymbol{F}_1$ 和 $\boldsymbol{F}_2$。求滑轮的角加速度 α。

解：
$$J\alpha = (F_1 - F_2)R\text{，}\quad \alpha = \frac{(F_1 - F_2)R}{J}$$

由此可见，只有当定滑轮为匀速转动(包括静止)或虽非匀速转动，但可忽略滑轮的转动惯量时，跨过定滑轮的胶带拉力才相等。

例 11-6

如图 11-6 所示，物理摆(或称为复摆)的质量为 m，C 为其质心，摆对悬挂点的转动惯量为 J_O。求微小摆动的周期。

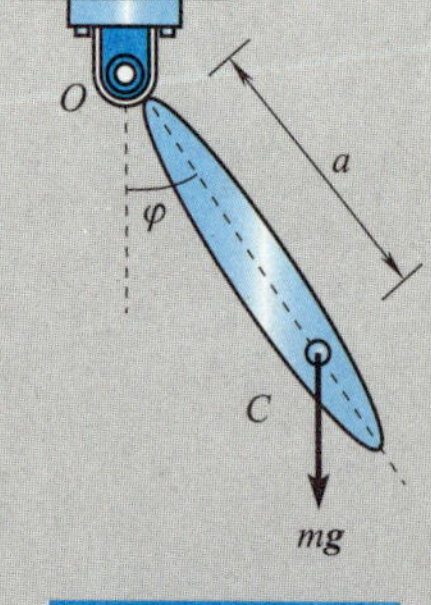

图 11-6　例 11-6

解：
$$J_O\frac{\mathrm{d}^2\varphi}{\mathrm{d}t^2} = -mga\sin\varphi$$

微小摆动时　$\sin\varphi \approx \varphi$

$$\frac{\mathrm{d}^2\varphi}{\mathrm{d}t^2} + \frac{mga}{J_O}\varphi = 0$$

通解为 $\varphi = \varphi_0 \sin\left(\sqrt{\dfrac{mga}{J_O}}t + \theta\right)$。

其中，φ_0 为角振幅；θ 是初相位，均由初始条件确定。

周期 $T = 2\pi\sqrt{\dfrac{J_O}{mga}}$。

例 11-7

传动轴如图 11-7(a)所示。轴 I 和轴 II 的转动惯量分别为 J_1 和 J_2，传动比 $i_{12}=R_2/R_1$，R_1 和 R_2 分别为轮 I 和轮 II 的半径。今在轴 I 上作用主动力矩 M_1，轴 II 上有阻力矩 M_2，转向如图 11-7(a)所示。设各处摩擦忽略不计，求轴 I 的角加速度。

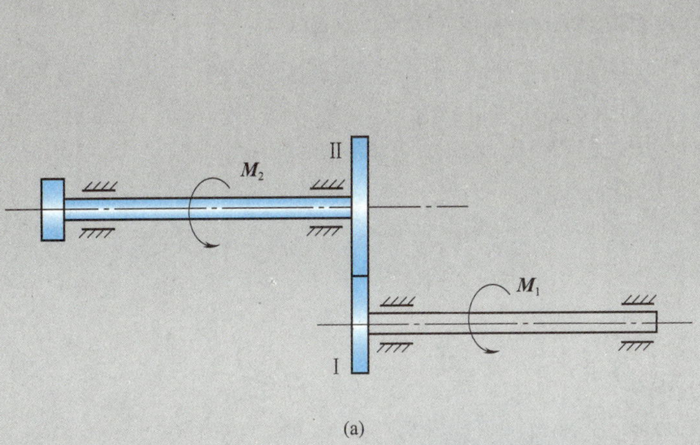

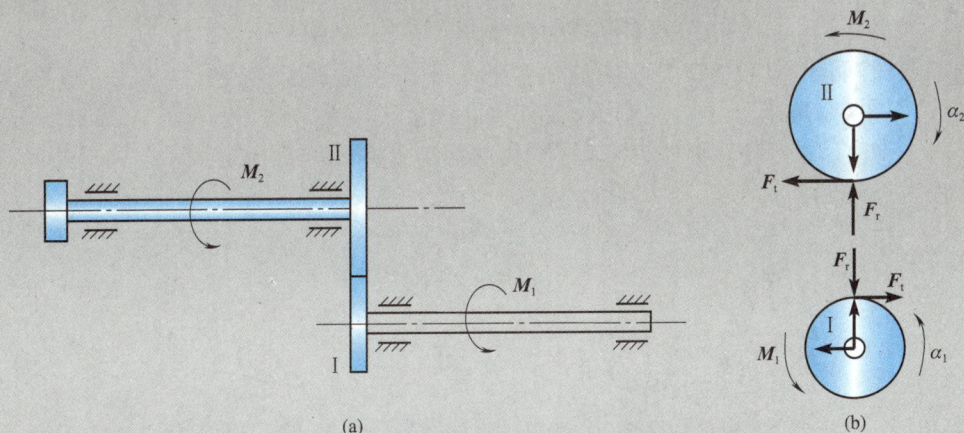

图 11-7　例 11-7

解：分别取轴 I 和轴 II 为研究对象，进行受力分析与运动分析，如图 11-7(b)所示。

$$J_1\alpha_1 = M_1 - F_t R_1$$

$$J_2\alpha_2 = F_t R_2 - M_2$$

传动比为

$$\frac{\alpha_1}{\alpha_2} = i_{12} = \frac{R_2}{R_1}$$

解得

$$\alpha_1 = \frac{M_1 - M_2/i_{12}}{J_1 + J_2/i_{12}^2}$$

例 11-8

如图 11-8(a)所示，质量为 m、半径为 R 的均质圆柱放置在倾角为 φ 的斜面上。圆柱初始时静止。试分析下列两种情况时圆柱的运动和受力：(1)斜面光滑；(2)斜面与圆柱间的静、动摩擦系数分别为 f_s 和 f_d。

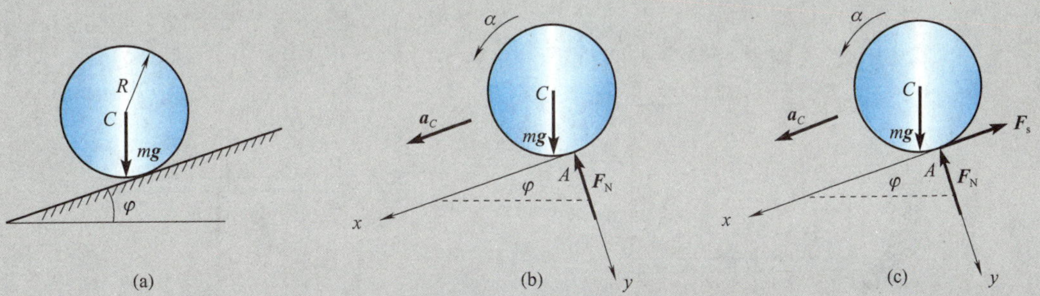

图 11-8　例 11-8

解：(1)斜面光滑。

取圆柱为研究对象，质心在点 C，受力及运动分析如图 11-8(b)所示，列平面运动微分方程得

$$ma_{Cx}=ma_C=mg\sin\varphi$$
$$ma_{Cy}=mg\cos\varphi-F_N=0$$
$$J_C\alpha=0$$

求解可得 $a_C=g\sin\varphi$，$\alpha=0$，$F_N=mg\cos\varphi$

因此，圆柱将沿斜面向下做匀加速运动。

(2)斜面与圆柱间的静、动摩擦系数分别为 f_s 和 f_d。

假设斜面足够粗糙，圆柱纯滚动，受力与运动分析如图 11-8(c)所示，列平面运动微分方程得

$$ma_{Cx}=ma_C=mg\sin\varphi-F_s$$
$$ma_{Cy}=mg\cos\varphi-F_N=0$$
$$J_C\alpha=F_sR$$
$$a_C=R\alpha$$

求解可得 $a_C=\dfrac{2}{3}g\sin\varphi$，$\alpha=\dfrac{2g}{3R}\sin\varphi$，$F_s=\dfrac{1}{3}mg\sin\varphi$，$F_N=mg\cos\varphi$

纯滚动的条件为 $F_s\leqslant f_sF_N$，$f_s\geqslant\dfrac{1}{3}g\tan\varphi$。

当 $f_s<g\tan\varphi/3$ 时，圆柱既滚又滑，列平面运动微分方程及补充方程得

$$ma_{Cx}=ma_C=mg\sin\varphi-F_d$$
$$ma_{Cy}=mg\cos\varphi-F_N=0$$
$$J_C\alpha=F_dR$$
$$F_d=f_dF_N$$

求解可得

$$F_N=mg\cos\varphi,\quad F_d=f_dmg\cos\varphi$$
$$a_C=g(\sin\varphi-f_d\cos\varphi),\quad \alpha=\frac{2f_dg}{R}\cos\varphi$$

例 11-9

如图 11-9(a)所示，质量为 m、长为 l 的水平均质细直杆一端受固定铰支座约束，另一端为绳索约束。求绳索突然剪断时 O 处的约束力。

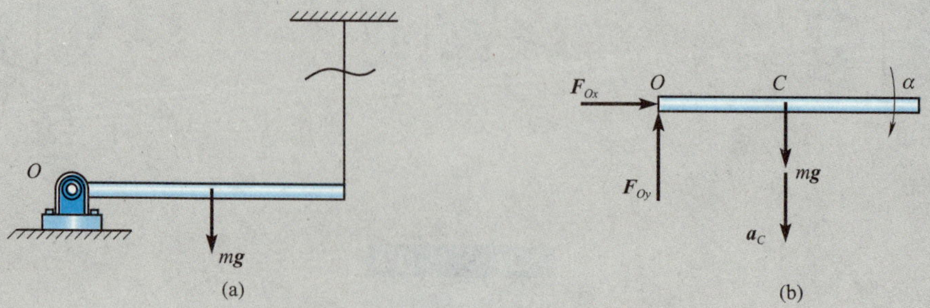

图 11-9 例 11-9

解：取杆为研究对象，质心在点 C，绳索突然剪断时，杆将绕 O 做定轴转动。受力及运动分析如图 11-9(b) 所示，列定轴转动微分方程得

$$\frac{1}{3}ml^2\alpha = mg\frac{l}{2}，\ 可得\ \alpha = \frac{3g}{2l}，\ a_C = \frac{l}{2}\alpha$$

应用质心运动定理有

$$m\cdot\frac{l}{2}\omega^2 = 0 = F_{Ox}，\ m\cdot\frac{l}{2}\alpha = mg - F_{Oy}$$

解得

$$F_{Ox} = 0，\ F_{Oy} = \frac{mg}{4}$$

例 11-10

摩擦离合器靠接合面的摩擦进行传动（图 11-10）。在接合前，已知主动轴 1 以角速度 ω_0 转动，从动轴 2 处于静止。一经接合，轴 1 的转速迅速减小，轴 2 的转速迅速加快，两轴最后以共同角速度 ω 转动。已知轴 1 和轴 2 连同各自的附件对转轴的转动惯量分别是 J_1 和 J_2，试求接合后的共同角速度 ω（轴承的摩擦不计）。

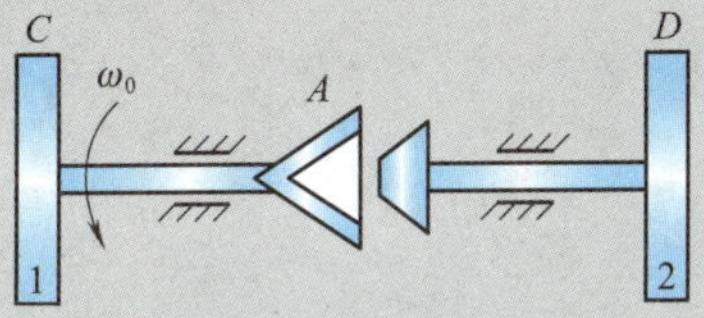

图 11-10　例 11-10

解：取轴 1 和轴 2 组成的系统作为研究对象。接合时作用在两轴上的外力对公共转轴的矩都等于零，故系统对转轴的总动量矩不变。

接合前系统的动量矩是　　$J_1\omega_0 + J_2\times 0$

离合器接合后，系统的动量矩是　$(J_1 + J_2)\omega$

由动量矩守恒定理得　　$J_1\omega_0 = (J_1 + J_2)\omega$

求得接合后的共同角速度为　$\omega = \dfrac{J_1}{J_1 + J_2}\omega_0$

显然 ω 的转向与 ω_0 相同。

例 11-11

如图 11-11 所示，在静止的水平匀质圆盘上，一个人沿盘边缘由静止开始相对盘以速度 $\boldsymbol{u}$ 行走，设人质量为 m_2，盘的质量为 m_1，盘半径为 r，摩擦不计。求盘的角速度。

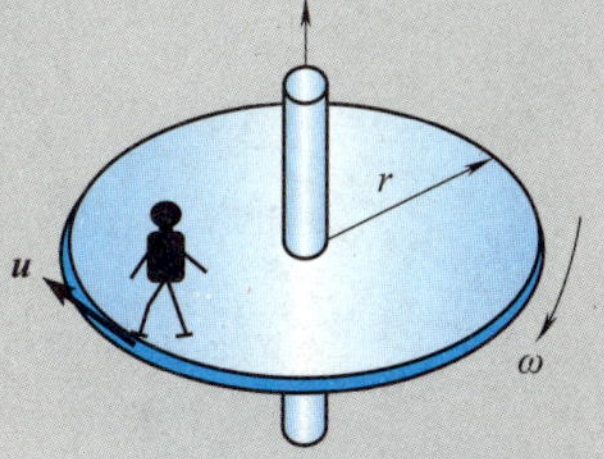

图 11-11　例 11-11

解：以人和盘为研究对象，z 轴方向动量矩守恒。

初始静止，$L_{z0} = 0$。

$$L_z = J_z\omega + m_2 v\cdot r$$

$$\boldsymbol{v} = \boldsymbol{v}_a = \boldsymbol{v}_e + \boldsymbol{v}_r，\ v = r\omega + u$$

$$L_z = J_z\omega + m_2 r(r\omega + u)，\ L_z = m_2 ru + \left(\frac{1}{2}m_1 r^2 + m_2 r^2\right)\omega$$

$$m_2ru+\left(\frac{1}{2}m_1r^2+m_2r^2\right)\omega=0$$

解得

$$\omega=-\frac{2m_2}{2m_2+m_1}\cdot\frac{u}{r}$$

例 11-12

长为 l 的均质杆 OC 绕轴 O 以角速度 ω 逆时针转动，另一端 C 与圆盘中心铰接。圆盘半径为 R，质量均匀集中于圆盘边缘，相对杆 OC 以角速度 ω 逆时针转动。如图 11-12 所示，若杆和圆盘质量均为 m，求：(1) 系统的动量大小 P；(2) 两者固连时对 O 轴的转动惯量 J_O；(3) 系统对 O 轴的动量矩 L_O。

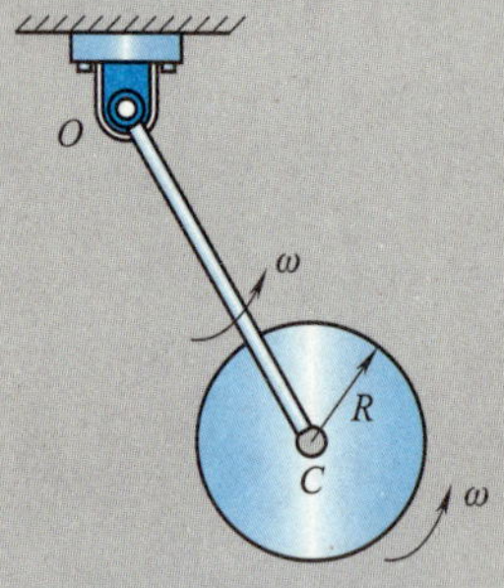

图 11-12　例 11-12

解：(1) $P=m\omega\frac{l}{2}+m\omega l=\frac{3}{2}m\omega l$

(2) $J_O=\frac{1}{3}ml^2+mR^2+ml^2=\frac{4}{3}ml^2+mR^2$

(3) $L_O=\frac{1}{3}ml^2\omega+m\omega l\cdot l+mR^2(\omega+\omega)=\frac{4}{3}ml^2\omega+2mR^2\omega$

例 11-13

如图 11-13(a)所示，两根质量各为 8kg 的均质细杆固连成 T 形，可绕通过 O 点的水平轴转动，当 OA 处于水平位置时，T 形杆具有角速度 $\omega=4\text{rad/s}$。求该瞬时轴承 O 的约束力。

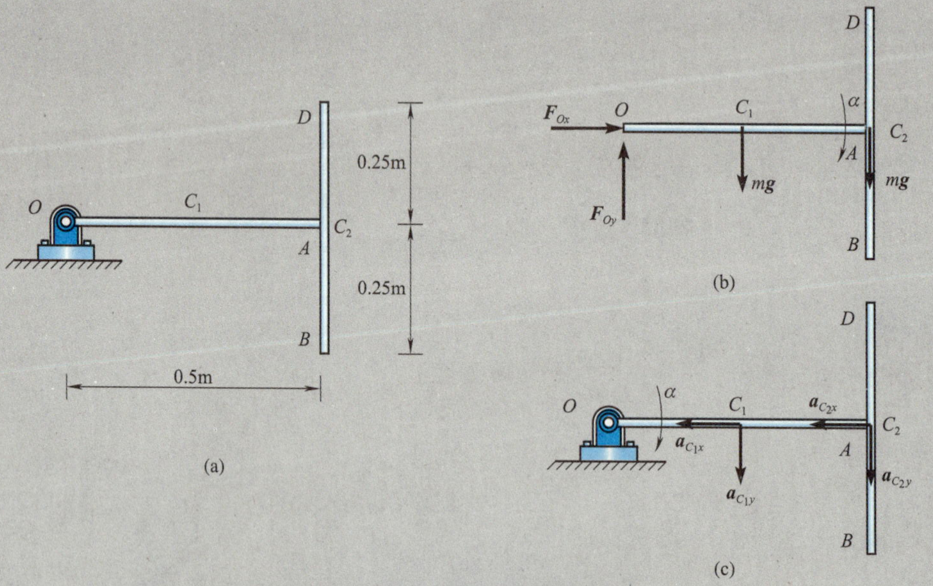

图 11-13　例 11-13

解：选 T 形杆为研究对象，受力分析如图 11-13(b)所示。

由定轴转动微分方程有

$$J_O\alpha = mg\cdot 0.25 + mg\cdot 0.5$$

$$J_O = \frac{1}{3}ml^2 + \frac{1}{12}ml^2 + ml^2 = \frac{17}{12}ml^2$$

$$\frac{17}{12}\times 8\times 0.5^2\cdot\alpha = 8\times 9.8\times 0.25 + 8\times 9.8\times 0.5$$

$$\alpha = 20.75\ \text{rad/s}^2$$

根据质心运动定理得

$$-2ma_{Cx} = -ma_{C_1x} - ma_{C_2x} = F_{Ox}$$

$$-2ma_{Cy} = -ma_{C_1y} - ma_{C_2y} = F_{Oy} - mg - mg$$

$$F_{Ox} = -m\,(a_{C_1x} + a_{C_2x}) = -8\times\ (4^2\times 0.25\ +\ 4^2\times 0.5\ ) = -96(\text{N})$$

$$F_{Oy} = 2\times 8\times 9.8 - 8\times(\ 20.75\times 0.25\ +\ 20.75\times 0.5\ ) = 32.3(\text{N})$$

11.3 习题详解

11-1　如图 11-14 所示，质量为 m 的质点运动方程为 $x = a\cos 2\omega t$， $y = b\sin\omega t$，求质点对原点 O 的动量矩。

解：

$$v = \frac{\mathrm{d}x}{\mathrm{d}t}$$

$$v_x = -2a\omega\sin 2\omega t$$

$$v_y = b\omega\cos\omega t$$

$$L_O = M_O(mv_x) + M_O(mv_y)$$

$$= mab\omega\cos\omega t$$

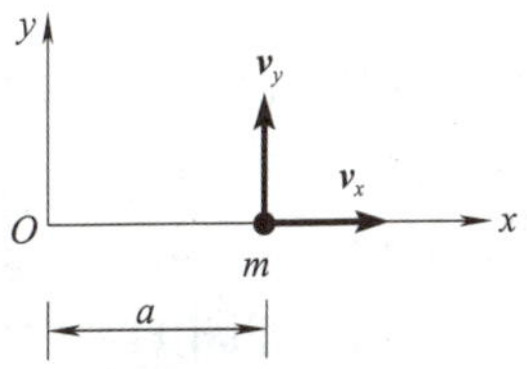

图 11-14　题 11-1

11-2　如图 11-15 所示，均质细直杆质量为 m，长 $l = 2R$，其 A 端固接在均质圆盘的边缘上。圆盘的质量为 M，半径为 R，以角速度 ω 绕定轴 O 转动，求系统对于 O 轴的动量矩。

解：圆盘和杆都绕 O 轴做定轴转动。

对于圆盘有　$L_{O_1} = J_{O_1}\cdot\omega = \frac{1}{2}MR^2\omega$

对于杆有　$L_{O_2} = J_{O_2}\omega = \left[\frac{1}{12}m(2R)^2 + mR^2\right]\omega = \frac{4}{3}mR^2\omega$

所以动量矩为　$L_O = L_{O_1} + L_{O_2} = \left(\frac{1}{2}M + \frac{4}{3}m\right)R^2\omega$

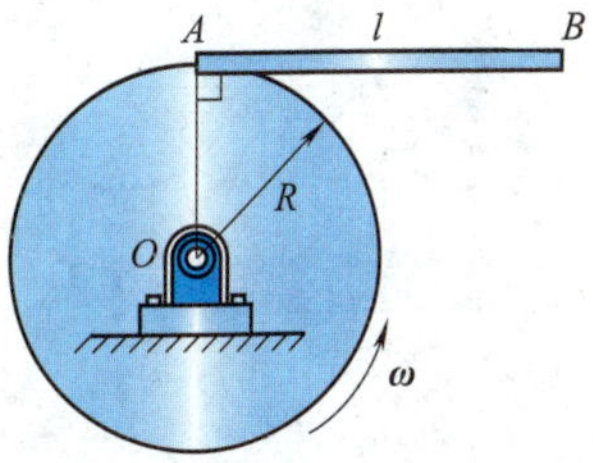

图 11-15　题 11-2

11-3　质量为 m_a 和 m_b 的两个物块分别系在两根柔软不可伸长的绳子上(图 11-16)，两根绳分别绕在半径为 R_1 和 R_2 的鼓轮上，设鼓轮的质量为 M，对转轴的回转半径为 J，以角速度 ω 转动。求系统对鼓轮转轴的动量矩。

解：

$$L_O = (m_aR_1^2 + m_bR_2^2 + MJ^2)\omega$$

11-4　如图 11-17 所示，夹角为 θ 的两杆固接在一起，CD 杆两端各固定一个小球，质量均为 m，大小不计。已知杆长 $CO = OD = l$，系统以角速度 ω 绕轴转动。求：(1) CD 杆自重不计时，系统对 z 轴的动量矩；(2)均质杆 CD 质量为 $3m$ 时，系统对 z 轴的动量矩。

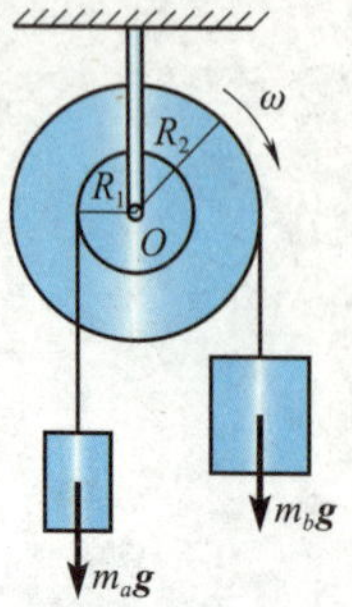

图 11-16　题 11-3

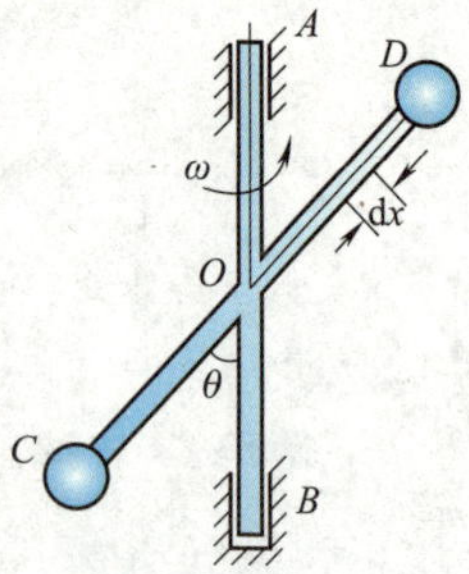

图 11-17　题 11-4

解：(1) $L_1 = 2mv \cdot r \cdot \sin\theta = 2m\omega l^2 \sin^2\theta$

(2) $L_2 = 2m\omega l^2 \sin^2\theta + 2\int_0^l \omega x^2 \sin^2\theta \cdot \dfrac{3m}{2l}\mathrm{d}x = 3m\omega l^2 \sin^2\theta$

11-5　均质圆盘以转数 $n = 60\mathrm{r/min}$ 沿水平面做纯滚动，已知圆盘半径 $R = 20\mathrm{cm}$，质量 $M = 40\mathrm{kg}$。求：(1)圆盘对通过质心垂直于运动平面之轴的动量矩；(2)圆盘对瞬时转动轴的动量矩。

解：圆盘对通过质心垂直于运动平面之轴的动量矩为

$$L_C = \frac{1}{2}MR^2\omega = \frac{1}{2}\times 40\times 0.2^2 \times \frac{2\pi\times 60}{60} = 5.02(\mathrm{kg\cdot m^2/s})$$

圆盘对瞬时转动轴的动量矩为

$$L_P = \left(\frac{1}{2}MR^2 + MR^2\right)\omega = \left(\frac{1}{2}\times 40\times 0.2^2 + 40\times 0.2^2\right)\times\frac{2\pi\times 60}{60} = 15.07(\mathrm{kg\cdot m^2/s})$$

11-6　如图 11-18 所示，行星齿轮传动机构中，曲柄的角速度为 ω，定齿轮 I 和动齿轮III的半径均为 R，齿轮III质量为 m_3，齿轮 II 半径为 r，质量为 m_2。各齿轮假定为均质圆盘，不计曲柄质量，求机构对固定轴 O 的动量矩。

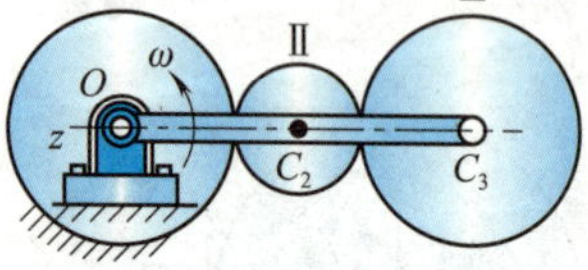

图 11-18　题 11-6

解：曲柄绕 O 点转动，角速度为 ω，则齿轮 II 和齿轮III绕各自质心转动的角速度分别为

$$\omega_2 = \frac{\omega(R+r)}{r},\quad \omega_3 = \frac{2\omega(R+r)}{R}$$

质心速度分别为

$$v_2 = \omega(R+r),\quad v_3 = 2\omega(R+r)$$

则 $L_O = m_2 v_2(R+r) + \dfrac{1}{2}m_2 r^2\omega_2 + 2m_3 v_3(R+r) + \dfrac{1}{2}m_3 R^2\omega_3 = \omega(R+r)\left[m_2\left(R+\dfrac{3}{2}r\right) + m_3(5R+4r)\right]$

11-7　如图 11-19 所示，质量为 m、高为 h 的均质三角形薄板，求该薄板对底边的转动惯量 J。

解：设三角形薄板的底边长为 L，单位面积的质量为 ρ，则

$$J = \int_0^h \left(-\frac{L}{h}y + L\right)\rho y^2 \mathrm{d}y = \frac{Lh^3}{12}\rho = \frac{Lh^3}{12}\frac{2m}{Lh} = \frac{mh^2}{6}$$

11-8　如图 11-20 所示，质量为 5kg 的物体 A 以初始速度 2m/s 在光滑水平面内绕 O 做圆周运动。现沿切线方向突加大小为 5N 的力，不计物体的大小，试求 3s 后物体的速度大小。

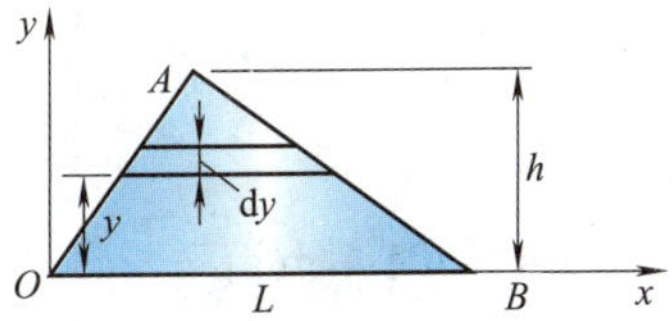

图 11-19　题 11-7

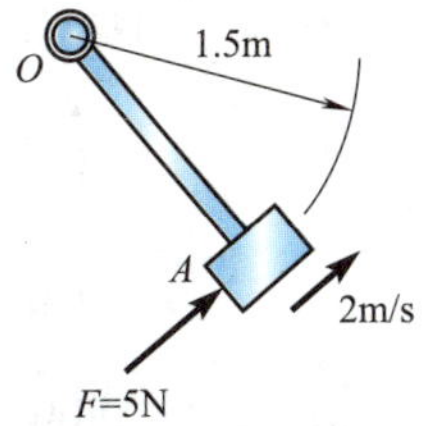

图 11-20　题 11-8

解：根据动量矩定理有　$J\alpha=\sum M(F)$

$$mR^2\alpha=F\cdot R,\quad \alpha=\frac{F}{mR}=\frac{5}{5\times1.5}=\frac{2}{3}(\text{rad/s}^2)$$

$$v=(\omega+\alpha t)R=v_0+\alpha tR=2+\frac{2}{3}\times3\times1.5=5(\text{m/s})$$

11-9　如图 11-21 所示，质量为5kg 的物体 A 可在光滑水平面内绕 O 做圆周运动。现对物体加 $F=10\text{kN}$ 的力，方向始终与物体运动轨迹的切线方向成 θ（$\sin\theta=0.6$），不计物体的大小，试求 4s 后物体的速度。

解：　$L_O=mvR$，$M_O(\boldsymbol{F})=FR\cos\theta$

由 $\dfrac{\mathrm{d}L_O}{\mathrm{d}t}=M_O(\boldsymbol{F})$，得 $ma_{\mathrm{t}}R=FR\cos\theta$。

所以
$$a_{\mathrm{t}}=\frac{F\cos\theta}{m}=\frac{10\times0.8}{5}=1.6(\text{m/s}^2)$$
$$v=a_{\mathrm{t}}\cdot t=6.4\text{m/s}$$

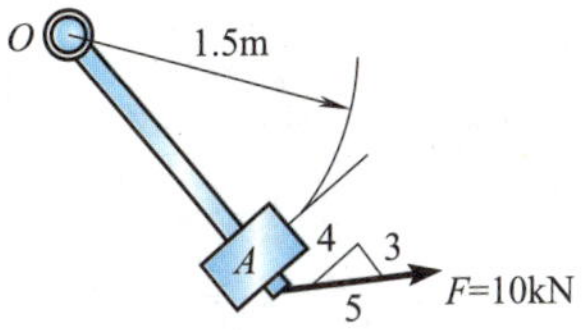

图 11-21　题 11-9

11-10　两个质量同为 10kg 的小球由轻质刚性杆连接（图 11-22），小球水平面内绕 O 做圆周运动。初始时系统静止，某一时刻系统突受大小为$10\text{N}\cdot\text{m}$ 的力偶和 $M=(8t)\text{N}\cdot\text{m}$ 的扭矩。不计小球的大小，试求 4s 后物体的速度。

解：根据动量矩定理有 $J\alpha=\sum M(\boldsymbol{F})$。

$$2mR^2\alpha=M+2P\cdot R,\quad \alpha=\frac{M+2P\cdot R}{2mR^2}=\frac{8t+2\times10\times0.5}{2\times10\times0.5^2}=\frac{8t+10}{5}$$

$$\omega=\int_0^4\frac{10+8t}{5}\mathrm{d}t=20.8(\text{rad/s})$$

$$v=\omega R=20.8\times0.5=10.4(\text{m/s})$$

11-11　小车连接在一个质量不计的刚性杆上并绕桩 A 做圆周运动，初始时系统静止(图 11-23)。某一时刻系统受大小为 $M=(20t^2)\text{N}\cdot\text{m}$ 的力矩，而小车的牵引力 $F=15\text{kN}$。小车和人的质量为150kg，不计小车的大小，试求 5s 后小车的速度。

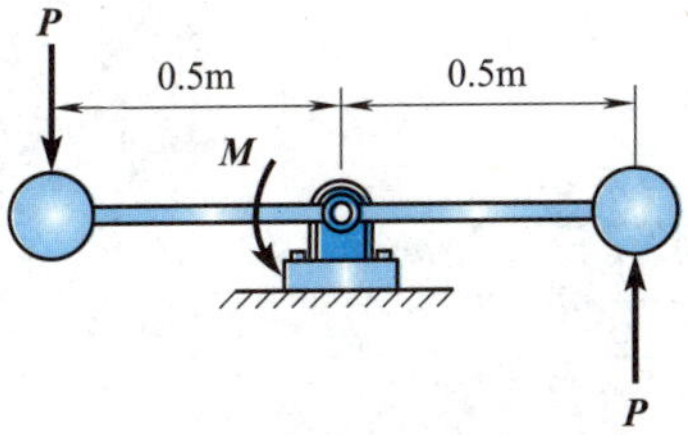

图 11-22　题 11-10

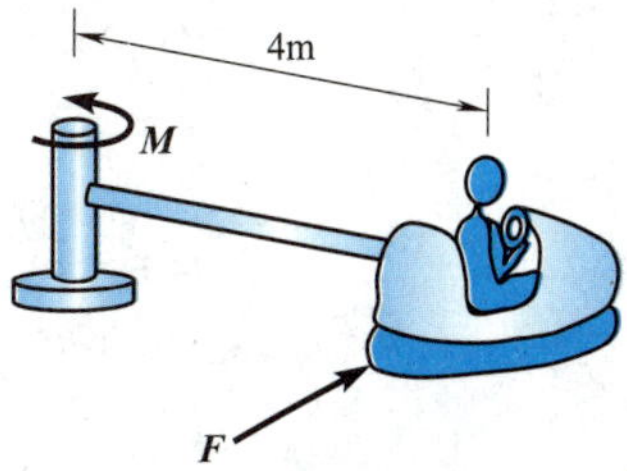

图 11-23　题 11-11

解： $J\alpha=\sum M(\boldsymbol{F})$，$(150\times 4^2)\alpha=15000\times 4+20t^2$

$$\alpha=\frac{\mathrm{d}\omega}{\mathrm{d}t}，\int_0^{\omega}(150\times 4^2)\mathrm{d}\omega=\int_0^{t}(15000\times 4+20t^2)\mathrm{d}t$$

$$\omega=\frac{\frac{20}{3}t^3+6\times 10^4 t}{2400}，v=\frac{\frac{20}{3}\times 5^3+6\times 10^4\times 5}{2400}\times 4=501.4(\mathrm{m/s})$$

11-12 如图 11-24(a)所示，质量为m_1、m_2的重物A、B通过细绳悬挂在塔轮上，塔轮的质量是m_3，对轴O的回转半径为ρ，质心位于转轴O处，求鼓轮的角加速度。

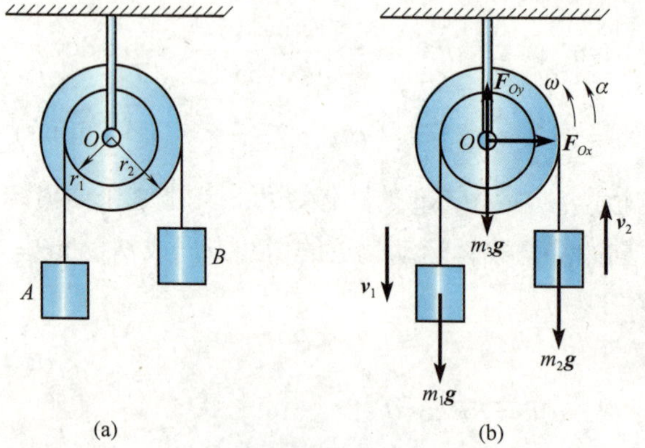

图 11-24 题 11-12

解： 受力分析如图 11-24(b)所示。

系统对轴O的动量矩为$L_O=m_1v_Ar_1+m_2v_Br_2+J\omega=m_1r_1^2+m_2r_2^2+m_3\rho^2$

由动量矩定理$\dfrac{\mathrm{d}L_O}{\mathrm{d}t}\sum M_O(\boldsymbol{F})$得$\dfrac{\mathrm{d}}{\mathrm{d}t}\left[(m_1r_1^2+m_2r_2^2+m_3\rho^2)\omega\right]=m_1gr_1-m_2gr_2$。

$$\alpha=\frac{\mathrm{d}\omega}{\mathrm{d}t}=\frac{(m_1r_1-m_2r_2)g}{m_1r_1^2+m_2r_2^2+m_3\rho^2}$$

11-13 如图 11-25(a)所示，均质鼓轮通过细绳与物块相连，物块与水平面间的动摩擦系数为f。已知物块的质量为m_1，鼓轮的半径为r，质量为m_2。试求当手柄AB上作用力矩为M的力偶时，物体D的加速度。

解： 鼓轮在转动时，受到绳子拉力产生阻力矩，有

$$M-F_{\mathrm{T}}r=\frac{1}{2}m_2r^2\alpha$$

以物块来研究，物块受到绳子的拉力和水平面的摩擦力为

$$F_{\mathrm{T}}-m_1gf=m_1a$$

又

$$a=\alpha r$$

解得

$$\alpha=\frac{M-m_1gfr}{\left(m_1+\frac{1}{2}m_2\right)r^2}，a=\frac{M-m_1gfr}{\left(m_1+\frac{1}{2}m_2\right)r}$$

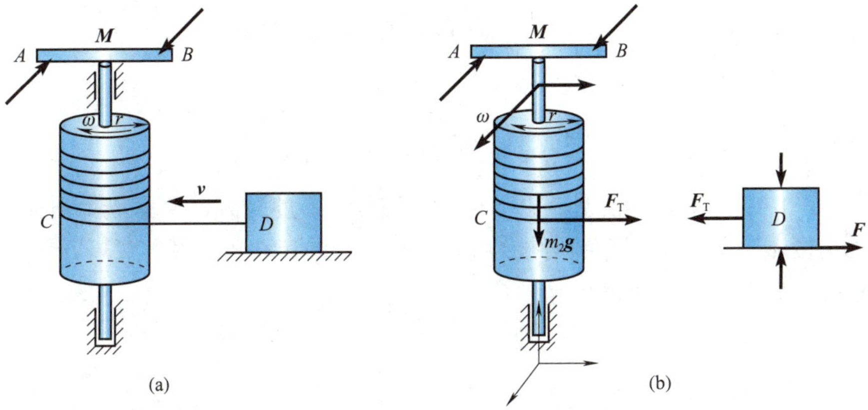

图 11-25　题 11-13

11-14　如图 11-26 所示，飞轮在偶矩 $M_O \sin\omega t$ 作用下绕轴 O 运动，飞轮的辐条上有质量均为 m 的两个物体做周期运动，初瞬时 $r = r_0$。试求飞轮以角速度 ω 转动时，r 应满足的条件。

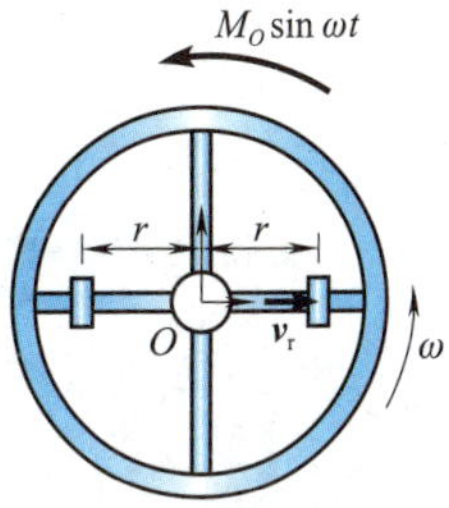

图 11-26　题 11-14

解： 由动量矩定理得

$$M_O \sin\omega t = \frac{\mathrm{d}(J\omega + 2mvr)}{\mathrm{d}t} = \frac{\mathrm{d}(J\omega + 2m\omega r^2)}{\mathrm{d}t}$$

所以
$$\left(J + 2mr^2\right)\alpha + 4mr\omega\frac{\mathrm{d}r}{\mathrm{d}t} = M_O \sin\omega t$$

因为
$$\alpha = 0 ,\quad 4mr\omega\frac{\mathrm{d}r}{\mathrm{d}t} = M_O \sin\omega t$$

解得
$$r = \sqrt{r_0^2 - \frac{M_O \cos\omega t}{2m\omega^2}}$$

11-15　小锤 M 系在不可伸长的线 MOA 一端，线的另一端穿过铅垂小管，小锤绕管轴沿半径为 $MC = R$ 的圆周做 $100\mathrm{r/min}$ 的旋转运动（图 11-27）。慢慢拉管内的线段 OA，使外面的线段长度缩短到 OM_1，此时小锤做半径为 $R/2$ 的圆周运动。求小锤沿圆周运动的转速。

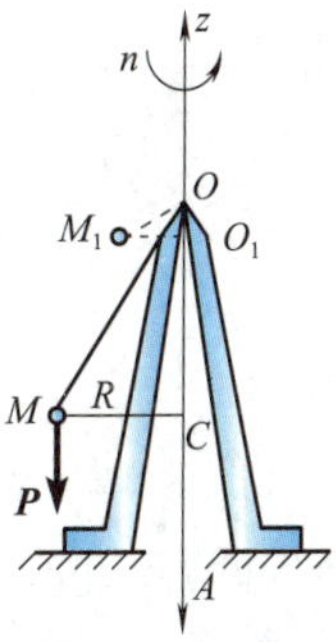

图 11-27　题 11-15

解： 因为外力对 z 轴没有力矩，因此，小球对 z 轴动量矩守恒。

$$\omega_1 = \frac{2\pi n_1}{60} = \frac{100\times 2\pi}{60} = \frac{10\pi}{3}(\mathrm{rad/s})$$

$$L_z = J_1\omega_1 = mR^2\omega_1 = J_2\omega_2 = m\left(\frac{R}{2}\right)^2\omega_2$$

解得

$$\omega_2 = 4\omega_1 = \frac{40\pi}{3}(\mathrm{rad/s}) ,\quad n_2 = \frac{60\omega_2}{2\pi} = \frac{60\times 40\pi}{2\pi\times 3} = 400(\mathrm{r/min})$$

11-16　如图 11-28 所示，水平圆板绕 z 轴转动。质点 M 在圆板上以半径 r、常速度 v_0 做圆周运动（圆心距 z 轴距离为 l）。M 点在圆板的位置由 φ 确定。圆板的转动惯量为 J，当 M 点运动到离 z 轴最远点 M_0 时，圆板角速度为零。忽略轴的摩擦和空气阻力，试求圆板的角速度与 φ 的关系。

解： 以圆板与质点整体为研究对象，z 轴方向不受外力矩作用，由动量矩守恒得

$$L_{z1} = M(l + r)v_0$$

$$L_{z2} = J\omega + M(l + r\cos\varphi)v_0 + M\omega\left[(1 + r\cos\varphi)^2 + (1 - r\sin\varphi)^2\right]$$

$$L_{z1} = L_{z2}$$

可以推出
$$\omega = \frac{Mlv_0(1 - \cos\varphi)}{J + M\left(l^2 + r^2 + 2lr\cos\varphi\right)}$$

11-17　图 11-29 为离合器模型，轮 I 和轮 II 的转动惯量为 J_1、J_2。初始时刻轮 II 静止，轮 I 具有角速度 ω_1。求：(1) 离合器结合后，两轮共有的转动角速度；(2) 若经过 t 秒后两轮的转速才相同，离合器应有的摩擦力矩。

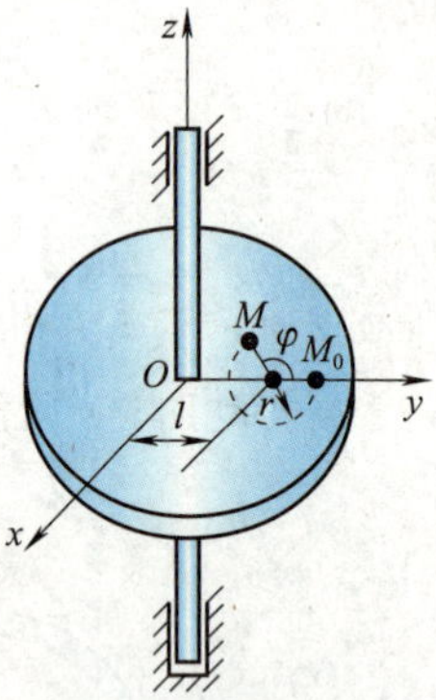

图 11-28　题 11-16

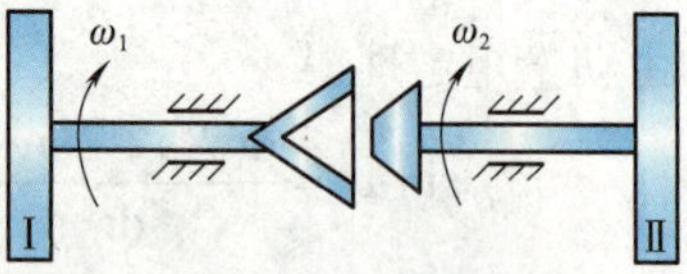

图 11-29　题 11-17

解：(1) 取系统为研究对象，由动量矩守恒得

$$\sum M_z(F) = 0,\quad L_z = L_{z1} = 常数$$

$$(J_1 + J_2)\omega = J_1\omega_1$$

$$\omega = \frac{J_1\omega_1}{J_1 + J_2}$$

(2) 分别取轮 I 、II 为研究对象，有

$$J_1\frac{\mathrm{d}\omega_1}{\mathrm{d}t} = -M_\mathrm{f},\quad J_2\frac{\mathrm{d}\omega_2}{\mathrm{d}t} = M_\mathrm{f}$$

$$\int_{\omega_1}^{\omega_2} J_1\mathrm{d}\omega = \int_0^t -M_\mathrm{f}\mathrm{d}t,\quad \int_0^{\omega} J_2\mathrm{d}\omega = \int_0^t M_\mathrm{f}\mathrm{d}t$$

$$M_\mathrm{f} = \frac{J_1J_2\omega_1}{(J_1 + J_2)t}$$

11-18　如图 11-30(a) 所示，均质杆 AB 长 l，质量为 m_1，B 球尺寸不计，质量为 m_2，无质量弹簧的劲度系数为 k。假定系统在水平位置处于平衡状态。现给球 B 一个铅直向下的微小位移 δ_0，之后无初速地释放，求杆系统做微幅摆动的规律和周期。

解：受力分析如图 11-30(b) 所示。

平衡时
$$m_1g\frac{l}{2} + m_2gl = k\delta_\mathrm{st}\frac{l}{3}$$

某个瞬时，杆的角位移为 φ

$$\left(\frac{1}{3}m_1l^2 + m_2l^2\right)\alpha = m_1g\frac{l}{2} + m_2gl - k\left(\delta_\mathrm{st} + \frac{l}{3}\varphi\right)\frac{l}{3}$$

$$\left(\frac{1}{3}m_1l^2+m_2l^2\right)\ddot{\varphi}+k\left(\frac{l}{3}\right)^2\varphi=0$$

解得 $\ddot{\varphi}+\dfrac{k}{3m_1+9m_2}\varphi=\ddot{\varphi}+\omega^2\varphi=0$，杆做简谐振动。

周期为
$$T=\frac{2\pi}{\omega}=\frac{2\pi}{\sqrt{\dfrac{k}{3m_1+9m_2}}}$$

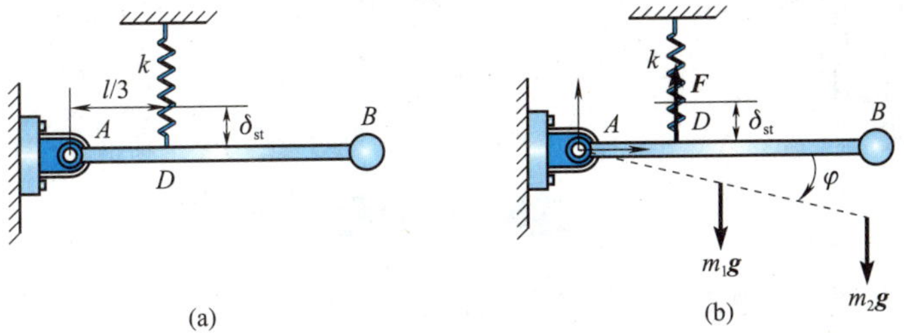

图 11-30　题 11-18

11-19　如图 11-31(a)所示，均质圆轮 A 质量为 m_1，半径为 r_1，以角速度 ω 绕杆 OA 的 A 端转动，此时将轮放置在均质轮 B 上，杆 OA 重量不计。均质轮 B 质量为 m_2，半径为 r_2，初始时静止，但可绕其中心自由转动。放置后，轮 A 的重量由轮 B 支持，设两轮间的摩擦系数为 f，求自轮 A 放在轮 B 上到两轮间没有相对滑动时的时间。

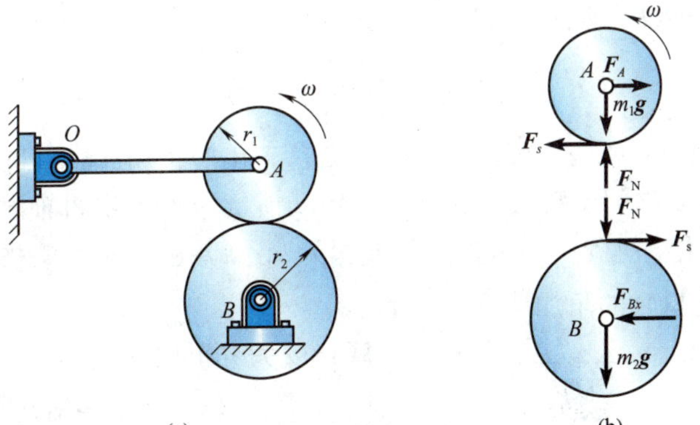

图 11-31　题 11-19

解：受力分析如图 11-31(b)所示。

分析 A 轮，有 $F_N=m_1g$。

$\dfrac{1}{2}m_1r_1^2\dfrac{d\omega_A}{dt}=F_sr_1$，积分得到 $\dfrac{1}{2}m_1r_1(\omega-\omega_A)=F_st$。

分析 B 轮，有 $\dfrac{1}{2}m_2r_2^2\dfrac{d\omega_B}{dt}=F_sr_2$，得 $\dfrac{1}{2}m_2r_2\omega_B=F_st$。

补充方程：$F_s=fm_1g$，$r_1\omega_A=r_2\omega_B$。

解得 $t=\dfrac{m_2r_1\omega}{2gf(m_1+m_2)}$。

11-20　如图 11-32(a)所示，已知均质圆盘质量 $m=80\text{kg}$，半径 $R=1\text{m}$，转速

$n=100\text{r/min}$，常力 $\boldsymbol{F}$ 作用于杆末端，圆盘经15s后停止转动，动摩擦系数 $f_d=0.2$，求力 $\boldsymbol{F}$ 的大小。

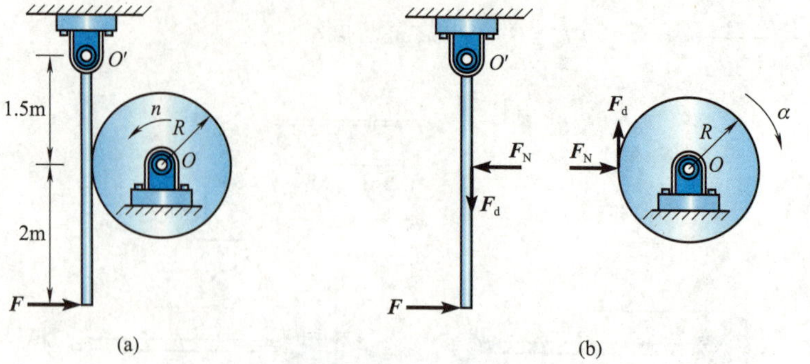

图 11-32　题 11-20

解：受力分析如图 11-32(b) 所示，圆盘初始角速度 $\omega=\dfrac{2\pi n}{60}=\dfrac{10\pi}{3}(\text{rad/s})$，圆盘受到杆的摩擦阻力，角速度不断减小，设角加速度为 α，则 $\alpha=\dfrac{\omega}{t}=\dfrac{2\pi}{9}\text{rad/s}^2$。

$$F_d R=\frac{1}{2}mR^2\alpha\,,\quad F_d=F_N f_d$$

将 α 代入上式得

$$F_N=\frac{400\pi}{9}\text{N}$$

对杆进行研究，对 O' 点取矩，$F\times 3.5=F_N\times 1.5$。

解得

$$F=\frac{400\pi}{21}=59.8(\text{N})$$

11-21　如图 11-33(a) 所示，电动机及其传动装置由胶带相连。电机轴和安装其上的滑轮的转动惯量为 J_1，传动轴和安装其上的滑轮的转动惯量为 J_2。电机轴滑轮的半径为 r_1，传动轴滑轮的半径为 r_2。由电机到传动装置的传递比为 i，轴承的摩擦可略去不计，试求电机轴上作用转矩为 M 时，电机轴的角加速度。

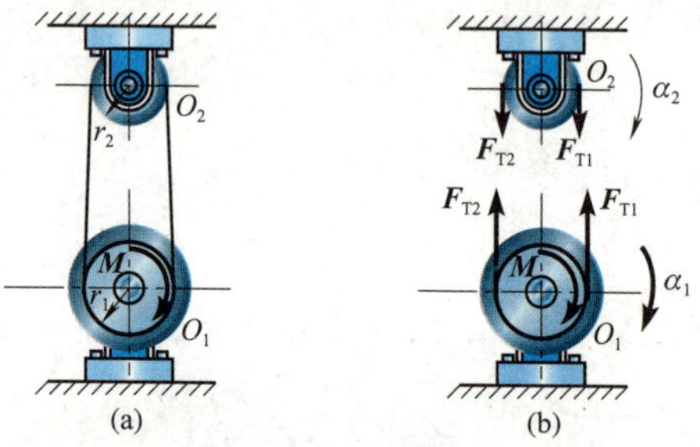

图 11-33　题 11-21

解：受力分析如图 11-33(b) 所示。

$$M+\left(F_{T2}-F_{T1}\right)r_1=J_1\alpha_1$$

$$\left(F_{T1}-F_{T2}\right)r_2=J_2\alpha_2$$

根据运动关系得

$$i=\frac{\alpha_1}{\alpha_2}=\frac{r_2}{r_1}$$

$$\alpha_1=\frac{M}{J_1+\dfrac{J_2}{i^2}}$$

11-22　如图 11-34(a) 所示，电动绞车提升质量为 m 的物体，在其主动轴上作用主动力偶 M。主动轴和从动轴连同安装在这两个轴上的齿轮以及其他附属部件对各自转动轴的转动惯量分别为 J_1 和 J_2，传递比 $r_2:r_1=i$。吊索缠绕在鼓轮上，此轮半径为 R。各处接触摩擦和吊索质量忽略不计，求重物的加速度。

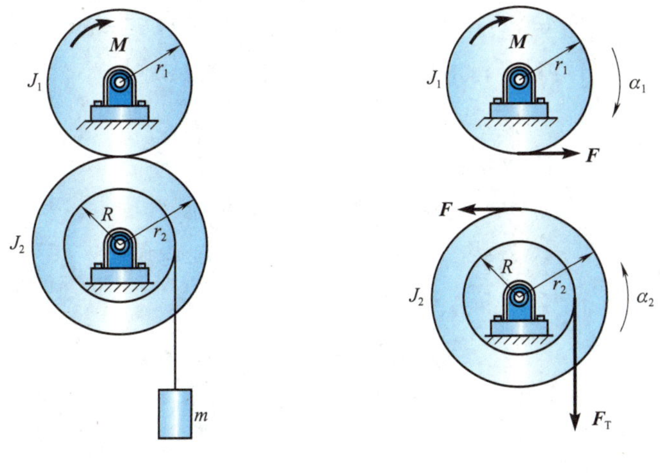

(a)　　(b)

图 11-34　题 11-22

解：受力分析如图 11-34(b)所示，设两轮之间的作用力为 $\boldsymbol{F}$，绳子上的拉力为 $\boldsymbol{F}_\mathrm{T}$。

$$M - Fr_1 = J_1\alpha_1$$

$$Fr_2 - F_\mathrm{T}R = J_2\alpha_2$$

$$F_\mathrm{T} - mg = ma$$

根据运动关系有

$$r_1\alpha_1 = r_2\alpha_2, \quad a = \alpha_2 R$$

联立以上方程，解得

$$\alpha_2 = \frac{Mi - mgR}{J_1 i^2 + mR^2 + J_2}$$

$$a = \alpha_2 R = \frac{MiR - mgR^2}{J_1 i^2 + mR^2 + J_2}$$

11-23　如图 11-35(a)所示，已知直角弯杆的质量 $m = 2\text{kg}$，$DE = EA = 100\text{mm}$。直角弯杆铰接于板 D 上，A、B 两点是两个防止杆转动的螺栓，系统位于铅垂面内。(1)若板的加速度 $a = 2g$，求螺栓 A 或 B 及铰 D 给予弯杆的力；(2)若弯杆在 A、B 处均不受力，求板的加速度及铰 D 的反力。

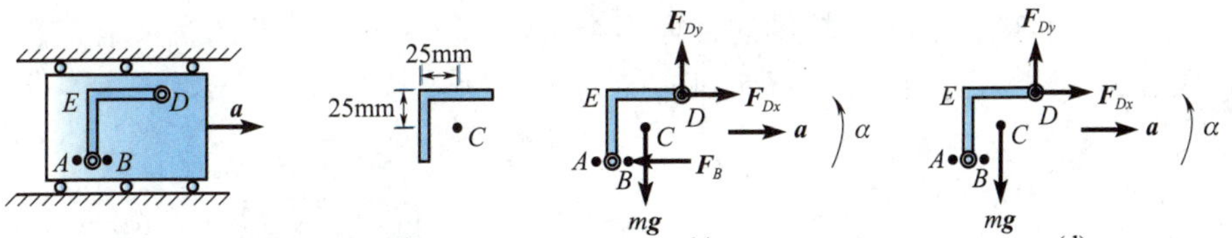

(a)　　(b)　　(c)　　(d)

图 11-35　题 11-23

解：(1)质心 C 点坐标如图 11-35(b)所示。

受力分析如图 11-35(c)所示，以直角弯杆为研究对象有

$$ma_x = F_{Dx} - F_B$$

$$ma_y = F_{Dy} - mg = 0$$

$$J_C\alpha = F_{Dy}\times 0.075 - F_{Dx}\times 0.025 - F_B\times 0.075 = 0$$

解得

$$F_{Dx} = 44.1\text{N},\quad F_{Dy} = 19.6\text{N},\quad F_B = 4.9\text{N}$$

(2)此时有

$$ma_x = F_{Dx}$$
$$ma_y = F_{Dy} - mg = 0$$
$$J_C\alpha = F_{Dy}\times 0.075 - F_{Dx}\times 0.025 = 0$$

解得

$$F_{Dx} = 58.8\text{N},\quad F_{Dy} = 19.6\text{N}$$
$$a = a_x = 29.4\text{m/s}^2$$

11-24　如图 11-36(a)所示，均质圆柱体 A 的质量为 m，在外圆上绕一细绳，绳的 B 端固定不动。当 BC 铅垂时，圆柱体下降，初速度为零。求：当圆柱体的轴心下降高度为 h 时，轴心的速度和绳子的张力。

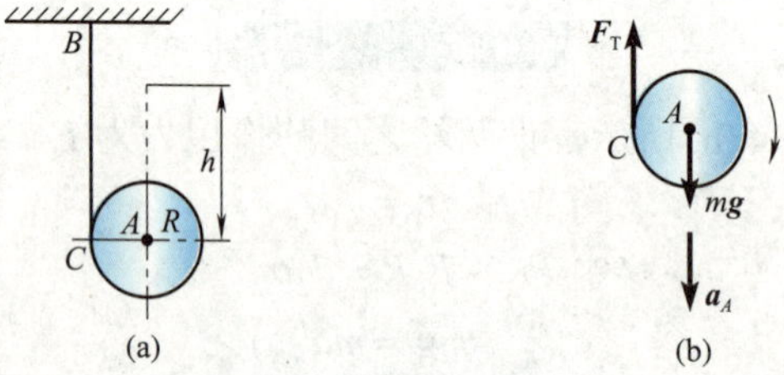

图 11-36　题 11-24

解：圆柱的受力分析与运动分析如图 11-36(b)所示，其平面运动微分方程为

$$ma_x = 0$$
$$ma_A = mg - F_{\mathrm{T}}$$
$$\frac{1}{2}mR^2\alpha = F_{\mathrm{T}}R$$
$$R\alpha = a_A$$

解得

$$a_A = \frac{2}{3}g,\quad F_{\mathrm{T}} = \frac{1}{3}mg$$

$$h = \frac{1}{2}a_A t^2,\quad v = a_A t = \sqrt{2a_A h} = \sqrt{\frac{4gh}{3}}$$

11-25　如图 11-37(a)所示，轮轴的直径为 45mm，在倾角 $\theta = 25^\circ$ 的轨道上无初速度地做纯滚动，质心 3s 后下移的距离 $s = 3\text{m}$。求轮对轮心的回转半径。

图 11-37　题 11-25

解：受力分析与运动分析如图 11-37(b)所示。

$$s=\frac{1}{2}at^2,\quad a=\frac{2s}{t^2}=\frac{2}{3}\text{m/s}^2$$

$$ma=mg\sin\theta-F$$

$$J\alpha=rF$$

$$a=r\alpha$$

$$\left(J+mr^2\right)a=mgr^2\sin\theta$$

$$J=\left(\frac{g\sin\theta}{a}-1\right)mr^2=m\rho^2,\quad \rho=\left(\sqrt{\frac{g\sin\theta}{a}-1}\right)r=\sqrt{\frac{9.8\times\sin25^\circ\times3}{2}-1}\times22.5=51.4(\text{mm})$$

11-26　如图 11-38 所示，重物 A 的质量为 m_A，其下降时，借无重且不可伸长的绳使滚子 C 沿水平轨道做纯滚动。绳子跨过不计重量的定滑轮 D 并绕在滑轮 B 上。滑轮 B 与滚子 C 固结为一体。已知滑轮 B 的半径为 R，滚子 C 的半径为 r，二者总质量为 m，其对与图面垂直的轴 O 的回转半径为 ρ。求重物 A 的加速度。

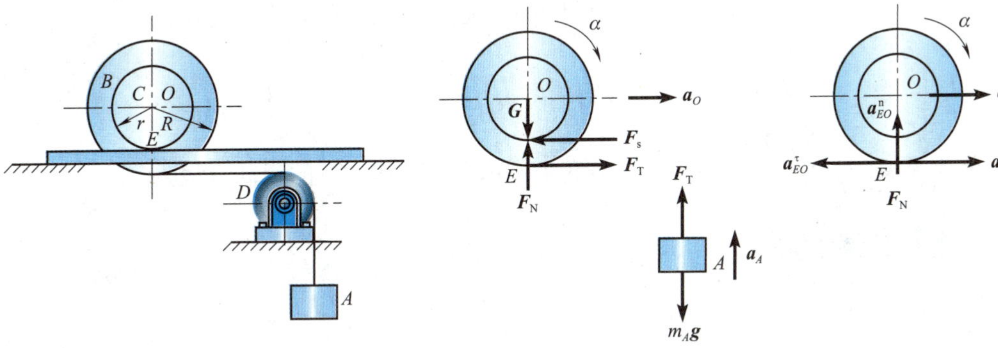

图 11-38　题 11-26

解：受力分析与运动分析如图 11-38(b) 所示，重物 A 做平动，滚子 C 做平面运动。分别取重物 A 和滚子 C 为研究对象，列出其运动微分方程。

对重物 A 有　$m_Aa_A=-m_Ag+F_T$

对滚子 C 有　$m_Ca_O=F_T-F_s$

$$m_C\rho^2\alpha=F_sr-F_TR$$

滚子 C 只滚不滑有　$a_O=\alpha r$

取 O 为基点，分析 E 点的加速度，如图 11-38(c) 所示。

$$\boldsymbol{a}_E=\boldsymbol{a}_O+\boldsymbol{a}_{EO}^{\tau}+\boldsymbol{a}_{EO}^{n}\tag{11-1}$$

式 (11-1) 在水平方向投影得 $a_{Ex}=-a_O+a_{EO}^{\tau}$。

$$a_{Ex}=a_A,\quad a_{EO}^{\tau}=\alpha R,\quad a_A=(R-r)\alpha$$

求得

$$a_A=-\frac{m_Ag(R-r)^2}{m\left(r^2+\rho^2\right)+m_A(R-r)^2}$$

11-27　如图 11-39(a) 所示，两个小球质量分别为 $m_A=4\text{kg}$，$m_B=2\text{kg}$，杆 $AB=l=0.6\text{m}$，杆的质量和小球尺寸忽略不计。初始时刻，杆在水平位置，B 不动，A 球的速度 $v_A=0.2\pi\text{m/s}$。求：(1) 两个小球在重力作用下的运动方程；(2) $t=2\text{s}$ 时，两个小球与杆初始位置的距离；(3) $t=2\text{s}$ 时杆轴线方向的内力。

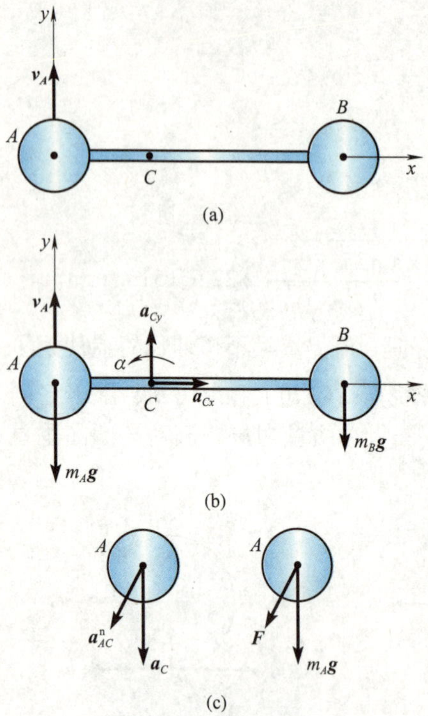

图 11-39　题 11-27

解：(1) 取系统为研究对象，受力分析和运动分析如图 11-39(b) 所示。应用刚体平面运动微分方程得

$$(m_A+m_B)a_{Cx}=0$$
$$(m_A+m_B)a_{Cy}=-(m_A+m_B)g$$
$$J_C\alpha=m_A g\cdot AC-m_B g\cdot BC=0$$

解得

$$a_{Cx}=0$$
$$a_{Cy}=-g$$
$$\alpha=0$$

由初始条件知，杆 AB 的角速度为

$$\omega=\frac{v_A}{AB}=\frac{0.2\pi}{0.6}=\frac{\pi}{3}(\text{rad/ s})$$

应用速度瞬心法可求得质心 C 的速度为

$$v_{Cx}=0$$
$$v_{Cy}=\omega\cdot BC=\frac{0.4\pi}{3}\text{m/s}$$

故两个小球在重力作用下的运动方程为

$$x_C=AC=0.2\text{m}$$
$$y_C=v_{Cy}t+0.5a_{Cy}t^2=\frac{0.4\pi}{3}t-0.5gt^2$$
$$\varphi=\omega t=\frac{\pi}{3}t$$

(2) 当 $t=2\text{s}$ 时，$\varphi=\dfrac{2\pi}{3}$，系统质心下落距离为

$$y_C=v_{Cy}t-0.5gt^2=\frac{0.8\pi}{3}-2g=-18.8(\text{m})$$

(3) 以 A 球为研究对象，受力分析和运动分解如图 11-39(c) 所示，以 C 为基点，由基点法公式 $\boldsymbol{a}_A=\boldsymbol{a}_C+\boldsymbol{a}^{\tau}_{AC}+\boldsymbol{a}^{n}_{AC}$ 有

$$a^{n}_{AC}=AC\cdot\omega^2=\frac{0.2\pi^2}{9}\text{m/s}^2$$

故 $t=2\text{s}$ 时，杆轴线方向的内力为

$$F=m_A a^{n}_{AC}=4\times\frac{0.2\pi^2}{9}=0.877(\text{N})$$

11-28　如图 11-40(a) 所示，均质圆柱体质量为 m，半径为 R，在常力偶 M 作用下沿水平面做纯滚动，假设滚动阻碍系数为 δ。求圆柱中心 O 的加速度及其与地面的静滑动摩擦力。

解：(1) 取系统为研究对象，受力分析和运动分析如图 11-40(b) 所示。应用刚体平面运动微分方程得

$$ma_O=-F_{\text{s}}$$
$$F_{\text{N}}-mg=0$$
$$J_O\alpha=M+F_{\text{s}}R-M_{\text{f}}$$

补充方程为　$M_{\text{f}}=\delta F_{\text{N}}$，$a_O=\alpha R$

解得

$$a_O = \frac{2(M - mg\delta)}{3mR}$$

$$F_s = -\frac{2(M - mg\delta)}{3R}$$

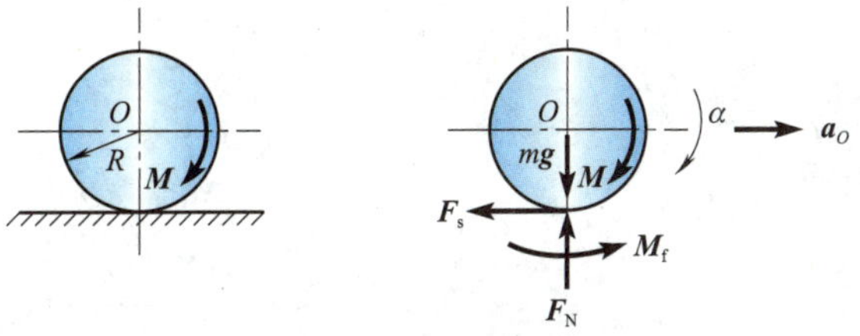

图 11-40 题 11-28

11-29 如图 11-41(a)所示，斜面倾角为θ，均质圆柱体 A 和圆环 B 的质量均为 m，半径均为 R，在斜面上做纯滚动，AB 杆质量不计。求杆 AB 的加速度及其内力。

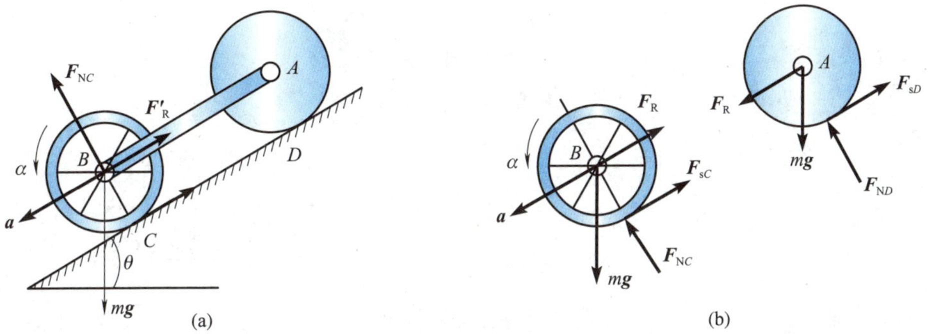

图 11-41 题 11-29

解：受力分析和运动分析如图 11-41(b)所示，设 A 和 B 的摩擦力分别为 $\boldsymbol{F}_{sD}$、$\boldsymbol{F}_{sC}$，圆柱和圆环的转动惯量分别为

$$J_A = \frac{mR^2}{2}, \quad J_B = mR^2$$

对圆柱体 A 进行受力分析得

$$mg\sin\theta + F_R - F_{sC} = ma$$
$$J_A\alpha = F_{sC}R$$

代入转动惯量整理得

$$mg\sin\theta = 3F_{sC} - F_R$$

对圆环 B 进行受力分析得

$$mg\sin\theta - F_R - F_{sD} = ma \tag{11-2}$$
$$J_B\alpha = F_{sD}R$$

联立以上四个方程解得

$$F_R = -\frac{mg\sin\theta}{7}$$

将 F_R 代入式(11-2)中，解得 $a = \frac{4}{7}g\sin\theta$。

11-30　均质圆柱的质量为m、半径为r，与斜面的摩擦系数$f=1/4$。求圆心沿斜面下落的加速度。

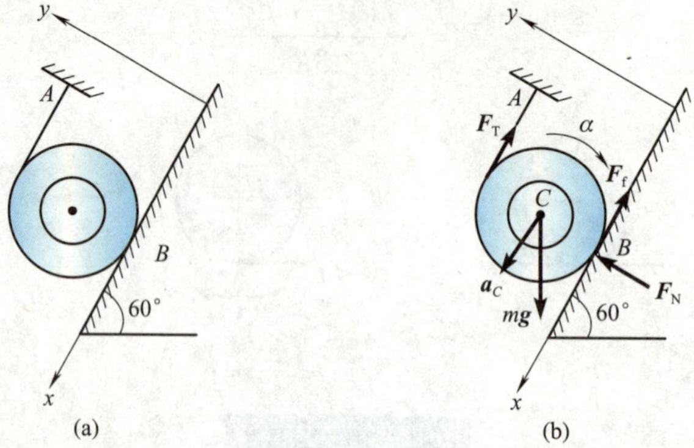

图 11-42　题 11-30

解：受力分析和运动分析如图 11-42(b)所示，运动微分方程为

$$ma_x = mg\sin 60^\circ - F_f - F_T$$

$$ma_y = -mg\cos 60^\circ + F_N$$

$$J_C\alpha = F_T \cdot r - F_f \cdot r$$

补充方程为
$$F_f = f \cdot F_N$$

加速度关系为
$$a_x = \alpha r，\quad a_y = 0$$

可得
$$F_N = \frac{1}{2}mg，\quad F_f = \frac{1}{8}mg，\quad F_T = \frac{4\sqrt{3}+1}{24}mg，\quad a = a_x = \frac{2\sqrt{3}-1}{6}g$$

11-31　如图 11-43 所示，均质轮A、B的质量均为m，半径均为r。(1)圆柱B下落时，求质心的加速度。(2)若在圆柱体A上作用逆时针矩为M的力偶，给出能使圆柱B的质心加速度向上的条件。

解：(1)两轮的受力和运动分析如图 11-43(b)所示。

对A轮有
$$\frac{1}{2}mr^2\alpha_A = rF_{T1}$$

对B轮有
$$ma = mg - F_{T1}'$$

$$\frac{1}{2}mr^2\alpha_B = rF_{T1}'$$

以轮与直绳相切点D为基点，则轮心B的加速度分析如图 11-43(c)所示。

$$\boldsymbol{a}_B = \boldsymbol{a}_D^\tau + \boldsymbol{a}_D^n + \boldsymbol{a}_{BD}^\tau + \boldsymbol{a}_{BD}^n \tag{11-3}$$

式(11-3)在竖直方向投影得$a_B = a_D^\tau + a_{BD}^\tau$。

$$a_D^\tau = \alpha_A r，\quad a_{BD}^\tau = \alpha_B r$$

$$a = ra_A + ra_B$$

解得
$$a = \frac{4}{5}g$$

(2)分别对两轮进行受力与运动分析，如图 11-43(d)所示。

对A轮有
$$\frac{1}{2}mr^2\alpha_A = -M + rF_{T2}$$

对 B 轮有

$$ma_B = mg - F'_{T2}$$

$$\frac{1}{2}mr^2\alpha_B = rF'_{T2}$$

由运动学关系有

$$a_B = r\alpha_A + r\alpha_B$$

令 $a_B < 0$，可得圆柱 B 的质心加速度向上的条件为 $M > 2mgr$。

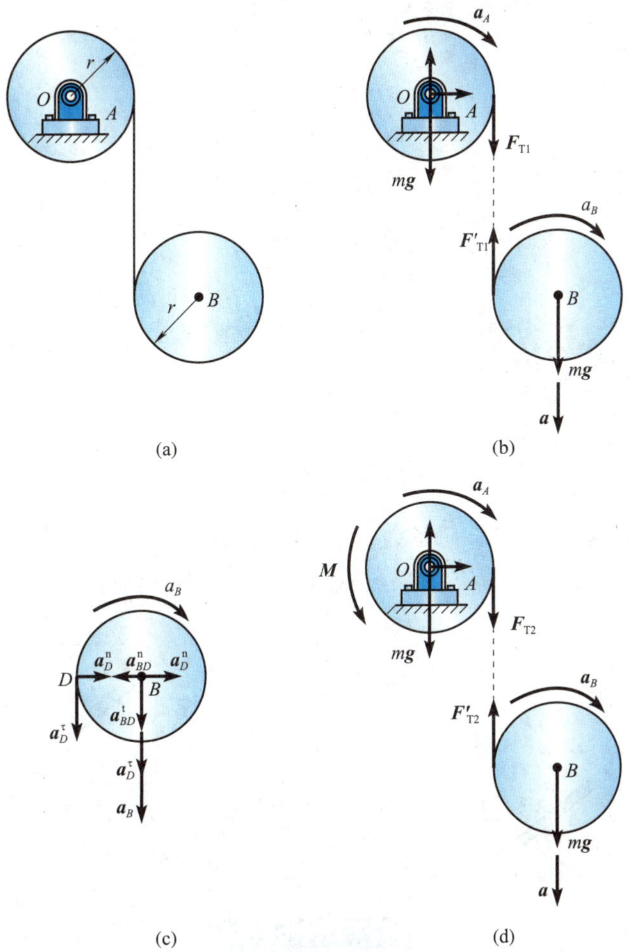

图 11-43　题 11-31

11-32　图 11-44 所示匀质长方形板放置在光滑水平面上。若点 B 的支承面突然移开，试求此瞬时点 A 的加速度。

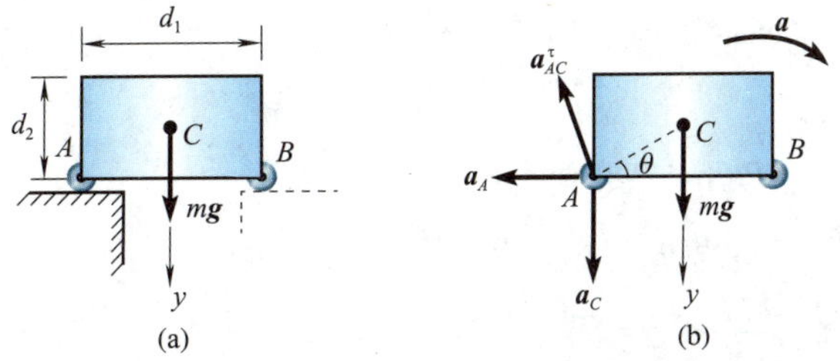

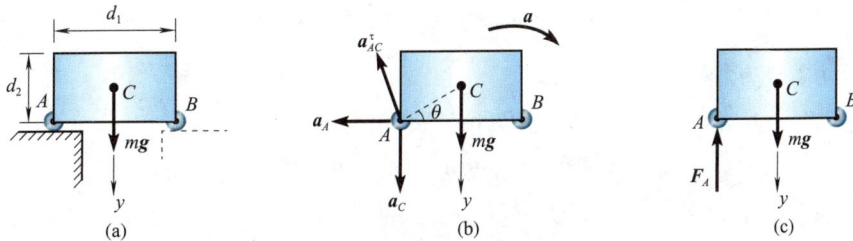

图 11-44　题 11-32

解：加速度分析如图 11-44(b)所示，以 C 为基点分析 A 点的加速度为

$$\boldsymbol{a}_A=\boldsymbol{a}_C+\boldsymbol{a}_{AC}^{\tau}+\boldsymbol{a}_{AC}^{\mathrm{n}} \tag{11-4}$$

式(11-4)在竖直方向投影得 $0=a_C-a_{AC}^{\tau}\cos\theta$。

$$a_{AC}^{\mathrm{n}}=0\,,\quad a_{AC}^{\tau}=\alpha\cdot AC=\frac{\alpha}{2}\sqrt{d_1^2+d_2^2}$$

$$a_C=a_{AC}^{\tau}\cos\theta=\frac{1}{2}\alpha d_2$$

运动微分方程为

$$ma_{Cx}=0$$

$$ma_{Cy}=mg-F_A$$

$$J_C\alpha=F_A\cdot\frac{d_1}{2}$$

转动惯量为

$$J_C=\frac{1}{12}m\left(d_1^2+d_2^2\right)$$

解得

$$a_C=\frac{3d_1^2}{4d_1^2+d_2^2}g$$

$$a_A=a_C\tan\theta=\frac{3d_1d_2}{4d_1^2+d_2^2}g$$

11-33　均匀细杆 AB 长为 l，质量为 m，CD 长为 $l/4$。杆与铅垂墙间的夹角为 θ，不计接触处摩擦，在图 11-45(a)所示位置将杆突然释放，求刚释放时质心 C 的加速度和 D 处的约束力。

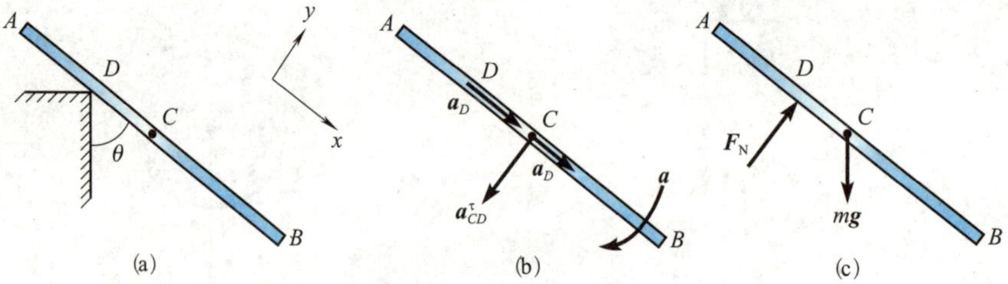

图 11-45　题 11-33

解：选杆 AB 为研究对象，运动分析如图 11-45(b)所示，受力分析如图 11-45(c)所示。

$$\boldsymbol{a}_C=\boldsymbol{a}_D+\boldsymbol{a}_{CD}^{\tau}+\boldsymbol{a}_{CD}^{\mathrm{n}} \tag{11-5}$$

将式(11-5)沿 x、y 轴方向投影得

$$a_{CD}^{\mathrm{n}}=0\,,\quad a_{Cx}=a_D\,,\quad a_{CD}^{\tau}=\frac{l}{4}\alpha=a_{Cy}$$

平面运动微分方程为

$$ma_{Cx}=ma_D=mg\cos\theta$$

$$ma_{Cy}=-ma_{CD}^{\tau}=F_{\mathrm{N}}-mg\sin\theta$$

$$J_C\alpha=\frac{ml}{3}\cdot a_{CD}^{\tau}=F_{\mathrm{N}}\cdot\frac{l}{4}$$

解得

$$a_{Cx}=g\cos\theta,\quad a_{Cy}=\frac{3g\sin\theta}{7},\quad F_{\mathrm{N}}=\frac{4}{7}mg\sin\theta$$

注释：D 点速度方向是 D 点运动轨迹切线方向，初速度为零，法线方向加速度为零，所以 D 点加速度沿杆向下。

11-34　如图 11-46(a)所示，均质圆柱体 A 的半径为 r，质量为 m_A。放在光滑水平面上的滑块 B 质量为 m_B。细绳绕过定滑轮 D 连接圆柱体 A 和滑块 B，不计滑轮 D 与细绳及轴承的摩擦。求：(1)物块 B 和圆柱体质心 C 的加速度；(2)细绳的拉力。

解：运动分析及受力分析如图 11-46(b)所示，对圆柱体研究，其受到自身重力和绳子的拉力，根据刚体平面运动微分方程得

$$m_A a_C = m_A g - F_{\mathrm{T}}$$

$$J_C \alpha = F_{\mathrm{T}} r$$

对物块 B 研究得　$F_{\mathrm{T}} = m_B a_B$

以圆柱体 A 与直绳相切点 E 为基点，则轮心 C 的加速度分析如图 11-46(c)所示。

$$\boldsymbol{a}_C = \boldsymbol{a}_E^{\tau} + \boldsymbol{a}_E^{\mathrm{n}} + \boldsymbol{a}_{CE}^{\tau} + \boldsymbol{a}_{CE}^{\mathrm{n}} \tag{11-6}$$

式(11-6)在竖直方向投影得 $a_C = a_E^{\tau} + a_{CE}^{\tau}$

$$a_E^{\tau} = a_B，\quad a_{CE}^{\tau} = \alpha r$$

$$a_C = a_B + \alpha r$$

解得

$$a_C = \left(\frac{2m_B + m_A}{3m_B + m_A}\right) g$$

$$a_B = \frac{m_A a_C}{2m_B + m_A} = \frac{m_A}{3m_B + m_A} g$$

$$F_{\mathrm{T}} = m_B a_B = \frac{m_A m_B g}{3m_B + m_A}$$

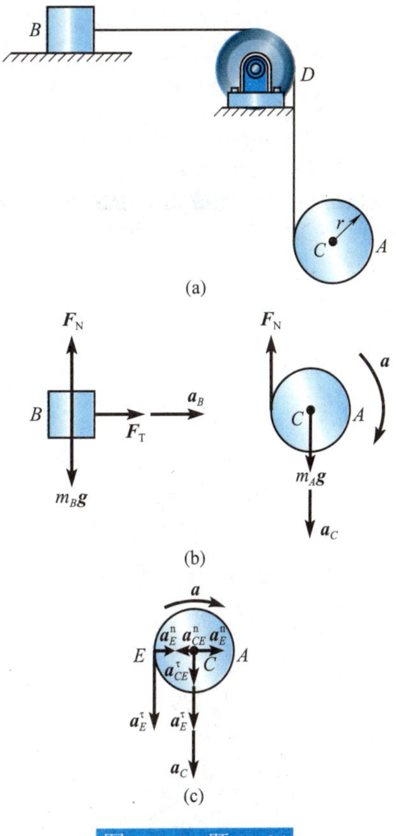

图 11-46　题 11-34

第12章

动能定理

12.1 重点内容提要

1. 力的功

力的元功为 $$\delta W = \boldsymbol{F} \cdot \mathrm{d}\boldsymbol{r} = F\cos\theta \cdot \mathrm{d}s$$

$\boldsymbol{F}$ 从 M_1 到 M_2 过程中做的功等于元功之和，即

$$W_{12} = \int_{r_1}^{r_2} \delta W = \int_{r_1}^{r_2} \boldsymbol{F} \cdot \mathrm{d}\boldsymbol{r}$$

$$W_{12} = \int_{M_1}^{M_2} (F_x \mathrm{d}x + F_y \mathrm{d}y + F_z \mathrm{d}z)$$

重力的功为

$$W_{12} = \sum_i W_{12}^i = \sum_i m_i g(z_{i1} - z_{i2}) = mg(z_{C1} - z_{C2})$$

弹性力的功为

$$W_{12} = \int_{r_1}^{r_2} -k(r - l_0)\mathrm{d}r = \frac{k}{2}(\delta_1^{\ 2} - \delta_2^{\ 2})$$

万有引力的功为

$$W_{12} = -\int_{r_1}^{r_2} f\frac{Mm}{r^2}\mathrm{d}r = fMm\left(\frac{1}{r_2} - \frac{1}{r_1}\right)$$

定轴转动刚体上作用力的功为

$$W_{12} = M_z(\varphi_2 - \varphi_1)$$

平面运动刚体上作用力的功为

$$W_{12} = \int_{C_1}^{C_2} \boldsymbol{F}_\mathrm{R} \cdot \mathrm{d}\boldsymbol{r}_C + \int_{\varphi_1}^{\varphi_2} M_C \mathrm{d}\varphi$$

2. 动能

质点的动能为

$$T=\frac{1}{2}mv^2$$

质点系的动能为

$$T=\sum\frac{1}{2}m_iv_i^2$$

平移刚体的动能为

$$T=\sum\frac{1}{2}m_iv_i^2=\frac{1}{2}mv_C^2$$

定轴转动刚体的动能为

$$T=\sum\frac{1}{2}m_iv_i^2=\frac{1}{2}J_z\omega^2$$

平面运动刚体的动能为

$$T=\frac{1}{2}mv_C^2+\frac{1}{2}J_C\omega^2$$

3. 动能定理

质点的动能定理微分形式为

$$\mathrm{d}\left(\frac{1}{2}mv^2\right)=\delta W$$

质点的动能定理积分形式为

$$\frac{1}{2}mv_2^2-\frac{1}{2}mv_1^2=W_{12}$$

质点系的动能定理微分形式为

$$\mathrm{d}T=\sum\delta W_i$$

质点系的动能定理积分形式为

$$T_2-T_1=\sum W_i$$

4. 理想约束

约束力做功等于零的约束，称为理想约束。

5. 功率

$$P=\frac{\delta W}{\mathrm{d}t}$$

$$P=\boldsymbol{F}\cdot\frac{\mathrm{d}\boldsymbol{r}}{\mathrm{d}t}=\boldsymbol{F}\cdot\boldsymbol{v}=F_\mathrm{t}v$$

$$P=\frac{\delta W}{\mathrm{d}t}=M_z\frac{\mathrm{d}\varphi}{\mathrm{d}t}=M_z\omega$$

6. 功率方程

$$\frac{\mathrm{d}T}{\mathrm{d}t}=\sum_{i=1}^{n}\frac{\delta W_i}{\mathrm{d}t}=\sum_{i=1}^{n}P_i$$

7. 机械效率

$$\eta=\frac{\text{有效功率}}{\text{输入功率}}=\frac{P_{\text{有效}}}{P_{\text{输入}}}$$

8. 力场

设有一个部分空间(有限大或无限大)，物体在该空间所受力的大小和方向完全由其所在位置来确定，则此空间称为力场。

9. 势力场

力场内，作用于物体的力所做的功只与力作用点的始、末位置有关，与路径无关，该力场称为势力场或保守力场。在势力场中，物体受到的力称为有势力或保守力。

10. 势能

在势力场中，将任意位置 M_0 作为基准位置，称为势能的零位置或者零势能位。在势力场中，质点从点 M 运动到任选的点 M_0，有势力做的功称为质点在点 M 相对于点 M_0 的势能。

11. 机械能守恒定律

$$T_1 + V_1 = T_2 + V_2$$

质点系仅在有势力作用下运动时，机械能守恒。

12.2 典型例题

例 12-1

系统在铅直平面内由两根相同的匀质细直杆构成。A、B 为铰链，D 为小滚轮，AD 水平，如图 12-1 所示。每根杆的质量为 m，长度为 l，当仰角 $\alpha_1 = 60°$ 时，如图 12-1(a)所示，系统由静止释放。摩擦和小滚轮的质量都不计，求当仰角减到 $\alpha_2 = 30°$ 时，如图 12-1(b)所示，杆 AB 的角速度。

解：取系统为研究对象，杆 AB 做定轴转动，杆 BD 做平面运动。

考虑系统由静止开始运动到 $\alpha_2 = 30°$ 这个过程。

$$T_1 = 0$$

$$T_2 = \frac{1}{2}J_A\omega_{AB}^2 + \left(\frac{1}{2}mv_E^2 + \frac{1}{2}J_E\omega_{BD}^2\right)$$

由图 12-1(c)知，杆 BD 的速度瞬心在 P 点。

$$AB \cdot \omega_{AB} = PB \cdot \omega_{BD}$$

由于 $PB=BD=AB$，可得 $\omega_{AB} = \omega_{BD}$

$$v_E = PE \cdot \omega_{BD} = PE \cdot \omega_{AB} = l\sin 60°\omega_{AB}$$

$$J_A = \frac{1}{3}ml^2, \quad J_E = \frac{1}{12}ml^2$$

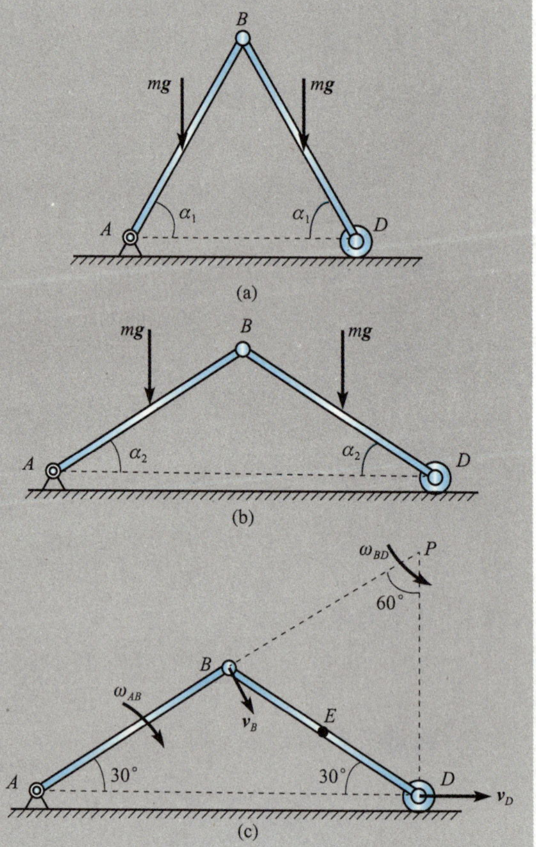

图 12-1 例 12-1

$$T_2 = \frac{7}{12} m l^2 \omega_{AB}^2$$

整个过程中，只有杆的重力 $\boldsymbol{mg}$ 做功。

$$\sum W = 2mg\left(\frac{l}{2}\sin\alpha_1 - \frac{l}{2}\sin\alpha_2\right) = mgl(\sin 60° - \sin 30°) = \frac{1}{2}mgl(\sqrt{3}-1)$$

$$T_2 - T_1 = \sum W$$

$$\frac{7}{12} m l^2 \omega_{AB}^2 - 0 = \frac{1}{2}mgl(\sqrt{3}-1)$$

$$\omega_{AB} = \sqrt{\frac{6(\sqrt{3}-1)g}{7l}}$$

例 12-2

如图 12-2 所示，均质杆 AB 长 l，放在铅直平面内，杆的一端 A 靠在光滑的铅直墙上，另一端 B 放在光滑的水平地板上，并与水平面成 φ_0 角。此后，令杆由静止状态倒下。求：(1) 杆在任意位置时的角加速度和角速度；(2) 当杆脱离墙时，此杆与水平面所夹的角。

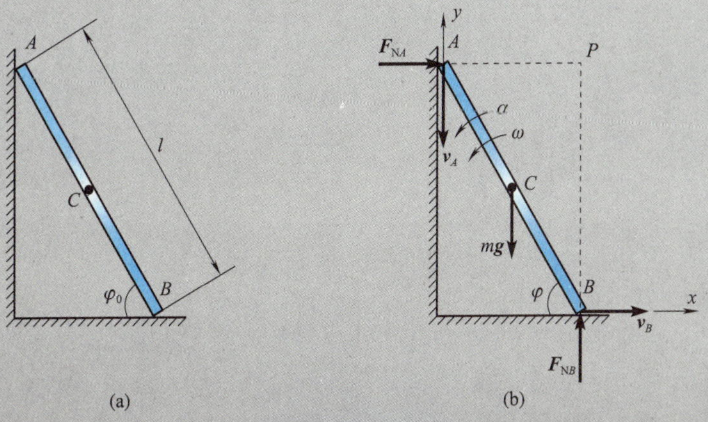

图 12-2 例 12-2

解：方法一：对质心的平面运动微分方程。

取杆 AB 为研究对象，受力分析及运动分析如图 12-2(b) 所示。

杆 AB 做平面运动，对任意 φ，可列平面运动微分方程为

$$m a_{Cx} = F_{NA}$$

$$m a_{Cy} = F_{NB} - mg$$

$$\frac{1}{12} m l^2 \alpha = F_{NB}\frac{l}{2}\cos\varphi - F_{NA}\frac{l}{2}\sin\varphi$$

补充运动学方程为

$$x_C = l\cos\varphi/2 \quad y_C = l\sin\varphi/2$$

$$\ddot{x}_C = -l\cos\varphi\cdot\dot{\varphi}^2/2 - l\sin\varphi\cdot\ddot{\varphi}/2$$

$$\ddot{y}_C = -l\sin\varphi\cdot\dot{\varphi}^2/2 + l\cos\varphi\cdot\ddot{\varphi}/2$$

$$\omega = -\frac{d\varphi}{dt} = -\dot{\varphi} \quad \alpha = \frac{d\omega}{dt} = -\ddot{\varphi}$$

补充运动学方程变为

$$a_{Cx} = l\alpha \sin\varphi/2 - l\omega^2 \cos\varphi/2$$

$$a_{Cy} = -l\alpha \cos\varphi/2 - l\omega^2 \sin\varphi/2$$

$$\alpha = \frac{3g}{2l}\cos\varphi,\quad \alpha = \frac{\mathrm{d}\omega}{\mathrm{d}t} = \frac{\mathrm{d}\omega}{\mathrm{d}\varphi}\frac{\mathrm{d}\varphi}{\mathrm{d}t} = -\omega\frac{\mathrm{d}\omega}{\mathrm{d}\varphi}$$

解得

$$\omega = \sqrt{3g(\sin\varphi_0 - \sin\varphi)/l}$$

A 端约束力为

$$F_{NA} = ma_{Cx} = ml\alpha \sin\varphi/2 - ml\omega^2 \cos\varphi/2 = \frac{9}{4}mg\sin\varphi\cos\varphi - \frac{3}{2}mg\sin\varphi_0\cos\varphi$$

当杆脱离墙时，F_{NA}=0，可得 φ_1 为

$$\sin\varphi_1 = \frac{2}{3}\sin\varphi_0,\quad \varphi_1 = \arcsin\left(\frac{2}{3}\sin\varphi_0\right)$$

方法二：对瞬心的动量矩定理。

取杆 AB 为研究对象，整个运动过程中 $CP \equiv \frac{l}{2}$，因此对瞬心列动量矩得

$$\left(\frac{1}{12}ml^2 + \frac{1}{4}ml^2\right)\alpha = mg\frac{l}{2}\cos\varphi$$

可得

$$\alpha = \frac{3g}{2l}\cos\varphi$$

后续过程与方法一相同。

例 12-3

塔轮质量 m=200kg，大半径 R=600mm，小半径 r=300mm，对轮心 C 的回转半径 ρ_C=400mm，质心为几何中心 C(图 12-3)。小半径上缠绕无重细绳，绳水平拉出后绕过无重滑轮 B 悬挂质量 m_A=80kg 的重物 A。(1)若塔轮纯滚动，求 $\boldsymbol{a}_C$、绳张力 $\boldsymbol{F}_T$ 及摩擦力 $\boldsymbol{F}_s$；(2)纯滚动条件；(3)若静滑动摩擦系数 f_s=0.2，动滑动摩擦系数 f=0.18，求绳张力 $\boldsymbol{F}_T$。

解：(1)以整体为研究对象，如图 12-3(a)所示。

$$T = \frac{1}{2}mv_C^2 + \frac{1}{2}J_C\omega^2 + \frac{1}{2}m_A v_A^2$$

$$J_C = m\rho_C^2,\ v_C = \omega R,\ v_A = \omega(R-r)$$

$$T = \frac{1}{2}\left[m\left(\rho_C^2 + R^2\right) + m_A\left(R-r\right)^2\right]\omega^2$$

$$\frac{\mathrm{d}T}{\mathrm{d}t} = P$$

$$\left[m\left(\rho_C^2 + R^2\right) + m_A\left(R-r\right)^2\right]\omega\alpha = m_A g v_A \tag{12-1}$$

解得 $$\alpha = 2.115\,\mathrm{rad/s^2}$$

纯滚动速度关系为 $v_C = \omega R$, $v_A = \omega(R-r)$。

式(12-1)任意时刻成立，对时间求导可得

$$a_C = \alpha R = 1.269\,\mathrm{m/s^2}$$

$$a_A = \alpha(R-r) = 0.635\,\mathrm{m/s^2}$$

物块 A 及塔轮 C 的受力如图 12-3(b)所示。

$$m_A a_A = m_A g - F_\mathrm{T},\quad F_\mathrm{T} = 733\mathrm{N}$$

$$m a_C = F_\mathrm{T} - F_\mathrm{s},\quad F_\mathrm{s} = 479\mathrm{N}$$

$$F_\mathrm{N} = mg$$

(2) $F_\mathrm{s} \leqslant f_\mathrm{s} F_\mathrm{N}$，$f_\mathrm{s}$ 为静滑动摩擦系数，可得 $f_\mathrm{s} \geqslant 0.244$，不满足纯滚动条件。

(3)分别取物块 A 及塔轮 C 为研究对象，有

$$m_A a_A = m_A g - F_\mathrm{T}$$

$$m a_C = F_\mathrm{T} - F_\mathrm{d}$$

$$m\rho_C^2 \alpha = F_\mathrm{d} R - F_\mathrm{T} r$$

$$F_\mathrm{d} \leqslant f F_\mathrm{N}$$

如图 12-3(c)所示，以 C 为基点，D 点的加速度为

$$\boldsymbol{a}_D = \boldsymbol{a}_C + \boldsymbol{a}_{DC}^\tau + \boldsymbol{a}_{DC}^\mathrm{n} \qquad (12\text{-}2)$$

式(12-2)沿水平方向投影可得 $a_{Dx} = a_C - \alpha r$。

$$a_{Dx} = a_A,\quad a_A = a_C - \alpha r$$

解得 $$F_\mathrm{T} = 1668\mathrm{N}$$

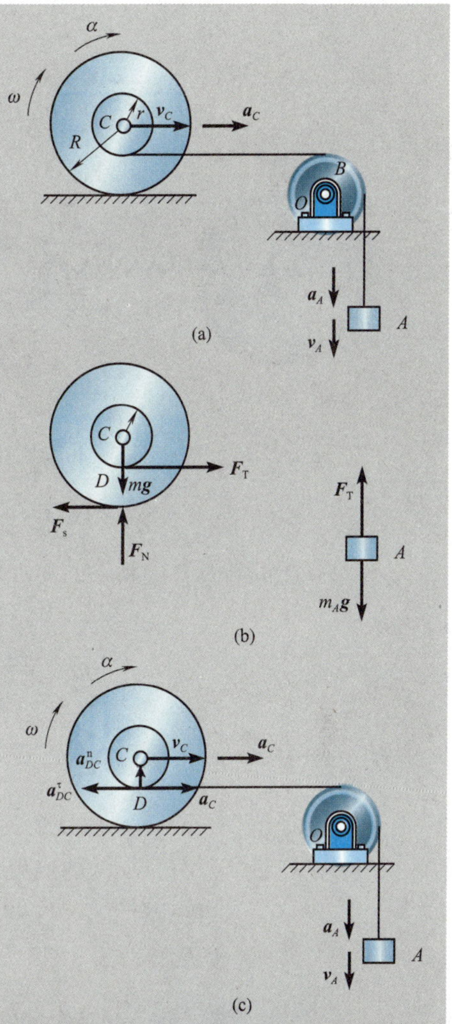

图 12-3 例 12-3

例 12-4

图 12-4(a)所示圆轮质量为 m，半径为 R，弹簧劲度系数为 k，$CA=2R$ 为弹簧原长，M 为常力偶。求圆心 C 无初速度由最低点到达最高点时，O 处的约束力。

解：(1)如图 12-4(b)所示，C 在最高点时有

$$T_1 = 0,\quad T_2 = \frac{1}{2}J_O\omega^2 = \frac{1}{2}\left(\frac{1}{2}mR^2 + mR^2\right)\omega^2 = \frac{3}{4}mR^2\omega^2$$

$$\sum W = M\varphi - mg\cdot 2R + \frac{k}{2}\left\{0 - \left[\left(2\sqrt{2}-2\right)R\right]^2\right\} = M\pi - 2Rmg - 0.343kR^2$$

$$T_2 - T_1 = \sum W$$

解得 $$\omega^2 = \frac{4}{3mR^2}\left(M\pi - 2Rmg - 0.343kR^2\right)$$

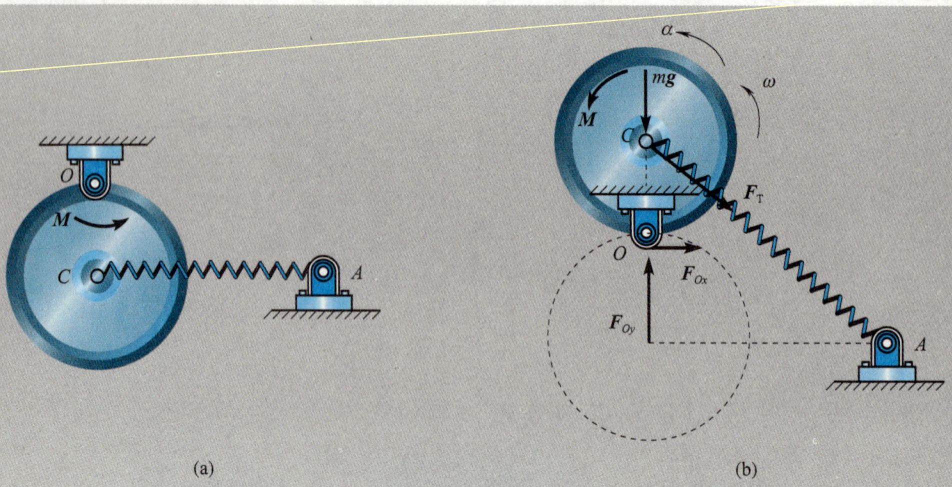

图 12-4　例 12-4

(2) C 在最高点时，圆盘的角加速度及质心加速度为

$$J\alpha = M - FR\cos 45^\circ$$

$$\frac{3}{2}mR^2\alpha = M - k\left(2\sqrt{2}R - 2R\right)\ R\cdot\frac{1}{\sqrt{2}}$$

解得

$$\alpha = \frac{2\left(M - 0.586kR^2\right)}{3mR^2}$$

$$a_{Cx} = R\alpha,\quad a_{Cy} = R\omega^2$$

(3) C 在最高点时，O 处的约束力为

$$ma_{Cx} = -F_{Ox} - F_{\mathrm{T}}\cos 45^\circ$$

$$ma_{Cy} = -F_{Oy} + mg + F_{\mathrm{T}}\cos 45^\circ$$

$$F_{Ox} = -0.586kR - ma_{Cx} = -\frac{2}{3R}M - 0.196kR$$

$$F_{Oy} = mg + 0.586kR - ma_{Cy} = 3.667mg + 1.043kR - 4.189\frac{M}{R}$$

例 12-5

如图 12-5 (a) 所示，水平面上放一个均质直角三棱柱 A，直角三棱柱 B 放在 A 上，$m_B = m_A$。设各处摩擦不计且初始静止。求：(1) 当 B 沿 A 滑至水平面时，A 的位移 s；(2) 水平面作用于 A 的反力。

解：(1) 水平方向动量守恒，初始速度为零，系统质心坐标不变。

$$x_C = \frac{m_A\dfrac{a}{3} + m_B\dfrac{2b}{3}}{m_A + m_B} = \frac{m_A\left(\dfrac{a}{3} - s\right) + m_B\left(a - s - \dfrac{b}{3}\right)}{m_A + m_B}$$

$m_A = 2m_B$，解得 $s = \dfrac{a-b}{3}$

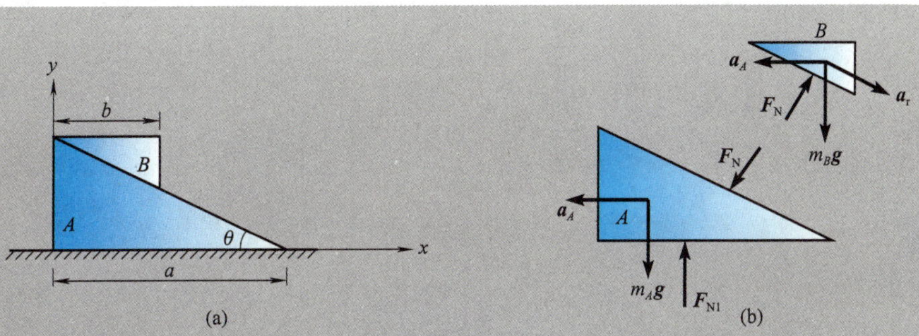

图 12-5 例 12-5

(2) 受力分析如图 12-5(b) 所示。

$$m_A a_A = F_N \sin\theta$$
$$m_B a_{Bx} = F_N \sin\theta$$
$$m_B a_{By} = m_B g - F_N \cos\theta$$

加速度关系为
$$\boldsymbol{a}_a = \boldsymbol{a}_e + \boldsymbol{a}_r$$

$$a_e = a_A,\quad a_{Bx} = a_{rx} - a_e,\quad a_{By} = a_{ry},\quad \frac{a_{ry}}{a_{rx}} = \tan\theta$$

解得
$$F_N = \frac{m_B g}{\dfrac{1}{\cos\theta} + \dfrac{m_B \sin^2\theta}{m_A \cos\theta}},\quad F_{N1} = m_A g + F_N \cos\theta$$

例 12-6

凸轮机构如图 12-6(a) 所示。半径为 r，偏心距为 e 的圆形凸轮绕 O 轴以匀角速度 ω 转动，凸轮带动滑杆 D 在套筒 E 中水平往复运动。已知凸轮质量为 m_1，滑杆质量为 m_2，求在任一瞬时机座地脚螺钉所受的动约束力。

图 12-6 例 12-6

解：对滑杆(动系)速度进行分析，令凸轮圆心为动点，$\boldsymbol{v}_a = \boldsymbol{v}_e + \boldsymbol{v}_r$。

$$\varphi = \omega t,\quad v_e = v_a \sin\varphi,\quad v_a = \omega e$$

系统动量为

$$p_x = -m_1 v_a \sin\varphi - m_2 v_e$$
$$p_y = m_1 v_a \cos\varphi$$

$$\frac{\mathrm{d}p_x}{\mathrm{d}t}=F_x$$

$$\frac{\mathrm{d}p_y}{\mathrm{d}t}=F_y-(m_1+m_2)g$$

例 12-7

如图 12-7(a)所示系统中，均质杆 OA、AB 长度均为 l、质量均为 m，不计滑块 B 的质量和摩擦，弹簧的劲度系数为 $k=mg/l$。初始瞬时，O、A、B 三点沿滑道共线，系统静止，弹簧无变形。在杆 OA 上作用力偶 $M=2mgl$，求系统运动到图示位置时 OA、AB 的角速度及角加速度。

解：(1)速度分析如图 12-7(b)所示。

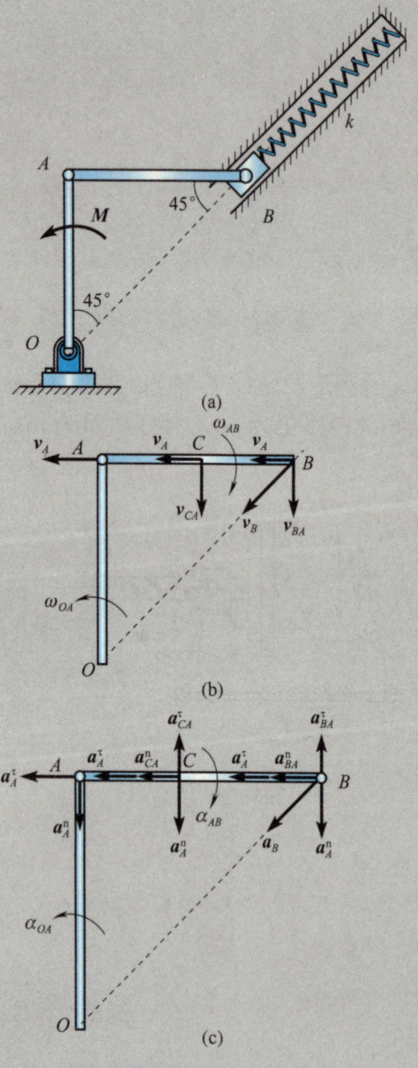

图 12-7　例 12-7

$$v_A=\omega_{OA}l$$

以 A 为基点，分析 B 点的速度。

$$\boldsymbol{v}_B=\boldsymbol{v}_A+\boldsymbol{v}_{BA}$$

$$v_B=v_A=\omega_{OA}l$$

$$\omega_{AB}=\omega_{OA}$$

以 A 为基点，分析 C 点的速度。

$$\boldsymbol{v}_C=\boldsymbol{v}_A+\boldsymbol{v}_{CA}$$

$$v_C^2=v_A^2+v_{CA}^2=\frac{5}{4}\omega_{OA}^2l^2$$

(2)动能定理。

$$T_2-T_1=W_{12}$$

$$T_1=0,\quad J_O=\frac{1}{3}ml^2,\quad J_C=\frac{1}{12}ml^2$$

$$T_2=\frac{1}{2}J_O\omega_{OA}^2+\frac{1}{2}m_Cv_C^2+\frac{1}{2}J_C\omega_{AB}^2=\frac{5}{6}m\omega_{OA}^2l^2$$

$$W_{12}=-mg\left(1-\frac{\sqrt{2}}{2}\right)\frac{l}{2}+mg\left(\frac{3\sqrt{2}}{4}-1\right)l^2$$

$$-\frac{k}{2}[(2-\sqrt{2})l]^2+M\frac{\pi}{4}=1.312mgl$$

解得　$\omega^2=1.574\dfrac{g}{l}$，$\omega=1.25\sqrt{\dfrac{g}{l}}$

(3)加速度分析如图 12-7(c)所示。

$$a_A^{\mathrm{n}}=\omega_{OA}^2l,\quad a_A^{\tau}=\alpha_{OA}l$$

以 A 为基点，分析 B 点的加速度。

$$\boldsymbol{a}_B=\boldsymbol{a}_A+\boldsymbol{a}_{BA}^{\tau}+\boldsymbol{a}_{BA}^{\mathrm{n}} \tag{12-3}$$

$$a_{BA}^{\mathrm{n}}=\omega_{AB}^2l,\quad a_{BA}^{\tau}=\alpha_{BA}l$$

式(12-3)沿垂直 OB 方向投影得

$$0=a_A^{\tau}\cos45^\circ-a_A^{\mathrm{n}}\cos45^\circ+a_{BA}^{\tau}\cos45^\circ+a_{BA}^{\mathrm{n}}\cos45^\circ$$

解得　$\alpha_{OA}=\alpha_{AB}$

以 A 为基点，分析 C 点的加速度。

$$\boldsymbol{a}_C = \boldsymbol{a}_A + \boldsymbol{a}_{CA}^{\tau} + \boldsymbol{a}_{CA}^{n} \qquad (12\text{-}4)$$

$$a_{CA}^{n} = \omega_{AB}^2 \frac{l}{2}，\quad a_{CA}^{\tau} = \alpha_{BA} \frac{l}{2}$$

式(12-4)分别沿水平、垂直方向投影得

$$a_{Cx} = \alpha_{OA} l + 0.787g$$

$$a_{Cy} = -0.5\alpha_{AB} l + 1.574g$$

(4) 运动微分方程如图 12-7(d)所示。

弹簧拉力为 $F_1 = k\left(2-\sqrt{2}\right)l = 0.586mg$

$$J_O \alpha_{OA} = M + F_{Ax} l$$

$$J_C \alpha_{AB} = \left(\frac{\sqrt{2}}{2}F_1 + \frac{\sqrt{2}}{2}F_N - F_{Ay}\right)\frac{l}{2}$$

$$ma_{Cx} = -F_{Ax} - \frac{\sqrt{2}}{2}F_1 + \frac{\sqrt{2}}{2}F_N$$

$$ma_{Cy} = mg - F_{Ay} - \frac{\sqrt{2}}{2}F_1 - \frac{\sqrt{2}}{2}F_N$$

解得

$$\alpha_{OA} = \alpha_{AB} = 0.1\frac{g}{l}$$

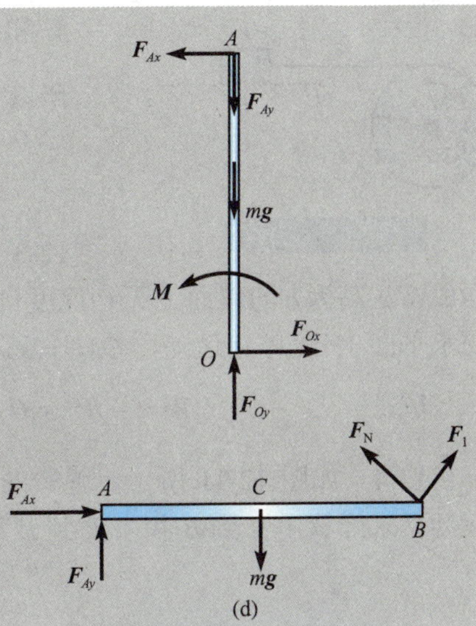

图 12-7　例 12-7 (续)

12.3　习 题 详 解

12-1　如图 12-8 所示，物块质量 $m = 20\text{kg}$，在力 $\boldsymbol{F}$ 的作用下沿水平直线运动。设力 $\boldsymbol{F}$ 为常力，其大小 $F = 98\text{N}$，与水平线夹角为 30°，物块与水平面间的滑动摩擦系数 $f = 0.2$。求当物块经过 $s = 6\text{m}$ 时，力 $\boldsymbol{F}$、重力 $\boldsymbol{P}$ 及摩擦力所做的功。若 $\boldsymbol{F}$ 的方向不变，但其大小按 F=4s(F 单位为 N，s 单位为 m)的规律变化，它所做的功又为多少？

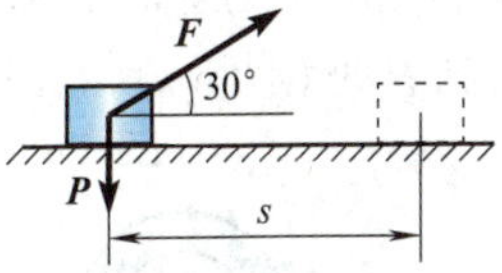

图 12-8　题 12-1

解：(1) $F = 98\text{N}$。

$$W_F = Fs\cos 30° = 509.2\text{J}$$

$$W_p = 0$$

$$W_f = -f(mg - F\sin 30°)s = -176.4\text{J}$$

(2) $F = 4s$。

$$W_F = \int_0^6 4s\cos 30° \text{d}s = 36\sqrt{3}\text{J}$$

12-2　如图 12-9 所示，重量为 $\boldsymbol{P}_1$、半径为 r 的卷筒上作用力偶矩 $M = a\varphi + b\varphi^2$，其中 φ 为转角，a 与 b 为常数。卷筒上的绳索拉动水平面上的重物 B。设重物的重量为 $\boldsymbol{P}$，它与水平面之间的滑动摩擦系数为 f。绳索的重量不计。当卷筒转过两圈时，求作用于系统上的功。

解：由题可知摩擦力 $F_f = fP$，运动距离 $l = 4\pi r$。

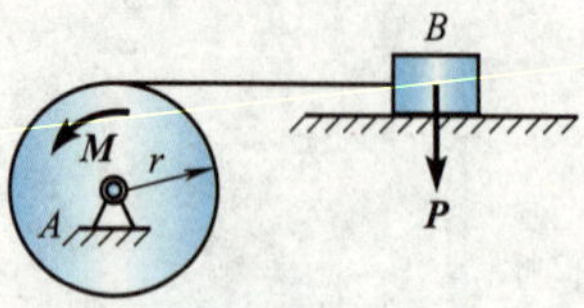

图 12-9　题 12-2

M 和摩擦力 $F_f = fP$ 做功。

所以
$$W = \int_0^{4\pi} \left(a\varphi + b\varphi^2\right) \mathrm{d}\varphi - fPl$$
$$= \frac{4\pi}{3}\left(6\pi a + 16\pi^2 b - 3Pfr\right)$$

12-3　如图 12-10 所示，已知重物的重量为 $\boldsymbol{P}$，重物在与水平面成 θ 、高为 h 的斜面上无初速度自由释放，重物与斜面和水平面的动摩擦系数均为 f ，且在水平面 M' 处停止运动，$OM' = s$ 。试求重物自 M 到 M' 的过程中动摩擦力所做的功。

解：
$$W = -fP\cos\theta \cdot \frac{h}{\sin\theta} - fPs = -fP\left(h\cot\theta + s\right)$$

12-4　如图 12-11 所示，弹簧的劲度系数为 k ，弹簧原长 $l_0 = a$ ，弹簧端点沿正方形轨迹运动，求弹簧由 A 到 B 和由 B 到 D 时弹性力做的功 W_{AB} 与 W_{BD} 。

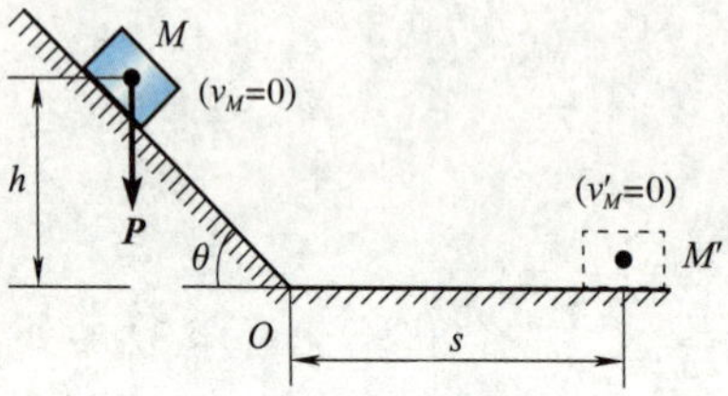

图 12-10　题 12-3

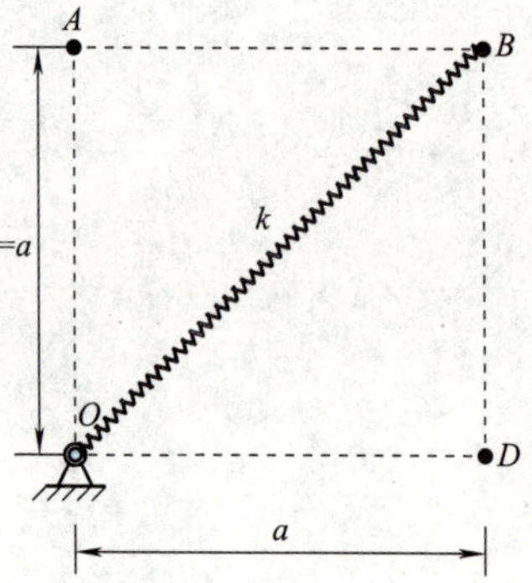

图 12-11　题 12-4

解：
$$\delta_A = 0,\quad \delta_B = \left(\sqrt{2} - 1\right)a,\quad \delta_D = 0$$
$$W_{AB} = \frac{1}{2}k\left(\delta_A^2 - \delta_B^2\right) = -0.0858ka^2$$
$$W_{BD} = \frac{1}{2}k\left(\delta_B^2 - \delta_D^2\right) = 0.0858ka^2$$

12-5　如图 12-12 所示，同心圆轮重 $\boldsymbol{P}$，外半径为 R，内半径为 r ，在内鼓轮下缘通过绳水平作用常力 $\boldsymbol{F}$ ，已知轮与水平面的滚动摩阻系数为 δ ，轮沿水平面做纯滚动，求轮由 A 运动到 B 时 $(AB = s)$，作用在同心圆轮上的所有力做功的总和。

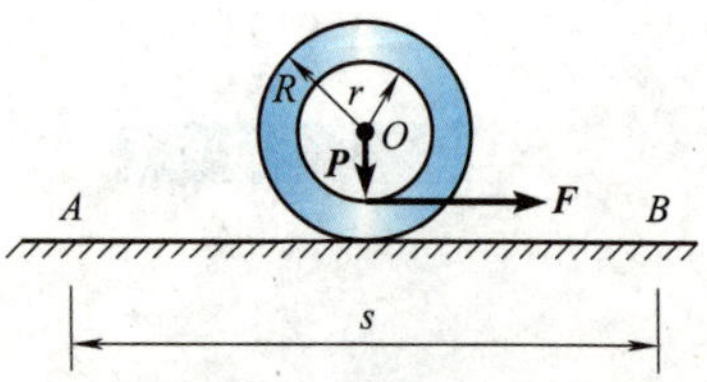

图 12-12　题 12-5

解：轮纯滚动，摩擦力不做功，滚动摩阻 $M_f = \delta P$ 。

轮心位移为 s 时，力 $\boldsymbol{F}$ 作用点的位移为 $\left(\dfrac{R-r}{R}\right)s$ 。

轮子转过的角度为
$$\varphi = \frac{s}{R}$$

所有力做功的总和为
$$W = F \cdot \left(\frac{R-r}{R}\right)s - M_f \cdot \frac{s}{R} = F\left(\frac{R-r}{R}\right)s - \delta P\frac{s}{R}$$

12-6　如图 12-13 所示，均质圆盘 O 重 $\boldsymbol{P}$，半径为 R，绳一端挂重物 A ，重 $\boldsymbol{P}_1$，另一端 B 作用铅直拉力 $\boldsymbol{F}$ ，绳与轮无相对滑动，已知在图示瞬时，轮 O 的角速度为 ω ，转向如图 12-13

所示，求系统动能 T。

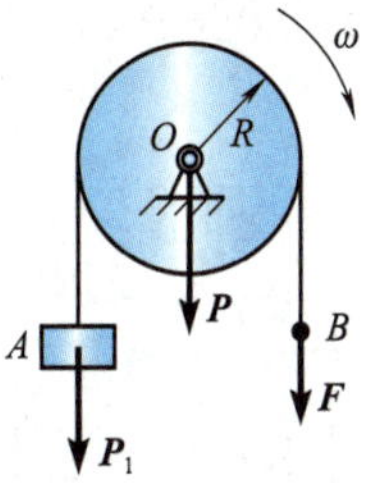

图 12-13 题 12-6

解：由题意可得 $v=\omega R$。

$$T=\frac{1}{2}m_A v_A+\frac{1}{2}J_O\omega^2=\frac{1}{2}\cdot\frac{P_1}{g}\cdot\omega^2R^2+\frac{1}{2}\cdot\frac{1}{2}\cdot\frac{P}{g}\cdot\omega^2R^2$$

$$=\frac{\omega^2R^2}{4g}(2P_1+P)$$

12-7 如图 12-14 所示，系统绕 z 轴转动。图示瞬时，杆 OAB 的转动角速度为 ω，均质杆 OA 长 l、重 $\boldsymbol{P}$、与 z 轴垂直，AB 杆长为 l、重 $\boldsymbol{P}$。AB 与 OA 垂直。试求图示系统的动能 T。

解：
$$J_1=\frac{1}{3}\frac{P}{g}l^2,\quad J_2=\frac{P}{g}\times l^2$$

$$T=\frac{1}{2}J_1\omega^2+\frac{1}{2}J_2\omega^2=\frac{1}{2}\times\frac{1}{3}\frac{P}{g}l^2\times\omega^2+\frac{1}{2}\times\frac{P}{g}l^2\times\omega^2=\frac{2P}{3g}l^2\omega^2$$

12-8 如图 12-15 所示，均质圆盘 A 重 $\boldsymbol{P}_1$，半径为 R，图示瞬时，圆盘 A 的角速度为 ω，转向如图 12-15 所示。均质圆盘 B 重 $\boldsymbol{P}_2$，半径 $r=R/2$；重物 C 重 $\boldsymbol{P}$。A、B、C 由不计质量的绳连接。求图示瞬时系统的动能 T。

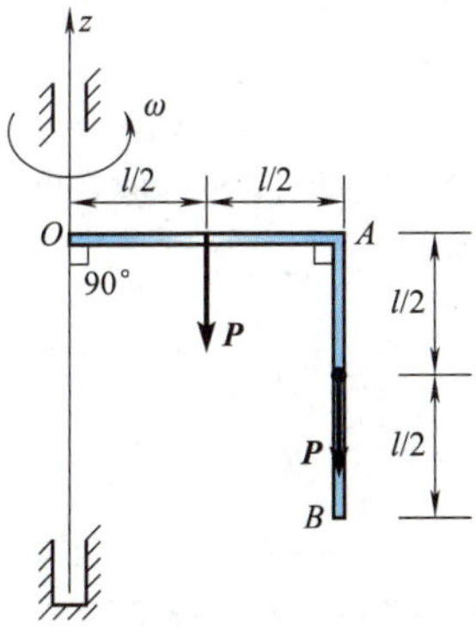

图 12-14 题 12-7

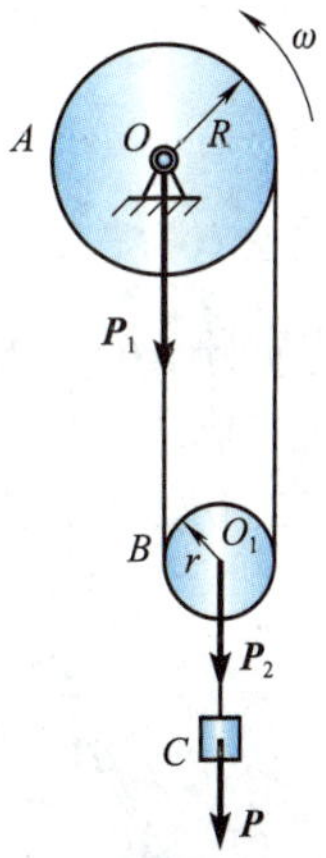

图 12-15 题 12-8

解：圆盘 A 的线速度 $v=\omega R$。

对圆盘 B 有 $v_C=\dfrac{1}{2}\omega R$。

$$T=\frac{1}{2}m_B v_C^2+\frac{1}{2}m_C v_C^2+\frac{1}{2}J_A\omega^2+\frac{1}{2}J_B\omega_B^2$$

$$=\frac{1}{2}\cdot\frac{1}{2}\cdot\frac{P_1}{g}\cdot\omega^2R^2+\frac{1}{2}\cdot\frac{1}{2}\cdot\frac{P_2}{g}\cdot\omega^2\left(\frac{R}{2}\right)^2+\frac{1}{2}\cdot\frac{P_2}{g}\cdot\left(\frac{1}{2}\omega R\right)^2+\frac{1}{2}\cdot\frac{P}{g}\cdot\left(\frac{1}{2}\omega R\right)^2$$

$$=\frac{\omega^2R^2}{16g}(4P_1+3P_2+2P)$$

12-9 如图 12-16 所示，汽车上装有可翻转的车厢。内装有 5m^3 的砂石，砂石的容重为 23kN/m^3，车厢装砂石后重心 C 与翻转轴 A 之间的水平距离为 1m，如想使车厢绕轴 A 翻转的角速度为0.05rad/s，求所需的最大功率。

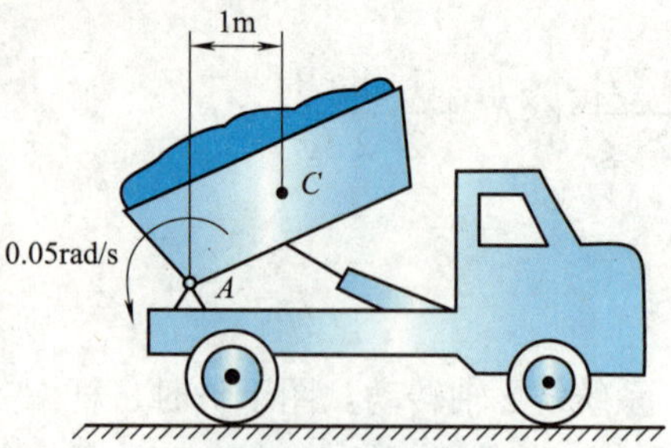

图 12-16　题 12-9

解： 砂石的重力为　　　　$G = 23 \times 5 = 115(\text{kN})$

砂石重力对于翻转轴的力矩为 $M = 115 \times 1 = 115(\text{kN} \cdot \text{m})$

所需最大功率为　　　$P = M \cdot \omega = 115 \times 0.05 = 5.75(\text{kW})$

12-10　平板闸门重 $P = 60$ kN，最大水压力 $F = 460$ kN，门槽动摩擦系数 $f = 0.2$。设闸门的提升速度 $v = 0.2$ m/s，卷扬机的机械效率为0.8。求卷扬机的电动机应有的功率。

解：

$$F_\text{f} = fF = 0.2 \times 460 = 92(\text{kN})$$

$$F_\text{T} = P + F_\text{f} = 60 + 92 = 152(\text{kN})$$

$$P' = F_\text{T} \cdot v = 152 \times 0.2 = 30.4(\text{kW})$$

$$P = \frac{P'}{0.8} = \frac{30.4}{0.8} = 38(\text{kW})$$

12-11　两均质杆 AC 和 BC 各重 $\boldsymbol{P}$，长均为 l，在点 C 由铰链相连接，放在光滑的水平面上，如图 12-17(a)所示。由于 A 和 B 端滑动，杆系在铅直面内落下，求铰链 C 与地面相碰时的速度 $\boldsymbol{v}_C$。点 C 的初始高度为 h，开始时杆系静止。

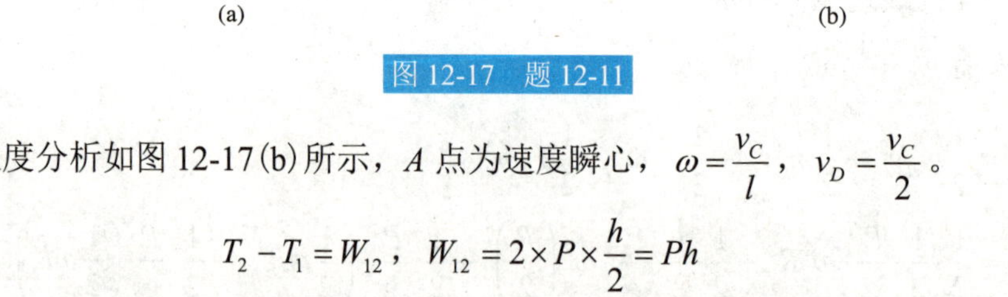

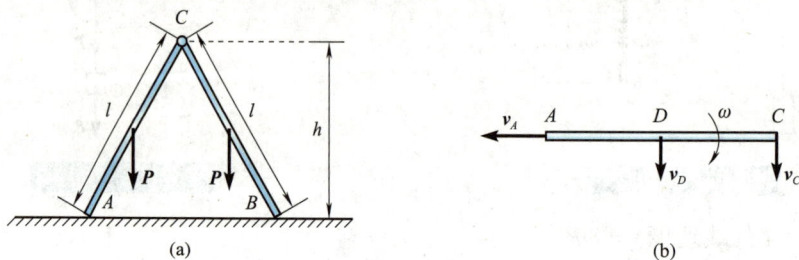

图 12-17　题 12-11

解： 速度分析如图 12-17(b)所示，A 点为速度瞬心，$\omega = \dfrac{v_C}{l}$，$v_D = \dfrac{v_C}{2}$。

$$T_2 - T_1 = W_{12}，\ W_{12} = 2 \times P \times \frac{h}{2} = Ph$$

$$T_1 = 0，\quad T_2 = 2 \times \left(\frac{1}{2} J_D \omega^2 + \frac{1}{2}\frac{P}{g} v_D^2\right) = \frac{P v_C^2}{3g}$$

可求得

$$v_C = \sqrt{3gh}$$

12-12　在绞车的主动轴 I 上作用一个常用力偶矩 $\boldsymbol{M}$ 以提升重物，如图 12-18 所示。已知

重物的重量为 $\boldsymbol{P}$；主动轴Ⅰ和从动轴Ⅱ连同安装在这两个轴上的齿轮等附件的转动惯量分别为 J_1 和 J_2，传动比 $i_{12}=\omega_1/\omega_2$；鼓轮的半径为 R。轴承的摩擦和吊索的质量不计。绞车开始时静止，求当重物上升的距离为 h 时的速度和加速度。

解：运动微分方程如下。

对重物有 $$ma=F_{\mathrm{T}}-P$$

对轮Ⅱ有 $$J_2\alpha_2=F_{\mathrm{s}}r_2-F_{\mathrm{T}}R$$

对轮Ⅰ有 $$J_1\alpha_1=M-F_{\mathrm{s}}r_1$$

$$i=\frac{z_2}{z_1}=\frac{\alpha_1}{\alpha_2}=\frac{\omega_1}{\omega_2},\quad a=\alpha_2 R$$

解得 $$a=\frac{(Mi-PR)Rg}{PR^2+J_1i^2g+J_2g}$$

$$t=\sqrt{\frac{2h}{a}},\quad v=at=\sqrt{\frac{2(Mi-PR)Rgh}{PR^2+J_1i^2g+J_2g}}$$

12-13 如图12-19所示，当 M 离地面 h 时，系统处于平衡。现给 M 一向下的初速度 $\boldsymbol{v}_0$，使其恰能到达地面，问 $\boldsymbol{v}_0$ 应为多少？已知物体 M 和滑轮 A、B 的重量均为 $\boldsymbol{P}$，且可看成均质圆盘。弹簧的劲度系数为 k，绳重不计，绳与轮之间无滑动。

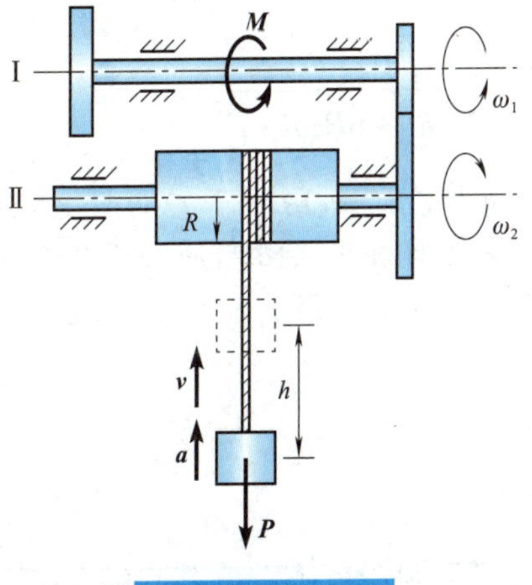

图12-18 题12-12

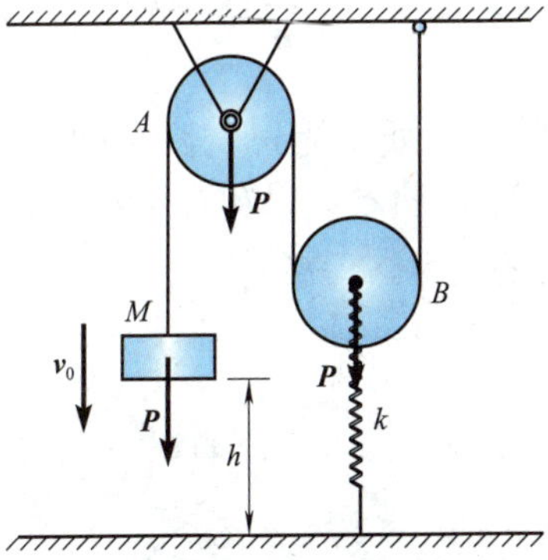

图12-19 题12-13

解：初动能 $T_1=\frac{1}{2}\frac{P}{g}\cdot v_0^2$，末动能 $T_2=0$。

$$W_{12}=\frac{P}{g}\cdot g\cdot h-\frac{P}{g}\cdot g\cdot\frac{h}{2}-\frac{1}{2}k\left(\delta_1^2-\delta_2^2\right)=T_2-T_1$$

B 点为速度瞬心。

初状态时 $$\delta_1=\frac{P}{k}$$

末状态时 $$\delta_2=\delta_1+\frac{h}{2}$$

解得 $$v_0=\sqrt{\frac{2kg}{15P}}h$$

12-14 如图12-20所示，均质杆 AB 长为 l，重为 $\boldsymbol{P}$，点 B 刚连重为 $\boldsymbol{P}_1$ 的均质圆盘，半

径为R。在AB中点D连接弹簧系数为k的弹簧，使杆在水平位置保持平衡。设在$t=0$瞬时，给杆一个微小的角位移φ_0，$\omega_0=\dot{\varphi}_0=0$，试求杆的运动规律。

解： 杆在水平位置保持平衡，列平衡方程得

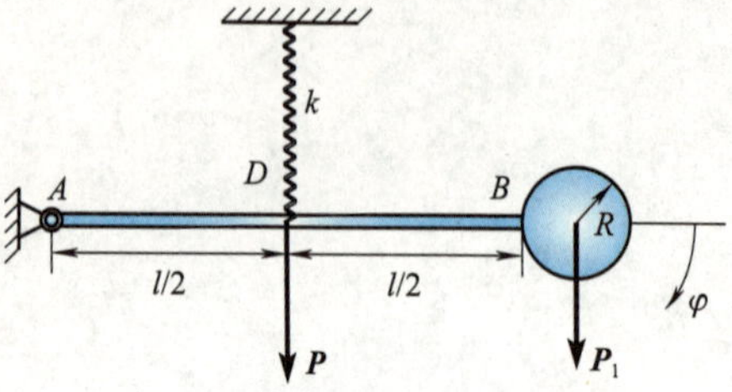

图 12-20 题 12-14

$$\sum M_A=0,\quad F_T\cdot\frac{l}{2}-P\cdot\frac{l}{2}-P_1\cdot l=0$$

$$F_T=P+2P_1,\quad \delta_0=\frac{P+2P_1}{k}$$

A 点的支座反力F_{Ox}、F_{Oy}不做功，故系统机械能守恒。以杆的水平位置为零势能位置，初始势能$V_1=\dfrac{1}{2}k\delta_0^2$，初始动能$T_1=0$。

施加微小位移后，势能为

$$V_2=-P\cdot\frac{l}{2}\cdot\varphi-P_1\cdot l\cdot\varphi+\frac{1}{2}k\delta^2$$

动能为

$$T_2=\frac{1}{2}J\omega^2+\frac{1}{2}J_1\omega^2$$

$$\delta=\delta_0+\frac{l\varphi}{2},\quad J=\frac{P}{3g}l^2,\quad J_1=\frac{P_1}{2g}R^2+\frac{P_1}{g}(l+R)^2,\quad t=0,\quad \varphi=\varphi_0,\quad \omega_0=\dot{\varphi}_0=0$$

$$\frac{\mathrm{d}}{\mathrm{d}t}(V+T)=0,\quad \varphi=\varphi_0\cos\sqrt{\frac{3gkl^2}{2\left[2Pl^2+3P_1R^2+6P_1(R+l)^2\right]}}t$$

12-15 质量为m、长为l的均质杆AB用两根绳索OA与OB吊于O点杆AB水平，如图 12-21(a)所示。已知$\theta_1=\theta_2=45°$，试求当OB绳突然剪断时，AB杆质心C的加速度及绳索OA的张力。

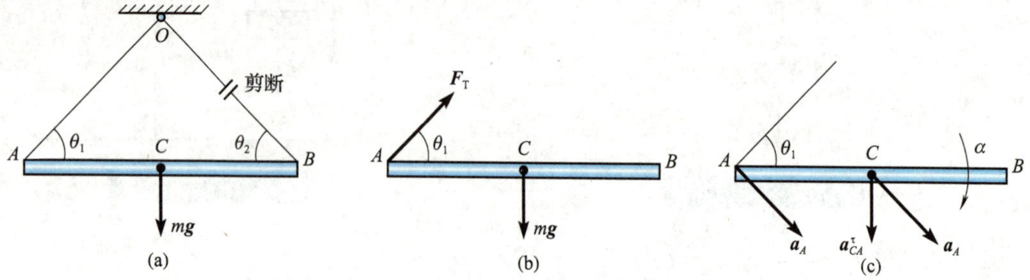

图 12-21 题 12-15

解： AB杆的受力分析如图 12-21(b)所示，加速度分析如图 12-21(c)所示。

运动微分方程为

$$ma_{Cx}=F_T\cdot\frac{\sqrt{2}}{2}$$

$$ma_{Cy}=mg-F_T\cdot\frac{\sqrt{2}}{2}$$

$$\frac{1}{12}ml^2\cdot\alpha=F_T\cdot\frac{\sqrt{2}}{2}\cdot\frac{l}{2}$$

以A点为基点，C点的加速度为

$$\boldsymbol{a}_C = \boldsymbol{a}_A^{\tau} + \boldsymbol{a}_A^{n} + \boldsymbol{a}_{CA}^{\tau} + \boldsymbol{a}_{CA}^{n}$$

其中，$a_A^n = 0$，$a_{CA}^n = 0$，$a_{CA}^{\tau} = \dfrac{1}{2}\alpha l$，$a_{Cx} = \dfrac{\sqrt{2}}{2}a_A^{\tau}$，$a_{Cy} = \dfrac{\sqrt{2}}{2}a_A^{\tau} + \dfrac{1}{2}\alpha l$。

解得
$$F_T = \frac{\sqrt{2}}{5}mg，\quad a_{Cx} = \frac{1}{5}g，\quad a_{Cy} = \frac{4}{5}g$$

12-16　如图 12-22(a)所示，杆 EB、AB 重不计，均质杆 BD 重为 $\boldsymbol{P}$、长为 l，AB 杆长也为 l。BD 杆在水平位置，D 端用铅直绳 DF 吊起，若绳 DF 突然断开，试求(1)在断开的瞬间，杆 AB、EB 的受力；(2)当 BD 杆转到铅直位置时，杆 AB、EB 的受力。

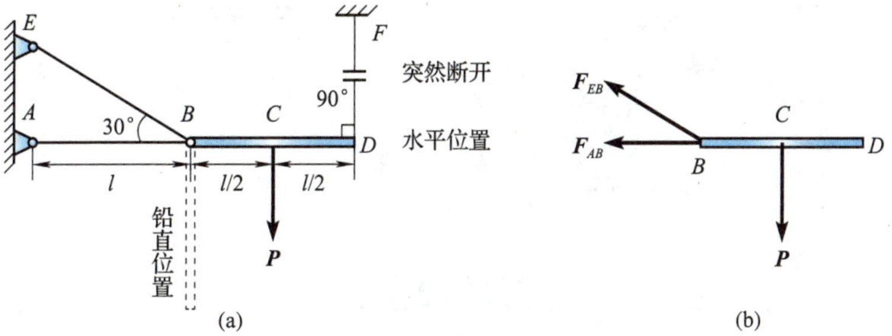

图 12-22　题 12-16

解：杆 BD 在任意位置时，设杆的转角为 φ。

(1) $T_2 - T_1 = W_{12}$。

$$\frac{1}{2}J_B\dot{\varphi}^2 - 0 = P\frac{l}{2}\sin\varphi，\text{即}\ \frac{1}{2}\left(\frac{P}{3g}l^2\right)\dot{\varphi}^2 = P\frac{l}{2}\sin\varphi$$

$$\dot{\varphi}^2 = \frac{3g}{l}\sin\varphi，\ \text{当}\ \varphi = 0，\ \ddot{\varphi} = \frac{3g}{2l} = \alpha$$

解得
$$F_{EB} = \frac{1}{2}P，\quad F_{AB} = -\frac{\sqrt{3}}{4}P$$

(2) $\varphi = 90°$，$\ddot{\varphi} = 0$。

$$F_{Ox} = -\frac{P}{g}\cdot\left(\frac{l}{2}\cdot\ddot{\varphi}\right)，\quad F_{Oy} = P + \frac{P}{g}\cdot\left(\frac{l}{2}\cdot\dot{\varphi}^2\right) = \frac{5}{2}P$$

解得
$$F_{EB} = 5P，\quad F_{AB} = -\frac{5\sqrt{3}}{2}P$$

12-17　如图 12-23 所示，质量为 30kg、半径为 0.5m 的均质圆盘与质量为 18kg、长度为 1m 的均质直杆用理想铰链连接。圆盘在铅垂平面内绕杆的一端转动。系统自图示位置无初速度地开始运动，求当杆 OA 处于铅垂位置时点 A 的速度。

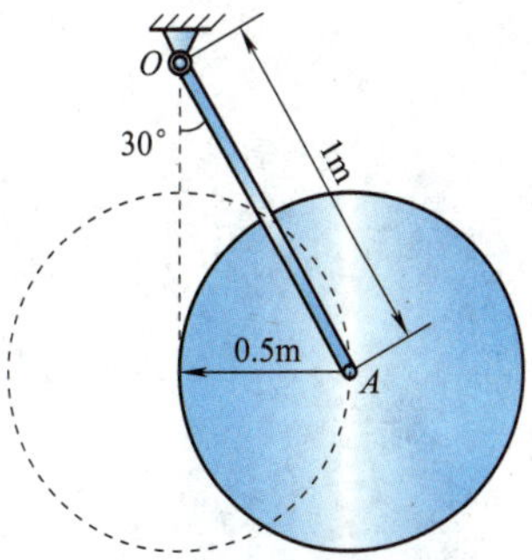

图 12-23　题 12-17

解：圆盘位于铅垂位置时，系统动能为

$$T = \frac{1}{2}m_A v_A{}^2 + \frac{1}{2}J_B\omega_B{}^2 = \frac{1}{2}m_A v_A{}^2 + \frac{1}{2}\times\frac{1}{3}m_B l^2\times\left(\frac{v_A}{l}\right)^2$$

两物体重力做功为 $W = m_A gl(1-\cos 30°) + m_B g\dfrac{l}{2}(1-\cos 30°)$。

由动能定理 $T = W$，解得 $v_A = 1.69\text{m/s}$。

12-18 如图 12-24(a)所示，长为 1m、质量为 2kg 的两均质杆 AB、BC 在点 B 用铰链连接。杆 AB 的 A 端和固定铰链支座相连，杆 BC 在 C 处用铰链与均质圆柱体连接。圆柱的质量为 4kg，半径为 250mm，在水平面上做纯滚动。两杆的中点 D、E 处有一弹簧连接，弹簧的劲度系数 $k=50\text{N/m}$，原长为 1m。在点 B 作用一铅垂力 $F=60\text{N}$。初始时系统静止不动，点 A 与点 C 处于同一水平线上，$\theta=60°$。求杆 AB、BC 处于水平位置时，杆 AB 的角速度 ω。

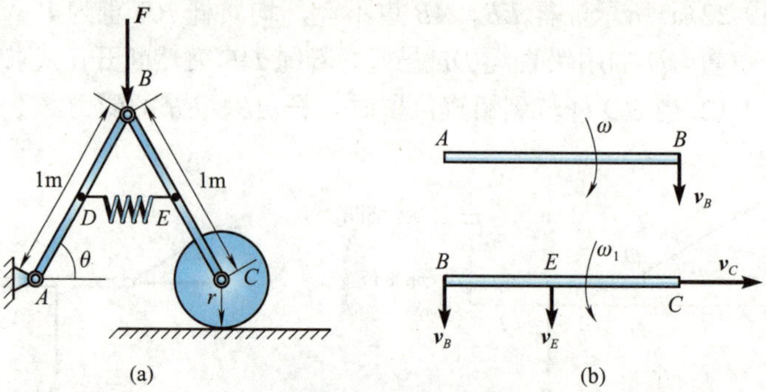

图 12-24 题 12-18

解： 杆 AB、BC 的速度分析如图 12-24(b)所示，C 点为速度瞬心，设 $l=1\text{m}$，$\omega=\omega_1=\dfrac{v_B}{l}$，$v_E=\dfrac{v_B}{2}$。

$$T_2-T_1=W_{12}$$

其中

$$W_{12}=F\cdot l\cdot\frac{\sqrt{3}}{2}+\frac{1}{2}k\left(l-\frac{l}{2}\right)^2+2mg\cdot\frac{l}{2}\cdot\frac{\sqrt{3}}{2}$$

$$T_1=0，\quad T_2=\frac{1}{2}J\omega^2+\frac{1}{2}J\omega^2$$

解得

$$\omega=10.6\text{rad/s}$$

12-19 如图 12-25 所示，质量为 m 的质点固结在质量为 M、半径为 r 的匀质圆盘的边缘点 A，$M=2m$。圆盘在粗糙的水平面上由静止开始滚动，初始时刻，点 A 在水平位置，当点 A 位于最低位置，求此瞬时圆盘的角速度和中心 O 的速度。

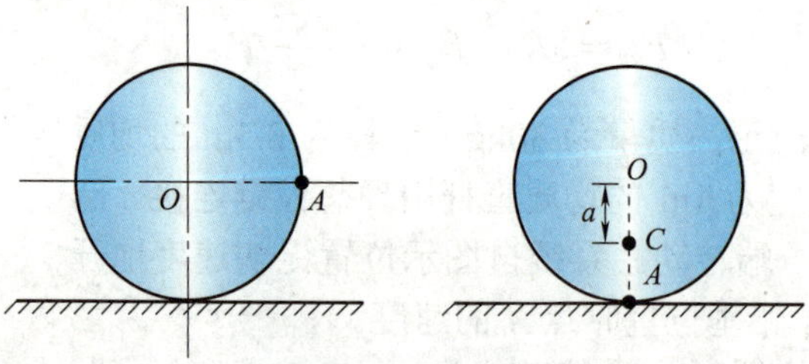

图 12-25 题 12-19

解：

$$T_2-T_1=W_{12}，\quad W_{12}=mgr$$

$$T_1=0，\quad T_2=\frac{1}{2}Mv_O^2+\frac{1}{2}J_O\omega^2+\frac{1}{2}mv_A^2=\frac{1}{2}\cdot 2m\cdot v_O^2+\frac{1}{2}\left(\frac{1}{2}\cdot 2m\cdot r^2\right)\omega^2$$

$$J_O=\frac{1}{2}Mr^2，\quad v_O=\omega r，\quad v_A=0\ (\text{纯滚动})$$

解得
$$\omega=\sqrt{\frac{2g}{3r}}，\quad v_O=\omega r=\sqrt{\frac{2gr}{3}}$$

12-20 已知菱形薄板 $ABED$ 与杆 A_1A、B_1B 用铰链连接。杆 A_1A、B_1B 可分别绕固定轴 A_1 和 B_1 旋转。已知 $A_1A=B_1B=AB=AD=2a$；薄板对质心 C 的回转半径 $\rho=2a$、质量为 m。某瞬时，杆 A_1A 的角速度为 ω，杆 A_1A、B_1B 相互垂直，如图 12-26(a)所示。求此瞬时薄板的动能。

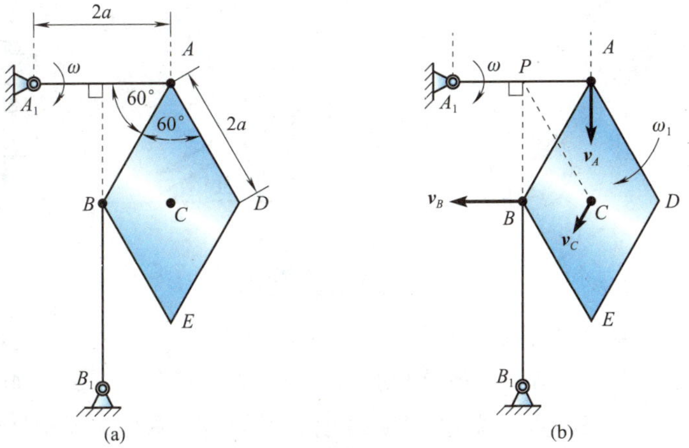

图 12-26 题 12-20

解：A、B、C 三点的速度如图 12-26(b)所示。

板的瞬心为点 P，可得到 $v_A=2a\omega$。

$$\omega_1=\frac{v_A}{PA}=2\omega，\quad v_C=\omega_1\cdot PC=4a\omega$$

所以瞬时薄板的动能为

$$T=\frac{1}{2}mv_C^2+\frac{1}{2}J_C\omega_1^2=\frac{1}{2}m\cdot(4a\omega)^2+\frac{1}{2}(m\rho^2)\cdot(2\omega)^2$$
$$=16ma^2\omega^2$$

12-21 计算图 12-27 所示各系统的动能。

(1) 偏心圆盘的质量为 m，偏心距 $OC=e$，对质心的回转半径为 ρ_C，绕轴 O 以角速度 ω_0 转动(图 12-27(a))。

(2) 长为 l、质量为 m 的匀质杆，其端部固接半径为 r、质量为 m 的匀质圆盘，杆绕轴 O 以角速度 ω_0 转动(图 12-27(b))。

(3) 滑块 A 沿水平面以速度 $\boldsymbol{v}_1$ 移动，重块 B 沿滑块以相对速度 $\boldsymbol{v}_2$ 下滑，已知滑块 A 的质量为 m_1，重块 B 的质量为 m_2 (图 12-27(c))。

(4) 汽车以速度 $\boldsymbol{v}_0$ 沿平直道路行驶，已知汽车的总质量为 M，轮子的质量为 m，半径为 R，轮子可近似视为匀质圆盘(共有 4 个轮子)(图 12-27(d))。

解：(1) $T=\frac{1}{2}J_O\omega_0^2=\frac{1}{2}m\left(e^2+\rho_C^2\right)\omega_0^2$

(2) $T=\frac{1}{2}\left(J_{O1}+J_{O2}\right)\omega_0^2=\frac{1}{2}\left(\frac{1}{3}ml^2+\frac{1}{2}mr^2+ml^2\right)\omega_0^2=\frac{1}{12}m\left(8l^2+3r^2\right)\omega_0^2$

$$(3)\ T=\frac{1}{2}m_Av_A^2+\frac{1}{2}m_Bv_B^2=\frac{1}{2}m_1v_1^2+\frac{1}{2}m_2\left[(v_2\cos30°-v_1)^2+(v_2\sin30°)^2\right]$$

$$=\frac{1}{2}(m_1+m_2)v_1^2+\frac{1}{2}m_2v_2^2-\frac{\sqrt{3}}{2}m_2v_1v_2$$

$$(4)\ T=\frac{1}{2}Mv_0^2+4\times\frac{1}{2}\cdot\frac{1}{2}mR^2\cdot\left(\frac{v_0}{R}\right)^2=\left(\frac{1}{2}M+m\right)v_0^2$$

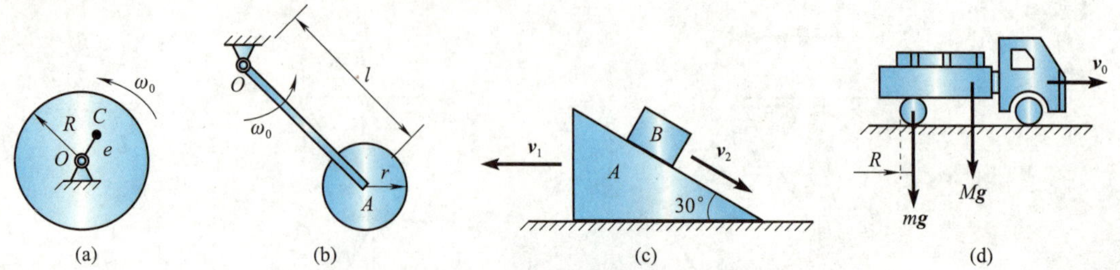

图 12-27　题 12-21

12-22　常规力矩 $\boldsymbol{M}$ 作用在绞车的鼓轮上，轮的半径为 r、质量为 m_1，缠在鼓轮上的绳索末端 A 系一质量为 m_2 的重物，重物沿着水平倾斜角为 α 的斜面上升。如图 12-28 所示，重物与斜面间的滑动摩擦系数为 f。绳索的质量不计，鼓轮可以看成匀质圆柱体，开始时系统静止。求鼓轮转过 φ 时的角速度。

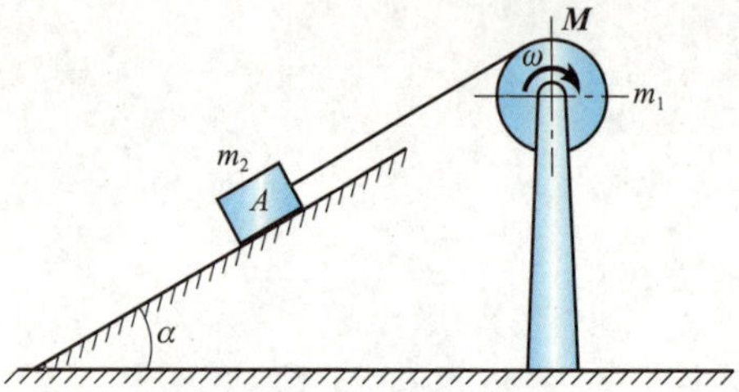

图 12-28　题 12-22

解：动摩擦力 $F_f=f\cdot F_N=fm_2g\cos\alpha$。

$T_2-T_1=W_{12}$，$W_{12}=M\cdot\varphi-m_2g\varphi r\sin\alpha-fm_2g\varphi r\cos\alpha$

$T_1=0$，$T_2=\dfrac{1}{2}m_2(\omega r)^2+\dfrac{1}{2}J\omega^2$，$J=\dfrac{1}{2}m_1r^2$

解得 $\omega=\dfrac{2}{r}\sqrt{\dfrac{M-m_2gr(\sin\alpha+f\cos\alpha)}{m_1+2m_2}}$

12-23　绞车提升一质量为 m 的重物 P，如图 12-29 所示。绞车在主动轴上作用不变的转动力矩 $\boldsymbol{M}$。已知主动轴和从动轴连同安装在这两个轴上的齿轮以及其他附属零件的转动惯量分别为 J_1 和 J_2，传动比 $z_2/z_1=i$。吊索缠绕在鼓轮上，鼓轮的半径为 R。设轴承的摩擦和吊索的质量均可略去不计。试求重物的加速度。

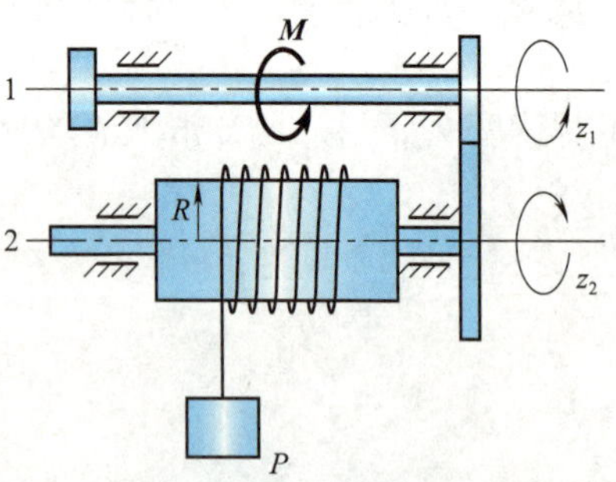

图 12-29　题 12-23

解：$\omega_2=\dfrac{v}{R}$，$\omega_1=i\omega_2=\dfrac{v_i}{R}$

对于系统有

$$T=\frac{1}{2}J_1\omega_1^2+\frac{1}{2}J_2\omega_2^2=\frac{1}{2}(J_1i^2+\sqrt{2}+mR^2)\frac{v^2}{R^2}$$

$$d_T=(J_1i^2+J_2+mR^2)\frac{v}{R^2}dv$$

$$d\omega=M\omega_1dt-mgvdt=(Mi-mgR)\frac{v}{R}dt$$

所以

$$a=\frac{(Mi-mgR)R}{J_1i^2+J_2+mR^2}$$

12-24　匀质细杆 OA 可绕水平轴 O 转动，匀质圆盘可绕 A 在铅直面内自由旋转，如图 12-30

所示。已知杆 OA 长为 l、质量为 m_1，圆盘半径为 R、质量为 m_2。不计摩擦，初始时杆 OA 水平，杆和圆盘静止。求杆与水平线成 θ 的瞬时，杆的角速度和角加速度。

解：初始状态为零势能位置，$V_1=0$。

初始静止，$T_1=0$。

杆转过 θ 时，$T_2=\frac{1}{2}m_1v_C{}^2+\frac{1}{2}J_1\omega^2+\frac{1}{2}m_2v_A{}^2$

$$V_2=-m_1g\frac{l}{2}\sin\theta-m_2gl\sin\theta$$

$$v_C=\omega\frac{l}{2}，\quad v_A=\omega l$$

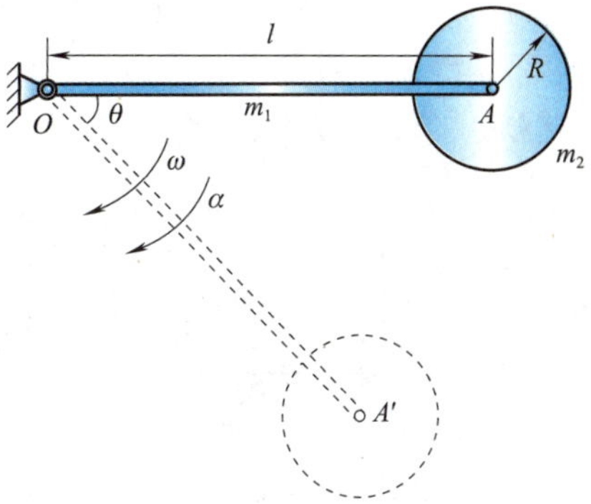

图 12-30 题 12-24

由机械能守恒可得 $T_1+V_1=T_2+V_2$。

求得
$$\omega=\sqrt{\frac{3m_1+6m_2}{m_1+3m_2}\cdot\frac{g\sin\theta}{l}}$$

对 O 点取矩，$J\alpha=m_1g\frac{l}{2}\cos\theta+m_2gl\cos\theta$，其中，

$J=\frac{1}{3}m_1l^2+m_2l^2$。

解得
$$\alpha=\frac{3m_1+6m_2}{2m_1+6m_2}\cdot\frac{g\cos\theta}{l}$$

12-25 均质杆 AC、BC 重为 $\boldsymbol{W}$、长为 l，由理想铰链 C 铰接，在杆 AC、BC 的中点连接劲度系数为 k 的弹簧。系统置于光滑水平面上，在铅垂平面内运动，如图 12-31(a)所示。设开始时，$\theta=60^\circ$，C 点速度为零，弹簧未变形。求当 $\theta=30^\circ$ 时 C 点的速度。设 $k=W/\left(\sqrt{3}-1\right)l$。

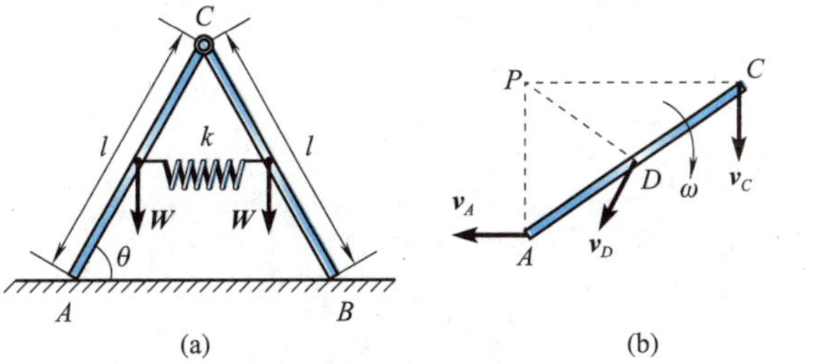

图 12-31 题 12-25

解：初始状态时，$T_1=0$，$V_1=2W\cdot\frac{l}{2}\sin\theta=\frac{\sqrt{3}}{2}Wl$。

$$\theta=30^\circ，\quad \delta=\left(\frac{\sqrt{3}-1}{2}\right)l$$

$$T_2=2\times\left(\frac{1}{2}mv_D^2+\frac{1}{2}J\omega^2\right)，\quad V_2=2\times\frac{1}{2}Wl\sin30^\circ+\frac{1}{2}k\delta^2=\frac{3+\sqrt{3}}{8}Wl$$

由机械能守恒可得
$$T_1+V_1=T_2+V_2$$

速度分析如图 12-31(b)所示，P 点为速度瞬心，$v_D=\omega\cdot PD=\omega\cdot\frac{l}{2}$。

解得
$$\omega = 0.9\sqrt{\frac{g}{l}}，\quad v_C = \omega \cdot PC = \omega \cdot \frac{\sqrt{3}l}{2} = 0.78\sqrt{gl}$$

12-26　图 12-32(a)所示机构中，物块 A、B 的质量均为 m，两均质圆轮 C、D 的质量均为 $2m$，半径均为 R。C 轮铰接于无重悬臂梁 CK 上，D 为动滑轮，梁的长度为 $3R$，绳与轮间无滑动。系统由静止开始运动，求：(1) A 物块上升的加速度；(2) 绳 HE 的拉力；(3) 定端 K 处的约束反力。

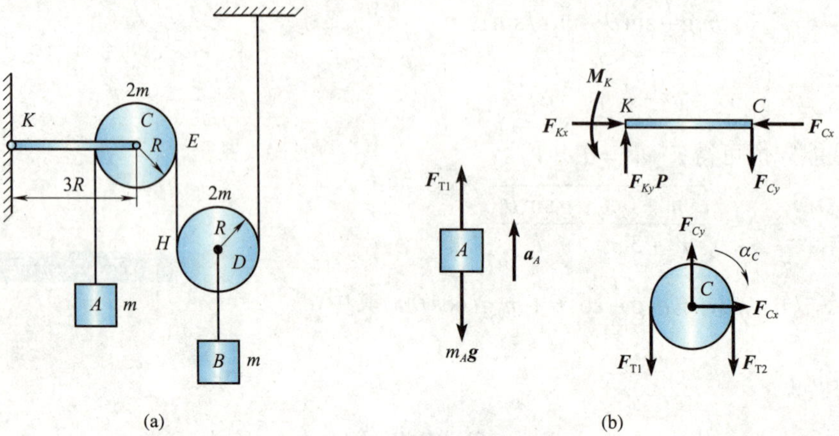

图 12-32　题 12-26

解：(1)
$$T = \frac{1}{2}m_A v_A^2 + \frac{1}{2}J_C\omega_C^2 + \frac{1}{2}J_D\omega_D^2 + \frac{1}{2}m_D v_D^2 + \frac{1}{2}m_B v_B^2$$

其中，$\omega_C = \dfrac{v_A}{R}$，$v_B = v_D = \dfrac{1}{2}v_A$，$\omega_D = \dfrac{\frac{1}{2}v_A}{R}$，$J_C = J_D = \dfrac{1}{2}\cdot 2mR^2 = mR^2$。

所以
$$T = \frac{3}{2}mv_A^2$$

且
$$\frac{\mathrm{d}T}{\mathrm{d}t} = \sum P_i = 3mgv_D - mgv_A = \frac{1}{2}mgv_A$$

解得
$$a_A = \frac{1}{6}g$$

(2)受力分析如图 12-32(b)所示。

$$F_{T1} - m_A g = m_A a$$

$$\left(F_{T2} - F_{T1}\right)\cdot R = J_C\alpha_C，\quad \alpha_C = \frac{a_A}{R}$$

解得
$$F_{T2} = \frac{4}{3}mg，\quad F_{T1} = \frac{7}{6}mg$$

(3)对轮 C 进行受力分析。

$$\sum F_x = 0，\quad F_{Cx} = 0$$
$$\sum F_y = 0，\quad F_{Cy} - m_A g - F_{T1} - F_{T2} = 0，\quad F_{Cy} = 4.5mg$$
$$\sum M_K = 0，\quad M_K - F_{Cy}\cdot 3R = 0$$

解得
$$M_K = 13.5mgR$$

12-27　均质杆 OA 长为 l，质量为 m，弹簧的劲度系数为 k，弹簧原长为 l，系统由图 12-33(a)所示位置无初速度释放，求杆运动至水平位置时，(1)杆 OA 的角速度；(2)铰 O 的约束力。

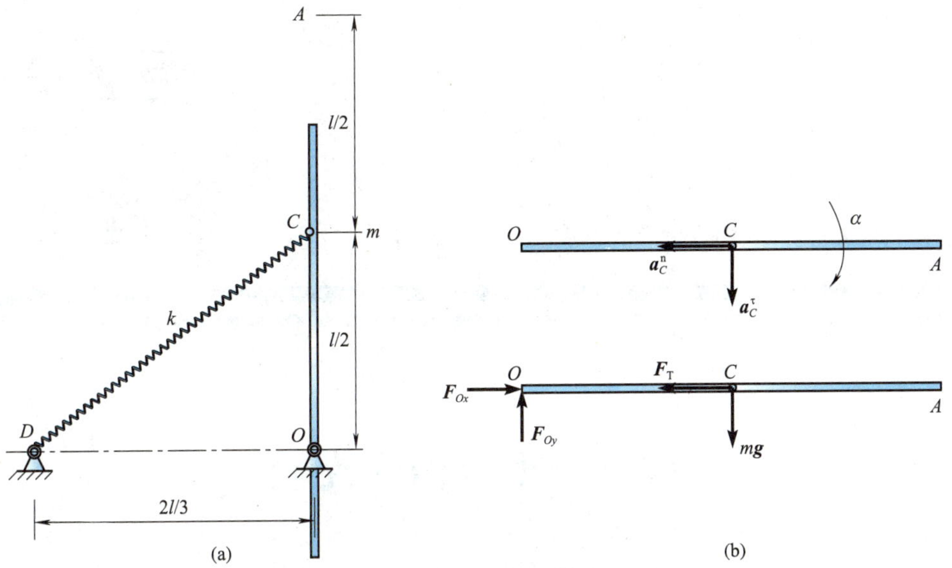

图 12-33　题 12-27

解：(1)初始位置时有

$$T_1 = 0,\quad V_1 = mg\frac{l}{2} + \frac{1}{2}k\left(l - \sqrt{\left(\frac{2l}{3}\right)^2 + \left(\frac{l}{2}\right)^2}\right)^2$$

水平位置时有

$$V_2 = 0 + \frac{1}{2}k\left(\frac{l}{2} + \frac{2}{3}l - l\right)^2,\quad T_2 = \frac{1}{2}J_C\omega^2$$

$$J_C = \frac{1}{3}ml^2$$

由机械能守恒可得

$$T_1 + V_1 = T_2 + V_2$$

解得

$$\omega = \sqrt{\frac{3g}{l}}$$

(2)杆水平时进行加速度和受力分析，如图 12-33(b)所示。

$$F_T = \frac{1}{6}kl,\quad a_C^n = \omega^2 \cdot \frac{l}{2} = \frac{3g}{2},\quad a_C^\tau = \alpha \cdot \frac{l}{2},\quad J_O = \frac{ml^2}{3}$$

$$ma_C^n = F_{Ox} - F_T$$

$$ma_C^\tau = mg - F_{Oy}$$

$$J_O\alpha = mg \cdot \frac{l}{2}$$

解得

$$F_{Ox} = \frac{1}{6}kl - \frac{3}{2}mg,\quad F_{Oy} = \frac{1}{4}mg$$

第13章 碰撞

13.1 重点内容提要

碰撞过程持续时间非常短暂，受撞击的物体速度会发生急剧变化，即被撞的物体会突然具有极大的加速度。

1. 碰撞问题的基本假定

(1)对碰撞力的假设：在碰撞过程中力的作用效果几乎都是由碰撞力所贡献的。

(2)对碰撞冲量的假设：很大的碰撞力因持续时间很短，其作用效果可以用一个有限的冲量来描述，称为碰撞冲量。

(3)对碰撞过程中速度变化的假设：碰撞前后的速度大小变化是有限的，意味着动量变化是有限的。

(4)对碰撞力做功的假设：碰撞力的功是有限的。

(5)对碰撞过程的假设：碰撞时物体的变形范围一般仅仅局限在接触点附近的很小区域内。

2. 恢复系数

恢复系数为恢复阶段冲量$\boldsymbol{I}'$与变形阶段冲量$\boldsymbol{I}$的比值。

$$e=\frac{I'}{I}$$

恢复系数等于碰撞前后两个物体在接触点的法向相对速度绝对值之比。

$$e=-\frac{v_1-v_2}{v_{10}-v_{20}}=\left|\frac{v_1-v_2}{v_{10}-v_{20}}\right|$$

3. 碰撞问题的动量定理

质点碰撞定理的积分形式为

$$m\boldsymbol{v}-m\boldsymbol{v}_0=\boldsymbol{I}$$

质点系碰撞定理的积分形式为

$$\sum_{i=1}^{n} m_i \boldsymbol{v}_i - \sum_{i=1}^{n} m_i \boldsymbol{v}_{i0} = \sum_{i=1}^{n} \boldsymbol{I}_i^{(\mathrm{e})}$$

碰撞的质心运动定理为

$$m\boldsymbol{v}_C - m\boldsymbol{v}_{C0} = \sum_{i=1}^{n} \boldsymbol{I}_i^{(\mathrm{e})}$$

4. 碰撞问题的动量矩定理

质点受到冲量作用时，对定点 O 的动量矩定理为

$$\boldsymbol{M}_O(m\boldsymbol{v}) - \boldsymbol{M}_O(m\boldsymbol{v}_0) = \boldsymbol{M}_O(\boldsymbol{I})$$

质点系受到冲量作用时，对定点 O 的动量矩定理为

$$\sum_{i=1}^{n} \boldsymbol{M}_O(m_i\boldsymbol{v}_i) - \sum_{i=1}^{n} \boldsymbol{M}_O(m_i\boldsymbol{v}_{i0}) = \sum_{i=1}^{n} \boldsymbol{M}_O(\boldsymbol{I}_i^{(\mathrm{e})})$$

刚体对固定点 O 的碰撞动量矩定理为

$$\boldsymbol{L}_O' - \boldsymbol{L}_O = \sum_{i=1}^{n} \boldsymbol{M}_O(\boldsymbol{I}_i^{(\mathrm{e})})$$

刚体对质心 C 的碰撞动量矩定理为

$$\boldsymbol{L}_C' - \boldsymbol{L}_C = \sum_{i=1}^{n} \boldsymbol{M}_C(\boldsymbol{I}_i^{(\mathrm{e})})$$

5. 碰撞问题的动能定理

$$T - T_0 = \sum_{i=1}^{n} W_{\mathrm{I}i}$$

碰撞力的功为

$$\sum_{i=1}^{n} W_{\mathrm{I}i} = \sum_{i=1}^{n} \frac{1}{2}(\boldsymbol{v}_i + \boldsymbol{v}_{i0}) \cdot \boldsymbol{I}_i$$

质点系的碰撞力的功等于所有质点各自受到的碰撞冲量与此质点在碰撞过程中的平均速度的点积之和。

6. 撞击中心

$$l = \frac{J_O}{ma}$$

当外碰撞力冲量作用于物体质量对称面的撞击中心，且垂直于轴承与质心的连线时，轴承处不引起碰撞冲量。

13.2 典型例题

例 13-1

质量为 m、长为 l 的均质杆放在光滑水平面上，当此杆在水平面上以速度 $\boldsymbol{v}$ 向着与杆垂直的方向进行平动时，杆的 B 端突然与质量为 m 的静止泥团相撞(图 13-1)，已知碰撞发生后，泥团将粘于 B 点随杆一起进行运动。试求：(1) 碰撞发生后，对杆与泥团组成的整体而言，其角速度和质心处的速度；(2) 碰撞前后，杆与泥团组成的整体系统

的动能变化。

解： 由于杆和泥团组成的系统没有外冲量作用，因此系统动量守恒且对质心的动量矩守恒。注意到泥团与杆贴合后，质心将移动到图示的点 C 处，那么可列出如下方程。

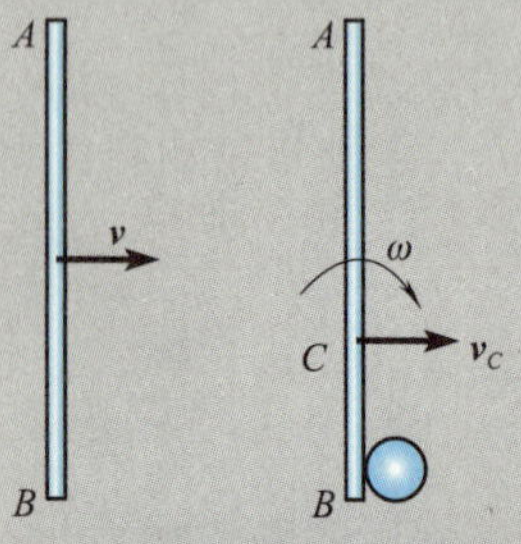

图 13-1　例 13-1

$$2mv_C - mv = 0$$

$$J_C\omega - mv\frac{l}{4} = 0$$

考虑贴合后整个系统绕质心 C 的转动惯量为

$$J_C = \frac{1}{12}ml^2 + m\left(\frac{l}{4}\right)^2 + m\left(\frac{l}{4}\right)^2 = \frac{5}{24}ml^2$$

解出

$$v_C = \frac{v}{2}, \quad \omega = \frac{6v}{5l}$$

于是系统的动能变化为

$$\Delta T = T - T_0 = \frac{1}{2}J_C\omega^2 + \frac{1}{2}(2m)v_C^2 - \frac{1}{2}mv^2 = -\frac{1}{10}mv^2$$

结果中的负号代表动能减少，显然这一部分动能的损失是完全塑性碰撞的结果。

例 13-2

质量为 m、长为 l 的均质杆由静止从距地面 h 处自由下落，已知杆与水平方向的夹角为 θ，在落地瞬间，杆 A 端与光滑地面碰撞，且碰撞恢复系数 e =0.5（图 13-2）。试求出杆在碰撞后的角速度和质心速度。

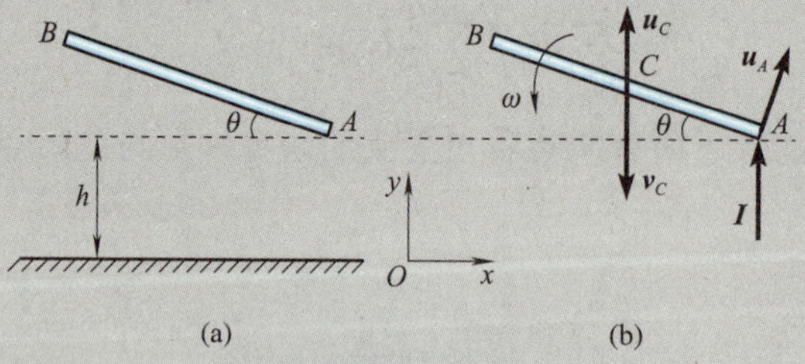

图 13-2　例 13-2

解： 如图 13-2(a)所示，当杆仅在重力作用下由静止开始下落时，显然杆做平动。设杆的质心在 C 点，根据下落高度可知，与地面发生碰撞前一瞬间的速度 $v_C = v_A = \sqrt{2gh}$。

注意到杆在水平方向上没有外力作用，重力大小恒定，极小的碰撞持续时间内，重力冲量极小。相较于杆所受地面约束冲量 $\boldsymbol{I}$ 而言，重力冲量可以忽略。假设碰撞后，杆的质心速度为 $\boldsymbol{u}_C$ 且角速度为 ω，如图 13-2(b)所示。应用碰撞时的动量定理和相对质心的动量矩定理，可得

$$m\boldsymbol{u}_C - m\boldsymbol{v}_C = \boldsymbol{I}$$

$$\frac{1}{12}ml^2\omega - 0 = \frac{l}{2}I\cos\theta$$

设碰撞后 A 端速度为 $\boldsymbol{u}_A$，由基点法可知

$$\boldsymbol{u}_A = \boldsymbol{u}_C + \boldsymbol{u}_{AC} \tag{13-1}$$

式(13-1)在 y 轴上投影可得

$$u_{Ay}=u_C+\frac{l}{2}\omega\cos\theta$$

注意碰撞接触点在 A 点，下面利用碰撞恢复系数公式，得到

$$0.5=-\frac{u_{Ay}}{v_{Ay}}=-\frac{u_C+\frac{l}{2}\omega\cos\theta}{-\sqrt{2gh}}$$

根据质心运动定理可知，杆的质心速度在 x 轴上的投影为零，那么此杆的动量定理方程在 y 轴上的投影为

$$mu_C+mv_C=I$$

注意到 $v_C=\sqrt{2gh}$，联立上述方程可得

$$\omega=\frac{9\sqrt{2gh}\cos\theta}{1+3\cos^2\theta},\quad u_C=\frac{\sqrt{2gh}\left(1-6\cos^2\theta\right)}{2\left(1+3\cos^2\theta\right)},\quad I=\frac{3m\sqrt{2gh}}{2\left(1+3\cos^2\theta\right)}$$

例 13-3

如图 13-3 所示，有一个质量为 m、半径为 r 的均质圆盘在水平地面上纯滚动。其质心 C 以匀速 $\boldsymbol{v}$ 前进时，突然与高度为 h、小于圆盘半径 r 的凸台发生碰撞。假设此碰撞是完全塑性的，试求圆盘碰撞后的角速度及碰撞冲量大小。

解： 由于圆盘在点 A 处受突加约束，且碰撞为完全塑性的，所以圆盘由平面运动突变为绕棱角 A 点的定轴转动。约束碰撞冲量仅来源于点 A，设此冲量在接触面切向和法向的分量分别为 I_τ 和 I_n，显然碰撞前后圆盘对 A 点的动量矩守恒。

若设碰撞后圆盘的角速度为 ω，则碰撞前后圆盘对点 A 的动量矩 L_{A0} 和 L_A 分别为

$$L_{A0}=mv(r-h)+J_C\frac{v}{r}=mv\left(\frac{3}{2}r-h\right)$$

$$L_A=J_A\omega=\frac{3}{2}mr^2\omega$$

利用动量矩守恒关系，即 $L_{A0}=L_A$，可解出

$$\omega=\left(1-\frac{2h}{3r}\right)\frac{v}{r}$$

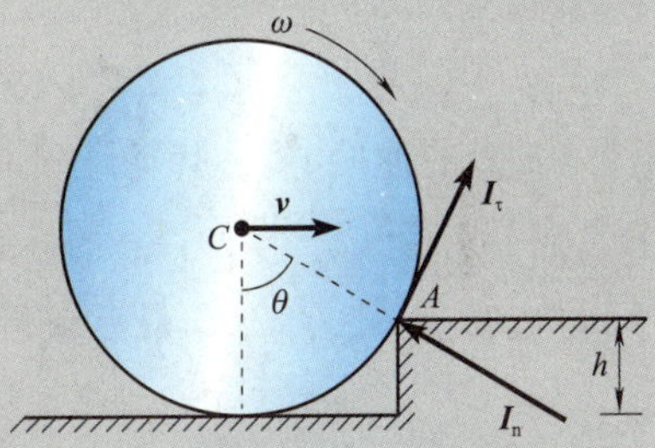

图 13-3 例 13-3

从图 13-3 中可看出，碰撞前后质心 C 的速度沿法向 e_n 和切向 e_τ 的分量分别为

$$v_{Cn0}=-v\sin\theta,\quad v_{C\tau0}=v\cos\theta,\quad v_{Cn}=0,\quad v_{C\tau}=\omega r$$

其中

$$\cos\theta=\frac{r-h}{r},\quad \sin\theta=\sqrt{\frac{h}{r}(2r-h)}$$

代入碰撞问题的质心运动方程，可解出碰撞冲量为

$$I_n=mv_{Cn}-mv_{Cn0}=mv\sqrt{\frac{h}{r}(2r-h)}$$

$$I_{\tau}=mv_{C1}-mv_{C10}=\frac{mvh}{3r}$$

例 13-4

如图 13-4 所示，质量为 m、半径为 r 的均质圆轮 D 的边缘和质量为 m、长度为 $2r$ 的均质杆 AB 在点 A 铰接，AB 杆在点 B 与一个质量不计的滑块铰接，滑块置于光滑水平槽内。若有一水平冲量 $\boldsymbol{I}$ 作用在 E 点，试求冲击之后圆轮 D 及杆 AB 的角速度。

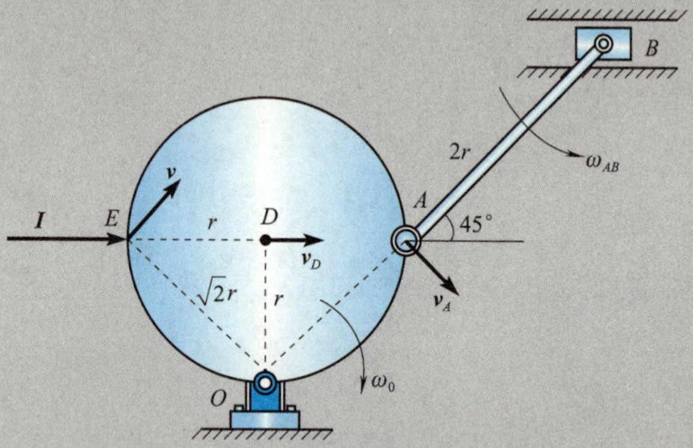

图 13-4　例 13-4

解：轮 D 为定轴转动刚体，AB 杆为平面运动刚体。设冲击后 E 点的速度为 $\boldsymbol{v}$，根据碰撞的动能定理和碰撞力做功的关系式可知

$$\frac{1}{2}J_O\omega_D^2+\frac{1}{2}J_{AB}\omega_{AB}^2=\frac{I}{2}\left(\frac{v}{\sqrt{2}}+0\right)$$

其中，轮 D 对点 O 及杆 AB 对点 B 的转动惯量分别为

$$J_O=\frac{3}{2}mr^2,\quad J_{AB}=\frac{1}{3}m(2r)^2$$

E 点的速度 $\boldsymbol{v}$、A 点的速度 $\boldsymbol{v}_A$、圆轮的角速度 ω_D 和杆 AB 的角速度 ω_{AB} 的关系为

$$v=\omega_D\sqrt{2}r,\quad v_A=\omega_D\sqrt{2}r=\omega_{AB}2r$$

可导出 $\omega_{AB}=\omega_D/\sqrt{2}$，最后求得

$$\omega_D=\frac{6I}{17mr},\quad \omega_{AB}=\frac{3\sqrt{2}I}{17mr}$$

例 13-5

质量为 m_1、长为 l 的杆 OA，一端由铰链 O 固定的 OA 从水平位置无初速度落下，到铅垂位置与质量为 m_2 的物块 B 碰撞(图 13-5)。设杆与物块间的碰撞恢复系数为 e，试求出碰撞后杆的角速度及物块的速度大小。

解：碰撞前，由动能定理求得杆到达铅垂位置时的角速度为

$$\omega_0=\sqrt{\frac{3g}{l}}$$

设杆在碰撞时角速度由 ω_0 突变为 ω，而滑块 B 的速度由零突变为 $\boldsymbol{v}_B$。根据刚体碰撞恢复系数公式可知

$$e=-\frac{v_B-l\omega}{0-l\omega_0}$$

若以整个系统为分析对象，由于系统对点 O 的外冲量矩为零，故系统对点 O 的动量矩守恒，有

$$m_2v_Bl+J_O\omega=J_O\omega_0$$

将 $J_O=m_1l^2/3$ 代入上式并与前述方程联立求解，得到

$$\omega=\frac{m_1-3em_2}{m_1+3m_2}\sqrt{\frac{3g}{l}}，\quad v_B=(1+e)\frac{m_1}{m_1+3m_2}\sqrt{3gl}$$

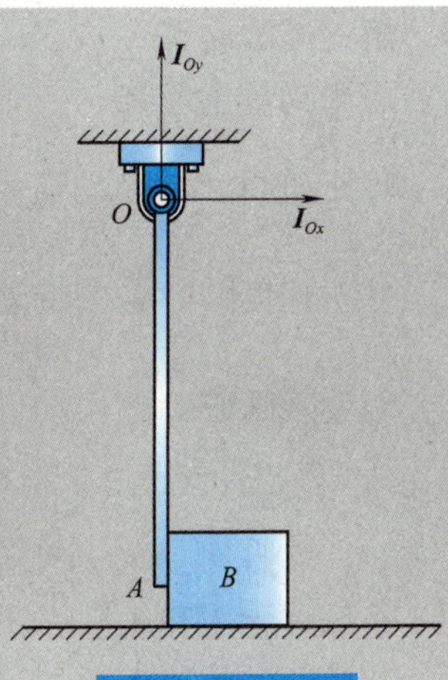

图 13-5 例 13-5

13.3 习 题 详 解

13-1 如图 13-6(a)所示，杆 AB、BC 长为 l，质量为 m，在 B 处固定连接成直角尺，并自然平放在水平桌面上。求当 A 处受到一个与 BC 平行的水平碰撞冲量 $\boldsymbol{I}$ 后，这个直角尺的动能大小。

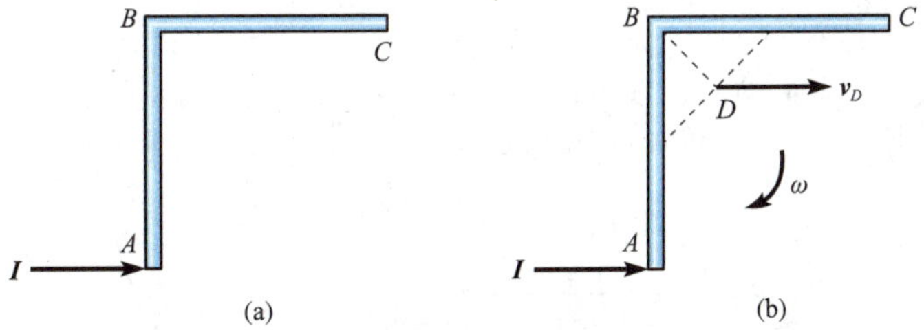

图 13-6 题 13-1

解：速度如图 13-6(b)所示，D 为直尺质心。

应用动量定理，水平方向有 $\quad 2mv_D-0=I$

对质心 D 应用动量矩定理有 $\quad J_D\omega-0=I\cdot\left(\frac{l}{2}+\frac{l}{4}\right)$

解得碰撞后速度为 $\quad v_D=\frac{I}{2m}，\quad \omega=\frac{3Il}{4J_D}$

平行移轴公式为 $\quad J_D=2\times\left(\frac{1}{12}ml^2+\left(\frac{\sqrt{2}}{4}\right)^2ml^2\right)=\frac{5}{12}ml^2$

直尺的动能为 $\quad T=\frac{1}{2}\cdot 2m\cdot v_D^2+\frac{1}{2}J_D\omega^2=\frac{37I^2}{40m}$

13-2 如图 13-7 所示，地面上有一个半径为 r 的均质球，若受到一个水平方向的碰撞冲量 $\boldsymbol{I}$ 作用，令球与地面间不发生相对滑动，那么这个水平冲量的作用点距离地面应该多高？

解：纯滚动有 $v_C=\omega r$。

应用动量定理有 $$mv_C=I$$

球对质心 C 的转动惯量为 $J_C=\dfrac{2}{5}mr^2$

球对速度瞬心 P 的转动惯量为 $J_P=mr^2+\dfrac{2}{5}mr^2$

对速度瞬心 P 应用动量矩定理有 $(mr^2+\dfrac{2}{5}mr^2)\omega-0=Ih$

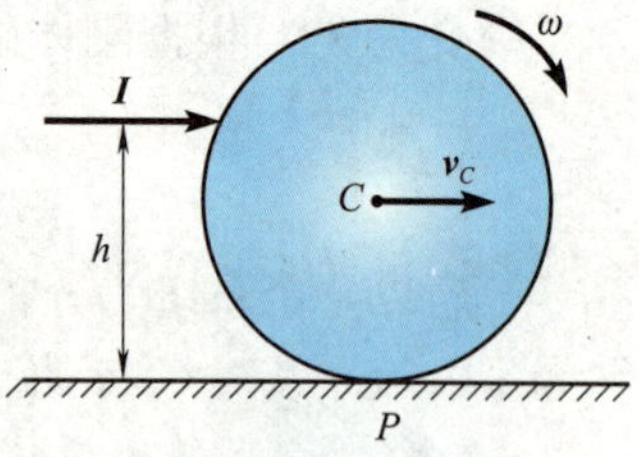

图 13-7　题 13-2

求出 $$h=1.4r$$

13-3　如图 13-8(a)所示，球 1 以速度 v_1=6m/s 做直线运动，运动方向恰好与静止不动的另一个同样大小和质量的球 2 相切，不计二者接触的摩擦时，若已知碰撞恢复系数 e=0.6，试求碰撞后两球的速度大小。

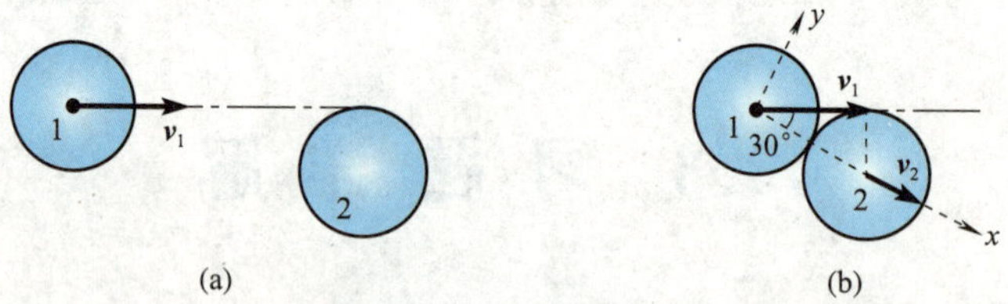

图 13-8　题 13-3

解：如图 13-8(b)所示，两球碰撞后球心连线与 $\boldsymbol{v}_1$ 的夹角为 30°，初始相对速度在碰撞时法线方向的投影为 $v_{r0}=\dfrac{\sqrt{3}}{2}v_1$。

设碰撞点法线方向为 x 轴，切线方向为 y 轴。

系统动量守恒得
$$mv_{1x0}=mv_{1x}+mv_{2x}=mv_{r0}$$
$$mv_{1y0}=mv_{1y}$$
$$e=\frac{v_{2x}-v_{1x}}{v_{r0}}=\frac{v_{2x}-v_{1x}}{v_{1x0}}$$

联立求解得
$$v_{2x}=\frac{1+e}{2}\cdot v_{1x0}=\frac{1+e}{2}\cdot\frac{\sqrt{3}}{2}v_1=4.157\text{m/s}$$
$$v_{1x}=\frac{\sqrt{3}}{2}v_1\cdot\left(1-\frac{1+e}{2}\right),\quad v_{1y}=\frac{1}{2}v_1$$
$$v_{1y}=v_1=\sqrt{v_{1x}^2+v_{1y}^2}=3.175\text{m/s}$$

13-4　如图 13-9(a)所示，半径为 R 的均质圆轮 O 与长度同为 $3R$ 的均质细杆 AB、BD 通过无摩擦的理想铰链连接到一起，如果杆 AB 水平，杆 BD、圆轮 O 竖直，此时在图示位置上施加一个水平碰撞冲量 $\boldsymbol{I}$，求当三者质量均为 m 时，轮 O 的角速度大小。

解：杆 AB 瞬时平动。

取 ABD 为研究对象，如图 13-9(b)所示，对 D 点应用动量矩定理得
$$J_D\omega_{BD}+m_{AB}v_{AB}\cdot 3R=Ih-I_A\cdot 3R$$

取轮 O 为研究对象，如图 13-9(c)所示，对 E 点应用动量矩定理得
$$J_E\omega_O=I_A\cdot 2R$$

$$J_D=\frac{1}{3}m(3R)^2=3mR^2\text{，}\quad J_E=\frac{1}{2}mR^2+mR^2$$

$$v_{AB}=\omega_O\cdot 2R\text{，}\quad \omega_{BD}=\frac{v_{AB}}{3R}=\frac{2}{3}\omega_O$$

联立解得

$$\omega_O=\frac{4Ih}{41mR^2}$$

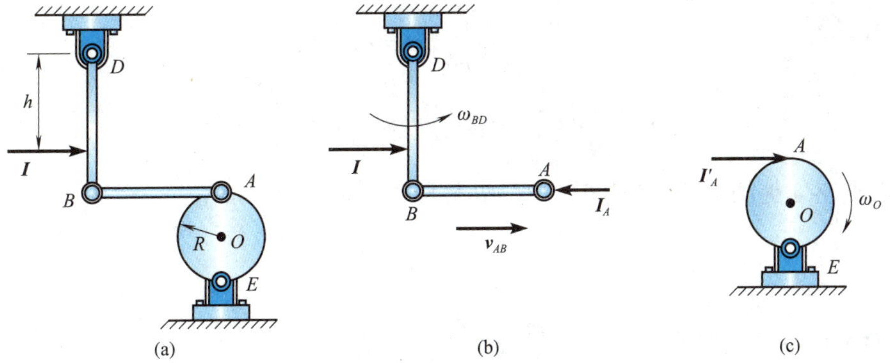

图 13-9　题 13-4

13-5　质量为 200g 的小球以 v=13.33m/s 的水平速度撞击一个质量为 2400g 的均质木棒，撞击位置如图 13-10(a)所示，长度单位为 mm。木棒一端以轻细绳悬于顶棚，碰撞恢复系数为 0.5。试求碰撞后点 A、B 的速度大小。

解：设碰撞后小球的速度为 $\boldsymbol{v}_1$，木棒质心 C 点的速度为 $\boldsymbol{v}_2$，其角速度为 ω。取整体系统为研究对象，系统对 O 点的动量矩守恒，且在水平方向动量守恒，即

$$mv\cdot 900=mv_1\cdot 900+J\omega+mv_2\cdot 600$$

$$mv=mv_1+mv_2$$

补充运动学方程为 $v_D=v_2+CD\cdot\omega$

恢复系数为　$e=\dfrac{v_D-v_1}{v}$

联立解得 $v_2=1.5\text{m/s}$，$v_A=0$，$v_B=3\text{ m/s}$。

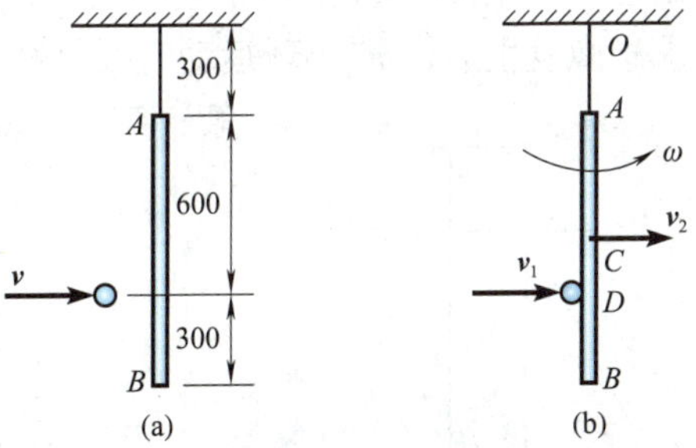

图 13-10　题 13-5

13-6　如图 13-11(a)所示，有三根均质细杆铰接在一起，其中杆 AB、BD 长度都为 l 且质量同为 m，杆 CD 的长度为 0.5l、质量为 0.5m。如果有一个距离 A 点为 h 的水平碰撞冲量 $\boldsymbol{I}$ 作用到 AB 杆上，试求：(1)碰撞后 AB 的角速度大小；(2)令支座 A 处约束冲量为零时，h 的取值大小以及此时支座 C 处的约束冲量大小。

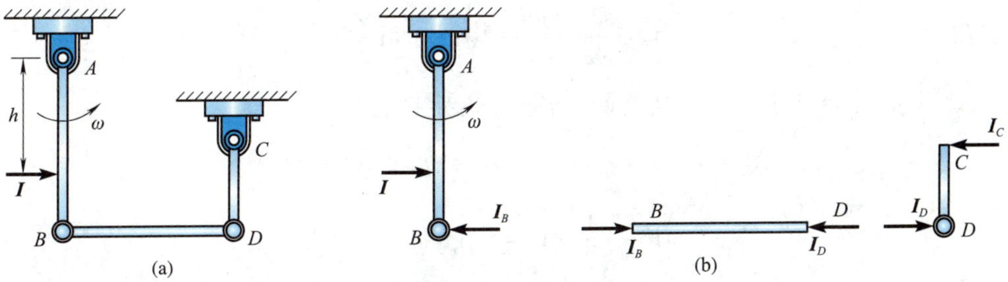

图 13-11　题 13-6

解：(1)如图 13-11(b)所示，BD 杆平动，$v_B = v_D = \omega \cdot l$，$\omega_{CD} = \dfrac{v_D}{0.5l} = 2\omega$。

根据动量定理、动量矩定理。

对 AB 杆有

$$\frac{1}{3}ml^2\omega = Ih - I_B l$$

对 BD 杆有

$$I_B - I_D = m \cdot \omega l$$

对 CD 杆有

$$\frac{1}{3} \cdot \frac{m}{2} \cdot \left(\frac{l}{2}\right)^2 \cdot 2\omega = I_D \cdot \frac{l}{2}$$

解得

$$I_D = \frac{1}{6}m\omega l，\quad I_B = \frac{7}{6}m\omega l，\quad \omega = \frac{2Ih}{3ml^2}$$

(2)当支座 A 处约束冲量为零时，对 AB 杆应用动量定理有 $m \cdot \omega \dfrac{l}{2} = I - I_B$。

解得

$$h = \frac{9}{10}l$$

对 CD 杆应用动量定理有

$$\frac{m}{2} \cdot 2\omega \frac{l}{4} = I_D + I_C$$

解得

$$I_C = \frac{1}{20}I$$

13-7　如图 13-12 所示，质量为 m_1、m_2 的两个球，分别用长度为 l_1、l_2 的不可伸长的绳子挂起，自然悬挂状态下两绳平行，调整悬挂高度使两个球的中心点处于同一水平面上并且贴紧。提升 m_1 小球到与铅垂线夹角为 θ 的高度，无初速度释放。若两球的碰撞恢复系数为 e，求碰撞发生后，m_2 小球运动时其悬绳所能达到的与铅垂线间的最大夹角 α。

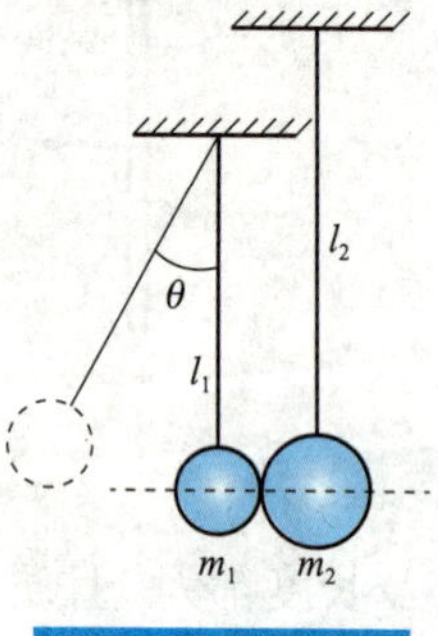

图 13-12　题 13-7

解：第一阶段，小球 1 下落到碰撞前位置，根据动能定理有

$$T_1 = 0，\quad T_2 = \frac{1}{2}m_1 v_0^2，\quad W = m_1 g l_1 (1 - \cos\theta)$$

$$T_2 - T_1 = W，\quad \frac{1}{2}m_1 v_0^2 = m_1 g l_1 (1 - \cos\theta)$$

$$v_0^2 = 2gl_1\left(1 - 1 + 2\sin^2\frac{\theta}{2}\right)$$

碰撞前瞬间小球 1 的速度为 $v_0 = 2\sqrt{gl_1}\sin\dfrac{\theta}{2}$

第二阶段，碰撞过程系统动量守恒，即 $m_1 v_0 = m_1 v_1 + m_2 v_2$。

恢复系数为

$$e = \frac{v_2 - v_1}{v_0}$$

联立解得

$$v_2 = \frac{(1+e)m_1}{m_1 + m_2} \cdot 2\sqrt{gl_1} \cdot \sin\frac{\theta}{2}$$

第三阶段，小球 2 上升到最高位置，根据动能定理有

$$T_2 = 0，\quad T_1 = \frac{1}{2}m_2 v_2^2，\quad W = -m_2 g l_2 (1 - \cos\alpha)$$

$$T_2 - T_1 = W，\quad \frac{1}{2}m_2 v_2^2 = m_2 g l_2 (1 - \cos\alpha)$$

$$v_2^2 = 2gl_2\left(1-1+2\sin^2\frac{\alpha}{2}\right)$$

$$v_2 = 2\sqrt{gl_2}\sin\frac{\alpha}{2}$$

解得
$$\alpha = 2\arcsin\left[\frac{m_1(1+e)}{m_1+m_2}\sqrt{\frac{l_1}{l_2}}\sin\frac{\theta}{2}\right]$$

13-8 由质量不同的均质细直杆和均质圆盘组成的复摆如图 13-13 所示。圆盘半径为r，杆的长度$l=4r$。试求此复摆撞击中心正好与圆盘重心位置相同时须满足的杆与圆盘的质量之比。

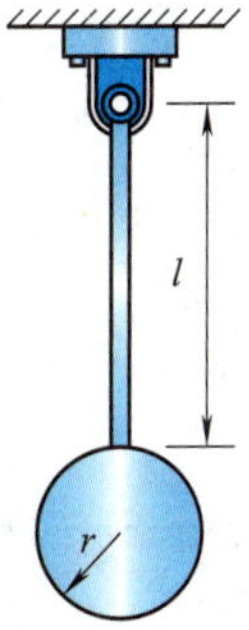

图 13-13 题 13-8

解： 设复摆质心 C 点坐标为 y_C，根据撞击中心定义有

$$l+r = \frac{J_O}{(m_1+m_2)y_C} = 5r$$

$$J_O = \frac{1}{3}m_1 l^2 + \frac{1}{2}m_2 r^2 + m_2(l+r)^2 = \left(\frac{16}{3}m_1 + \frac{51}{2}m_2\right)r^2$$

$$y_C = \frac{m_1\cdot\frac{l}{2} + m_2\cdot(r+l)}{m_1+m_2}$$

解得
$$m_1 : m_2 = 3:28$$

13-9 如图 13-14(a)所示，长度为 $2a$、质量为 $2m$ 的均质杆 AB 和长度为 $2b$、质量为 m 的均质杆 BC 在光滑铰点 B 处连接。平放在光滑地面上的两杆刚好相互垂直，若在 A 点沿 BC 方向施加冲量 $\boldsymbol{I}$，试求撞击发生后系统总动能的大小。

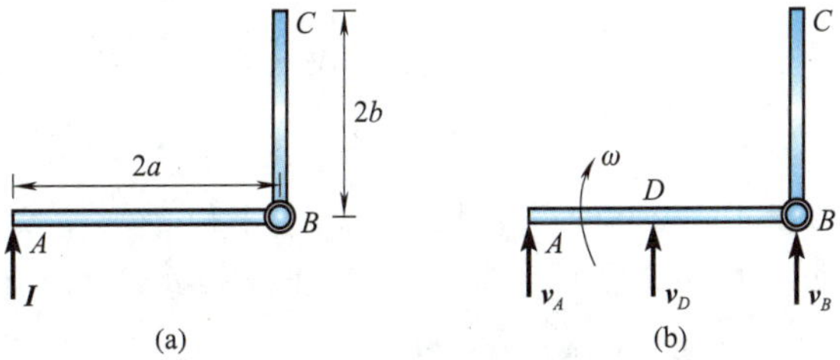

图 13-14 题 13-9

解： 速度关系如图 13-14(b)所示。

以 D 为基点，A 点和 B 点的速度：$v_A = v_D + \omega a$，$v_B = v_D - \omega a$。

BC 段瞬时平移，对 ABC 杆应用动量定理得 $I = 2mv_D + mv_B$。

$$I = 2mv_D + mv_D - m\omega a = 3mv_D - m\omega a$$

由动能定理得
$$I\cdot\frac{v_A}{2} = \frac{1}{2}\cdot 2m\cdot v_D^2 + \frac{1}{2}J_D\omega^2 + \frac{1}{2}mv_B^2$$

$$J_D = \frac{1}{12}\cdot 2m\cdot(2a)^2 = \frac{2}{3}ma^2$$

解得
$$T = \frac{5I^2}{6m},\quad \omega = \frac{I}{ma},\quad v_D = \frac{2I}{3m}$$

13-10 如图 13-15 所示，边长为l的正方形均质薄板平放于光滑地面，已知其角速度为ω，中心点速度$v=l\omega$。若在方板一边与其中心点速度方向平行的某瞬间，(1)将角点 A 突然固定，

而后令方板绕点 A 转动，试求转动的角速度；(2)将角点 B 固定，则转动角速度又会如何？

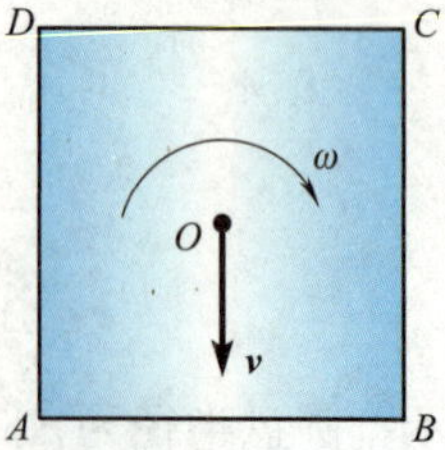

图 13-15　题 13-10

解：(1) A 点动量矩守恒得 $mv\cdot\dfrac{l}{2}+J_O\omega=J_A\omega_A$。

$$J_O=\frac{1}{6}ml^2,\quad J_A=J_O+\frac{ml^2}{2}=\frac{2}{3}ml^2$$

解得

$$\omega_A=\omega$$

(2) B 点动量矩守恒得 $mv\cdot\dfrac{l}{2}-J_O\omega=J_B\omega_B$。

解得

$$\omega_B=0.5\omega$$

13-11　如图 13-16 所示，长度为 l、质量为 m 的均质杆 AB 以水平姿态开始自由下落，当下落高度 h 时与支座 D 发生碰撞，已知 $BD=l/4$。若碰撞是完全塑性的，即碰撞恢复系数 $e=0$，求碰撞后杆的角速度和碰撞冲量大小。

解：碰撞前瞬间

$$\frac{1}{2}mv_C^2=mgh,\quad v_C=\sqrt{2gh}$$

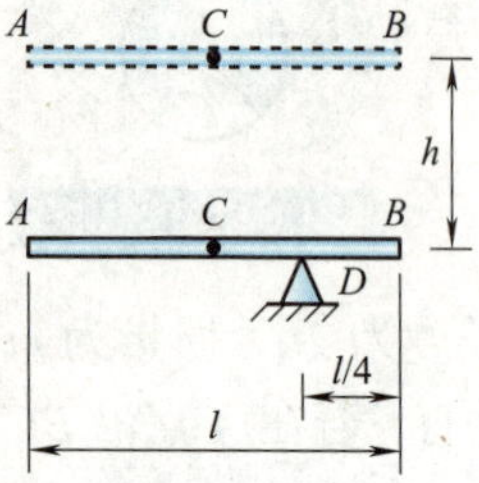

图 13-16　题 13-11

碰撞是完全塑性的，所以 $v_D=0$。

由 D 点动量矩守恒得 $mv_C\cdot\dfrac{l}{4}=J_D\omega$

$$J_D=\frac{ml^2}{12}+m\left(\frac{l}{4}\right)^2$$

$$\omega=\frac{12}{7l}\sqrt{2gh}=\frac{12}{7l}v_C$$

$$I_y=mv_C-m\omega\cdot\frac{l}{4}=\frac{4}{7}m\sqrt{2gh}$$

13-12　如图 13-17(a)所示，由完全相同的四根长度为 l 的均质细直杆光滑铰接组成的正方形框，将其平放到光滑地面，令其绕对角线交点 E 以角速度 ω_0 转动。(1)若突然将铰点 A 处固定，求各个杆角速度的大小；(2)若突然将整根 AB 杆都固定，试求出杆 CD 的速度大小。

解：初始绕 E 点转动时，各杆的质心速度为 $\omega_0\cdot\dfrac{l}{2}$。

(1)初始时 A 点的动量矩为

$$L_{A0}=\frac{1}{12}ml^2\omega_0+\frac{1}{12}ml^2\omega_0+\left(\frac{1}{12}ml^2\omega_0+m\omega_0\cdot\frac{l}{2}\cdot l\right)+\left(\frac{1}{12}ml^2\omega_0+m\omega_0\cdot\frac{l}{2}\cdot l\right)=\frac{4}{3}ml^2\omega_0$$

如图 13-17(b)所示，A 点约束住后，A 点的动量矩为

$$\begin{aligned}L_{A1}&=\frac{1}{3}ml^2\omega_{AB}+\frac{1}{3}ml^2\omega_{AD}\\&\quad+\left(\frac{1}{12}ml^2\omega_{CD}+m\omega_{AB}\cdot l\cdot l+m\omega_{CD}\cdot\frac{l}{2}\cdot\frac{l}{2}\right)\\&\quad+\left(\frac{1}{12}ml^2\omega_{CB}+m\omega_{AB}\cdot l\cdot l+m\omega_{CB}\cdot\frac{l}{2}\cdot\frac{l}{2}\right)\\&=\frac{4}{3}ml^2\omega_{AB}+\frac{4}{3}ml^2\omega_{AD}+\frac{1}{3}ml^2\omega_{CD}+\frac{1}{3}ml^2\omega_{BC}\end{aligned}$$

分别以 B 和 D 为基点，分析 C 点的速度。

$$\boldsymbol{v}_B+\boldsymbol{v}_{CB}=\boldsymbol{v}_D+\boldsymbol{v}_{DB} \tag{13-2}$$

式(13-2)分别在水平方向和竖直方向投影得 $v_B=v_{CD}$，$v_{CB}=v_D$。

解得 $\omega_{AB}=\omega_{CD}$，$\omega_{CB}=\omega_{AD}$

碰撞前后 A 点的动量矩守恒，即 $L_{A0}=L_{A1}$。

碰撞前 A 点的速度沿 x 轴方向，A 点约束住瞬间，y 轴方向冲量为零，$I_{Ay}=0$，碰撞前后 y 轴方向动量守恒。

$$-m\omega_{AD}\cdot\frac{l}{2}\cos45^\circ+m\omega_{AB}\cdot\frac{l}{2}\cos45^\circ-m\omega_{AD}\cdot\frac{l}{2}\cos45^\circ$$

$$+m\omega_{CD}\cdot\frac{l}{2}\cos45^\circ+m\omega_{AB}\cdot\frac{l}{2}\cos45^\circ-m\omega_{CB}\cdot\frac{l}{2}\cos45^\circ=0$$

解得 $\omega_{AB}=\omega_{AD}=\omega_{CB}=\omega_{CD}=0.4\omega_0$

(2)将整根 AB 杆都固定，杆 CD 平动，如图 13-17(c)所示，$\omega_{AD}=\omega_{CB}$，$v_D=v_C=\omega_{AD}l$。

$$L_{A2}=\frac{1}{3}ml^2\omega_{AD}+\left(\frac{1}{12}ml^2\omega_{CB}+m\omega_{CB}\cdot\frac{l}{2}\cdot\frac{l}{2}\right)+mv_Dl$$

$$=\frac{5}{3}mv_Dl$$

对 A 点应用动量矩定理得

$$\frac{5}{3}mv_Dl-\frac{4}{3}m\omega_0l^2=-I_{By}\cdot l$$

应用动量定理得

$$I_{Bx}=m\omega_{AB}\cdot\frac{l}{2}+m\omega_{BC}\cdot\frac{l}{2}+mv_D=2mv_D$$

$$I_{Ay}=I_{By}$$

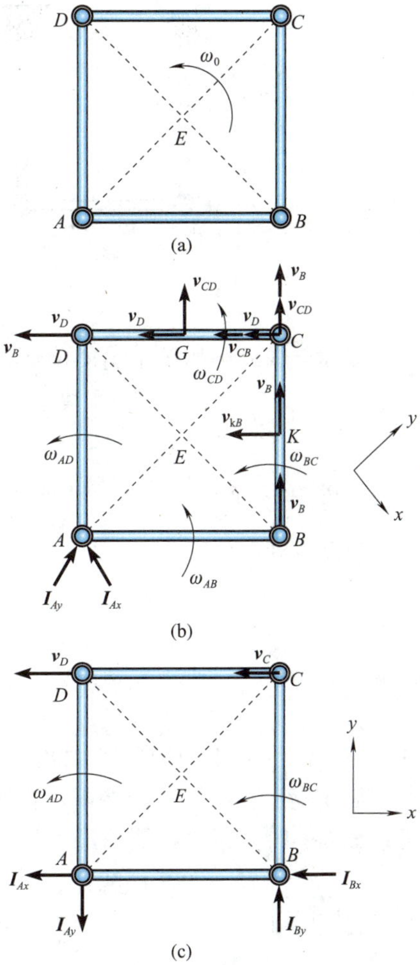

图 13-17 题 13-12

碰撞前动能为

$$T_1=\left[\frac{1}{2}m\cdot\left(\omega_0\cdot\frac{l}{2}\right)^2+\frac{1}{2}\cdot\frac{1}{12}ml^2\cdot\omega_0^2\right]\times4=\frac{2}{3}ml^2\omega_0^2$$

碰撞后动能为 $T_2=\frac{1}{2}\cdot\frac{1}{12}ml^2\cdot\omega_{AD}^2+\frac{1}{2}\cdot\frac{1}{12}ml^2\cdot\omega_{BC}^2+\frac{1}{2}mv_D^2=\frac{5}{6}mv_D^2$

$$T_2-T_1=-I_{Ay}\cdot\omega_0\cdot\frac{l}{2}\cdot\frac{1}{2}-I_{By}\cdot\omega_0\cdot\frac{l}{2}\cdot\frac{1}{2}-I_{Bx}\cdot\omega_0\cdot\frac{l}{2}\cdot\frac{1}{2}$$

解得 $$v_D=0.4\omega_0l$$

13-13 三个质量都为 m、长度都为 l 的均质细直杆光滑铰接到一起，如图 13-18(a)所示，静止时 O_1A、O_2B 在重力作用下自由铅垂，同时 AB 杆水平。若在铰点 A 处施加一个水平冲量 $\boldsymbol{I}$，试求碰撞后杆 O_1A 的最大偏角。

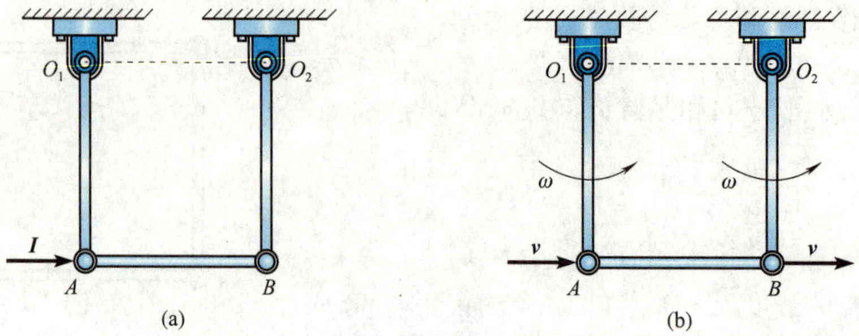

图 13-18　题 13-13

解：运动分析如图 13-18(b)所示，应用动能定理得

$$\frac{1}{2}J\omega^2+\frac{1}{2}J\omega^2+\frac{1}{2}mv^2=\frac{1}{2}I(v+0)$$

其中，$\omega=\frac{v}{l}$，$J=\frac{1}{3}ml^2$，故 $v=\frac{3I}{5m}$。

由能量守恒可得

$$0+\frac{1}{2}I(v+0)=0+2\cdot\frac{1}{2}mg(l-l\cos\theta)+mg(l-l\cos\theta)$$

解得

$$\theta=2\arcsin\frac{\sqrt{3}I}{2m\sqrt{10gl}}=\arccos\left(1-\frac{6I^2}{7m^2gl}\right)$$

13-14　如图13-19所示，由相同的两个弹簧支承着的重200N的物体B受到其上$h=70$mm处零初速度下落物体A的冲击，若弹簧的劲度系数都为25N/mm，物体A重500N，当碰撞恢复系数为零时，试求弹簧的最大压缩量。

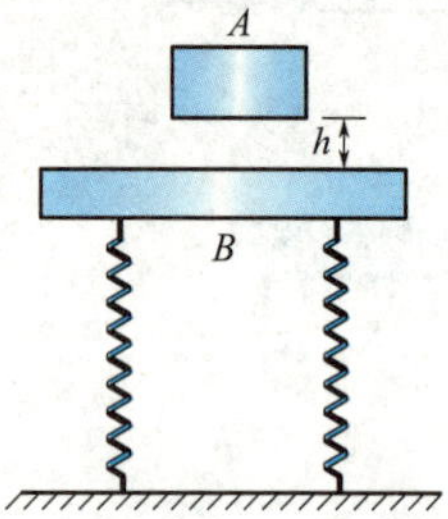

图 13-19　题 13-14

解：

$$v_1=\sqrt{2gh}=1.17\text{m/s}$$

由于碰撞恢复系数为零，两物体碰撞后将一起运动，碰撞前后动量守恒得

$$(m_A+m_B)v=m_Av_1$$

$$v=0.837\text{m/s}$$

应用动能定理得

$$2\cdot\frac{1}{2}kx^2=\frac{1}{2}mv^2+mgx$$

解得

$$x=48.5\text{mm}$$

13-15　如图 13-20(a)所示，放置在光滑水平面上质量为 m 的滑块与质量为 0.5m、长 l 的均质杆铰接，静止状态下杆处于铅垂，当有一冲量 $\boldsymbol{I}$ 水平作用于 B 点时，试求碰撞后滑块的速度大小。

解：运动分析如图 13-20(b)、(c)所示。

对物块 A 有

$$I_x=mv,\quad I_y=I_{\text{N}}$$

对杆 AB 有

$$I+I_x=\frac{m}{2}\left(-v+\omega\frac{l}{2}\right),\quad (I-I_x)\cdot\frac{l}{2}=\frac{1}{12}\cdot\frac{1}{2}ml^2\omega$$

解得

$$v=\frac{4I}{9m}$$

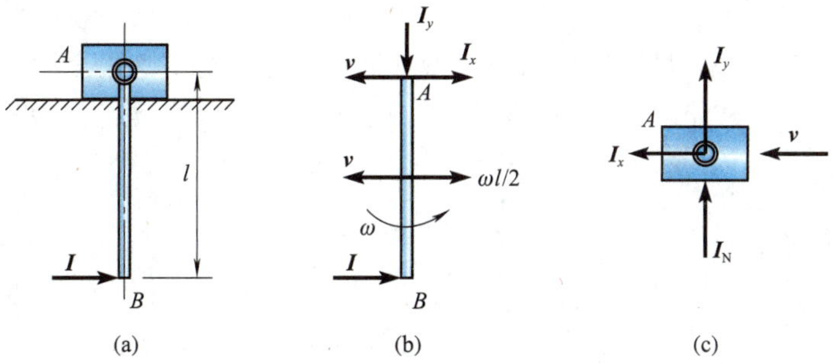

图 13-20 题 13-15

13-16 如图 13-21(a)所示，长度为 l 的均质杆绕光滑墙角 A 端倒下，当杆水平时与支座 C 碰撞，设恢复系数为 1，试求点 C 到墙角 A 点的距离应为多大时，才能令杆在碰撞后的角速度为零。

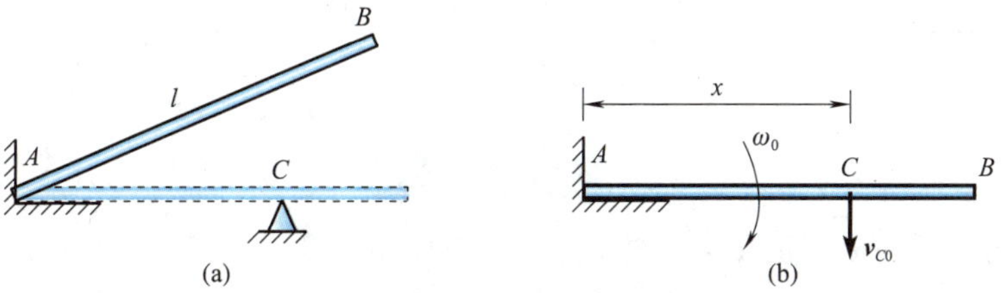

图 13-21 题 13-16

解：碰撞前速度如图 13-21(b)所示，$v_{C0}=\omega_0 x$。

恢复系数为 1，碰撞后，$v_{C1}=v_{C0}=\omega_0 x$，杆 AB 角速度为零，平动。

碰撞前后能量守恒得 $$\frac{1}{2}J_A\omega_0^2=\frac{1}{2}mv_{C1}^2，\quad J_A=\frac{1}{3}ml^2$$

解得
$$x=\frac{\sqrt{3}}{3}l$$

13-17 如图 13-22 所示，质量均为 m 的两块刚性板用劲度系数为 k 的弹簧相连放在地面上。若在其上方落下质量同样为 m 的软泥块。试求泥块至上面的板的高度距离 h 至少为多少才能让上面的板跳起时同时带起下面的板。

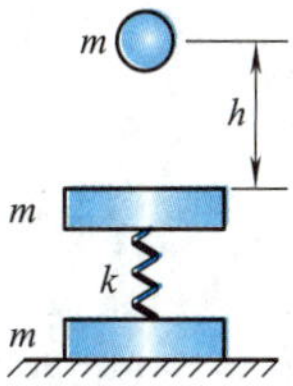

图 13-22 题 13-17

解：碰撞前，弹簧已压缩 $x_1=\dfrac{mg}{k}$。

带起下面的板时，弹簧伸长量 $x_2=\dfrac{mg}{k}$。

最终时刻与碰撞时的高度差 $x_1+x_2=\dfrac{2mg}{k}$。

碰撞前软泥块的速度为 v_0，碰撞后软泥块和板的速度为 v_1，由动能定理有 $mgh=\dfrac{1}{2}mv_0^2$，由动量守恒定律有 $mv_0=2mv_1$。

对软泥块和上面的刚性板，由机械能守恒有 $-2mg(x_1+x_2)=0-\dfrac{1}{2}(2m)v_1^2$。

联立上式，解得 $h=\dfrac{8mg}{k}$。

13-18　如图 13-23(a) 所示，半径为 0.3m 的均质圆盘纯滚动时遇宽度同样为 d=0.3m 的坑，设接触之处摩擦力足够大，且碰撞均为完全塑性的，求盘中心的速度至少为多大时才能滚过凹坑。

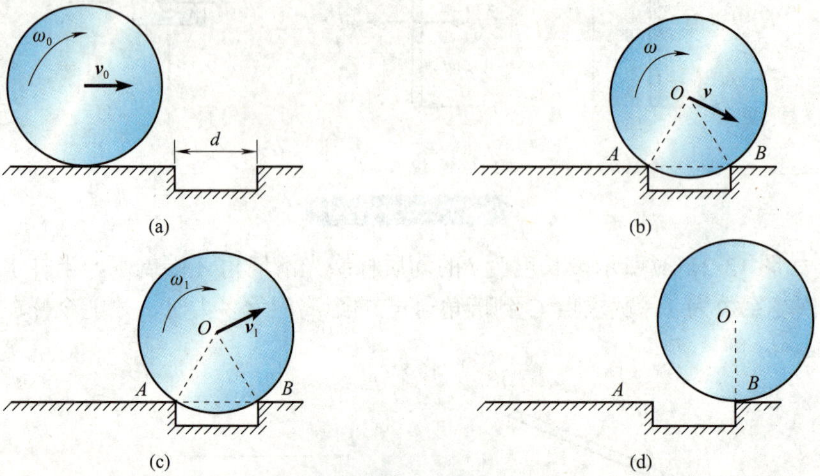

图 13-23　题 13-18

解：依据图 13-23(a) 和图 13-23(b)，应用动能定理有

$$T_1 = \frac{1}{2}mv_0^2 + \frac{1}{2}J_O\omega_0^2，\quad T_2 = \frac{1}{2}mv^2 + \frac{1}{2}J_O\omega^2$$

$$W = mgr(1-\cos 30°)$$

$$T_2 - T_1 = W，\quad \frac{1}{2}mv^2 + \frac{1}{2}J_O\omega^2 - \left(\frac{1}{2}mv_0^2 + \frac{1}{2}J_O\omega_0^2\right) = mgr(1-\cos 30°)$$

$$v_0 = \omega_0 r$$

碰撞前对 B 点取动量矩得 $L_0 = mv\cdot\dfrac{r}{2} + J_O\omega, v = \omega r$ 。

完全塑性碰撞，B 点速度为零，圆盘绕 B 点转动。

碰撞后对 B 点取动量矩得 $L_1 = mv_1\cdot r + J_O\omega_1$，　$v_1 = \omega_1 r$ 。

B 点动量矩守恒得　　$L_1 = L_0$，　$mv_1\cdot r + J_O\omega_1 = mv\cdot\dfrac{r}{2} + J_O\omega$

解得

$$\omega_1 = \frac{2}{3}\omega$$

如图 13-23(d) 所示，绕 B 点转到 OB 至竖直位置，应用动能定理有

$$T_1 = \frac{1}{2}mv_1^2 + \frac{1}{2}J_O\omega_1^2，\quad T_2 = 0$$

$$W = -mgr(1-\cos 30°)$$

$$T_2 - T_1 = W，\quad \frac{1}{2}mv_1^2 + \frac{1}{2}J_O\omega_1^2 = mgr(1-\cos 30°)$$

$$\omega_1^2 = \frac{4}{3}\cdot\frac{g}{r}\cdot\left(1-\frac{\sqrt{3}}{2}\right)$$

解得
$$v=\sqrt{3gr\cdot\left(1-\frac{\sqrt{3}}{2}\right)}=1.09\text{m/s}$$
$$v_0=\sqrt{\frac{5}{3}gr\cdot\left(1-\frac{\sqrt{3}}{2}\right)}=0.81\text{m/s}$$

13-19　如图 13-24(a)所示，有长度为 400mm、重 40N 的水平均质杆，从距离凸台 C 点 120mm 的高度掉下，杆的 A 端与凸台 C 点发生完全弹性碰撞后，试求杆继续运动到 B 端与凸台 D 点发生碰撞所需的时间。

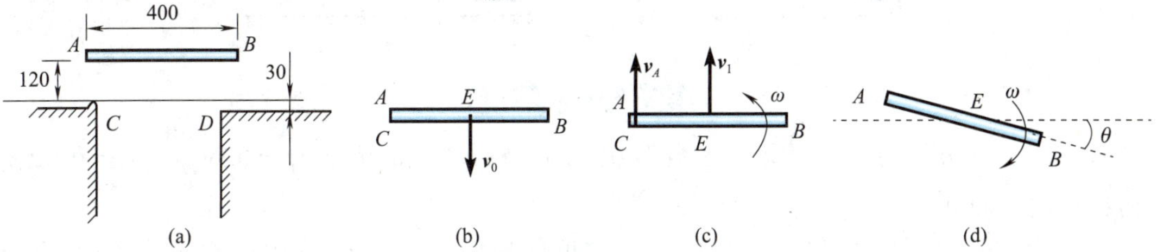

图 13-24　题 13-19

解：如图 13-24(b)所示，碰撞前杆 AB 平行下落，$v_0=\sqrt{2gh}$。

如图 13-24(c)所示，A 与 C 点发生完全弹性碰撞，碰撞后 A 点的速度 $v_A=-v_0=-\sqrt{2gh}$。

碰撞前后，杆 AB 对 A 点动量矩守恒：$mv_0\cdot\frac{l}{2}=mv_1\cdot\frac{l}{2}+J_E\omega$。
$$v_1=v_A+\omega\cdot\frac{l}{2}，\quad J_E=\frac{1}{12}ml^2$$
解得
$$\omega=\frac{3\sqrt{2gh}}{l}，\quad v_1=\frac{\sqrt{2gh}}{2}$$

A 端碰撞后，杆 AB 在重力作用下做平面运动，对质心 E 动量矩守恒，角速度不变。

设时间 t 后 B 端与 D 点碰撞，质心下落高度 $h_1=v_1t+\frac{1}{2}gt^2$。

如图 13-24(d)所示，杆角度变化 $\theta=\omega t$，带动 B 点的高度变化 $h_2=\frac{l}{2}\sin\omega t$。
$$h_1+h_2=30\text{mm}，\quad \sin\theta\approx\theta$$
$$\frac{1}{2}\sqrt{2gh}\cdot t+\frac{1}{2}gt^2+\frac{3}{2}\sqrt{2gh}\cdot t=30$$
解得
$$t=0.00963\text{s}$$

13-20　如图 13-25 所示，在 B 点铰接于地面的竖直均质杆无初速度地倒下，到达水平位置时会与地面上的 A 点发生碰撞，设碰撞恢复系数为 0.5，试求：(1)碰撞后杆件回弹与水平方向之间的最大夹角；(2)碰撞导致的动能损失与原系统动能之比。

解：(1)如图 13-25(a)所示，碰撞前杆 AB 绕 B 点转到水平位置，应用动能定理得
$$T_2=\frac{1}{2}J_E\omega_0^2=\frac{1}{2}\cdot\frac{1}{3}ml^2\cdot\omega_0^2，\quad T_1=0$$
$$W=mg\cdot\frac{l}{2}$$

$$T_2 - T_1 = W\text{，}\quad \omega_0 = \sqrt{\frac{3g}{l}}\text{，}\quad v_{A0} = \omega_0 l$$

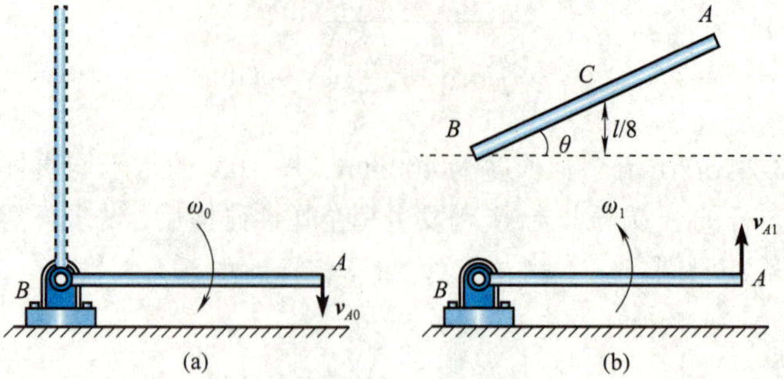

图 13-25　题 13-20

如图 13-25(b)所示，碰撞恢复系数为 0.5，碰撞后 A 点的速度 $v_{A1} = 0.5v_{A0}$，$\omega_1 = 0.5\omega_0$，动能为原来的 1/4。

碰撞后杆件回弹所能达到的与水平方向之间的最大夹角为 θ，杆质心 C 上升的最大高度为 $l/8$，

$$\sin\theta = \frac{1}{4}\text{，}\quad \theta \approx 14.5^\circ$$

(2)动能损失为$1-\dfrac{1}{4}=\dfrac{3}{4}$。

13-21　如图 13-26 所示，边长为 1m 的均质正方形板落下 20m 后与坡度为 60° 的光滑斜面发生碰撞，设恢复系数 e =0.7，平板重 400N，试求碰撞后正方形板的质心速度。

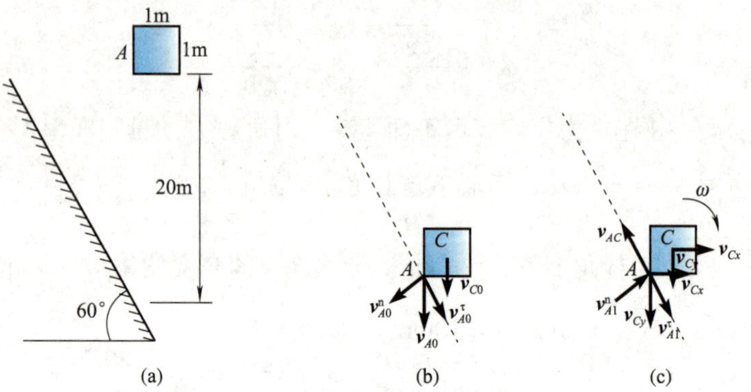

图 13-26　题 13-21

解：如图 13-26(a)所示，正方形板下落，$v_{A0} = v_{C0} = \sqrt{2gh}$。

如图 13-26(b)所示，碰撞恢复系数为 0.7，斜碰撞有 $e = \dfrac{v_{A1}^n}{v_{A0}^n} = 0.7$。

碰撞后 A 点速度的法向分量：$v_{A1}^n = 0.7v_{A0}^n = 0.7v_{A0}\sin 30^\circ = \dfrac{7}{20}\sqrt{2gh}$。

如图 13-26(c)所示，以 C 为基点，分析 A 点的速度。

$$\boldsymbol{v}_{A1} = \boldsymbol{v}_{C1} + \boldsymbol{v}_{AC}\text{，}\quad \boldsymbol{v}_{A1}^\tau + \boldsymbol{v}_{A1}^n = \boldsymbol{v}_{Cx} + \boldsymbol{v}_{Cy} + \boldsymbol{v}_{AC} \tag{13-3}$$

式(13-3)沿法线方向投影得 $v_{A1}^{n} = v_{Cx} \cdot \cos 30° - v_{Cy} \sin 30° - v_{AC} \cos 75°$

$$v_{AC} = \frac{\sqrt{2}}{2}\omega, \quad J_C = \frac{1}{6}m$$

质心 C 沿与斜面平行的方向动量守恒：$mv_{C0} = mv_{Cx} \cdot \sin 30° + v_{Cy} \cos 30°$。

A 点动量矩守恒得
$$mv_{C0} \cdot \frac{1}{2} = mv_{Cx} \cdot \frac{1}{2} + v_{Cy} \cdot \frac{1}{2} + J_C \omega$$

联立求解得 $v_{Cx} = 12.14\text{m/s}$， $v_{Cy} = 14.54\text{m/s}$， $\omega = -15.39\text{rad/s}$。

13-22　如图 13-27 所示，在点 O 与地面铰接的竖直均质杆无初速倒下，杆上一点 M 碰撞到固定支座 D 点后，杆会回弹到水平位置，求：(1)碰撞恢复系数 e；(2)欲使铰点 O 不受碰撞冲量作用，D 点到 O 点的距离。

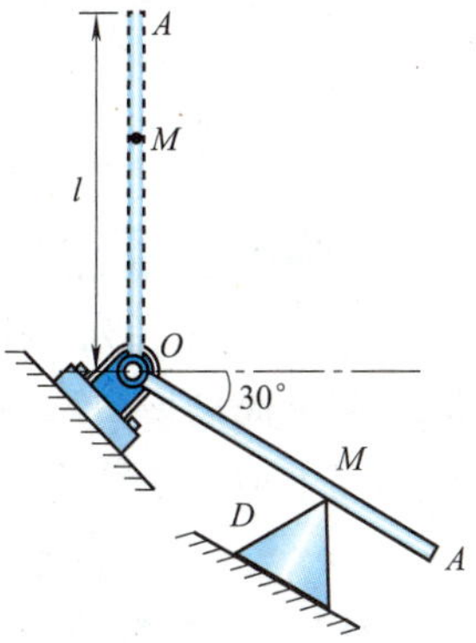

图 13-27　题 13-22

解：(1)应用动能定理，计算碰撞前的角速度。

$$mg\left(\frac{l}{2} + \frac{l}{2}\sin\theta\right) = \frac{1}{2}J\omega^2，可得 \omega = 3\sqrt{\frac{g}{2l}}$$

碰撞后杆回弹到水平位置，计算角速度。

$$mg\frac{l}{2}\sin\theta = \frac{1}{2}J\omega_1^2，可得 \omega_1 = \sqrt{\frac{3g}{2l}}$$

解得
$$e = \frac{\omega_1}{\omega} = \frac{\sqrt{3}}{3}$$

(2)碰撞中心定义，OD 的距离 $l_1 = \dfrac{J_O}{ma}$，其中，a 为质心到轴 O 距离，即 $a = \dfrac{l}{2}$。

解得
$$l_1 = \frac{2l}{3}$$

13-23　如图 13-28(a)所示，边长为 100mm、重 10N 的正方形板在距离重 20N 的 AB 杆 100mm 处落下，正方形板的一个端点与杆的 B 端发生碰撞且恢复系数 $e = 0.7$，已知杆可绕中点转动。试求碰撞后杆的角速度。

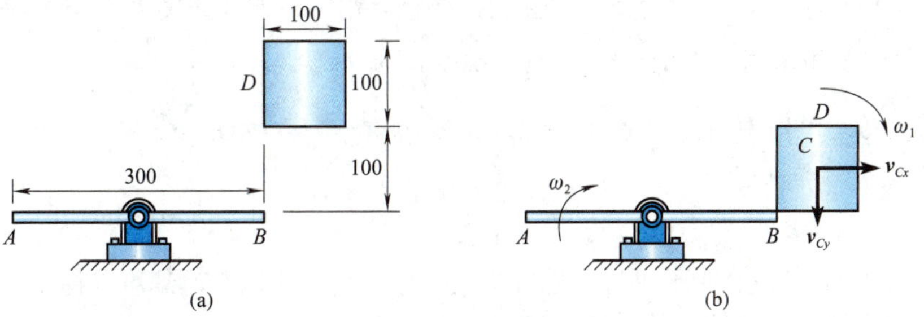

图 13-28　题 13-23

解：碰撞前板 D 的速度 $v_0 = \sqrt{2gh} = \sqrt{2}\text{m/s}$。

碰撞前后系统水平方向动量守恒，如图 13-28(b)所示，得 $v_{Cx} = 0$。

系统对 O 点动量矩守恒：$\dfrac{1}{2}(a+l)m_1 v_0 = \dfrac{1}{12}m_2 l^2 \omega_2 + \dfrac{1}{6}m_1 l^2 \omega_1 + v_{Cy} \cdot m_1 \cdot \dfrac{a+l}{2}$。

$$e=\frac{v_{Cy}-\omega_1\cdot\dfrac{a}{2}-\omega_2\cdot\dfrac{l}{2}}{v_0}=0.7$$

正方形板对 B 点动量矩守恒：$\dfrac{a}{2}\cdot m_1v_0=\dfrac{1}{6}m_1a^2\omega_1+v_{Cy}\cdot m_1\cdot\dfrac{a}{2}$

$$v_0=\frac{1}{3}a\omega_1+v_{Cy}$$

联立解得

$$\omega_2=1.68\text{rad/s}，\quad \omega_1=3\omega_2=5.04\text{rad/s}$$

13-24　如图 13-29 所示，A 端立在光滑地面上的正方形均质板，以角速度 ω 绕铅垂对角线 AC 旋转，突然将板的 B 角点固定，使板绕点 B 的铅垂轴 EF 转动，求此瞬时正方形板的角速度大小。

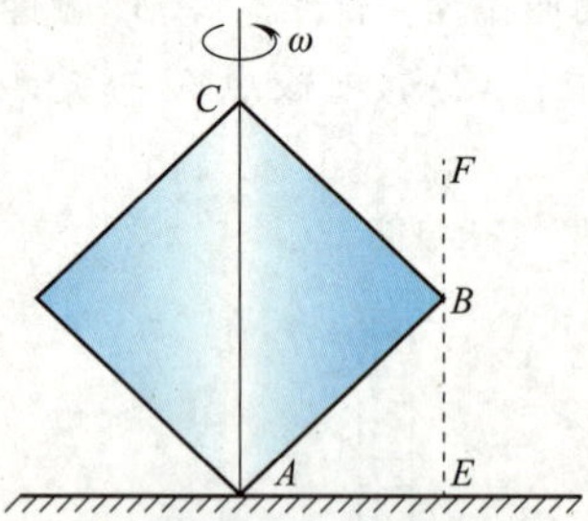

图 13-29　题 13-24

解：动量矩守恒得

$$J_{AC}\omega=J_{EF}\omega_1=\left[J_{AC}+m\cdot\left(\frac{\sqrt{2}}{2}l\right)^2\right]\omega_1，\quad J_{AC}=\frac{1}{12}ml^2$$

解得

$$\omega_1=\frac{\omega}{7}$$

13-25　半径为 r 的均质实心球沿斜面滚下，如图 13-30(a)所示，当角速度为 ω_0 时，碰撞到水平地面后连滚带滑，而后变成地面上的纯滚动。如果碰撞时球没有出现回跳，试求出球在地面上纯滚动时的角速度大小。

图 13-30　题 13-25

解：如图 13-30(a)所示，碰撞前角速度为 ω_0、质心 C 的速度为 $v=\omega_0r$。

如图 13-30(b)所示，碰撞为完全塑性的，碰撞点沿 y 轴方向速度为零，$v_{Cy}=0$。

x 轴方向速度和角速度不变：$v_{Cx}=\omega_0r\cos\beta$，$\omega_1=\omega_0$。

碰撞后，球运动时对 A 点动量矩守恒：$J\omega_1+mv_1r=J\omega_2+m\omega_2r^2$，$J=\dfrac{2}{5}mr^2$

解得

$$\omega_2=\frac{2+5\cos\beta}{7}\omega_0$$

13-26　如图 13-31(a)所示，与铅垂方向成 θ 角的均质杆以平动速度 $\boldsymbol{v}$ 撞击到地面，若恢复系数为零，且地面有足够大的摩擦力使杆的 B 端无法滑动，试求：(1)此瞬时杆的角速度；(2)此瞬时地面对 B 端的冲量；(3)若地面光滑，此瞬间杆的角速度。

解：(1)碰撞前后对 B 点动量矩守恒。碰撞后如图 13-31(b)所示，B 点不动，杆绕 B 点转动。

$$mv\sin\theta\cdot\frac{l}{2}=J_B\omega=\frac{1}{3}ml^2\omega，\quad \omega=\frac{3v\sin\theta}{2l}$$

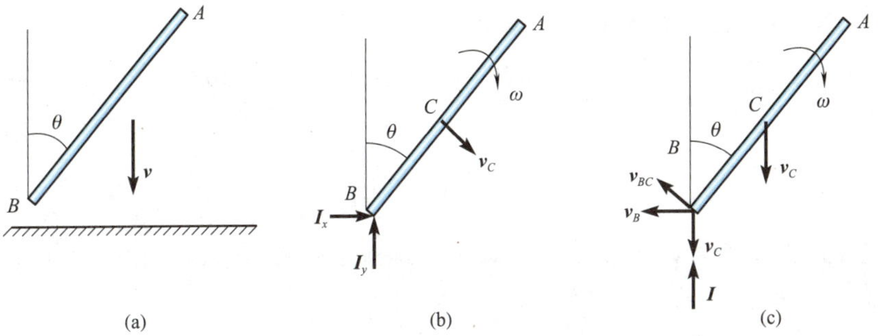

图 13-31　题 13-26

(2) 碰撞后质心 C 点的速度：$v_C=\omega\cdot\dfrac{l}{2}=\dfrac{3v\sin\theta}{4}$，$v_{Cx}=\dfrac{3v\sin\theta\cos\theta}{4}$，$v_{Cy}=\dfrac{3v\sin^2\theta}{4}$。

由动量矩定理得 $I_x=mv_{Cx}=\dfrac{3mv\sin 2\theta}{8}$，$I_y=mv_{Cy}-mv=mv\left(\dfrac{3}{4}\sin^2\theta-1\right)$。

(3) 若地面光滑，水平方向动量守恒，碰撞后速度如图 13-31(c) 所示。

以 C 为基点，B 点的速度为

$$\boldsymbol{v}_B=\boldsymbol{v}_C+\boldsymbol{v}_{BC} \tag{13-4}$$

$$v_{BC}=\omega\cdot\frac{l}{2}$$

式(13-4) 在水平和竖直方向分别投影得 $v_B=v_{BC}\cos\theta=\omega\cdot\dfrac{l}{2}\cos\theta$，$v_C=v_{BC}\sin\theta=\omega\cdot\dfrac{l}{2}\sin\theta$。

由动量定理得

$$I=mv-mv_C$$

对质心 C 运用动量矩定理得

$$I\cdot\frac{l}{2}\sin\theta=\frac{1}{12}ml^2\omega$$

解得

$$\omega=\frac{6v\sin\theta}{(1+3\sin^2\theta)l}$$

13-27　表面完全光滑的均质实心球 B 用软绳悬挂，另有相同的球 A 紧贴竖直的软绳自然落下，如图 13-32(a) 所示，设碰撞前球 A 的速度是 $\boldsymbol{v}_0$，恢复系数 $e=1$。试求：(1) 碰撞后两球心的速度；(2) 若用质量为小球 1/2 的均质杆代替软绳，杆上、下两端都用光滑铰链连接，在其他条件完全一样时，碰撞后两球心的速度。

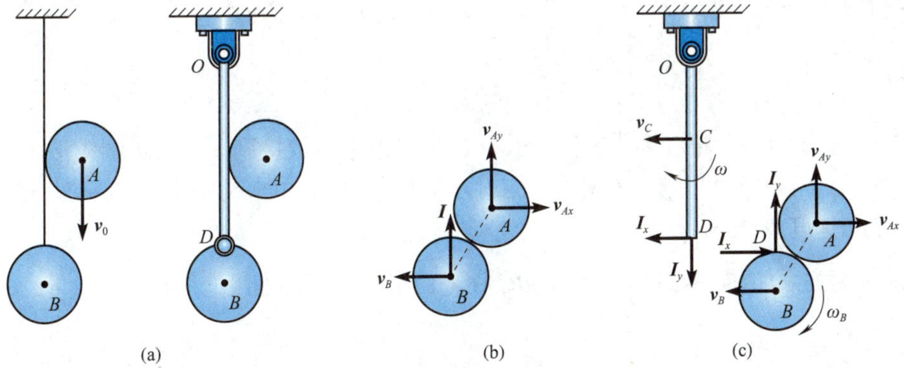

图 13-32　题 13-27

解： (1) 如图 13-32(b) 所示，碰撞后 B 点做圆周运动，只有水平方向的速度。

碰撞前后系统动量守恒，x 轴方向无冲量，$mv_{Ax}-mv_B=0$。

y 轴方向的冲量来自绳索约束，$I = mv_{Ay} + mv_0$。

完全弹性碰撞的恢复系数 $e = \dfrac{v_{Ax}\sin 30^\circ + v_{Ay}\cos 30^\circ + v_B \sin 30^\circ}{v_0 \cos 30^\circ} = 1$。

解得 $v_{Ax} = \dfrac{2\sqrt{3}}{5}v_0$，$v_{Ay} = \dfrac{1}{5}v_0$，$v_B = \dfrac{2\sqrt{3}}{5}v_0$。

(2)如图 13-32(c)所示，碰撞前后对 A、B 两球应用动量定理。x 轴方向，$I_x = mv_{Ax} - mv_B$；y 轴方向，$I_y = mv_{Ay} + mv_0$。

对杆 OD，对 O 点应用动量矩定理得 $I_x \cdot l = \dfrac{1}{3}\cdot\dfrac{m}{2}l^2\cdot\omega$，$v_B = \omega l + \omega_B r$。

整个系统动能守恒：$\dfrac{1}{2}mv_0^2 = \dfrac{1}{2}mv_{Ax}^2 + \dfrac{1}{2}mv_{Ay}^2 + \dfrac{1}{2}mv_B^2 + \dfrac{1}{2}J_B\omega_B^2 + \dfrac{1}{2}J_O\omega^2$。

完全弹性碰撞的恢复系数 $e = \dfrac{v_{Ax}\sin 30^\circ + v_{Ay}\cos 30^\circ + v_B \sin 30^\circ}{v_0 \cos 30^\circ} = 1$。

解得 $v_{Ax} = \dfrac{38\sqrt{3}}{93}v_0$，$v_{Ay} = \dfrac{7}{31}v_0$，$v_B = \dfrac{34\sqrt{3}}{93}v_0$。

13-28　如图 13-33(a)所示机构，定轴转动曲柄 OA 长为 r、杆 AB 长为 l。假设曲柄、连杆和滑块质量都为 m，在此机构处于静止时，于滑块上施加向左的冲量 $\boldsymbol{I}$，试求曲柄 OA 的角速度大小。

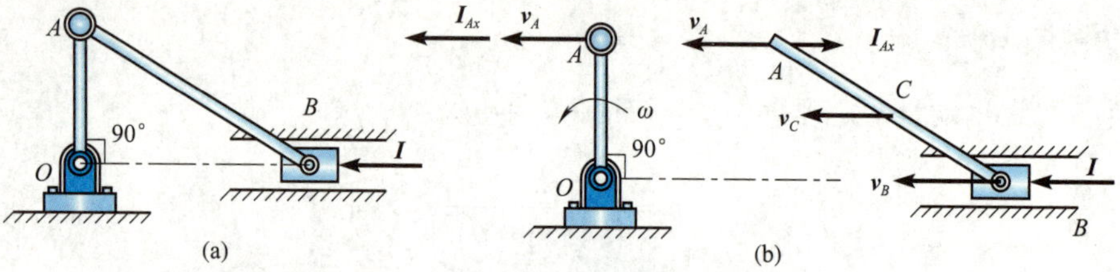

图 13-33　题 13-28

解：速度关系如图 13-33(b)所示，AB 杆瞬时平动，$v_A = v_B = v_C = \omega r$。

以杆 AB 与滑块 B 为研究对象，应用动量定理得 $I - I_{Ax} = mv_B + mv_C = 2mv_B$。

以杆 OA 为研究对象，对 O 点应用动量矩定理得 $I_{Ax}\cdot r = J_O\omega = \dfrac{1}{3}mr^2\omega$。

解得
$$v_B = \frac{3I}{7m}，\quad \omega = \frac{3I}{7mr}$$

13-29　质量为 m、长度为 l 的杆 AB、BC 呈一条直线铰接到一起，A 端铰接于桌面，如图 13-34 所示，当小球 D 以速度 $\boldsymbol{v}$ 撞击 E 点时，设恢复系数 e=0.5，小球质量为 $m/2$，试求碰撞后两杆各自的角速度大小。

解：速度关系如图 13-34(b)所示，BC 杆平面运动，质心速度 $v_2 = \omega_1 l + \omega_2\cdot\dfrac{l}{2}$。

E 点速度 $v_E = \omega_1 l + \omega_2\cdot(l-h)$。

以整个系统为研究对象，对 A 点运用动量矩守恒得

$$\frac{m}{2}\cdot v\cdot(2l-h) = \frac{m}{2}\cdot v_1\cdot(2l-h) + \frac{1}{3}ml^2\omega_1 + m\left(\omega_1 l + \omega_2\cdot\frac{l}{2}\right)\cdot\frac{3l}{2} + \frac{1}{12}ml^2\omega_2$$

恢复系数 $e=\dfrac{v_E-v_1}{v}=0.5$。

以杆 AB 为研究对象，对 A 点应用动量矩定理，$I_B\cdot l=J_A\omega_1=\dfrac{1}{3}ml^2\omega_1$。

以杆 BC 为研究对象，应用动量定理，$\dfrac{m}{2}\cdot v-I_B=m\left(\omega_1 l-\omega_2\cdot\dfrac{l}{2}\right)+\dfrac{m}{2}\cdot v_1$。

解得 $\omega_1=\dfrac{9v(3h/l-1)}{48h^2/l+38l-60h}$，$\omega_2=\dfrac{9v(5-8h/l)}{48h^2/l+38l-60h}$。

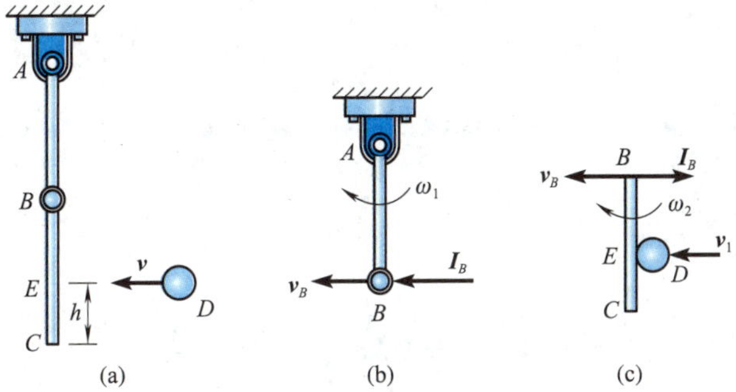

图 13-34 题 13-29

13-30 如图 13-35(a)所示，质量为 m 的均质杆与放在光滑桌面上质量为 $5m$ 的均质半轮在轮心处铰接，若杆长等于半轮的直径，二者都处于静止状态时，在杆的 A 端施加一个水平冲量 $\boldsymbol{I}$。求此瞬时杆的角速度。(已知均质半轮质心偏离轮心的距离为 $0.4r$，其绕质心的回转半径满足 $\rho^2=0.32r^2$。)

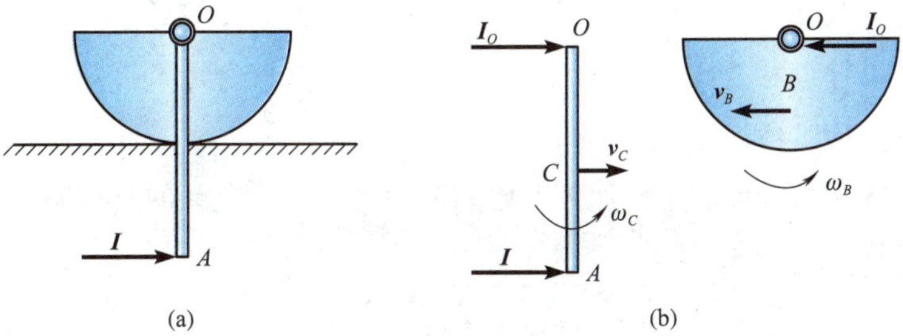

图 13-35 题 13-30

解：速度关系如图 13-35(b)所示，以 B 为基点，O 点的速度 $v_O=v_B+\omega_B\cdot 0.4r$。

以杆 OA 为研究对象，应用动量定理，$I+I_O=mv_C$，$v_C=\dfrac{I+I_O}{m}$。

对质心 C 应用动量矩定理，$(I-I_O)\cdot r=J_C\omega_C=\dfrac{1}{3}mr^2\cdot\omega_C$，$\omega_C=\dfrac{3(I+I_O)}{mr}$。

以半轮为研究对象，应用动量定理，$I_O=5mv_B$，$v_B=\dfrac{I_O}{5m}$。

对质心 B 应用动量矩定理，$I_O\cdot 0.4r=J_B\omega_B=5m\rho^2\cdot\omega_B$，$\omega_B=\dfrac{I_O}{4mr}$。

得 $\omega_C=1.6\dfrac{I}{mr}$。

第14章

达朗贝尔原理

14.1 重点内容提要

1. 惯性力

惯性力是假想力，它的大小等于质点的质量与加速度的乘积，它的方向与质点的加速度方向相反。

2. 质点达朗贝尔原理

除了作用在质点上的主动力和约束反力，再假想地加上惯性力，那么这些力在形式上组成了一个平衡力系。

$$\boldsymbol{F}+\boldsymbol{F}_{\mathrm{N}}+\boldsymbol{F}_{\mathrm{I}}=0$$

3. 质点系达朗贝尔原理

质点系中的每个质点都假想地加上各自的惯性力，则质点系的所有外力和所有质点的惯性力组成平衡力系。

$$\sum\boldsymbol{F}_i^{(\mathrm{e})}+\sum\boldsymbol{F}_{\mathrm{I}i}=0$$

$$\sum\boldsymbol{M}_O\left(\boldsymbol{F}_i^{(\mathrm{e})}\right)+\sum\boldsymbol{M}_O\left(\boldsymbol{F}_{\mathrm{I}i}\right)=0$$

4. 刚体惯性力系的简化

刚体做平动，质心 C 为简化中心，惯性力为

$$\boldsymbol{F}_{\mathrm{I}}=\sum\boldsymbol{F}_{\mathrm{I}i}=\sum-m_i\boldsymbol{a}_i=-\boldsymbol{a}_C\sum m_i=-m\boldsymbol{a}_C$$

刚体做定轴转动，简化中心在转轴上。

$$\boldsymbol{F}_{\mathrm{I}}'=-m\boldsymbol{a}_C\text{，}\quad M_{\mathrm{I}O}=-J_O\alpha$$

刚体做定轴转动，简化中心在质心上。

$$\boldsymbol{F}_{\mathrm{I}}'=-m\boldsymbol{a}_C\text{，}\quad M_{\mathrm{I}C}=-J_C\alpha$$

刚体做平面运动，简化中心在质心上。

$$\boldsymbol{F}_{\mathrm{I}}'=-m\boldsymbol{a}_C\text{，}\quad M_{\mathrm{I}C}=-J_C\alpha$$

5．达朗贝尔原理的应用

根据刚体不同的运动形式，给出惯性力系的简化结果。然后建立由主动力、约束反力、惯性力系组成的平衡力系，最后列方程求解未知量。

6．静平衡

刚体的转轴通过质心，并且刚体只受到重力作用，则刚体可以在任意位置静止不动，这种现象称为静平衡。

7．动平衡

当刚体绕中心惯性主轴（$x_C = 0$，$y_C = 0$；$J_{zx} = J_{yz} = 0$）转动时，轴承上不产生附加动反力，称刚体处于动平衡。

14.2　典 型 例 题

例 14-1

如图 14-1 所示，均质杆 AB、BC 质量均为 m，长度均为 l，由铰链 B 连接，AB 杆绕轴 A 转动，初始瞬时两杆处于水平位置，速度为零，角加速度分别为 α_1 和 α_2，试将此瞬时惯性力向各杆质心简化。（求出大小，并画在图上。）

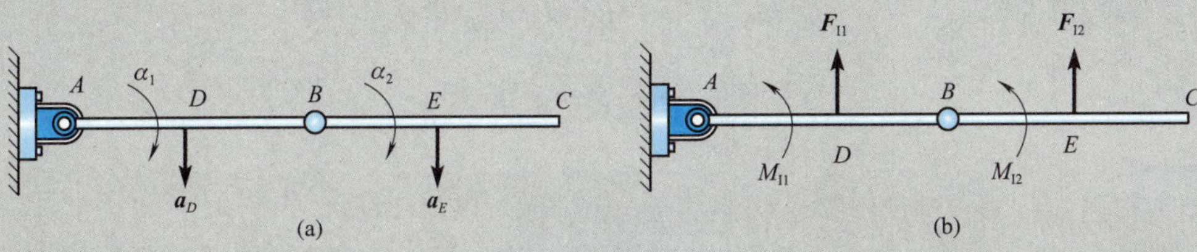

图 14-1　例 14-1

解：加速度如图 14-1(a) 所示。

$$a_D = \frac{l\alpha_1}{2}，\quad a_E = a_B + \frac{l\alpha_2}{2} = l\alpha_1 + \frac{l\alpha_2}{2}$$

惯性力如图 14-1(b) 所示。

$$F_{11} = \frac{1}{2}ml\alpha_1，\quad F_{12} = m\left(l\alpha_1 + \frac{1}{2}l\alpha_2\right)$$

$$M_{11} = \frac{1}{12}ml^2\alpha_1，\quad M_{12} = \frac{1}{12}ml^2\alpha_2$$

例 14-2

图 14-2 所示系统，AB 杆分别与滑块 B 和轮 A 铰接，轮 A 半径为 R，滑块 B 放在光滑的水平滑道中，AB 杆长为 $4R$。图 14-2(a) 所示瞬时系统速度为零，滑块 B 的加速度为 $\boldsymbol{a}_B$，AB 杆的角加速度为 α_1，轮 A 的角加速度为 α_2，若各部分质量均为 $2m$，试求各部分的惯性力，并画在图上。

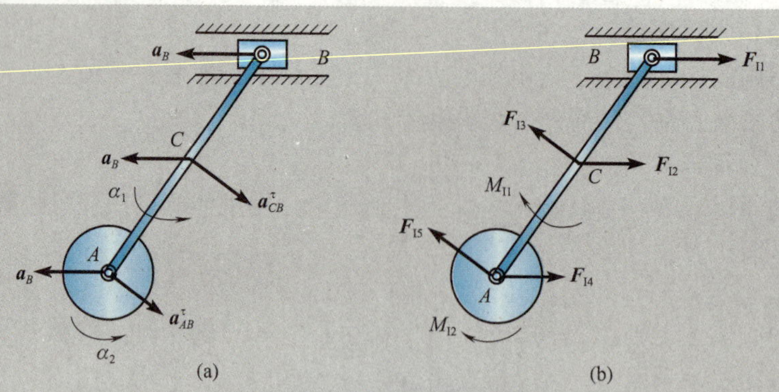

图 14-2　例 14-2

解：加速度如图 14-2(a)所示。

以 B 为基点，C 点的加速度 $\boldsymbol{a}_C = \boldsymbol{a}_B + \boldsymbol{a}_{CB}^{\tau}$，$a_{CB}^{\tau} = 2R\alpha_1$。

以 B 为基点，A 点的加速度 $\boldsymbol{a}_A = \boldsymbol{a}_B + \boldsymbol{a}_{AB}^{\tau}$，$a_{AB}^{\tau} = 4R\alpha_1$。

惯性力如图 14-2(b)所示。

$$F_{I1} = F_{I2} = F_{I4} = 2ma_B$$

$$F_{I3} = 4mR\alpha_1$$

$$F_{I5} = 8mR\alpha_1$$

$$M_{I1} = \frac{1}{12} \times 2m(4R)^2 \alpha_1 = \frac{8}{3} mR^2 \alpha_1$$

$$M_{I2} = mR^2 \alpha_2$$

例 14-3

如图 14-3(a)所示，离心调速器的轴以匀角速度 ω 绕 z 轴转动，重锤 D 的质量为 m_1，球 A、B 的质量为 m_2，$O_1A = O_2B = AD_1 = BD_2 = l$，杆重不计，求调速臂杆的张角 θ。

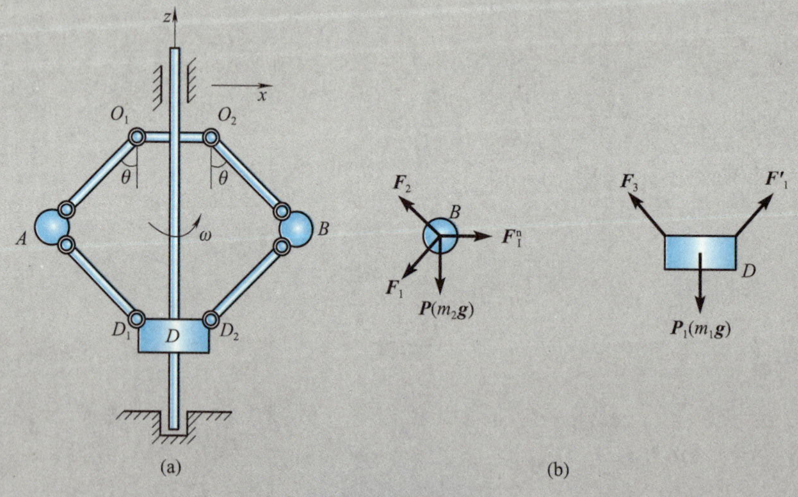

图 14-3　例 14-3

解：选球 B 与锤 D 为研究对象。调速器转动时，球 A 和 B 在水平面内做匀速圆周运动，加速度 $a_n = l\sin\theta\cdot\omega^2$，方向指向转轴 z，锤 D 处于相对静止状态。

如图 14-3(b) 所示，球 B 受到的作用力有重力 $\boldsymbol{P}$，BD 杆的反力 $\boldsymbol{F}_1$，O_2B 杆的反力 $\boldsymbol{F}_2$，惯性力 $F_{\rm I}^{\rm n} = m_2 l\omega^2\sin\theta$，方向向外。锤 D 受到的作用力有重力 $\boldsymbol{P}_1$，杆 BD、AD 的拉力 $\boldsymbol{F}_1'$ 与 $\boldsymbol{F}_3$。

对球 B，有

$$\begin{aligned}&\sum F_x = 0,\quad m_2 l\omega^2\sin\theta-(F_1+F_2)\sin\theta = 0\\&\sum F_z = 0,\quad -m_2 g+(F_2-F_1)\cos\theta = 0\end{aligned}\tag{14-1}$$

对锤 D，有

$$\begin{aligned}&\sum F_x = 0,\quad F_1 = F_3\\&\sum F_z = 0,\quad 2F_1\cos\theta - m_1 g = 0\end{aligned}\tag{14-2}$$

由式(14-2)得 $F_1 = \dfrac{m_1 g}{2\cos\theta}$，再将 F_1 代入式(14-1)，得 $\cos\theta = \dfrac{(m_1+m_2)g}{m_2 l\omega^2}$。

例 14-4

如图 14-4 所示，重为 $\boldsymbol{P}$ 的汽车，重心到地面的距离为 h、到前轴和后轴的水平距离分别为 l_1 和 l_2。汽车在公路上行驶，遇红灯紧急制动，制动时汽车的加速度为 $\boldsymbol{a}$，求制动过程中地面对前后轮的法向反力。

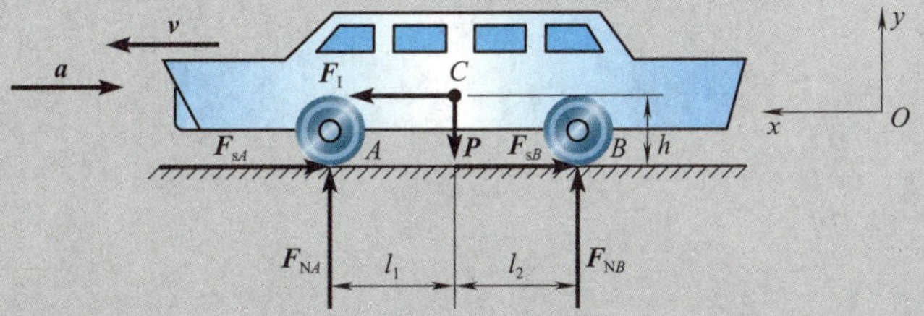

图 14-4　例 14-4

解：以汽车为研究对象。汽车做匀减速直线运动。作用在汽车上的主动力有重力 $\boldsymbol{P}$，前、后轮的法向反力 $\boldsymbol{F}_{NA}$、$\boldsymbol{F}_{NB}$ 及摩擦力 $\boldsymbol{F}_{sA}$、$\boldsymbol{F}_{sB}$。制动时车轮向前滑动，前后轮的摩擦力都向后。惯性力的合力 $\boldsymbol{F}_{\rm I}$ 方向向前，大小为 $F_{\rm I} = (Pa)/g$。

根据达朗贝尔原理，有

$$\begin{aligned}&\sum F_x = 0,\quad F_{\rm I} - F_{sA} - F_{sB} = 0\\&\sum F_y = 0,\quad F_{NA} + F_{NB} - P = 0\\&\sum M_B = 0,\quad F_{NA}(l_1+l_2) - Pl_2 - F_{\rm I}h = 0\end{aligned}$$

可以求得

$$F_{NA} = \frac{P}{l_1+l_2}\left(l_2+\frac{a}{g}h\right),\quad F_{NB} = \frac{P}{l_1+l_2}\left(l_1-\frac{a}{g}h\right)$$

轿车做匀速直线运动或静止时前后轮法向反力为

$$F_{NA} = \frac{P}{l_1+l_2}l_2,\quad F_{NB} = \frac{P}{l_1+l_2}l_1$$

紧急制动时，前轮反力增大，而后轮反力减小，车头将有下倾的现象。

例 14-5

图 14-5 所示系统，绳子绕过重为 $\boldsymbol{P}_1$、半径为 R 的均质圆盘 O，绳与圆盘间没有相对滑动。绳的一端 A 挂有重物 $\boldsymbol{P}$，另一端 B 与一个劲度系数为 k 的弹簧相连，弹簧铅直固定在地上。不计绳与弹簧的重量，求 A 的振动微分方程。

解： 以绳、盘 O 和重物 A 组成的系统作为研究对象。系统振动，重物 A 在平衡位置往复振动，盘 O 做往复转动。设 A 在 x 处的加速度为 $\ddot{x}$，则圆盘 O 的角加速度 $\ddot{\varphi}=\ddot{x}/R$。

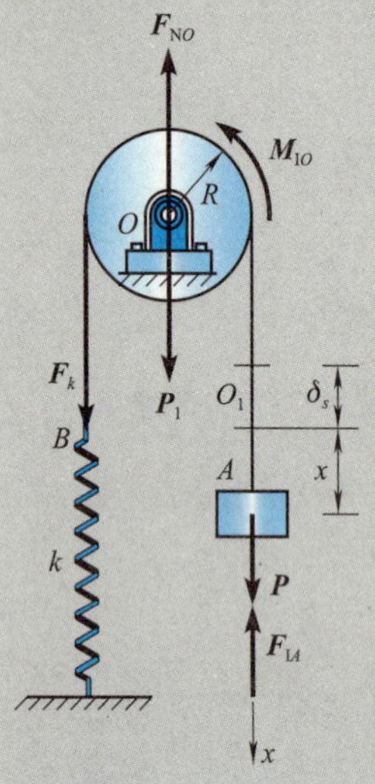

图 14-5 例 14-5

A 的重力为 $\boldsymbol{P}$，盘 O 重力为 $\boldsymbol{P}_1$，除此之外还有 O 轴的反力 $\boldsymbol{F}_{NO}$ 与弹簧的弹性力 $\boldsymbol{F}_k$，$F_k=k\left(\delta_s+x\right)=k\left(\dfrac{P}{k}+x\right)=P+kx$。重物 A 的惯性力 $F_{1A}=\dfrac{P}{g}\ddot{x}$，圆盘惯性力主矢为零，主矩 $M_{1O}=J_O\ddot{\varphi}=\dfrac{P_1}{2g}R^2\dfrac{\ddot{x}}{R}=\dfrac{RP_1}{2g}\ddot{x}$。

由 $\sum M_O=0$，有 $F_kR+M_{1O}+F_{1A}R-PR=0$，可得

$$\left(P+kx\right)R+\frac{RP_1}{2g}\ddot{x}+\frac{P}{g}\ddot{x}R-PR=0$$

上式化为 $\ddot{x}+\dfrac{2gk}{P_1+2P}x=0$。设 $\omega^2=\dfrac{2gk}{P_1+2P}$，有 $\ddot{x}+\omega^2x=0$，此即重物 A 的运动微分方程，可见重物 A 在平衡位置附近做简谐振动。

例 14-6

如图 14-6(a) 所示，均质杆长为 l，放在铅直的平面内，杆的一端 A 靠在光滑的铅直墙上，另一端 B 放在光滑的水平地面上。初始时杆处于静止状态，并与水平面成 φ_0，求杆在任意位置时的角速度与角加速度。

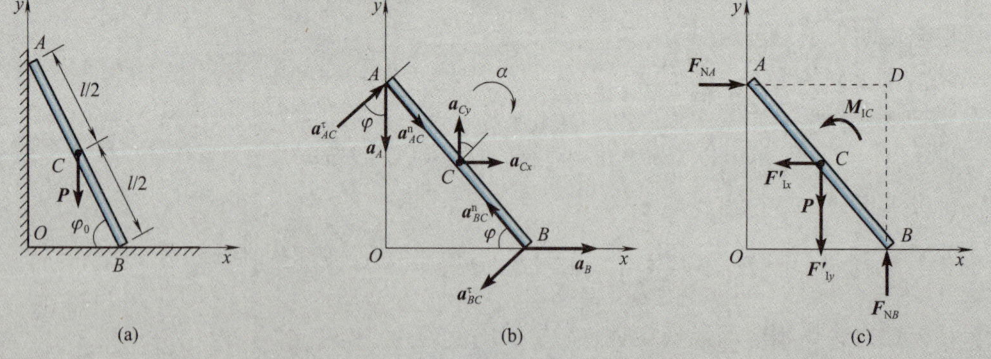

图 14-6 例 14-6

解： 杆 AB 做平面运动。如图 14-6(b) 所示，设质心的加速度为 $\boldsymbol{a}_{Cx}$、$\boldsymbol{a}_{Cy}$，以质心 C 为基点，A 与 B 为动点，有

$$\boldsymbol{a}_A = \boldsymbol{a}_C + \boldsymbol{a}_{AC}^{\tau} + \boldsymbol{a}_{AC}^{n}$$

$$\boldsymbol{a}_B = \boldsymbol{a}_C + \boldsymbol{a}_{BC}^{\tau} + \boldsymbol{a}_{BC}^{n}$$

式中，$a_{AC}^{\tau} = a_{BC}^{\tau} = \dfrac{l}{2}\alpha = \dfrac{l}{2}\ddot{\varphi}$，$a_{AC}^{n} = a_{BC}^{n} = \dfrac{l}{2}\omega^2 = \dfrac{l}{2}\dot{\varphi}^2$，方向如图 14-6(b)所示。将上式分别在 x、y 轴上投影，得

$$0 = a_{Cx} + a_{AC}^{\tau}\sin\varphi + a_{AC}^{n}\cos\varphi = a_{Cx} + \frac{l}{2}\ddot{\varphi}\sin\varphi + \frac{l}{2}\dot{\varphi}^2\cos\varphi$$

$$0 = a_{Cy} - a_{BC}^{\tau}\cos\varphi + a_{BC}^{n}\sin\varphi = a_{Cy} - \frac{l}{2}\ddot{\varphi}\cos\varphi + \frac{l}{2}\dot{\varphi}^2\sin\varphi$$

得到 a_{Cx}、a_{Cy} 与 φ 的关系为

$$a_{Cx} = -\frac{l}{2}\ddot{\varphi}\sin\varphi - \frac{l}{2}\dot{\varphi}^2\cos\varphi$$

$$a_{Cy} = \frac{l}{2}\ddot{\varphi}\cos\varphi - \frac{l}{2}\dot{\varphi}^2\sin\varphi$$

如图 14-6(c)所示，当杆转到位置 φ 时，杆 AB 上有重力 $\boldsymbol{P}$，以及反力 $\boldsymbol{F}_{NA}$、$\boldsymbol{F}_{NB}$，惯性力的主矢为

$$F_{\mathrm{I}x}' = -\frac{Pl}{2g}\left(\ddot{\varphi}\sin\varphi + \dot{\varphi}^2\cos\varphi\right),\quad F_{\mathrm{I}y}' = \frac{Pl}{2g}\left(\ddot{\varphi}\cos\varphi - \dot{\varphi}^2\sin\varphi\right)$$

惯性力系的主矩 $M_{\mathrm{I}C} = \dfrac{P}{12g}l^2\ddot{\varphi}$。

对 D 点取矩有

$$M_{\mathrm{I}C} + F_{\mathrm{I}y}'\frac{l}{2}\cos\varphi - F_{\mathrm{I}x}'\frac{l}{2}\sin\varphi + P\frac{l}{2}\cos\varphi = 0$$

化简得 $\ddot{\varphi} = -\dfrac{3g}{2l}\cos\varphi$，积分后，可得 $\dot{\varphi}^2 = \dfrac{3g}{l}(\sin\varphi_0 - \sin\varphi)$。

列 x 和 y 方向力的平衡方程，可以求出墙壁和地面的支持力，读者可自行求解。

14.3 习题详解

14-1 如图 14-7(a)所示，人重为 $\boldsymbol{P}$，站在电梯上，电梯以匀加速度 $\boldsymbol{a}$ 上升，求人给电梯地板的压力。

解：受力分析如图 14-7(b)所示。

$$F_{\mathrm{I}} = \frac{P}{g}a$$

$$\sum F_y = 0,\quad F_{\mathrm{N}} - P - F_{\mathrm{I}} = 0$$

$$F_{\mathrm{N}} = P\left(1 + \frac{a}{g}\right)$$

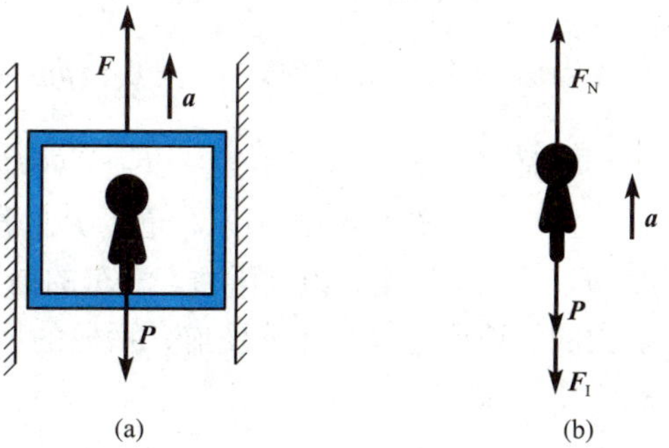

图 14-7 题 14-1

14-2　如图 14-8 所示，重为 $\boldsymbol{P}$ 的小球 M 用长为 l 的绳子悬挂于固定点 O，开始时绳与铅垂向的夹角为 30°。若小球由初始位置点 M 静止下落，当落到铅垂位置点 B 时，绳 OM 与铁钉 O_1 相碰，铁钉的方向与重物运动的平面垂直，其位置由 $OO_1 = l/2$ 决定。求小球达到点 B 时，在碰到铁钉前、后绳子的拉力；小球达到最右位置点 C 时，绳子的拉力。

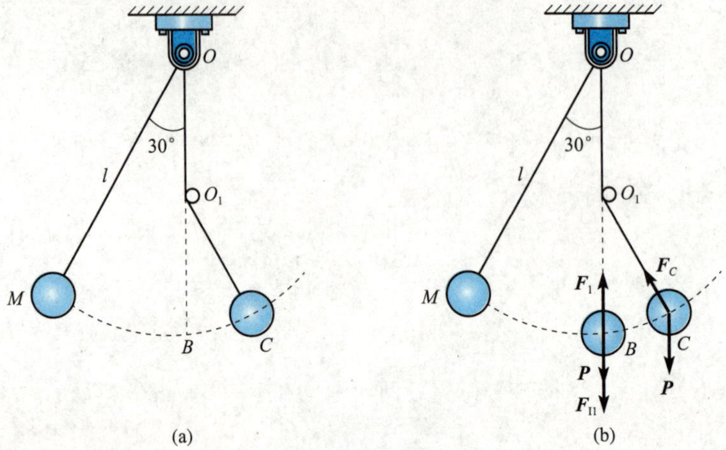

图 14-8　题 14-2

解：受力分析如图 14-8(b)所示。

碰撞前，初始动能 $T_1 = 0$，球 M 到达 B 点时的动能 $T_2 = \dfrac{1}{2}mv_0^2$，则有

$$W_{12} = mgl(1-\cos 30°)$$

由 $W_{12}=T_2 - T_1$ 可得 $v_0 = \sqrt{2gl\left(1-\dfrac{\sqrt{3}}{2}\right)}$。

$$\sum F_y = 0,\quad F_0 - P - F_{I0} = 0,\quad F_{I0} = \frac{P}{g}a_0^{n} = \frac{P}{g}\cdot\frac{v_0^2}{l}$$

进而可得绳刚碰到钉子时的拉力：$F_0 = P + m\dfrac{v_0^2}{l} = (3-\sqrt{3})P = 1.268P$。

碰到后有 $F_{I1} = \dfrac{P}{g}a_1^{n} = \dfrac{P}{g}\cdot\dfrac{2v_0^2}{l}$

$$\sum F_y = 0,\quad F_1 - P - F_{I1} = 0,\quad F_1 = P + m\frac{v^2}{0.5l} = (5-2\sqrt{3})P = 1.536P$$

当球 M 到达 C 点时，$F_{IC} = 0$，$mg\dfrac{l}{2}(1-\cos\theta) = 0 - \dfrac{1}{2}mv^2$。

解得
$$F_C = P\cos\theta = (\sqrt{3}-1)P = 0.732P$$

14-3　如图 14-9(a)所示，重为 $\boldsymbol{P}$ 的汽车以加速度 $\boldsymbol{a}$ 做直线运动，汽车重心 C 距地面的高度为 h，求其前轮的铅直压力。汽车的前、后轴到重心垂线的距离分别等于 l_1 和 l_2。问汽车以多大的加速度行驶，才能使前、后轮的压力相等。

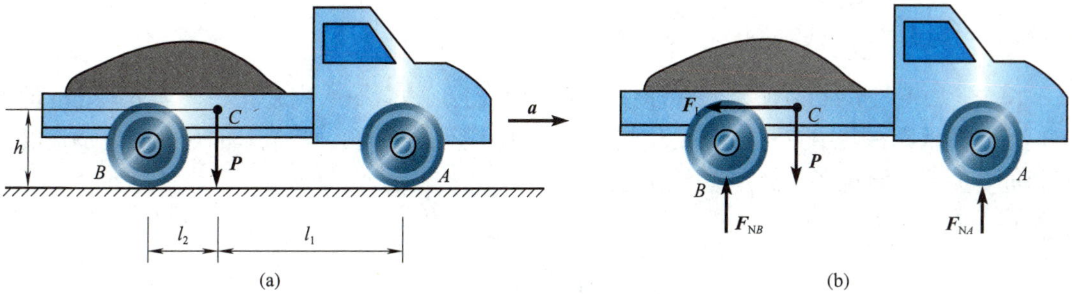

图 14-9　题 14-3

解：受力分析如图 14-9(b)所示，$F_I=\frac{P}{g}a$。

$$\sum M_B=0,\quad F_{NA}\cdot(l_1+l_2)-P\cdot l_2+F_I\cdot h=0$$

$$\sum F_y=0,\quad F_{NA}+F_{NB}-P=0$$

$$F_{NA}=\frac{P(l_2g-ah)}{(l_1+l_2)g},\quad F_{NB}=\frac{P(l_1g+ah)}{(l_1+l_2)g}$$

当 $F_{NA}=F_{NB}$ 时，$a=\frac{(l_1-l_2)}{2h}g$。

14-4　如图 14-10(a)所示，机车连杆 AB 重为 $\boldsymbol{P}$，两端用铰链连接于主动轮上，铰链到轮心的距离为 r，主动轮的半径为 R。求当机车以匀速 $\boldsymbol{v}$ 直线前进时，求铰链对连杆的反作用力。

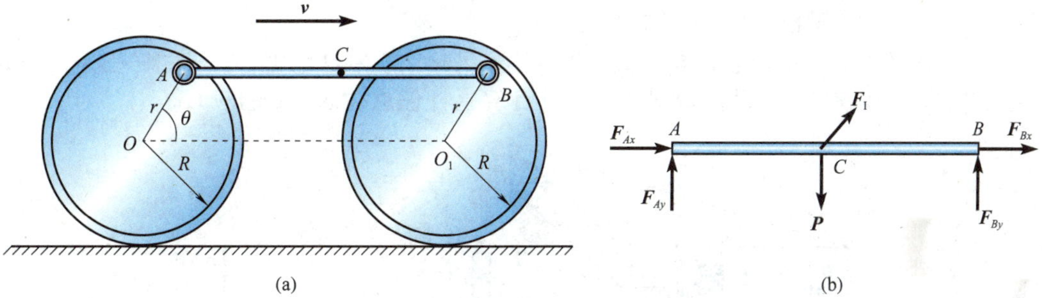

图 14-10　题 14-4

解：受力分析如图 14-10(b)所示，$F_I=\frac{P}{g}a_n$，$a_n=\omega^2r=\left(\frac{v}{R}\right)^2r$。

杆转动可得

$$F_I=m\omega^2r=\frac{P}{g}\omega^2r$$

其中，$\omega=\frac{v}{R}$。

$$\sum F_x=0,\quad F_I\cdot\cos\theta+F_{Ax}+F_{Bx}=0$$

$$\sum F_y=0,\quad F_I\cdot\sin\theta-mg+F_{Ay}+F_{By}=0$$

$$\sum M_C=0,\quad F_{Ay}=F_{By}$$

两个轮子受力相同，$F_{Ax}=F_{Bx}$。

解得 $F_{Ax}=F_{Bx}=-\frac{P}{2g}\cdot r\omega^2\cos\theta$，$F_{Ay}=F_{By}=\frac{P}{2}\left(1-\frac{r\omega^2\sin\theta}{g}\right)$。

14-5　如图 14-11(a)所示，在行驶的载重汽车上，放置一个高 $h=2\text{m}$，宽 $b=1.5\text{m}$ 的柜子，柜子的重心在其中点 C，问要使汽车制动时柜子不至于倾倒，汽车的最大制动加速度不应超过多大？假定柜子不会在车上滑动。

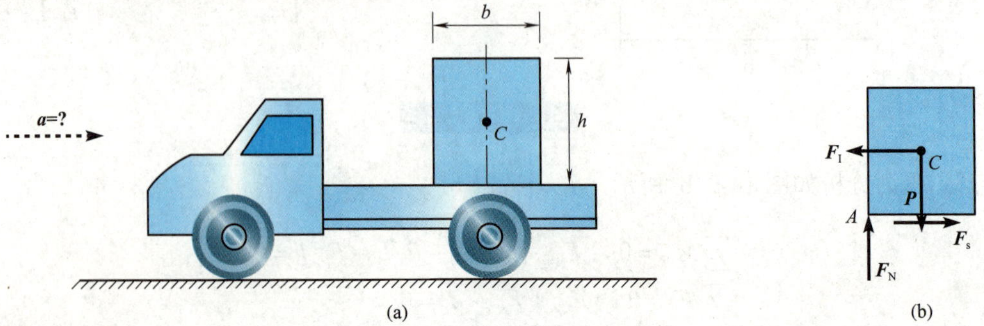

图 14-11　题 14-5

解：受力分析如图 14-11(b)所示，$F_I=ma$。

柜子要倾倒瞬时，根据平衡关系得 $\sum M_A=0$，$F_I\cdot\frac{h}{2}-mg\cdot\frac{b}{2}=0$。

解得

$$a=\frac{b}{h}g=7.35\text{m/s}^2$$

所以当 $a\leqslant 7.35\text{m/s}^2$ 时柜子不会倾倒。

14-6　如图 14-12(a)所示，起重机以加速度 $\boldsymbol{a}$ 吊起均质等截面直杆，已知杆长为 l，横截面积为 S，单位体积的重量为 γ，试用截面法计算直杆任意截面 x 处的应力。

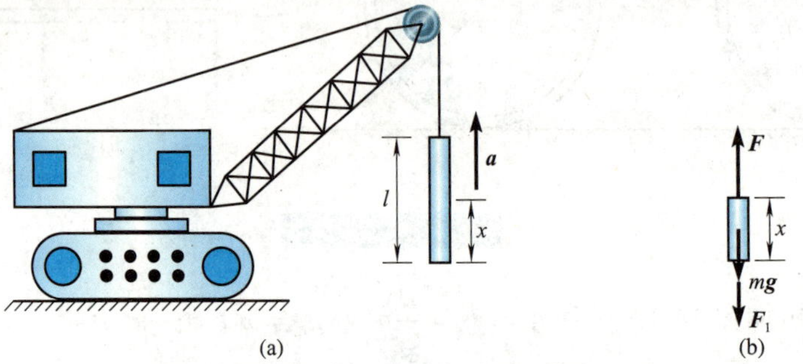

图 14-12　题 14-6

解：受力分析如图 14-12(b)所示，$F_I=ma=\frac{Sx\gamma}{g}a$，$F=\sigma S$。

$$\sum F_y=0,\quad F-F_I-mg=0$$

$$Sx\gamma+\frac{Sx\gamma}{g}a=\sigma\cdot S$$

解得 $\sigma=x\gamma\left(1+\frac{a}{g}\right)$。

14-7　如图 14-13(a)所示，重量为 $\boldsymbol{P}_1$ 的电动机，安装在水平基础上，转子的重心 C 到转轴 O 的偏心距为 e，设转子重量为 $\boldsymbol{P}_2$，以匀角速度 ω 转动，试求电动机对基础的最大压力和最小压力。

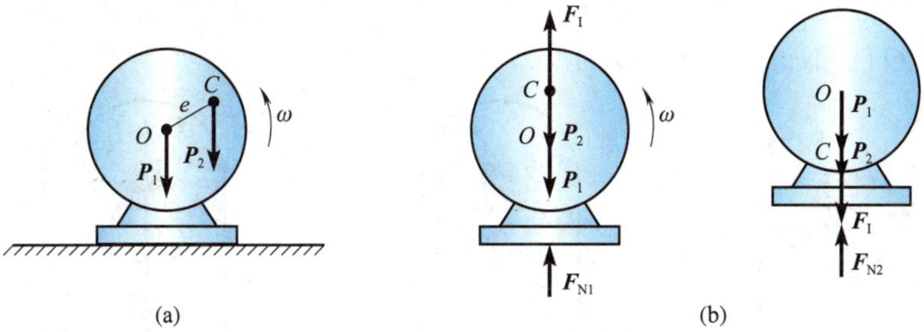

图 14-13　题 14-7

解：受力分析如图 14-13(b)所示，$F_{\mathrm{I}}=ma^{\mathrm{n}}=\dfrac{P_2}{g}\omega^2 e$。

当转子的重心出现在最高点时，有

$$\sum F_y=0,\quad P_1+P_2-F_{\mathrm{I}}-F_{\mathrm{N1}}=0,\quad F_{\mathrm{N1}}=P_1+P_2-\frac{P_2}{g}e\omega^2$$

当转子的重心出现在最低点时，有

$$\sum F_y=0,\quad P_1+P_2+F_{\mathrm{I}}-F_{\mathrm{N2}}=0,\quad F_{\mathrm{N2}}=P_1+P_2+\frac{P_2}{g}e\omega^2$$

所以 $F_{\mathrm{N}}^{\max}=P_1+P_2+\dfrac{P_2}{g}e\omega^2$，$F_{\mathrm{N}}^{\min}=P_1+P_2-\dfrac{P_2}{g}e\omega^2$。

14-8　如图 14-14(a)所示，两小球 C 和 D 的重量均为 $\boldsymbol{P}$，用细柱连于轴上，轴以匀角速度 ω 转动，两小球与轴在同一平面内，略去转轴和细柱的重量，试求小球转到铅垂平面内时，轴承 A 与 B 的反力。

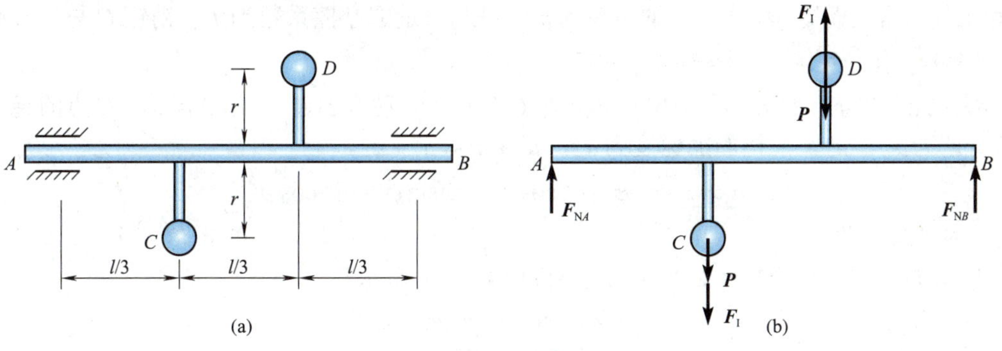

图 14-14　题 14-8

解：对系统进行受力分析，如图 14-14(b)所示，$F_{\mathrm{I}}=ma^{\mathrm{n}}=\dfrac{P}{g}\omega^2 r$。

$$\sum F_y=0,\quad F_{NA}+F_{NB}-2P=0$$

$$\sum M_A=0,\quad -F_{\mathrm{I}}\cdot\frac{l}{3}+F_{\mathrm{I}}\cdot\frac{2l}{3}-P\cdot\frac{l}{3}-P\cdot\frac{2l}{3}+F_{NB}\cdot l=0$$

联立解得 $$F_{NA}=P+\frac{P}{3g}r\omega^2,\quad F_{NB}=P-\frac{P}{3g}r\omega^2$$

14-9　如图 14-15(a)所示，重为 P_1 的重物 A 与重为 P_2 的重物 B，分别挂在柔软、不可伸长的绳子两端，鼓轮 O 重为 $\boldsymbol{P}$，半径为 R，视为均质圆盘。初始静止，不计绳子质量与轴 O 的摩擦，求鼓轮 O 的角加速度与轴 O 的反力。

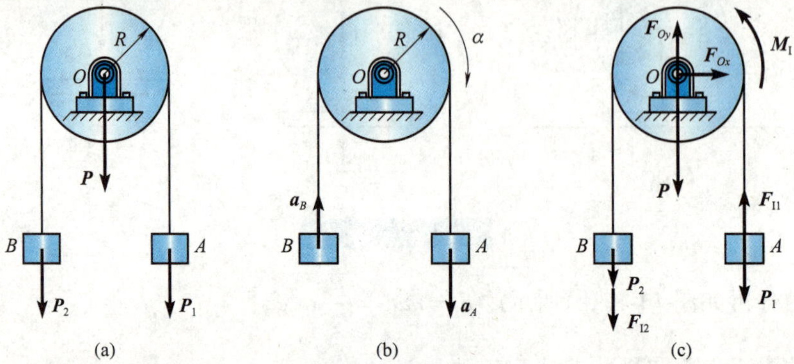

图 14-15　题 14-9

解：加速度关系如图 14-15(b)所示，$a_A=a_B=a$，$\alpha=\dfrac{a}{R}$。受力分析如图 14-15(c)所示。根据达朗贝尔定理有

$$F_{I1}=\frac{P_1a}{g},\quad F_{I2}=\frac{P_2a}{g},\quad M_I=J_O\alpha=\frac{PR^2}{2g}\alpha$$

$$\sum M_O=0,\quad -P_1R+P_2R+F_{I1}R+F_{I2}R+M_I=0$$

进而可以推出 $\alpha=\dfrac{2(P_1-P_2)g}{PR+2P_1R+2P_2R}$，$F_{Ox}=0$，$F_{Oy}=P+P_1+P_2-\dfrac{2(P_1-P_2)^2}{P+2P_1+2P_2}$。

14-10　曲柄滑道机构如图 14-16(a)所示，已知圆轮半径为 R，圆轮对转轴的转动惯量为 J，轮上作用常力偶矩 $\boldsymbol{M}$，杆 AB 的质量为 m，杆与滑道的摩擦系数为 f；销钉 C 与铅直滑槽 DE 的摩擦不计。求圆轮的转动微分方程。

解：加速度分析如图 14-16(b)所示，取 C 为动点，动系固连于 ABD 滑槽，C 点的绝对加速度分解为 $\boldsymbol{a}_a^\tau$、$\boldsymbol{a}_a^n$，滑槽的加速度为 $\boldsymbol{a}_e$，$\boldsymbol{a}_a^\tau+\boldsymbol{a}_a^n=\boldsymbol{a}_e+\boldsymbol{a}_r$。

$$a_e=a_a^\tau\sin\varphi+a_a^n\cos\varphi=r\ddot{\varphi}\sin\varphi+r\dot{\varphi}^2\cos\varphi$$

其中，φ 为任意角。

取 ABD 滑槽为研究对象，受力分析如图 14-16(c)所示。

惯性力为 $$F_I=mr\ddot{\varphi}\sin\varphi+mr\dot{\varphi}^2\cos\varphi$$

摩擦力为 $$F_d=f\cdot mg$$

由动静法得 $$\sum F_x=0,\quad F_I-F_{NC}+F_s=0$$

解出 $$F_{NC}=m(r\ddot{\varphi}\sin\varphi+r\dot{\varphi}^2\cos\varphi)+fmg$$

取圆轮为研究对象，惯性力偶矩 $M_I=J\ddot{\varphi}$。

$$\sum M_O=0,\quad M-M_I-F_{NC}r\sin\varphi=0$$

$$(J+mr^2\sin^2\varphi)\ddot{\varphi}+mr^2\dot{\varphi}^2\cos\varphi\sin\varphi=M-frmg\sin\varphi$$

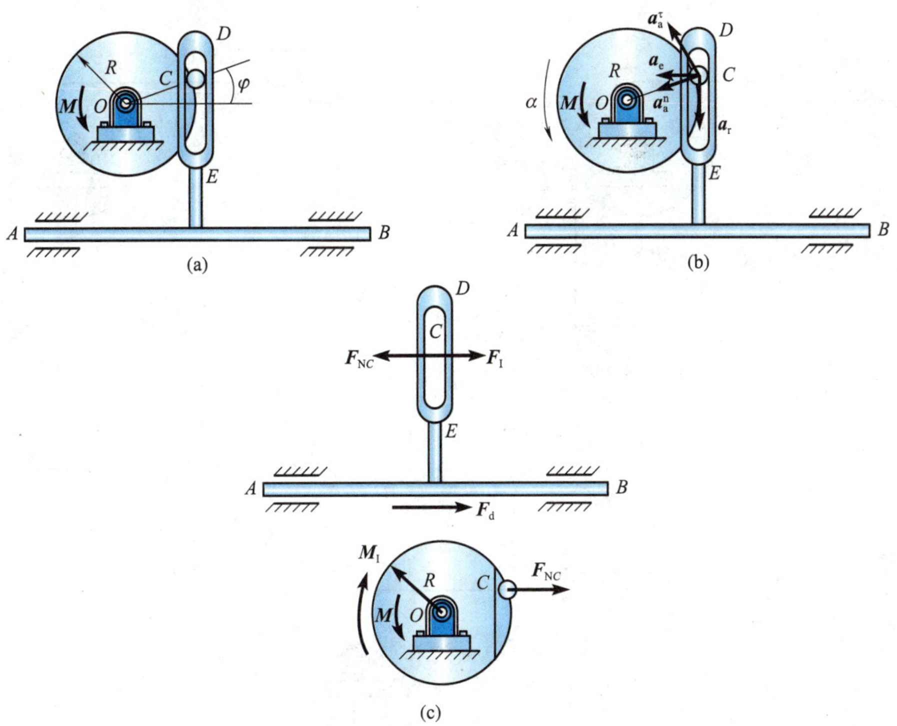

图 14-16　题 14-10

14-11　如图 14-17(a)所示的平面系统中，系统初始静止，物块 A 重为 $\boldsymbol{P}$，物块 A 与水平面的动滑动摩擦系数为 $f_{\rm d}$，不考虑物块 A 的高度。B 为均质圆盘，半径为 $2r$，重为 $2\boldsymbol{P}$，作用顺时针力偶 $M=2Pr$。轮 C 为均质圆盘，半径为 r，重为 $\boldsymbol{P}$，块 D 重量也为 $\boldsymbol{P}$。试求物块 D 下降时的加速度 $\boldsymbol{a}$。

解：加速度关系如图 14-17(b)所示。

$$a_C=a_D=a\text{，}\quad \alpha_B=\alpha_C=\frac{a_A}{2r}=\frac{2a}{2r}=\frac{a}{r}$$

受力分析如图 14-17(c)所示。

$$F_{\rm IC}=F_{\rm ID}=\frac{Pa}{g}\text{，}\quad F_{\rm IA}=2\frac{Pa}{g}$$

$$M_{\rm IB}=J_B\alpha_B=\frac{4Pra}{g}\text{，}\quad M_{\rm IC}=J_C\alpha_C=\frac{Pra}{2g}$$

$$F_{\rm f}=f_{\rm d}P$$

$$\sum M_O=0$$

$$-M+M_{\rm IB}+M_{\rm IC}+\left(F_{\rm IA}+F_{\rm f}\right)\cdot 2r-\left(2P-F_{\rm ID}-F_{\rm IC}\right)r=0$$

解得

$$a=\frac{4}{21}\left(2-f_{\rm d}\right)g$$

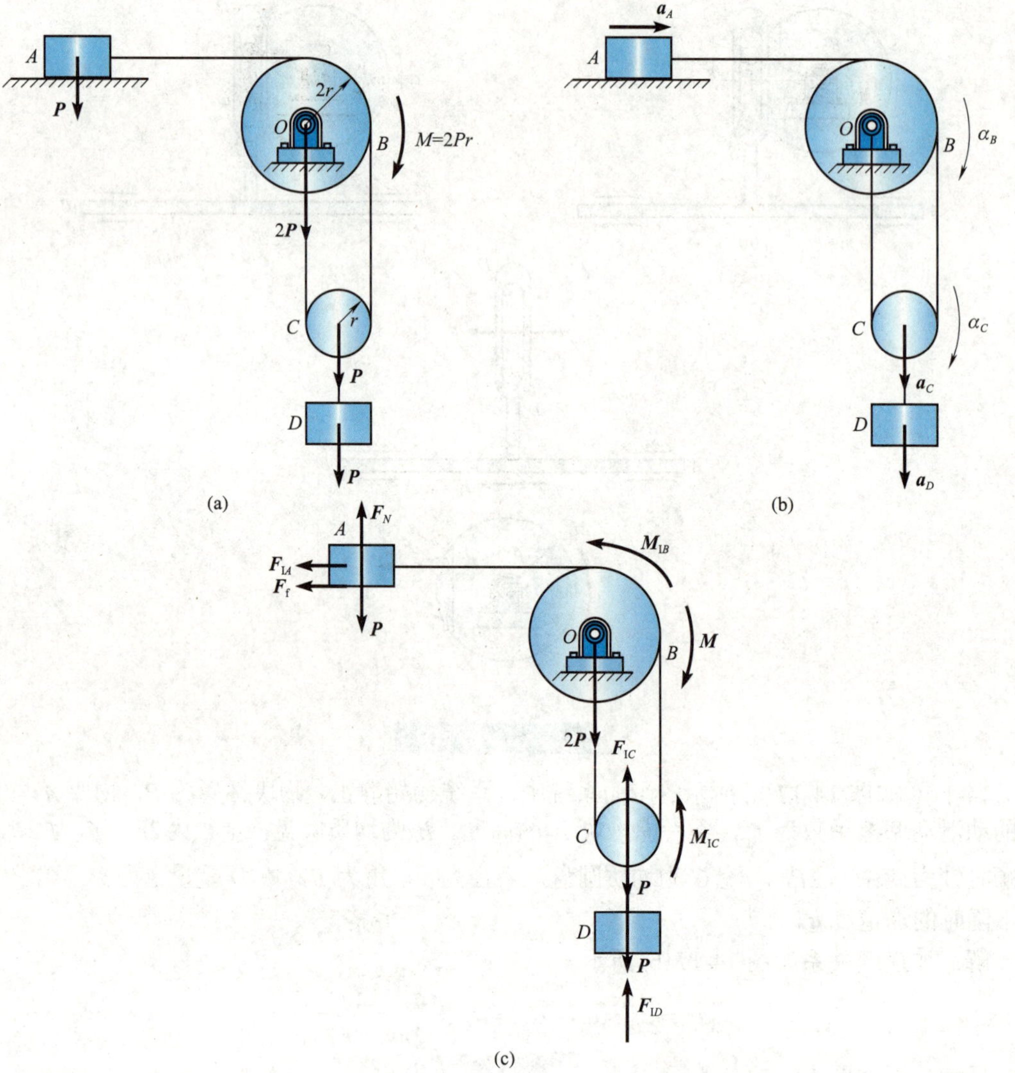

图 14-17　题 14-11

14-12　如图 14-18 所示，已知物块 A 重为 $\boldsymbol{P}_1$，与水平面光滑接触。物块 B 重为 $\boldsymbol{P}_2$，轮 O 的转动惯量为 J_O，轮外缘半径为 R，内鼓轮半径为 r，物块 B 由静止开始下落。求轮 O 转动的角加速度及 A 所受的拉力。

解：加速度关系如图 14-18(b)所示。

$$a_A = \alpha r\text{，}\quad a_B = \alpha R$$

受力分析如图 14-18(c)所示。

$$F_{IB} = \frac{P_2}{g}\alpha R\text{，}\quad F_{IA} = \frac{P_1}{g}\alpha r$$

$$M_I = J_O \alpha$$

$$\sum M_O = 0\text{，}\quad P_2 \cdot R - F_{IB} \cdot R - F_T \cdot r - M_I = 0$$

$$\sum F_x = 0\text{，}\quad F_{IA} - F_T = 0$$

解得
$$\alpha = \frac{P_2 R g}{P_2 R^2 + P_1 r^2 + J_O g}，\quad F_T = \frac{P_2 R r P_1}{P_2 R^2 + P_1 r^2 + J_O g}$$

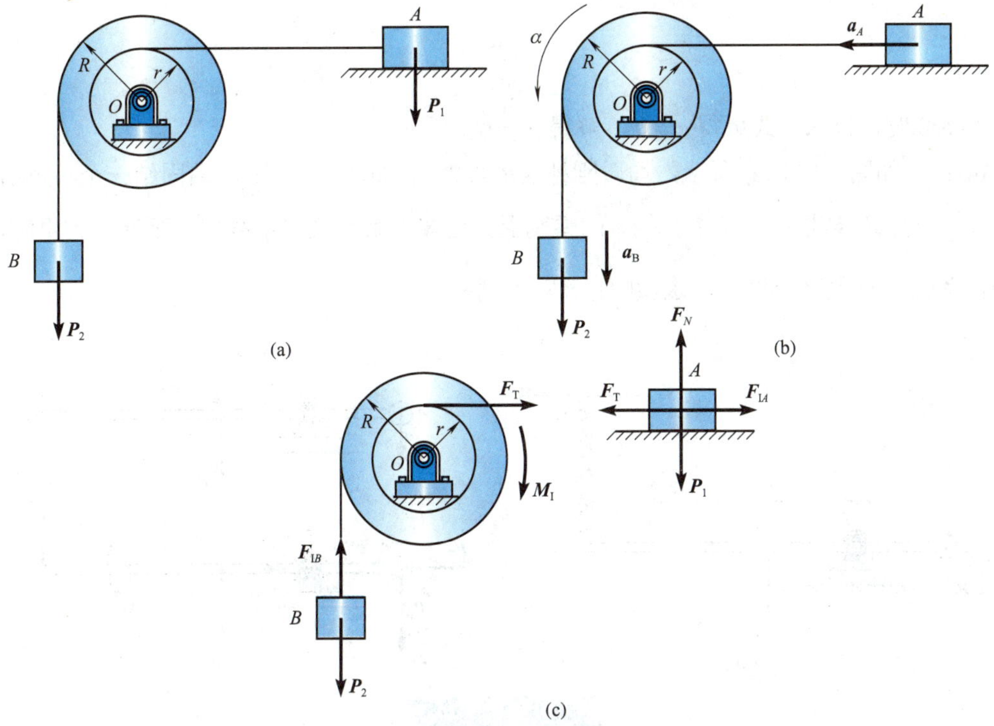

图 14-18　题 14-12

14-13　如图 14-19 所示，均质圆盘重为 $\boldsymbol{P}$，半径为 R，盘心 A 用铰与劲度系数为 k 的弹簧相连，弹簧原长为 l_0。坐标原点设在静伸长端点 O 处，x 坐标沿斜面向下。初瞬时，经扰动后，盘沿斜面做纯滚动，不计滚动摩阻。求运动微分方程及圆盘在平衡位置时圆盘与斜面间的摩擦力。

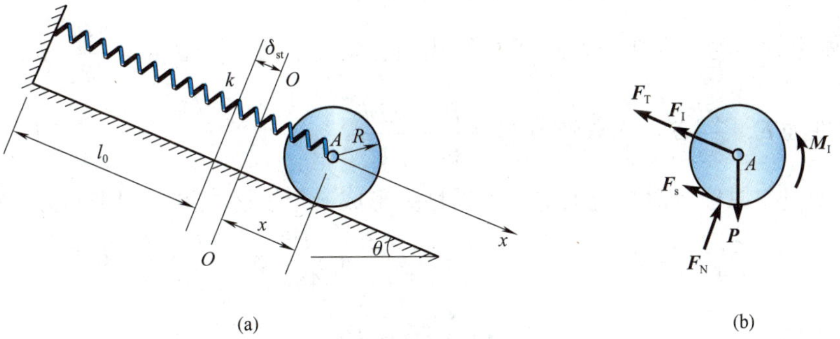

图 14-19　题 14-13

解：受力分析如图 14-19(b) 所示，$F_I = ma = \dfrac{P}{g}a$，$M_I = \dfrac{mR^2}{2}\alpha = \dfrac{PaR}{2g}$。

弹簧力为
$$F_T = k\left(\delta_{st} + x\right) = P\sin\theta + kx$$

由静力平衡可得

$$\sum F_x = 0，\quad P \cdot \sin\theta - F_{\mathrm{I}} - F_{\mathrm{T}} - F_{\mathrm{s}} = 0$$

$$\sum M_A = 0，\quad M_{\mathrm{I}} - F_{\mathrm{s}} \cdot R = 0，\quad F_{\mathrm{s}} = \frac{Pa}{2g}$$

综上可得
$$\ddot{x} + \frac{2gk}{3P}x = 0$$

当 $x=0$ 时，代入上式可得 $a=0$，解得 $F_{\mathrm{s}}=0$。

14-14　如图 14-20(a)所示，均质刚杆 AB 长为 l、重为 $\boldsymbol{P}$，在 A 端固结一个小球 A，A 重 $P_1=\dfrac{P}{2}$，点 B 悬挂在劲度系数为 k 的弹簧上。已知在水平位置系统处于平衡，初瞬时，经扰动，系统绕 O 做微幅振动，求微幅振动微分方程。

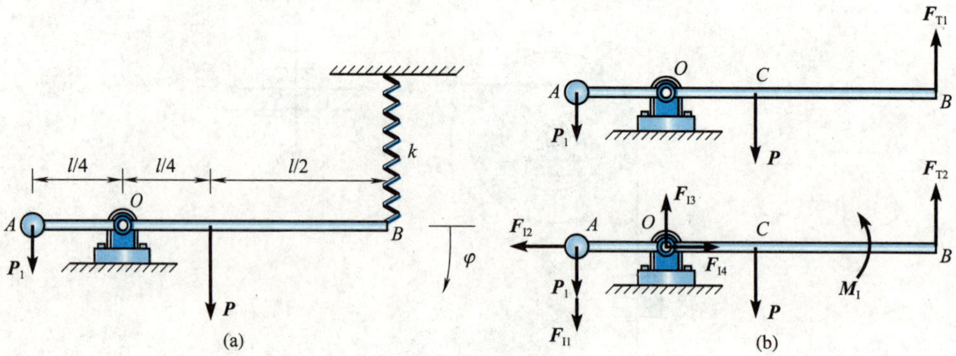

图 14-20　题 14-14

解：初始位置系统处于平衡状态，对系统进行受力分析如图 14-20(b)所示。

$$\sum M_O = 0，\quad \frac{P}{2}\cdot\frac{l}{4} - P\cdot\frac{l}{4} + F_{\mathrm{T1}}\cdot\frac{3l}{4} = 0$$

得
$$F_{\mathrm{T1}} = \frac{P}{6}$$

扰动后，角度为 φ，角速度为 $\dot{\varphi}$，角加速度为 $\ddot{\varphi}$。

杆 AB 做定轴转动，惯性力系向轴 O 简化的主矩大小为 $M_{\mathrm{I}} = J_O\alpha = \dfrac{7Pl^2}{48g}\ddot{\varphi}$。

小球惯性力 $F_{\mathrm{I1}} = \dfrac{Pl}{8g}\ddot{\varphi}$，弹簧弹力 $F_{\mathrm{T2}} = \dfrac{P}{6} + \dfrac{3k\varphi l}{4}$。

根据达朗贝尔原理，此系统上的力与惯性力形成一个平衡力系，列平衡方程得

$$\sum M_O = 0，\quad \frac{P}{2}\cdot\frac{l}{4} - P\cdot\frac{l}{4} + F_{\mathrm{T2}}\cdot\frac{3l}{4} + \frac{7Pl^2}{48g}\ddot{\varphi} + \frac{Pl}{8g}\ddot{\varphi}\cdot\frac{l}{4} = 0$$

$$\ddot{\varphi} + \frac{54kg}{17P}\varphi = 0$$

14-15　均质杆重为 $\boldsymbol{P}$，长为 l，如图 14-21(a)所示，求一绳突然断开时，杆的质心的加速度及另一绳的拉力。

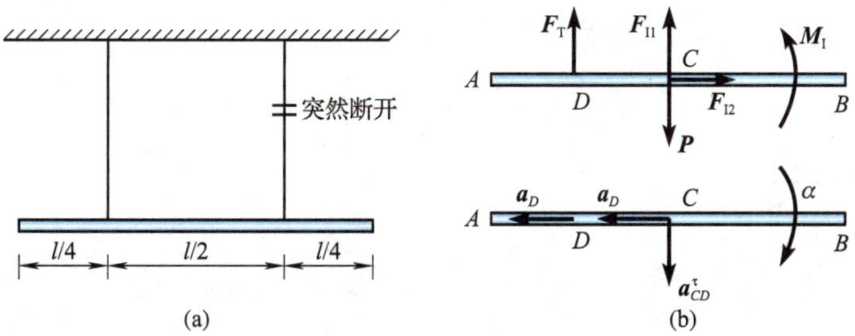

图 14-21　题 14-15

解：受力分析和加速度分析如图 14-21(b)所示。

以 D 为基点分析 C 点加速度得 $\boldsymbol{a}_C=\boldsymbol{a}_D+\boldsymbol{a}_{CD}^{\tau}+\boldsymbol{a}_{CD}^{n}$

加速度表达式在竖直方向投影得 $a_{Cy}=a_{CD}^{\tau}=\alpha\cdot\dfrac{l}{4}$

$$F_{\mathrm{I1}}=ma_{Cy}=\frac{\frac{P}{g}\alpha l}{4}，\quad M_{\mathrm{I}}=J_C\alpha=\frac{\frac{P}{g}l^2}{12}\alpha$$

$$\sum F_y=0，\quad F_{\mathrm{T}}+F_{\mathrm{I}}-P=0$$

$$\sum M_C=0，\quad M_{\mathrm{I}}-F_{\mathrm{T}}\cdot\frac{l}{4}=0$$

解得

$$a=\frac{3g}{7}，\quad F_{\mathrm{T}}=\frac{4}{7}P$$

14-16　如图 14-22(a)所示，滚子 A 重为 $\boldsymbol{P}_1$，沿倾角为 θ 的斜面做纯滚动。轮 B 与滚子 A 有相同的重量和半径，且均可视为均质圆盘。物体 C 重为 $\boldsymbol{P}$ 。求滚子中心的加速度。设绳子不可伸长，其重量可略而不计，绳与滑轮 B 之间无相对滑动，三角块也不动。

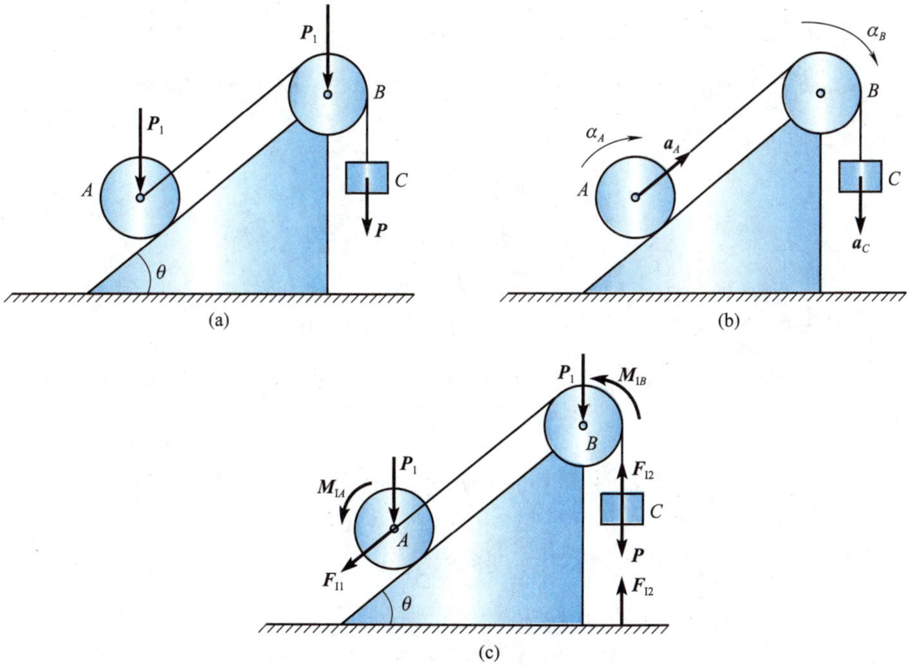

图 14-22　题 14-16

解：加速度关系如图 14-22(b)所示。

$$\alpha_B=\alpha_A=\frac{a_A}{r}=\frac{a}{r}，\ a_C=a_A=a$$

受力分析如图 14-22(c)所示。

根据达朗贝尔定理得

$$F_{I1}=\frac{P_1a}{g}，\ F_{I2}=\frac{Pa}{g}，\ M_{IA}=M_{IB}=J\alpha=\frac{P_1r}{2g}a$$

$$\sum M_B=0$$

$$P_1r\sin\theta+F_{I1}r+F_{I2}r+M_{IA}+M_{IB}-Pr=0$$

进而可以推出

$$a=\frac{P-P_1\sin\theta}{P+2P_1}g$$

14-17　如图 14-23(a)所示，塔轮由三个圆轮组成，其质量分别为$m_1=20\text{kg}$、$m_2=16\text{kg}$、$m_3=10\text{kg}$，其中两轮的重心偏离转轴的转线距离为$e_1=0.1\text{cm}$、$e_3=0.1\text{cm}$，三轮重心C_1、C_2、C_3与转轴均在同一平面内。塔轮转速$n=2400\text{r/min}$，求轴承处的附加动反力。

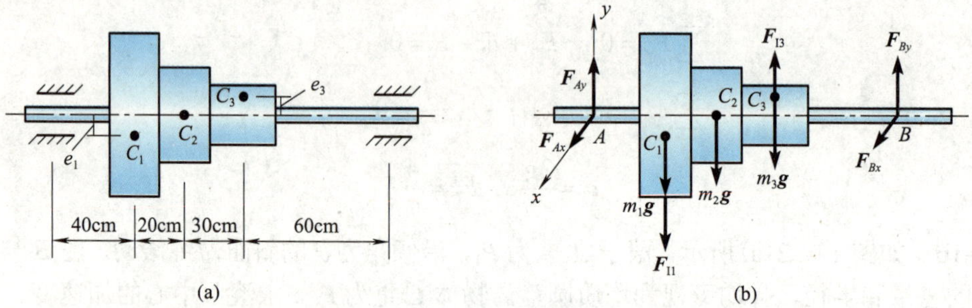

图 14-23　题 14-17

解：研究 AB 轴，其受力如图 14-23(b)所示。

$$F_{I1}=m_1a_{C1}=m_1e_1\omega^2，\ F_{I3}=m_3a_{C3}=m_3e_3\omega^2，\ \omega=\frac{n\pi}{30}=80\pi\ \text{rad/s}$$

由达朗贝尔原理得

$$\sum F_x=0,\quad F_{Ax}+F_{Bx}=0$$

$$\sum M_y=0,\quad -F_{Bx}\times150=0$$

解得

$$F_{Ax}=F_{Bx}=0$$

$$\sum F_y=0,\ F_{Ay}+F_{By}+F_{I3}-(m_1+m_2+m_3)g-F_{I1}=0$$

$$\sum M_x=0,\quad -(m_1g+F_{I1})\times40-m_2g\times60-m_3g\times90+F_{I3}\times90+F_{By}\times150=0$$

解得

$$F_{By}=\frac{1}{150}\left[(m_1g+F_{I1})\times40+m_2g\times60+m_3g\times90-F_{I3}\times90\right]$$

$$=\frac{4}{15}m_1g+\frac{2}{5}m_2g+\frac{3}{5}m_3g+\frac{4}{15}F_{I1}-\frac{3}{5}F_{I3}$$

$$F_{Ay}=(m_1+m_2+m_3)g+F_{I1}-F_{By}-F_{I3}$$

$$=\frac{11}{15}m_1g+\frac{3}{5}m_2g+\frac{2}{5}m_1g+\frac{11}{15}F_{I1}-\frac{2}{5}F_{I3}$$

轴承 A、B 的附加动反力为

$$F_{Ay}^{(\mathrm{d})} = \frac{11}{15}F_{\mathrm{I1}} - \frac{2}{5}F_{\mathrm{I3}} = 673\mathrm{N}$$

$$F_{By}^{(\mathrm{d})} = \frac{4}{15}F_{\mathrm{I1}} - \frac{3}{5}F_{\mathrm{I3}} = -42\mathrm{N}$$

14-18 如图 14-24(a)所示，均质杆长为 $2l$，重为 $\boldsymbol{P}$，以匀角速度 ω 绕竖直轴转动，杆与轴夹角为 θ，求轴承 A、B 的附加动反力。

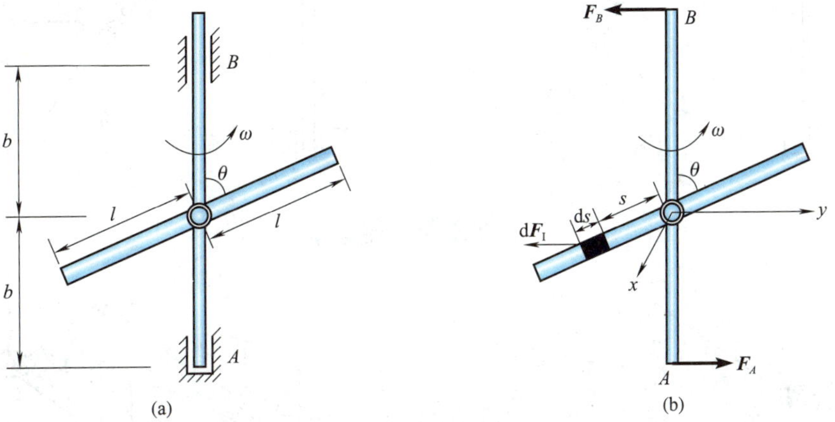

图 14-24 题 14-18

解：如图 14-24(b)所示，考虑轴承 A、B 水平方向的约束力，设 A 端约束力为 F_A，B 端约束力为 F_B。

$$\mathrm{d}F_{\mathrm{I}} = m_i a_i^{\mathrm{n}} = \frac{P}{2gl} \cdot \mathrm{d}s \cdot \omega^2 \cdot s \cdot \sin\theta$$

考虑对称性，研究结构的上半段。由动静法得

$$\sum M_x = 0, \quad F_B b - M_1 = 0$$

$$M_1 = \int_0^l \frac{P}{2gl} s^2 \sin\theta \omega^2 \cos\theta \mathrm{d}s = \frac{Pl^2\omega^2 \sin\theta\cos\theta}{6g}$$

从而可得 $F_B = \dfrac{Pl^2\omega^2\sin\theta\cos\theta}{6bg}$；同理，$F_A = \dfrac{Pl^2\omega^2\sin\theta\cos\theta}{6bg}$。

14-19 如图 14-25(a)所示，水平刚性杆 $OA = a$，不计自重，固连于转轴 z 上，点 A 铰接重为 $\boldsymbol{P}$ 的均质杆 AB，$AB = l$。当轴匀速转动时，杆 AB 与 z 轴夹角为 φ，试求角速度 ω。

解：如图 14-25(b)所示，以杆 AB 为研究对象。

$$\mathrm{d}F_{\mathrm{I}} = m_i a_i^{\mathrm{n}} = \frac{P}{gl} \cdot \mathrm{d}x \cdot \omega^2 \cdot (a + x\sin\varphi)$$

$$\sum M_A = 0, \quad \int_0^l \frac{P}{gl} \cdot \omega^2 \cdot (a + x\sin\varphi) \cdot x\cos\varphi \cdot \mathrm{d}x - P \cdot \frac{l}{2}\sin\varphi = 0$$

解得

$$\omega = \sqrt{\frac{3g\sin\varphi}{3a\cos\varphi + l\sin 2\varphi}}$$

14-20 如图 14-26(a)所示，长方形薄板 $ABCD$ 重为 $\boldsymbol{P}$，支在 AC 轴上。当板静止在水平位置时，其轴上作用一力偶，力偶矩为 $\boldsymbol{M}$，求板的角加速度和支座 A、C 的支反力。

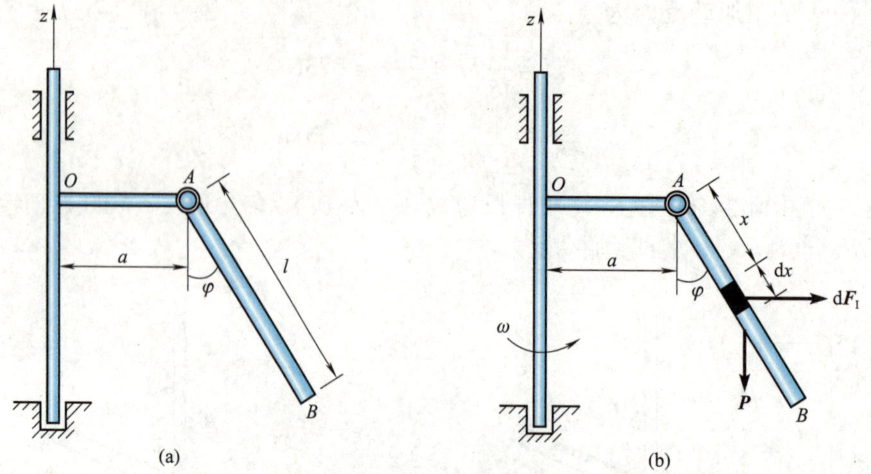

图 14-25　题 14-19

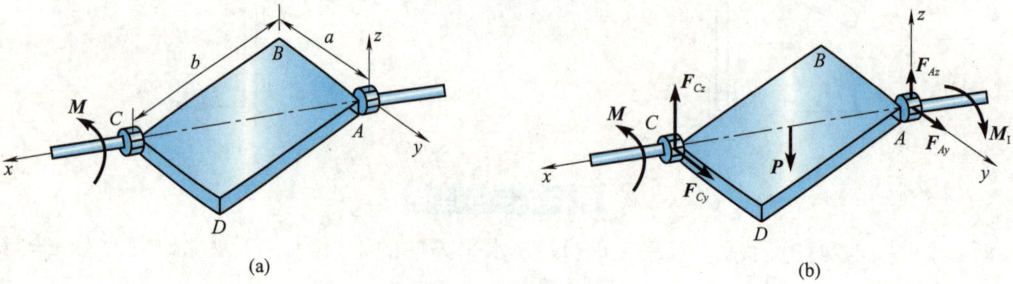

图 14-26　题 14-20

解：受力分析如图 14-26(b) 所示。

转动惯量为
$$J=\frac{ma^2b^2}{6\left(a^2+b^2\right)},\quad J_{xy}=\frac{Pab(b^2-a^2)}{12g(a^2+b^2)},\quad J_{xz}=0$$

惯性力偶为
$$M_{\mathrm{I}}=J\alpha=\frac{ma^2b^2\alpha}{6\left(a^2+b^2\right)}$$

可得
$$\sum M_x=0,\quad M=M_{\mathrm{I}}=\frac{ma^2b^2\alpha}{6\left(a^2+b^2\right)}$$

解得
$$\alpha=\frac{6M\left(a^2+b^2\right)}{ma^2b^2}=\frac{6M\left(a^2+b^2\right)g}{Pa^2b^2}$$
$$\sum M_z=0,\quad F_{Ay}=F_{Cy}=0$$
$$\sum M_y=0$$

$$F_{Cz}=\frac{1}{\sqrt{a^2+b^2}}\left(P\frac{\sqrt{a^2+b^2}}{2}+\frac{Pab\left(b^2-a^2\right)}{12g\left(a^2+b^2\right)}\frac{6M\left(a^2+b^2\right)g}{Pa^2b^2}\right)=\left(\frac{P}{2}+\frac{M\left(b^2-a^2\right)}{2ab\sqrt{a^2+b^2}}\right)$$

$F_{Az}=\dfrac{P}{2}-\dfrac{M\left(b^2-a^2\right)}{2ab\sqrt{a^2+b^2}}$，$\dfrac{P}{2}$为静反力，后面的为动反力。

第15章

虚位移原理

15.1　重点内容提要

1. 约束

在非自由质点系中，加在质点系中各质点的限制条件称为约束，表示这种限制条件的数学方程称为约束方程。

(1) 几何约束。

只限制质点或质点系在空间几何位置的约束称为几何约束。

(2) 运动约束。

限制质点系各质点的运动的约束称为运动约束。

(3) 定常约束。

不随时间而变的，即约束方程中不显含时间 t 的几何约束称为定常约束。

(4) 非定常约束。

如果约束随着时间发生变化，且约束方程中显含时间 t，这种约束称为非定常约束。

(5) 双面约束。

在任何时刻都存在的约束，称为双面约束。双面约束的约束方程是等式形式。

(6) 单面约束。

如果约束有可能失效，则称为单面约束。单面约束的约束方程是以不等式形式表示的。

(7) 非完整约束。

如果约束方程中包含坐标对时间的导数，而且约束方程无法通过积分消去导数项，这类约束称为非完整约束。

(8) 完整约束。

如果约束方程中不包含坐标对时间的导数，或者虽然有导数项但是可以进行积分消除掉，这类约束称为完整约束。

2. 虚位移

质点或质点系在平衡位置时，约束所容许的任何微小位移称为该质点或质点系的虚位移。

3．虚功

力在虚位移上所做的功称为虚功。

4．质点系各质点虚位移之间的关系

(1)几何法。

几何法是指用几何学或运动学的知识求各质点虚位移之间的关系。

(2)解析法。

用数学方法求各质点虚位移关系的方法称为解析法。

5．理想约束

如果约束反力在质点系的任何虚位移中所做虚功之和等于零，则这种约束称为理想约束。

6．虚位移原理的内涵

具有理想约束的质点系，其平衡的必要与充分条件是所有作用于该质点系的主动力在任何虚位移中所做的虚功之和等于零。

$$\sum \delta W_{Fi} = \sum_{i=1}^{n} \boldsymbol{F}_i \cdot \delta \boldsymbol{r}_i = 0$$

15.2 典型例题

例 15-1

如图 15-1(a)所示，机构受力 $\boldsymbol{F}_1$ 和 $\boldsymbol{F}_2$ 作用，在图示位置平衡，OA 杆与 BD 杆垂直，$AB=OA=l$，$AD=a$，不计自重和摩擦。试利用虚位移原理求 F_1 和 F_2 的关系。

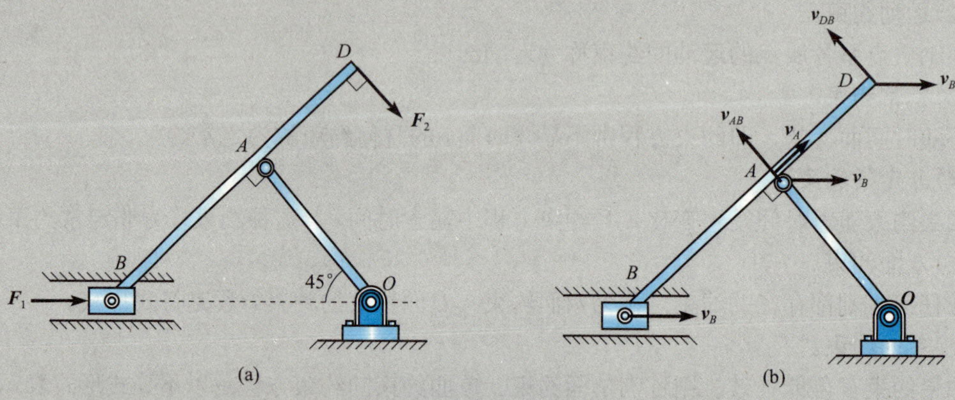

图 15-1　例 15-1

解：根据虚位移原理有

$$\sum \delta W_F = 0，\quad F_1 v_B - F_2 (v_{DB} - v_B \cos 45^\circ) = 0 \qquad (15\text{-}1)$$

速度关系如图 15-1(b)所示。

以 B 为基点，A 点的速度 $\boldsymbol{v}_A = \boldsymbol{v}_B + \boldsymbol{v}_{AB}$。

$$v_{AB} = v_B \cos 45^\circ = \frac{\sqrt{2}}{2} v_B$$

以 B 为基点，D 点的速度 $\boldsymbol{v}_D=\boldsymbol{v}_B+\boldsymbol{v}_{DB}$。

$$v_{DB}=\frac{v_{AB}}{l}\cdot(l+a)=\frac{\sqrt{2}}{2l}(l+a)v_B$$

将速度关系代入式(15-1)，消掉速度得 $F_1=\dfrac{\sqrt{2}a}{2l}F_2$。

例 15-2

机构受力 $\boldsymbol{F}$ 和力偶 $\boldsymbol{M}$ 作用，在图 15-2(a)所示位置平衡，$OB=OA=l$，不计自重和摩擦。试利用虚位移原理求 F 和 M 的关系。

解：根据虚位移原理有

$$\sum\delta W_F=0,\quad M\omega-Fv_D=0 \tag{15-2}$$

速度关系如图 15-2(b)所示。

以 A 为动点，动系放在套筒 O 上，$\boldsymbol{v}_{\mathrm{a}}=\boldsymbol{v}_{\mathrm{e}}+\boldsymbol{v}_{\mathrm{r}}$。

$$v_{\mathrm{a}}=\frac{v_{\mathrm{e}}}{\cos30^\circ}=\frac{2\sqrt{3}}{3}\omega l$$

将速度关系代入式(15-2)，消掉速度得 $F=\dfrac{\sqrt{3}M}{2l}$。

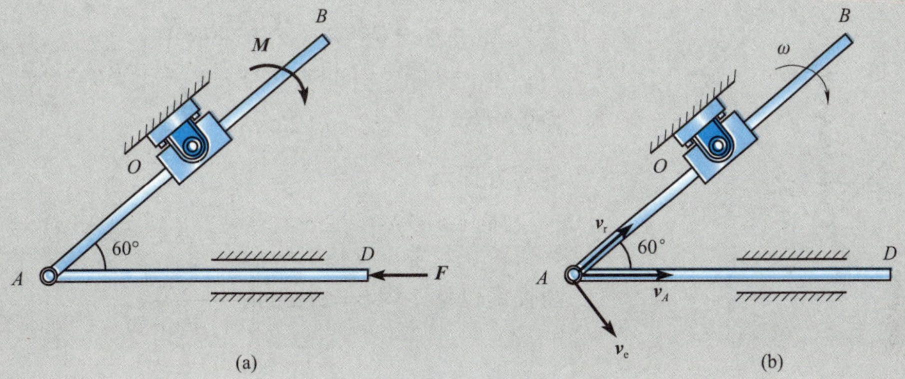

图 15-2 例 15-2

例 15-3

图 15-3(a)所示机构中轮 A 和滑块 B 与 AB 杆连接，弹簧的刚度为 k，已知滑块 B 的质量为 m，不计各处摩擦。试利用虚位移原理求机构在图示位置平衡时弹簧的伸长量。

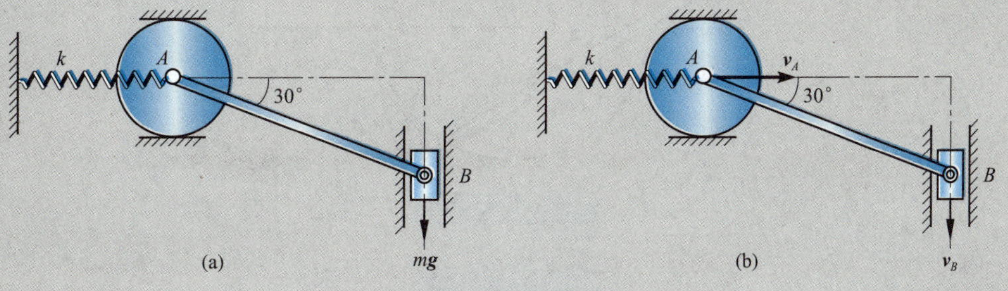

图 15-3 例 15-3

解：根据虚位移原理得

$$\sum \delta W_F = 0，\quad mgv_B - Fv_A = 0 \tag{15-3}$$

速度关系如图 15-3(b) 所示，根据速度投影定理得

$$v_B \cos 60° = v_A \cos 30°$$

将速度关系代入式(15-3)，消掉速度得 $F = \dfrac{mgv_B}{v_A} = \sqrt{3}mg$。

弹簧的伸长量为 $$\Delta l = \frac{F}{k} = \frac{\sqrt{3}mg}{k}$$

例 15-4

边长为 l 的铰接菱形机构 $ACBD$ 如图 15-4 所示，由顶点 A 悬挂住。A、B 间连接劲度系数为 k 的弹簧，在铰链 C、D 上各有重量为 $\boldsymbol{P}$ 的球。已知 $\varphi = 45°$ 时，弹簧不受力若弹簧可承压，不计各杆杆重，$P < 2lk\left(1-\dfrac{\sqrt{2}}{2}\right)$，求机构的平衡位置 φ。

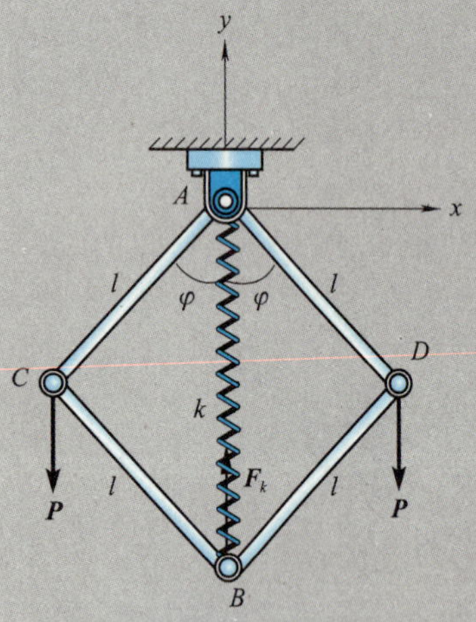

图 15-4 例 15-4

解：根据虚位移原理，$\sum \delta W_F = 0$。

虚位移关系为

$$y_C = y_D = l\cos\varphi，\quad y_B = 2l\cos\varphi$$

$$\delta y_C = \delta y_D = -l\sin\varphi \cdot \delta\varphi，\quad \delta y_B = -2l\sin\varphi \cdot \delta\varphi$$

弹簧力为 $$F_k = k\left(2l\cos\varphi - \sqrt{2}l\right)$$

虚功方程为

$$2Pl\sin\varphi \cdot \delta\varphi - k\left(2l\cos\varphi - \sqrt{2}l\right)\left(2l\sin\varphi \cdot \delta\varphi\right) = 0$$

消掉虚位移，得 $\varphi = \arccos\left(\dfrac{P+\sqrt{2}lk}{2kl}\right)$

例 15-5

均质杆 AB 长为 $2l$ 如图 15-5 所示，C 为质心。置于光滑的半圆槽内，槽的半径为 R。试求平衡位置 θ 和 l、R 的关系。

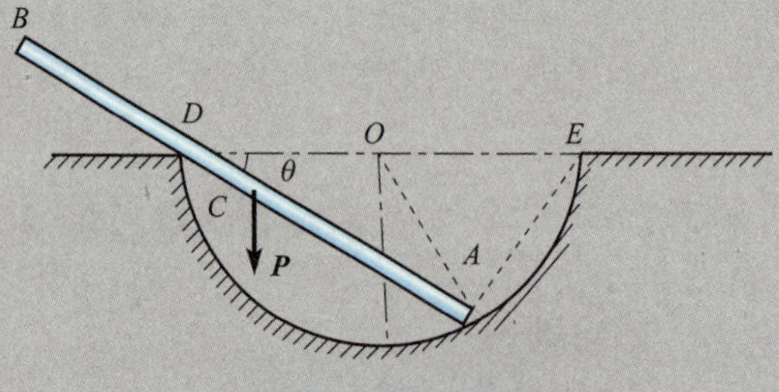

图 15-5 例 15-5

解： $$AD = 2R\cos\theta，\quad CD = 2R\cos\theta - l$$

根据三角形的相似关系有 $\frac{y_C}{AE}=\frac{CD}{DE}$，$\frac{y_C}{2R\sin\theta}=\frac{2R\cos\theta-l}{2R}$。

$$y_C=(2R\cos\theta-l)\sin\theta$$

根据虚位移原理，$\delta W_{Fi}=0$，$P\delta y_C=0$，$\delta y_C=0$。

$$\delta y_C=-2R\sin\theta\cdot\sin\theta\cdot\delta\theta+(2R\cos\theta-l)\cdot\cos\theta\cdot\delta\theta=0$$

$$2R\cos2\theta=l\cos\theta$$

$$\frac{\cos2\theta}{\cos\theta}=\frac{l}{2R}$$

例 15-6

长为 l 的均质杆 AB、BD 在 B 处铰接，杆重不计，如图 15-6(a)所示，A 处为固定端约束。凸角 E 处光滑，沿杆 BD 方向作用力 $\boldsymbol{F}$，试求 A 端水平方向的约束力 $\boldsymbol{F}_{Ax}$。

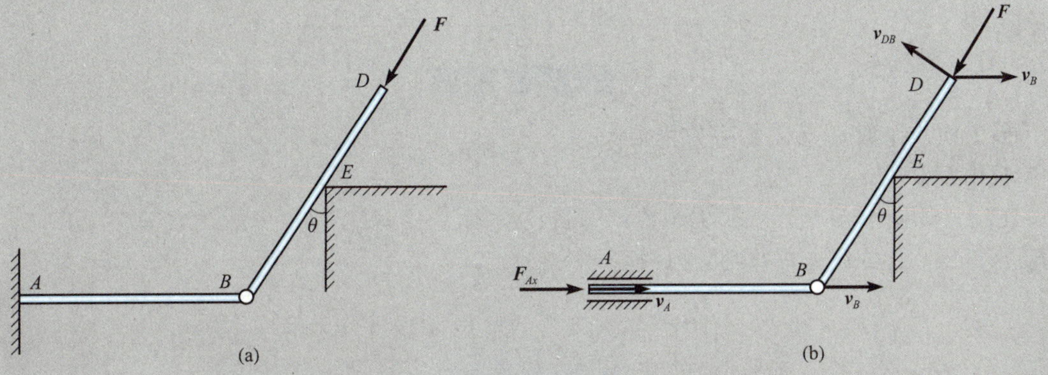

图 15-6　例 15-6

解：解除 A 端水平方向约束，取而代之约束力 F_{Ax}。

设 AB 杆只有水平方向虚位移。

$$v_A=v_B$$

以 B 为基点分析 D 点速度有

$$\boldsymbol{v}_D=\boldsymbol{v}_B+\boldsymbol{v}_{DB}$$

根据虚位移原理 $\delta W_{Fi}=0$ 有

$$F_{Ax}\cdot v_A-F\cdot v_B\sin\theta=0$$

$$F_{Ax}=F\sin\theta$$

15.3 习题详解

15-1　如图 15-7 所示平面“三摆”，试写出约束方程，计算自由度。

解：约束方程为

$$x_1^2+y_1^2=a^2，(x_2-x_1)^2+(y_2-y_1)^2=b^2，(x_3-x_2)^2+(y_3-y_2)^2=c^2$$

自由度 $k=3$，分别为绕 O、A、B 三点的转角。

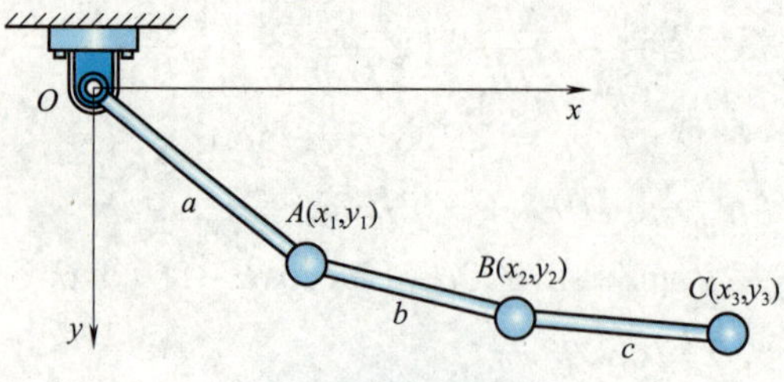

图 15-7　题 15-1

15-2　平面桁架如图 15-8 所示，试计算其自由度。

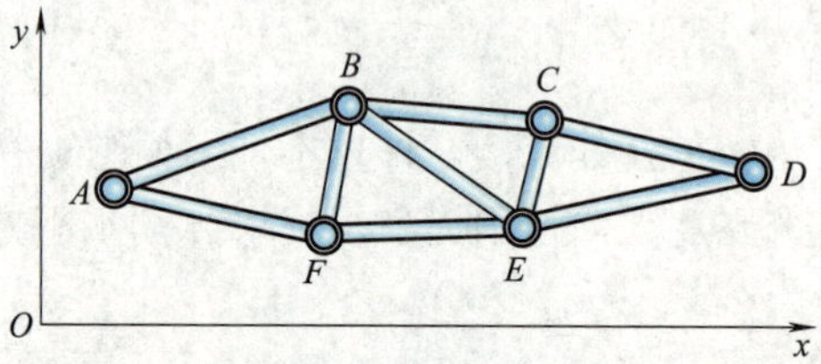

图 15-8　题 15-2

解：质点个数 $n=6$，约束方程数 $s=9$。

自由度 $k=2n-s=3$。

15-3　如图 15-9 所示的平面机构，杆长 $OA=l_1$，$AB=l_2$，$BO_1=l_3$，$AC=l_4$，A、B、C 为质点，试写出约束方程并判断自由度。

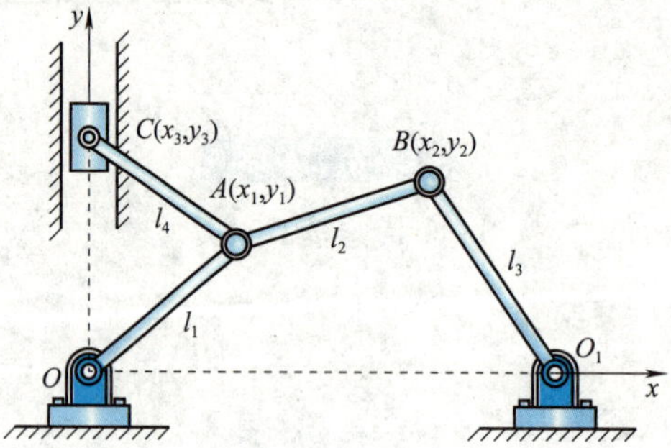

图 15-9　题 15-3

解：约束方程为

$$x_1^2+y_1^2=l_1^2，\ x_2^2+y_2^2=l_3^2，\ (x_2-x_1)^2+(y_2-y_1)^2=l_2^2，\ (x_3-x_1)^2+(y_3-y_1)^2=l_4^2，\ x_3=0$$

自由度 $k=1$。

15-4　如图 15-10 所示，平面平行四边形形状的四连杆机构的自由度 $k=1$，选 θ 为广义坐标，试把 A、B 两点的位置坐标 (x_1,y_1)、(x_2,y_2) 写成广义坐标 θ 的函数，并求 δx_1、δy_1、δx_2、δy_2。

解：

$$x_1=r\cos\theta，\ y_1=r\sin\theta，\ x_2=l+r\cos\theta，\ y_2=r\sin\theta$$

$$\delta x_1=-r\sin\theta\cdot\delta\theta，\ \delta y_1=r\cos\theta\cdot\delta\theta，\ \delta x_2=-r\sin\theta\cdot\delta\theta，\ \delta y_2=r\cos\theta\cdot\delta\theta$$

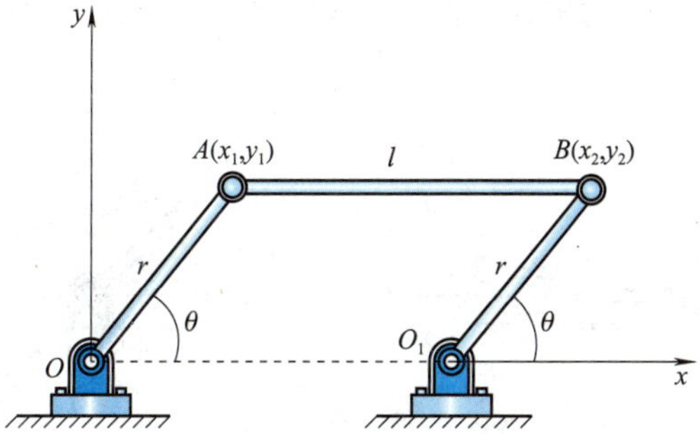

图 15-10　题 15-4

15-5　如图 15-11 所示的平面“三摆”有 3 个自由度，选 φ、ϕ、θ 为广义坐标，试把 A、B、C 三点的位置坐标 (x_1,y_1)、(x_2,y_2)、(x_3,y_3) 写成广义坐标 φ、ϕ、θ 的表示式，并求 δx_1、δy_1、δx_2、δy_2、δx_3、δy_3。

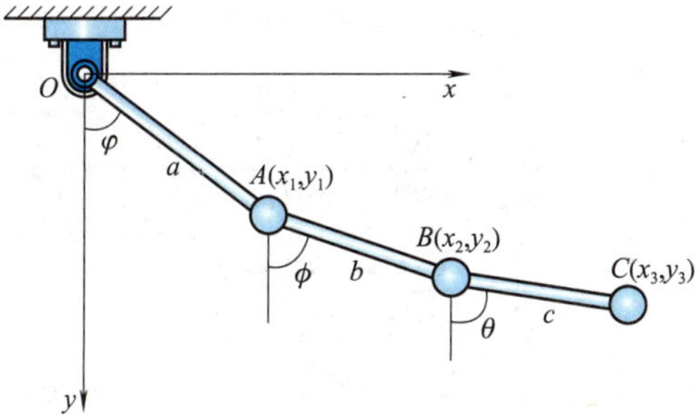

图 15-11　题 15-5

解： 广义坐标如下。

$$x_1 = a\sin\varphi$$

$$y_1 = a\cos\varphi$$

$$x_2 = a\sin\varphi + b\sin\phi$$

$$y_2 = a\cos\varphi + b\cos\phi$$

$$x_3 = a\sin\varphi + b\sin\phi + c\sin\theta$$

$$y_3 = a\cos\varphi + b\cos\phi + c\cos\theta$$

$$\delta x_1 = \frac{\partial x_1}{\partial\varphi}\cdot\delta\varphi = a\cos\varphi\cdot\delta\varphi$$

$$\delta y_1 = \frac{\partial y_1}{\partial\varphi}\cdot\delta\varphi = -a\sin\varphi\cdot\delta\varphi$$

$$\delta x_2 = \frac{\partial x_1}{\partial\varphi}\cdot\delta\varphi + \frac{\partial x_2}{\partial\phi}\cdot\delta\phi = a\cos\varphi\cdot\delta\varphi + b\cos\phi\cdot\delta\phi$$

$$\delta y_2 = \frac{\partial y_1}{\partial\varphi}\cdot\delta\varphi + \frac{\partial y_2}{\partial\phi}\cdot\delta\phi = -a\sin\varphi\cdot\delta\varphi - b\sin\phi\cdot\delta\phi$$

$$\delta x_3 = \frac{\partial x_1}{\partial\varphi}\cdot\delta\varphi + \frac{\partial x_2}{\partial\phi}\cdot\delta\phi + \frac{\partial x_3}{\partial\theta}\cdot\delta\theta = a\cos\varphi\cdot\delta\varphi + b\cos\phi\cdot\delta\phi + c\cos\theta\cdot\delta\theta$$

$$\delta y_3 = \frac{\partial y_1}{\partial\varphi}\cdot\delta\varphi + \frac{\partial y_2}{\partial\phi}\cdot\delta\phi + \frac{\partial y_3}{\partial\theta}\cdot\delta\theta = -a\sin\varphi\cdot\delta\varphi - b\sin\phi\cdot\delta\phi - c\sin\theta\cdot\delta\theta$$

15-6　设图 15-12(a)所示机构保持平衡，求力 $\boldsymbol{P}_1$ 与力 $\boldsymbol{P}$ 之间的关系。

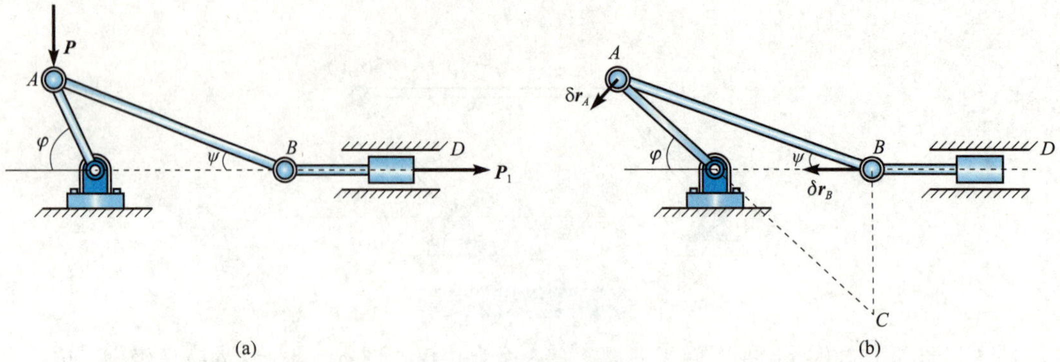

图 15-12　题 15-6

解：虚位移如图 15-12(b)所示。

$$P\cos\varphi\delta r_A - P_1\delta r_B = 0$$

$$\frac{\delta r_A}{\delta r_B} = \frac{AC}{BC} = \frac{\sin\left(\dfrac{\pi}{2}+\psi\right)}{\sin(\varphi-\psi)}$$

$$\frac{P_1}{P} = \frac{\cos\varphi\cos\psi}{\sin(\varphi-\psi)}$$

15-7　如图 15-13(a)所示的平面机构，曲柄 OA 绕轴 O 转动，滑块 A 沿滑槽自由滑动，从而带动 O_1B 摇杆绕轴 O_1 转动。已知 $OA=O_1B=l$，OA 上作用力偶矩 $\boldsymbol{M}$，在图示位置 O_1B 垂直于 OO_1，求平衡时力 $\boldsymbol{F}$ 的大小。

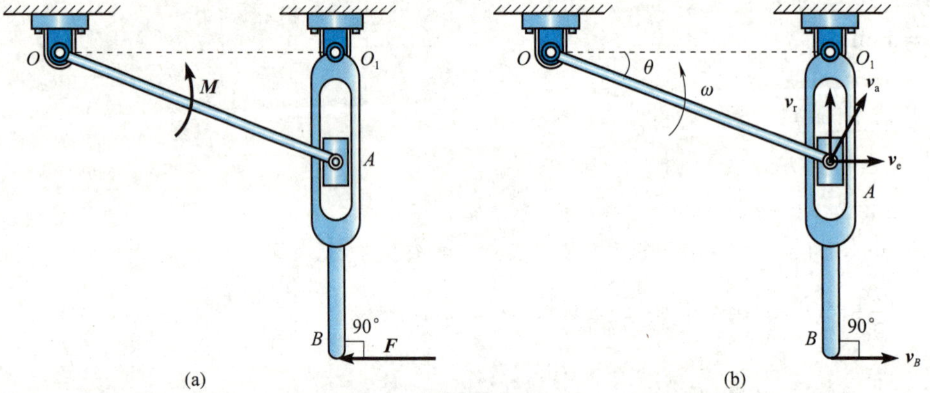

图 15-13　题 15-7

解：速度分析如图 15-13(b)所示。

以滑块 A 为动点，动系放在滑槽 O_1B 上，$\boldsymbol{v}_\mathrm{a} = \boldsymbol{v}_\mathrm{e} + \boldsymbol{v}_\mathrm{r}$。

$$v_\mathrm{a} = \omega l\text{，}\quad v_\mathrm{e} = v_\mathrm{a}\sin\theta = \omega l\sin\theta\text{，}\quad \omega_1 = \frac{v_\mathrm{e}}{l\sin\theta} = \omega\text{，}\quad v_B = \omega_1 l = \omega l$$

由虚位移原理有

$$M\omega - Fv_B = 0$$

解得
$$F=\frac{M}{l}$$

15-8 机构如图 15-14(a)所示，不计杆重和摩擦，系统在图示位置处于平衡状态，求主动力偶矩 **M** 和主动力 **F** 的关系。

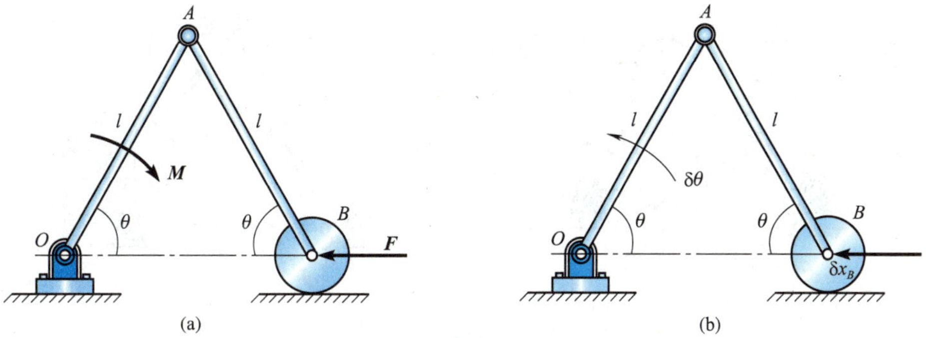

图 15-14 题 15-8

解： 给定虚位移 $\delta\theta$、δx_B，如图 15-14(b)所示。

则由虚位移原理有

$$-M\delta\theta-F\delta x_B=0$$
$$x_B=2l\cos\theta$$
$$\delta x_B=-2l\sin\theta\cdot\delta\theta$$

解得
$$M=2Fl\sin\theta$$

15-9 伸缩仪如图 15-15 所示，各杆用光滑铰链连接，$OA=OB=l$，$AD=BC=2l$，不计杆重。已知 $F_1=F_2=P$，又知 E 点作用铅直力 **F**，求平衡时 θ 的大小。

解： 平衡时夹角为 θ，这时有

$$x_A=-l\cos\theta$$
$$x_B=l\cos\theta$$
$$y_E=-4l\sin\theta$$

那么

$$\delta x_A=l\sin\theta\cdot\delta\theta$$
$$\delta x_B=-l\sin\theta\cdot\delta\theta$$
$$\delta y_E=-4l\cos\theta\cdot\delta\theta$$

代入虚位移原理等式得

$$\sum\delta W_F=-Pl\sin\theta\cdot\delta\theta-Pl\sin\theta\cdot\delta\theta+F\cdot 4l\cos\theta\cdot\delta\theta=0$$

因 $\delta\theta\neq 0$，$\theta=\operatorname{arccot}\left(\frac{P}{2F}\right)$。

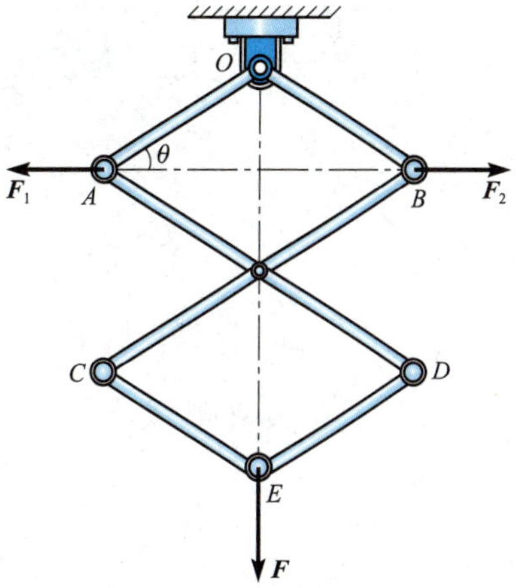

图 15-15 题 15-9

15-10 四连杆机构如图 15-16 所示，杆 AB 和杆 BD 的倾角均为 45°，杆 DE 与 AE 垂直。设在杆 DE 上作用力偶矩 **M**；在销钉上作用铅直力 **P**。机构在图示位置平衡，求力 **P** 与力偶矩 **M** 之间的关系。

解： 速度分析如图 15-16(b)所示。

$$v_D=\omega a，\quad v_B=v_D\cos45^\circ=\frac{\sqrt{2}}{2}\omega a$$

由虚位移原理有

$$M\omega - Pv_B\cos 45^\circ = 0$$

解得

$$P = \frac{2M}{a}$$

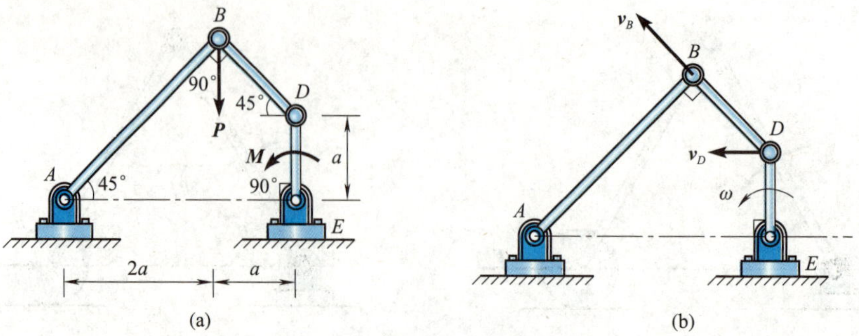

图 15-16　题 15-10

15-11　如图 15-17(a)所示的水压机，已知杠杆 $OA = a, OB = b$，在 A 端加垂直于杆 OA 的力 $\boldsymbol{F}$。已知活塞 C 的面积为 S_1，D 的面积为 S_2。求物体 M 所受到的压力 $\boldsymbol{F}_{\mathrm{N}}$。

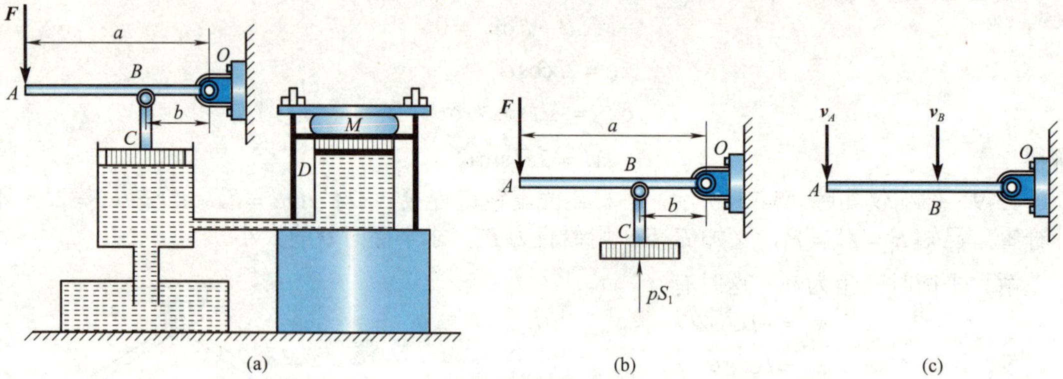

图 15-17　题 15-11

解：受力分析如图 15-17(b)所示，速度分析如图 15-17(c)所示，水压强为 p。

$$\frac{v_A}{v_B} = \frac{a}{b}$$

由虚位移原理有

$$Fv_A - pS_1v_B = 0$$

解得

$$p = \frac{Fa}{S_1b}$$

物体 M 所受到的压力 $F_{\mathrm{N}} = pS_2 = \dfrac{S_2a}{S_1b}F$。

15-12　如图 15-18 所示机构，曲柄 OA 上作用一个力偶，其矩为 $\boldsymbol{M}$，另在滑块 D 上作用水平力 $\boldsymbol{F}$，求平衡时力 $\boldsymbol{F}$ 的大小与力偶矩 $\boldsymbol{M}$ 的关系。

解：速度分析如图 15-18(b)所示。

$$v_A = \omega a，\quad v_A\cos\theta = v_B\cos 2\theta，\quad v_D\cos\theta = v_B\cos(90^\circ - 2\theta)$$

由虚位移原理有

$$M\omega - Fv_D = 0$$

解得

$$F = \frac{M}{a}\cot 2\theta$$

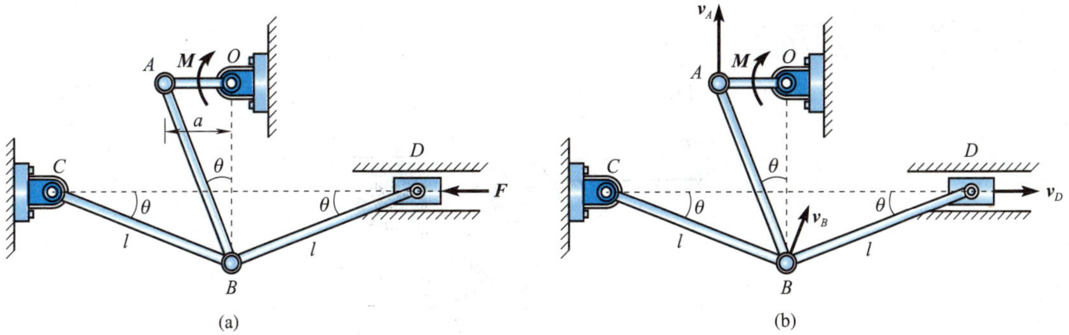

图 15-18　题 15-12

15-13　平面机构如图 15-19 所示，两杆的长度相等。A 为铰支座，F 为光滑小滚轮。在点 B 挂重量为 $\boldsymbol{P}$ 的重物。D、E 两点用弹簧连接。已知弹簧原长为 l，弹簧系数为 k，其他尺寸如图 15-19 所示，不计各杆自重。求机构的平衡条件。

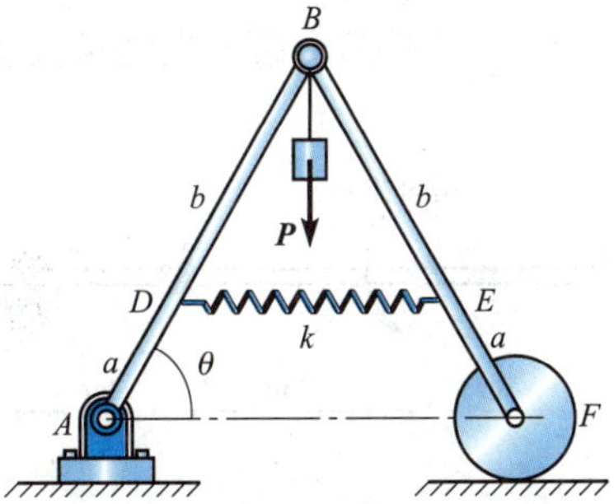

图 15-19　题 15-13

解：弹簧力为

$$F = k\Delta x = k(2b\cos\theta - l)$$

$$y_B = (a+b)\sin\theta\text{，}\quad x_D = a\cos\theta\text{，}\quad x_E = (a+b)\cos\theta + b\cos\theta$$

$$\delta y_B = (a+b)\cos\theta\cdot\delta\theta\text{，}\quad \delta x_D = -a\sin\theta\cdot\delta\theta\text{，}\quad \delta x_E = -(a+2b)\sin\theta\cdot\delta\theta$$

$$\delta W_F = -P\cdot\delta y_B + F\cdot\delta x_D - F\cdot\delta x_E = 0$$

解得

$$\tan\theta = \frac{P(a+b)}{2kb(2b\cos\theta - l)}$$

15-14　如图 15-20 所示，两重量相等的重物 A 与 B 分别系于绳的两端，此绳由重物 A 沿水平方向延伸，绕过定滑轮 C、动滑轮 D 最后绕过定滑轮 E 在绳另一端挂上重物 B。动滑轮 D 在轴上挂有重为 $\boldsymbol{P}_1$ 的重物 K，平衡时求重物 A 和 B 的重量 $\boldsymbol{P}$，以及重物 A 与水平面之间的滑动摩擦系数 f_d。

解：设 A 的横坐标为 x，向右为正，B 的纵坐标为 y，向下为正，以 x 和 y 作为参数。

令 $\delta x = 0$，$\delta y \neq 0$，根据虚位移原理有

$$\sum M_{F_y} = -P_1\frac{\delta y}{2} + P\delta y = 0$$

因 $\delta y \neq 0$，有 $P_1 = 2P$。

令 $\delta x \neq 0$，$\delta y = 0$，根据虚位移原理有

$$\sum W_{F_x} = -F_d \delta x + P_1 \frac{\delta x}{2} = -P f_d \delta x + P_1 \frac{\delta x}{2} = 0$$

因 $\delta x \neq 0$，有 $f_d = \dfrac{P_1}{2P} = 1$。

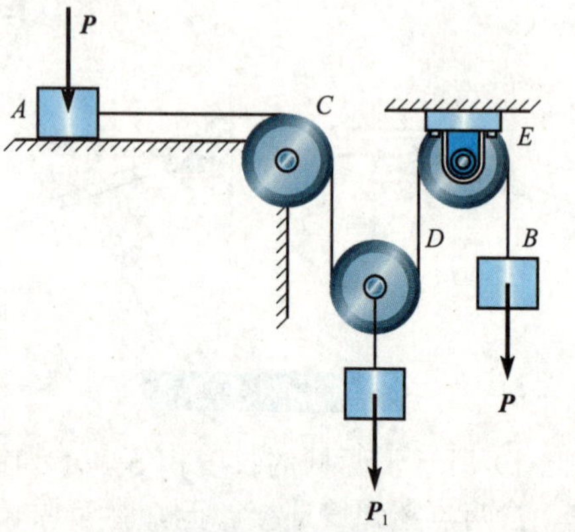

图 15-20　题 15-14

15-15　组合梁如图 15-21(a)所示，求固定端 A 的约束反力。

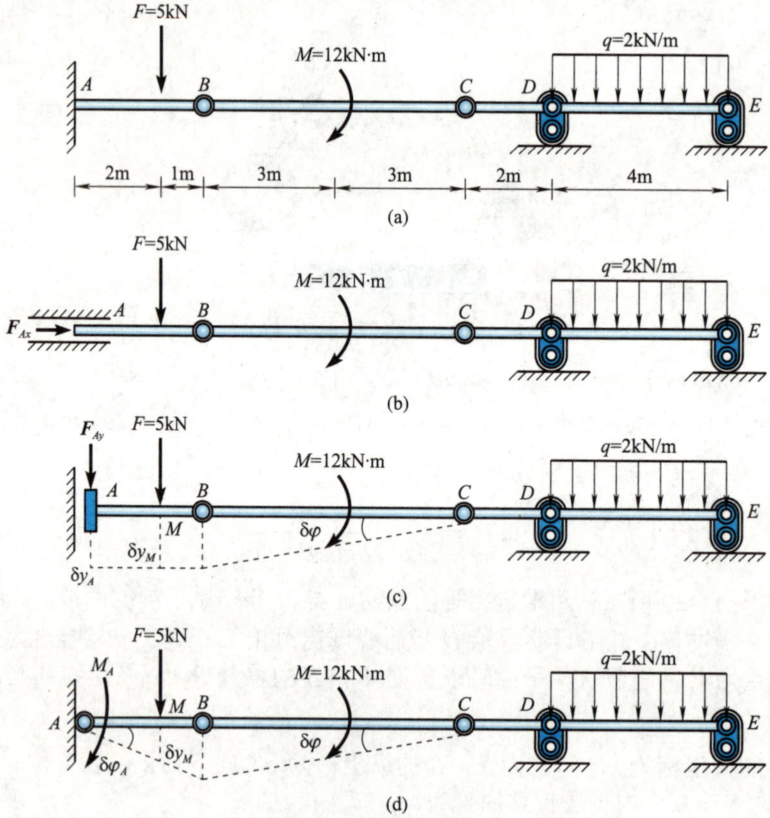

图 15-21　题 15-15

解：(1) 解除 A 端水平方向约束，取而代之约束反力 $\boldsymbol{F}_{Ax}$，如图 15-21(b) 所示。

$$\delta W_F = F_{Ax}\cdot\delta x_A + 0 = 0,\quad F_{Ax} = 0$$

(2) 解除 A 端竖直方向约束，取而代之约束反力 $\boldsymbol{F}_{Ay}$，如图 15-21(c) 所示。

$\delta W_F = F_{Ay}\cdot\delta y_A + F\cdot\delta y_M - M\cdot\delta\varphi = 0$，其中，$\delta y_A = \delta y_M$，$\delta\varphi = \delta y_A/6$。

解得 $F_{Ay} = -3\text{kN}$，与假设方向相反。

(3) 解除 A 端转动约束，取而代之约束力偶 M_A，如图 15-21(d) 所示。

$\delta W_F = -M\cdot\delta\varphi + F\cdot\delta y_M + M_A\cdot\delta\varphi_A = 0$，其中，$\delta y_M = \delta\varphi_A \times 2$，$\delta\varphi = \delta\varphi_A \times \dfrac{3}{6}$。

解得 $M_A = -4\text{kN}\cdot\text{m}$，与假设方向相反。

15-16　平面桁架如图 15-22 所示，求 1、2 杆的内力。

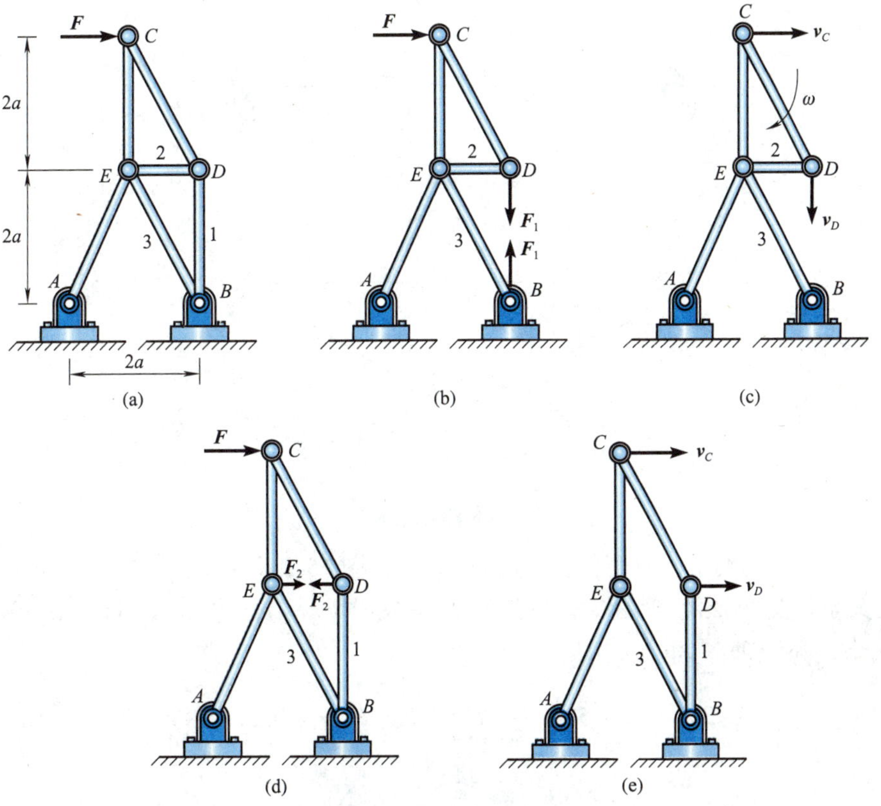

图 15-22　题 15-16

解：(1) 解除杆 1 的约束，取而代之作用力 $\boldsymbol{F}_1$，如图 15-22(b) 所示。

速度关系如图 15-22(c) 所示，E 点速度为零。

$$v_C = \omega\cdot 2a,\quad v_D = \omega\cdot a$$

由虚位移原理可知 $\sum\delta W_{Fi} = 0$，即 $Fv_C + F_1 v_D = 0$。

$$F_1 = -2F$$

(2) 解除杆 2 约束，取而代之作用力 $\boldsymbol{F}_2$，如图 15-22(d) 所示。

速度关系如图 15-22(e) 所示，E 点速度为零。

$$v_C = v_D$$

由虚位移原理可知$\sum \delta W_{Fi}=0$，即$Fv_C-F_2v_D=0$。

$$F_2=F$$

15-17　组合结构如图 15-23 所示，求杆 1 的内力。

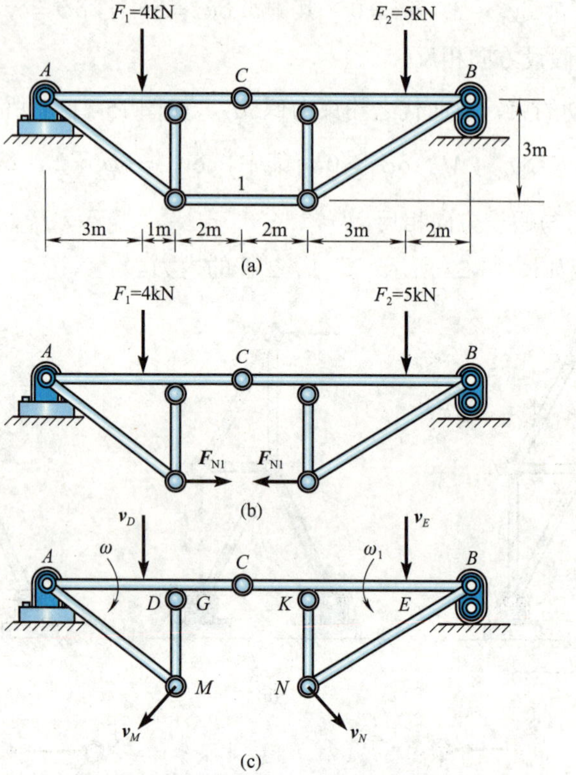

图 15-23　题 15-17

解：解除杆 1 的约束，取而代之作用力 $\boldsymbol{F}_{\mathrm{N1}}$，如图 15-23(b)所示。

速度关系如图 15-23(c)所示，$v_D=3\omega_1$，$v_M=5\omega_1$，$v_E=2\omega_2$，$v_N=\sqrt{34}\omega_2$，$\omega_1\times 6=\omega_2\times 7$。

则由虚位移原理$\sum \delta W_{Fi}=0$有

$$F_1\times 3\omega_1-F_{\mathrm{N1}}\times 5\omega_1\times\frac{3}{5}+F_2\times 2\omega_2-F_{\mathrm{N1}}\times\sqrt{34}\omega_2\times\frac{3}{\sqrt{34}}=0$$

解得

$$F_{\mathrm{N1}}=\frac{144}{39}=3.69(\mathrm{kN})$$

15-18　提升设备如图 15-24 所示，各齿轮半径分别为r_1、r_2、r_3、r_4，取φ为广义坐标，试求对应于广义坐标φ的广义力Q_φ。

解：设各齿轮的角速度分别为ω_1、ω_2、ω_3、ω_4，重物上升速度为v，则有

$$\omega_1 r_1=\omega_2 r_2,\quad \omega_3 r_3=\omega_4 r_4,\quad \omega_2=\omega_3,\quad v=\omega_4 r_4/2$$

广义坐标为φ，主动力的分量分别为$F_{1y}=M$、$F_{2y}=-P$。

齿轮 1 与重物的运动用广义坐标可以表示为

$$\theta=\varphi$$

$$y=\frac{1}{2}\frac{\varphi r_1}{r_2}r_3$$

对广义坐标求偏导有

$$\frac{\partial\theta}{\partial\varphi}=1$$

$$\frac{\partial y}{\partial\varphi}=\frac{r_1r_3}{2r_2}$$

根据广义力的定义有

$$Q_\varphi=F_{1y}\frac{\partial\theta}{\partial\varphi}+F_{2y}\frac{\partial y}{\partial\varphi}=M-\frac{r_1r_3}{2r_2}P$$

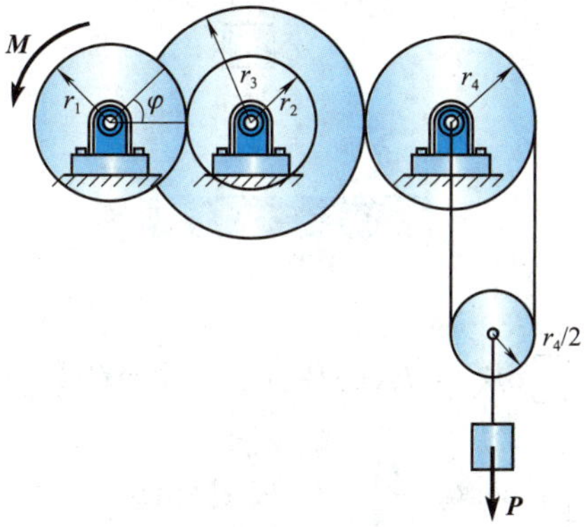

图 15-24　题 15-18

15-19　三根长为l的杆件 OA、AB、BC 如图 15-25 所示连接，各杆质量不计，杆 OA 上作用力偶矩 $\boldsymbol{M}$，在 A、B 两点分别作用向下的力 $\boldsymbol{F}_1$ 和 $\boldsymbol{F}_2$，试求对应于广义坐标φ和ψ的广义力Q_φ与Q_ψ。

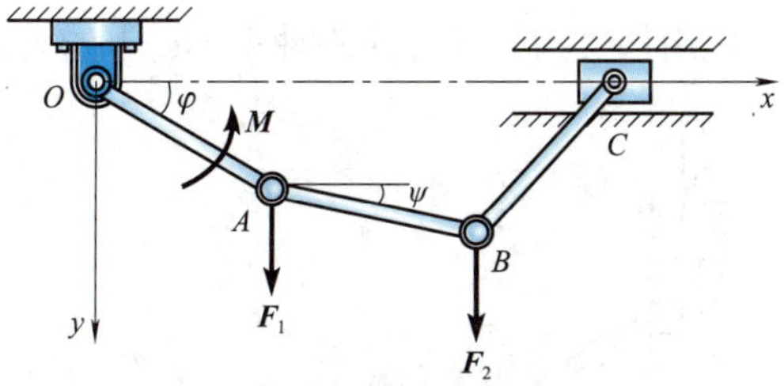

图 15-25　题 15-19

解：

$$Q_k=\sum_{i=1}^{n}F_{ix}\frac{\partial x_i}{\partial q_k}+\sum_{i=1}^{n}F_{iy}\frac{\partial y_i}{\partial q_k}+\sum_{i=1}^{n}F_{iz}\frac{\partial z_i}{\partial q_k}$$

$$y_A=l\sin\varphi$$

$$y_B=l\sin\varphi+l\sin\psi$$

$$\frac{\partial y_A}{\partial\varphi}=l\cos\varphi,\quad \frac{\partial y_B}{\partial\varphi}=l\cos\varphi$$

$$\frac{\partial y_A}{\partial\psi}=0,\quad \frac{\partial y_B}{\partial\psi}=l\cos\psi$$

$$Q_1=Q_\varphi=-M+F_1l\cos\varphi+F_2l\cos\varphi$$

$$Q_2=Q_\psi=F_2l\cos\psi$$

15-20　两物体 A、B，重量分别为 $\boldsymbol{P}_1$、$\boldsymbol{P}_2$，用绳相连(图 15-26)，绳跨过两个定滑轮与一个动滑轮，滑轮质量不计，动滑轮上挂有重物 C，其重量为 $\boldsymbol{P}_3$。物块 A 上作用一个与水平线夹角为 θ 的力 $\boldsymbol{F}$，试求系统的广义力(广义坐标为 s_A、s_B)。

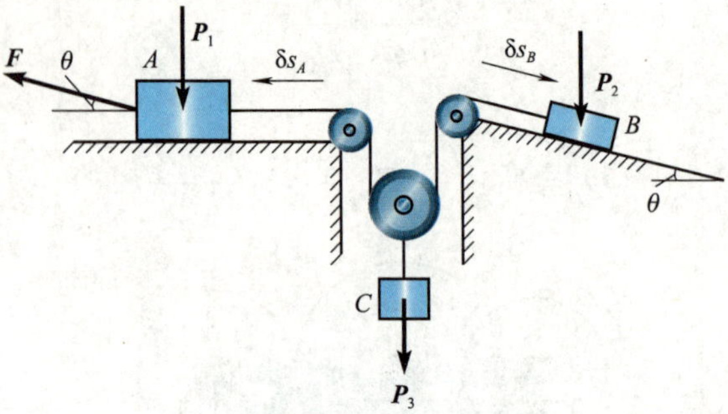

图 15-26　题 15-20

解：

$$\sum_{k=1}^{p} Q_k \delta q_k = \sum \delta W_F = F\cos\theta\cdot\delta s_A + P_2\sin\theta\cdot\delta s_B - P_3\frac{\delta s_A+\delta s_B}{2}$$

$$=\left(F\cos\theta-\frac{P_3}{2}\right)\delta s_A+\left(P_2\sin\theta-\frac{P_3}{2}\right)\delta s_B$$

$$Q_A = F\cos\theta-\frac{P_3}{2}$$

$$Q_B = P_2\sin\theta-\frac{P_3}{2}$$

15-21　图 15-27 所示机构中，$OC=AC=BC=l$，已知在 A、B 滑块上分别作用力 $\boldsymbol{F}_1$、$\boldsymbol{F}_2$，欲使机构在图示位置平衡，试用广义力表示作用在曲柄 OC 上的力偶矩 $\boldsymbol{M}$。

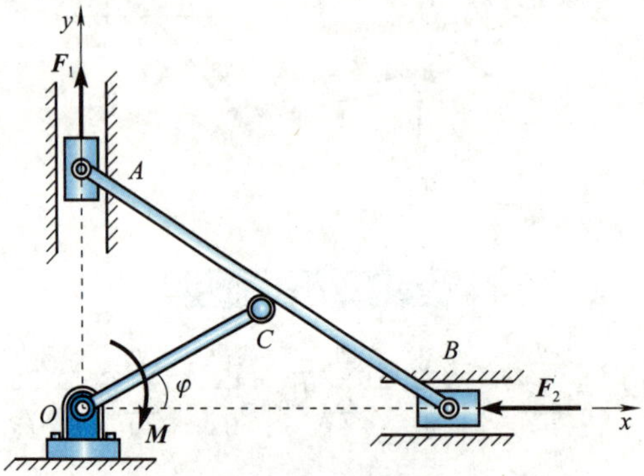

图 15-27　题 15-21

解：

$$x_B = 2l\cos\varphi,\quad y_A = 2l\sin\varphi$$

$$\delta W_F = F_1\cdot\delta y_A - F_2\cdot\delta x_B - M\cdot\delta\varphi = 0$$

$$\delta y_A = 2l\cos\varphi\delta\varphi,\quad \delta x_B = -2l\sin\varphi\delta\varphi$$

解得

$$M = 2l\left(F_1\cos\varphi + F_2\sin\varphi\right)$$

第16章

分析动力学与辛数学初步

16.1 重点内容提要

1. 动力学普遍方程

$$\sum_{i=1}^{n}(\boldsymbol{F}_i+\boldsymbol{F}_{\mathrm{N}i}+\boldsymbol{F}_{\mathrm{I}i})\cdot\delta\boldsymbol{r}_i=\sum_{i=1}^{n}(\boldsymbol{F}_i-m_i\ddot{\boldsymbol{r}}_i)\cdot\delta\boldsymbol{r}_i=0$$

理想约束下，系统的主动力与惯性力虚功之和为零。

2. 第二类拉格朗日方程

$$\frac{\mathrm{d}}{\mathrm{d}t}\left(\frac{\partial T}{\partial\dot{q}_j}\right)-\frac{\partial T}{\partial q_j}-Q_j=0$$

主动力有势时的拉格朗日方程为

$$\frac{\mathrm{d}}{\mathrm{d}t}\left(\frac{\partial L}{\partial\dot{q}_j}\right)-\frac{\partial L}{\partial q_j}=0$$

主动力既存在有势力，又存在非有势力的拉格朗日方程为

$$\frac{\mathrm{d}}{\mathrm{d}t}\left(\frac{\partial L}{\partial\dot{q}_j}\right)-\frac{\partial L}{\partial q_j}=Q'_j$$

3. 拉格朗日函数的首次积分

(1)拉格朗日方程的能量积分。

对于保守系统，若系统所受到的约束均为定常约束，则

$$T+V=\text{常数}$$

(2)拉格朗日方程的循环积分。

若拉格朗日函数 L 中不显含某一广义坐标 q_l，即 $\frac{\partial L}{\partial q_l}=0$，则称该坐标为循环坐标，有

$$\frac{\partial L}{\partial\dot{q}_l}=\text{常数}$$

4. 哈密顿变量

取 q_i、 p_i、t 为基本参数，其中 p_i 为广义动量，变量 q_i、 p_i、t 称为哈密顿变量。

$$p_i = \frac{\partial L(q_i, \dot{q}_i, t)}{\partial \dot{q}_i}$$

5. 勒让德变换

函数 $X=(x_1,\cdots,x_k)$ 的勒让德变换是指下面等式确定的新变量的函数 $Y=(y_1,\cdots,y_k)$。

$$Y = \sum_{i=1}^{k} y_i x_i - X$$

6. 哈密顿函数

函数 $L(q_i, \dot{q}_i, t)$ 对变量 $\dot{q}_i$ 的勒让德变换为

$$H(q_i, p_i, t) = \sum_{i=1}^{k} p_i \dot{q}_i(q_i, p_i, t) - L(q_i, \dot{q}_i(q_i, p_i, t), t)$$

7. 哈密顿正则方程

$$\dot{q}_i = \frac{\partial H}{\partial p_i}$$

$$\dot{p}_i = -\frac{\partial H}{\partial q_i}$$

8. 哈密顿正则方程的辛描述

$$\dot{\boldsymbol{\upsilon}} = \boldsymbol{J}\left(\frac{\partial H}{\partial \boldsymbol{\upsilon}}\right)$$

9. 哈密顿方程的首次积分

若哈密顿函数不显含某个广义坐标 q_l，即 $\frac{\partial H}{\partial q_l}=0$，则由哈密顿方程可得到广义动量积分。

$$p_l = 常数$$

若哈密顿函数 H 中不显含时间 t，即 $\frac{\mathrm{d}H}{\mathrm{d}t}=0$，则

$$H = 常数$$

10. 单自由度动力学的辛描述

单自由度系统的自由振动为

$$\ddot{x}(t) + \omega^2 x(t) = 0$$

解可以表示为

$$x(t) = C_1 \cos\omega t + C_2 \sin\omega t$$

拉格朗日体系的表述为

$$\frac{\mathrm{d}}{\mathrm{d}t}\left(\frac{\partial L}{\partial \dot{x}}\right) - \frac{\partial L}{\partial x} = m\ddot{x}(t) + kx(t) = 0$$

哈密顿体系的表述为

$$\dot{x} = \partial H / \partial p = \frac{p}{m}$$

$$\dot{p} = -\partial H / \partial x = kx$$

11. 哈密顿正则方程的辛描述

$$\boldsymbol{H}\psi = \mu\psi$$

$$\det(\boldsymbol{H} - \mu\boldsymbol{I}) = \mu^2 + k/m = 0$$

16.2 典型例题

例 16-1

具有水平轨道的管子可绕铅直轴转动，如图 16-1 所示。质量为 m 的小球无摩擦地沿管子滑动。管子的转动惯量为 $J=mR^2$，作用在小球上的力具有势函数 $V(r)$。试用哈密顿正则方程建立系统的运动微分方程。

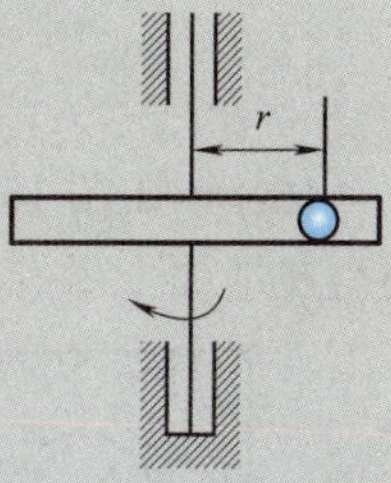

图 16-1　例 16-1

解：系统有两个自由度，以管子转角 φ、r 为广义坐标。

$$T = \frac{1}{2}J\dot{\varphi}^2 + \frac{1}{2}m(\dot{r}^2 + r^2\dot{\varphi}^2) = \frac{1}{2}m\dot{r}^2 + \frac{1}{2}m(R^2 + r^2)\dot{\varphi}^2$$

$$p_\varphi = \frac{\partial T}{\partial \dot{\varphi}} = m(R^2 + r^2)\dot{\varphi}，\quad \dot{\varphi} = \frac{p_\varphi}{m(R^2 + r^2)}$$

$$p_r = \frac{\partial T}{\partial \dot{r}} = m\dot{r}，\quad \dot{r} = \frac{p_r}{m}$$

$$H = T_2 - T_0 + V = \frac{1}{2}m\dot{r}^2 + \frac{1}{2}m(R^2 + r^2)\dot{\varphi}^2 + V(r) = \frac{1}{2m}\left(p_r^2 + \frac{p_\varphi^2}{r^2 + R^2}\right) + V(r)$$

由哈密顿正则方程有

$$\dot{\varphi} = \frac{\partial H}{\partial p_\varphi} = \frac{p_\varphi}{m(r^2 + R^2)}，\quad \dot{p}_\varphi = -\frac{\partial H}{\partial \varphi} = 0$$

$$\dot{r} = \frac{\partial H}{\partial p_r} = \frac{p_r}{m}，\quad \dot{p}_r = -\frac{\partial H}{\partial r} = \frac{rp_\varphi^2}{m(r^2 + R^2)^2} - \frac{\mathrm{d}V}{\mathrm{d}r}$$

例 16-2

质量为 m 的物体放在光滑的水平面上如图 16-2 所示。劲度系数为 k 的弹簧水平放置，一端与物块相连，另一端固接在竖直墙面上，试由哈密顿原理求物体的振动微分方程。

解：单自由系统，广义坐标如图 16-2 所示，原长为零势能位置。

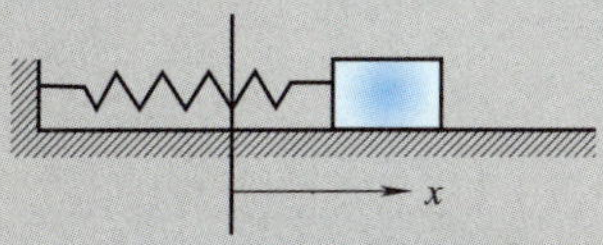

图 16-2　例 16-2

$$L = T - V = \frac{1}{2}m\dot{x}^2 - \frac{1}{2}kx^2$$

哈密顿作用量为　$S = \int_{t_1}^{t_2} L\mathrm{d}t$

由哈密顿原理得　$\delta S = 0$

$$\delta\int_{t_1}^{t_2} L\mathrm{d}t = \int_{t_1}^{t_2} \delta L\mathrm{d}t = \int_{t_1}^{t_2} m\dot{x}\delta\dot{x}\mathrm{d}t - \int_{t_1}^{t_2} kx\delta x\mathrm{d}t = 0$$

式中，$\int_{t_1}^{t_2} \dot{x}\delta\dot{x}\mathrm{d}t = \dot{x}\,\delta x\Big|_{t_1}^{t_2} - \int_{t_1}^{t_2} \ddot{x}\delta x\mathrm{d}t$，而 $\delta\varphi\big|_{t_1} = \delta\varphi\big|_{t_2} = 0$，故

$$\int_{t_1}^{t_2} \dot{x}\delta\dot{x}\mathrm{d}t = -\int_{t_1}^{t_2} \ddot{x}\delta x\mathrm{d}t$$

$$\int_{t_1}^{t_2} (m\ddot{x} + kx)\delta x\mathrm{d}t = 0$$

其中 δx 是独立的任意变量，系统的微分方程为

$$m\ddot{x} + kx = 0$$

16.3 习题详解

16-1 如图 16-3(a)所示，系统在铅垂面内运动，各物体的质量为 m，圆盘的半径为 R，圆盘在地面上做纯滚动，若在板上作用一个力 $\boldsymbol{F}$，求板的加速度。

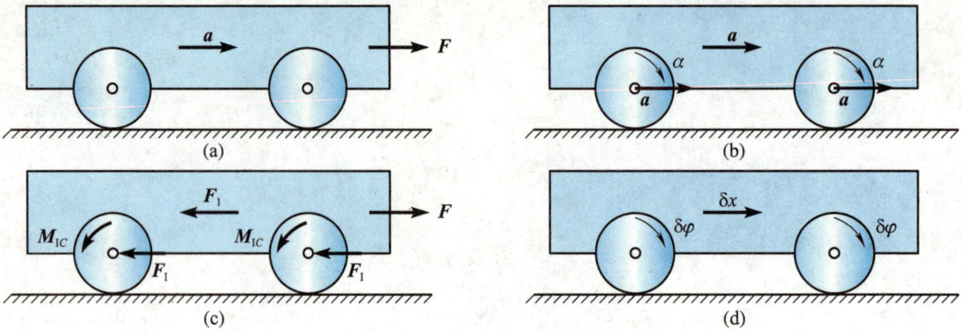

图 16-3 题 16-1

解：受力分析如图 16-3(c)所示。

$$F_{\mathrm{I}} = ma\,,\quad M_{\mathrm{IC}} = \frac{1}{2}mR^2\alpha$$

虚位移分析如图 16-3(d)所示。

$$\delta x = R\delta\varphi$$

运动分析如图 16-3(b)所示。

$$a = R\alpha$$

由运动学普遍定理得

$$F\delta x - 3F_{\mathrm{I}}\delta x - 2M_{\mathrm{IC}}\delta\varphi = 0$$

$$F\delta x - 3ma\delta x - ma\delta x = 0$$

$$(F - 4ma)\delta x = 0$$

$$\delta x \neq 0,\quad F - 4ma = 0$$

$$a = \frac{F}{4m}$$

16-2　已知 $OA=l$，绕 O 轴以匀角速度 ω 转动，$AB=2l$，$\theta=90°$，$\varphi=30°$。求系统在图 16-4(a)所示位置时，力偶矩 $\boldsymbol{M}$ 的大小和方向(不计摩擦)。

解：运动分析如图 16-4(b)所示。

$$a_A=\omega^2 l\,,\quad a_{C_1}=\omega^2\frac{l}{2}\,,\quad a_{C_2}=a_B=\alpha_{AB}l\,,\quad \alpha_{AB}=\frac{a_A}{AP}=\frac{\sqrt{3}}{3}\omega^2 l$$

受力分析如图 16-4(c)所示。

$$F_{\mathrm{I}C_1}=m_1a_{C_1}\,,\quad F_{\mathrm{I}C_2}=m_2a_{C_2}\,,\quad F_{\mathrm{I}B}=m_3a_B$$

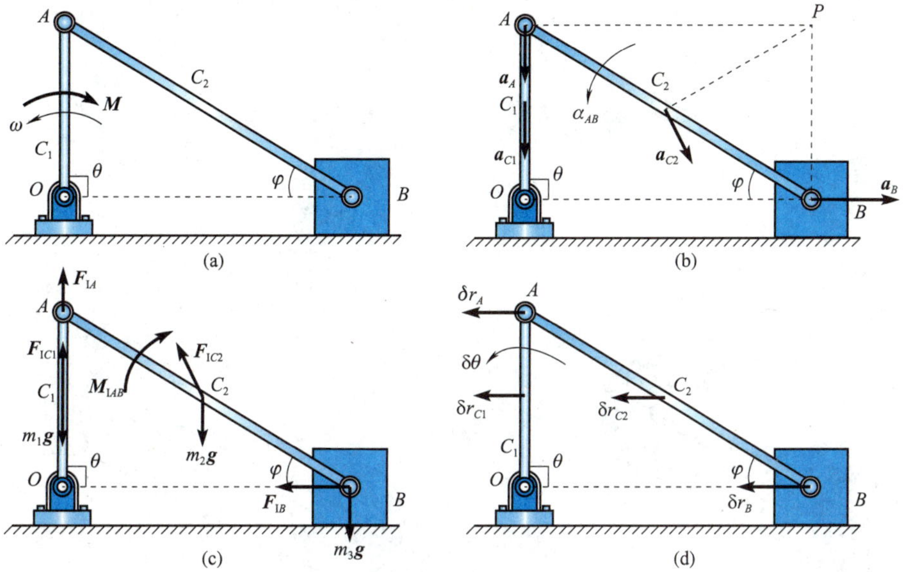

图 16-4　题 16-2

虚位移分析如图 16-4(d)所示。

$$[\delta r_A]_{AB}=[\delta r_B]_{AB}$$

$$\delta r_A=\delta r_B=\delta r_{C2}=l\delta\theta$$

$$\sum\delta W=0\,,\quad F_{\mathrm{I}B}\delta r_B+F_{\mathrm{I}C2}\delta r_{C2}\cos 60°-M\delta\theta=0$$

$$m_3a_Bl\delta\theta+m_2a_{C2}\cos 60°l\delta\theta-M\delta\theta=0$$

$$\left(m_3\frac{\sqrt{3}}{3}\omega^2l^2+m_2\frac{\sqrt{3}}{6}\omega^2l^2-M\right)\delta\theta=0$$

因为 $\delta\theta\neq 0$，有

$$M=m_3\frac{\sqrt{3}}{3}\omega^2l^2+m_2\frac{\sqrt{3}}{6}\omega^2l^2$$

16-3　如图 16-5(a)所示，两个半径为 r 的均质轮质量皆为 m_1，对轮心的转动惯量各为 J。连杆的质量为 m_2，其两端与两轮的轮心以铰链相连。设圆轮在倾角为 θ 的斜面上做纯滚动，求轮心的加速度。

解：如图 16-5(b)所示，设轮心的加速度为 a，系统的运动分析及达朗贝尔惯性力简化如图 16-5(c)所示，虚位移如图 16-5(d)所示。

$$F_{\mathrm{I}1}=m_1a\,,\quad F_{\mathrm{I}2}=m_2a$$

$$M_{\mathrm{I}} = J\alpha = J\frac{a}{r}, \quad \delta\varphi = \frac{\delta x}{r}$$

由动力学普遍方程得

$$(2m_1 + m_2)g\sin\theta \cdot \delta x - (2F_{\mathrm{I1}} + F_{\mathrm{I2}}) \cdot \delta x - 2M_{\mathrm{I}} \cdot \delta\varphi = 0$$

$$(2m_1 + m_2)g\sin\theta \cdot \delta x - (2m_1 + m_2)a \cdot \delta x - 2J\frac{a}{r} \cdot \frac{\delta x}{r} = 0$$

$$a = \frac{(2m_1 + m_2)r^2 \sin\theta \cdot g}{(2m_1 + m_2)r^2 + 2J}$$

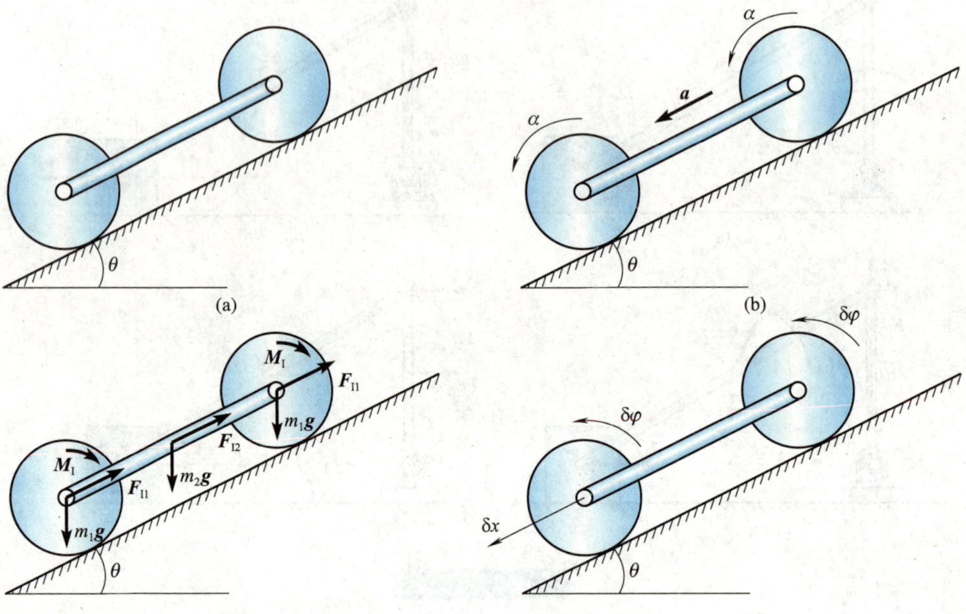

图 16-5　题 16-3

16-4　质量相同的均质圆盘和均质杆用铰链连接，并由绳索 AB 悬挂于天花板上，在图 16-6(a)所示位置平衡，已知圆盘半径为 R，杆长为 l，若绳索被剪断的瞬时，圆盘与地面间不会产生滑动，求圆盘和杆的角加速度。

解：加速度分析如图 16-6(b)所示，添加惯性力如图 16-6(c)所示，建立动力学普遍方程为

$$M_{\mathrm{I}O} = \frac{1}{2}mR^2\alpha_O$$

$$M_{\mathrm{IC}} = \frac{1}{12}ml^2\alpha_{AO}$$

$$F_{\mathrm{I}O} = F_{\mathrm{IC}} = mR\alpha_O$$

$$F_{\mathrm{IC}}^{\tau} = m\frac{l}{2}\alpha_{AO}$$

如图 16-6(d)所示，设圆盘和杆的虚位移如下。

(1) $\delta\theta_1 \neq 0$，$\delta\theta_2 = 0$。

$$M_{\mathrm{I}O}\delta\theta_1 + (F_{\mathrm{I}O} + F_{\mathrm{IC}})R\delta\theta_1 = 0$$

$$\left(\frac{1}{2}mR^2+2mR^2\right)\alpha_O\delta\theta_1=0$$

$$\alpha_O=0$$

(2) $\delta\theta_1=0$，$\delta\theta_2\neq 0$。

$$M_{IC}\delta\theta_2+F_{IC}^{t}\frac{l}{2}\delta\theta_2-mg\frac{l}{2}\delta\theta_2=0$$

$$\alpha_{AO}=\frac{3g}{2l}$$

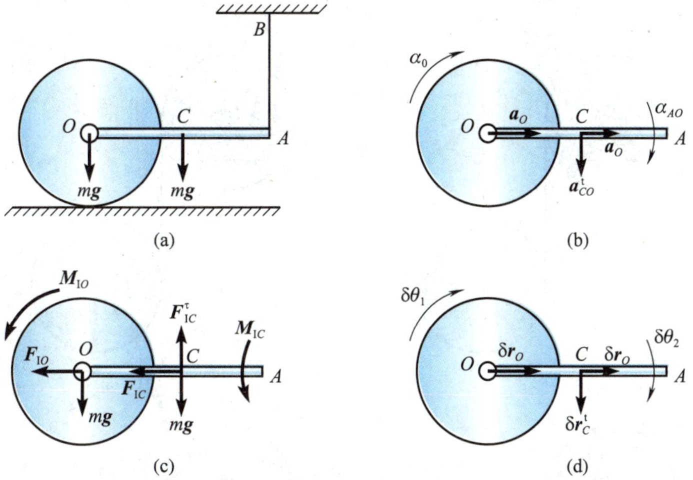

图 16-6 题 16-4

16-5 图 16-7(a) 中均质圆柱轮质量皆为 m，半径皆为 R。轮 I 绕 O 轴转动，轮 II 上绕有细绳且细绳缠于轮 I 上。两个轮在同一平面内运动。若细绳的直线部分铅垂，求轮 II 的中心 C 的加速度。

解：运动分析如图 16-7(b) 所示，达朗贝尔惯性力简化如图 16-7(c) 所示，虚位移如图 16-7(d) 所示。

$$M_{I1}=\frac{1}{2}mR^2\alpha_1，\quad M_{I2}=\frac{1}{2}mR^2\alpha_2，\quad F_{IIC}=ma_C$$

根据动力学普遍定理有

$$-M_{I1}\cdot\delta\varphi_1-F_{IIC}\cdot\delta y_C-M_{I2}\cdot\delta\varphi_2+mg\cdot\delta y_C=0$$

$$-\frac{1}{2}mR^2\cdot\alpha_1\cdot\delta\varphi_1-ma_C\cdot\delta y_C-\frac{1}{2}mR^2\cdot\alpha_2\cdot\delta\varphi_2+mg\cdot\delta y_C=0$$

因为 $a_C=(\alpha_1+\alpha_2)R$，$\delta y_C=(\delta\varphi_1+\delta\varphi_2)R$

代入上式中可得

$$-\frac{1}{2}mR^2\alpha_1\delta\varphi_1-m(\alpha_1+\alpha_2)R^2(\delta\varphi_1+\delta\varphi_2)-\frac{1}{2}mR^2\alpha_2\delta\varphi_2+mgR(\delta\varphi_1+\delta\varphi_2)=0$$

令 $\delta\varphi_2=0$，$\delta\varphi_1\neq 0$，则有

$$-\frac{1}{2}mR^2\alpha_1\delta\varphi_1-m(\alpha_1+\alpha_2)R^2\delta\varphi_1+mgR\delta\varphi_1=0$$

消去 $\delta\varphi_1$ 整理可得
$$-\frac{3}{2}mR\alpha_1 - mR\alpha_2 + mg = 0 \tag{16-1}$$

令 $\delta\varphi_1 = 0$，$\delta\varphi_2 \neq 0$，有
$$-m(\alpha_1+\alpha_2)R^2\delta\varphi_2 - \frac{1}{2}mR^2\alpha_2\delta\varphi_2 + mgR\delta\varphi_2 = 0$$

消去 $\delta\varphi_2$ 整理可得
$$-mR\alpha_1 - \frac{3}{2}mR\alpha_2 + mg = 0 \tag{16-2}$$

联立式(16-1)、式(16-2)可得 $\alpha_1 = \dfrac{2g}{5R}$，$\alpha_2 = \dfrac{2g}{5R}$，$a_C = (\alpha_1+\alpha_2)R = \dfrac{4g}{5}$。

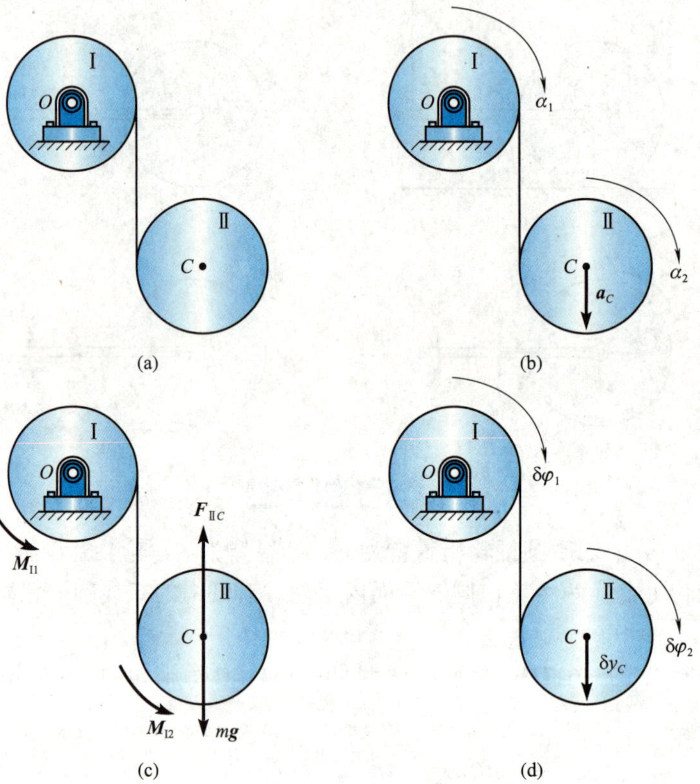

图 16-7　题 16-5

16-6　滑块 A 重为 $\boldsymbol{P}_1$，滑块 B 重为 $\boldsymbol{P}_2$，分别限制在垂直和水平滑槽中运动。A、B 两滑块间用重为 $\boldsymbol{Q}$、长为 l 的细长杆连接，如图 16-8 所示。求系统运动时的微分方程。

解：(1) 系统受理想约束。A、B 块做平动，AB 杆做平面运动，C 点为杆重心。系统有一个自由度，选 φ 为广义坐标，写出系统动能。

$$T = \frac{1}{2}\frac{P_1}{g}v_A^2 + \frac{1}{2}\frac{P_2}{g}v_B^2 + \frac{1}{2}\frac{Q}{g}v_C^2 + \frac{1}{2}I_C\dot{\varphi}^2$$

由运动学关系，P 点为速度瞬心，从而有

$$v_A = \dot{\varphi}l\cos\varphi，\quad v_B = \dot{\varphi}l\sin\varphi，\quad v_C = \dot{\varphi}\frac{l}{2}，\text{且 } I_C = \frac{1}{12}\frac{Q}{g}l^2$$

代入系统动能的公式得

$$T=\frac{1}{2}\frac{P_1}{g}l^2\cos^2\varphi\dot{\varphi}^2+\frac{1}{2}\frac{P_2}{g}l^2\sin^2\varphi\dot{\varphi}^2+\frac{1}{2}\frac{Q}{g}\frac{l^2}{4}\dot{\varphi}^2+\frac{1}{2}\frac{1}{12}\frac{Q}{g}l^2\dot{\varphi}^2$$

$$=\frac{1}{2}\left(\frac{P_1}{g}\cos^2\varphi+\frac{P_2}{g}\sin^2\varphi+\frac{1}{3}\frac{Q}{g}\right)l^2\dot{\varphi}^2$$

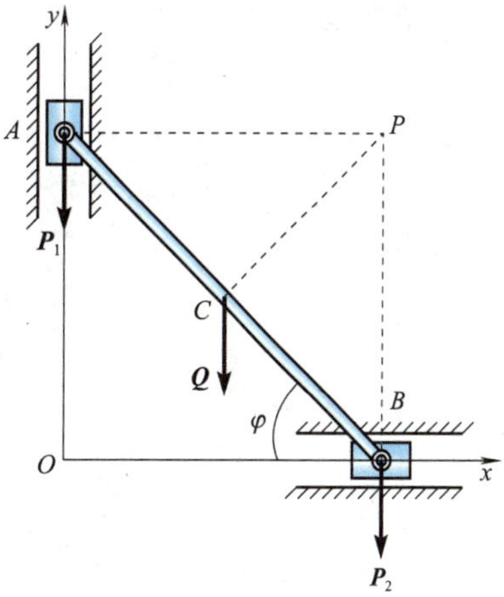

图 16-8　题 16-6

(2) 系统中重力 P_1、Q 在运动过程中做功，它们都是有势力，选 Ox 面为零势面写出势函数。

$$V=P_1 l\sin\varphi+Q\frac{l}{2}\sin\varphi$$

(3) $$\frac{\partial T}{\partial\dot{\varphi}}=\left(\frac{P_1}{g}\cos^2\varphi+\frac{P_2}{g}\sin^2\varphi+\frac{1}{3}\frac{Q}{g}\right)l^2\dot{\varphi}$$

$$\frac{\partial T}{\partial\varphi}=\left(-\frac{P_1}{g}\cos\varphi\sin\varphi+\frac{P_2}{g}\sin\varphi\cos\varphi\right)l^2\dot{\varphi}^2$$

$$\frac{\partial V}{\partial\varphi}=\left(P_1 l+Q\frac{l}{2}\right)\cos\varphi$$

代入拉格朗日方程得

$$\left(\frac{P_1}{g}\cos^2\varphi+\frac{P_2}{g}\sin^2\varphi+\frac{1}{3}\frac{Q}{g}\right)l^2\ddot{\varphi}+\left(-2\frac{P_1}{g}\cos\varphi\sin\varphi+2\frac{P_2}{g}\sin\varphi\cos\varphi\right)l^2\dot{\varphi}^2$$

$$-\left(-\frac{P_1}{g}\cos\varphi\sin\varphi+\frac{P_2}{g}\sin\varphi\cos\varphi\right)l^2\dot{\varphi}^2+\left(P_1+\frac{Q}{2}\right)l\cos\varphi=0$$

化简后

$$\left(P_1\cos^2\varphi+P_2\sin^2\varphi+\frac{Q}{3}\right)\frac{l}{g}\ddot{\varphi}-\frac{P_1-P_2}{g}l\sin\varphi\cos\varphi\dot{\varphi}^2+\left(P_1+\frac{Q}{2}\right)\cos\varphi=0$$

这便是系统运动的微分方程式。

讨论：

(1) 对于 A、B、C 点的速度，也可用坐标方程求导得到，因

$$x_A=0,\quad y_A=l\sin\varphi,\quad x_B=l\cos\varphi,\quad y_B=0,\quad x_C=\frac{l}{2}\cos\varphi,\quad y_C=\frac{l}{2}\sin\varphi$$

有

$$v_A^2=\dot{x}_A{}^2+\dot{y}_A{}^2=l^2\cos^2\varphi\dot{\varphi}^2$$

$$v_B^2=\dot{x}_B{}^2+\dot{y}_B{}^2=l^2\sin^2\varphi\dot{\varphi}^2$$

$$v_C^2=\dot{x}_C{}^2+\dot{y}_C{}^2=\frac{l^2}{4}\dot{\varphi}^2$$

(2) 应特别注意 $\frac{\mathrm{d}}{\mathrm{d}t}\left(\frac{\partial T}{\partial\dot{\varphi}}\right)$ 的运算，如果 $\frac{\partial T}{\partial\dot{\varphi}}$ 中既含有 $\dot{\varphi}$ 又含有 φ，则两者都要对 t 求导，不能只对 $\dot{\varphi}$ 求导，本习题即属于这个类型。

16-7　如图 16-9 所示，均质圆柱半径为 r、重为 $\boldsymbol{Q}$，三角块倾角为 α、重为 $\boldsymbol{P}$，圆柱由静止沿斜面滚下，滚而不滑，水平地面光滑，求三角块的加速度。

解：(1) 系统受理想约束，将系统放在任意位置 (x,ξ) 处，选此两坐标为广义坐标，三角块做平动，圆柱做平面运动，系统的动能为

$$T=\frac{1}{2}\frac{P}{g}\dot{x}^2+\frac{1}{2}\frac{Q}{g}{v_C}^2+\frac{1}{2}I_C\omega^2$$

根据运动学关系有

$${v_C}^2=\dot{x}^2+\dot{\xi}^2+2\dot{x}\dot{\xi}\cos\alpha$$

$$\omega=\frac{\dot{\xi}}{r},\quad I_C=\frac{1}{2}\frac{Q}{g}r^2$$

代入得

$$T=\frac{1}{2}\left[\frac{P}{g}\dot{x}^2+\frac{Q}{g}\left(\dot{x}^2+\dot{\xi}^2+2\dot{x}\dot{\xi}\cos\alpha\right)+\frac{1}{2}\frac{Q}{g}\dot{\xi}^2\right]$$

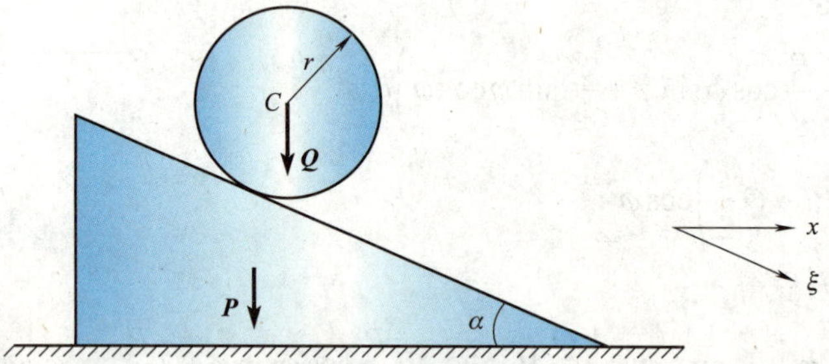

图 16-9　题 16-7

(2)系统中只有重力 Q 在运动中做功，重力有势，可用势函数表达。设水平地面为零势点，可得

$$V=Q\left(H-\xi\sin\alpha\right)$$

(3)运用拉格朗日方程得

$$\frac{\partial T}{\partial\dot{x}}=\frac{P}{g}\dot{x}+\frac{Q}{g}\dot{x}+\frac{Q}{g}\dot{\xi}\cos\alpha=\frac{P+Q}{g}\dot{x}+\frac{Q}{g}\dot{\xi}\cos\alpha$$

$$\frac{\partial T}{\partial x}=0,\quad \frac{\partial V}{\partial x}=0$$

$$\frac{\partial T}{\partial\dot{\xi}}=\frac{Q}{g}\dot{\xi}+\frac{Q}{g}\dot{x}\cos\alpha+\frac{1}{2}\frac{Q}{g}\dot{\xi}=\frac{3}{2}\frac{Q}{g}\dot{\xi}+\frac{Q}{g}\dot{x}\cos\alpha$$

$$\frac{\partial T}{\partial\xi}=0,\quad \frac{\partial V}{\partial\xi}=-Q\sin\alpha$$

由 $\frac{\mathrm{d}}{\mathrm{d}t}\left(\frac{\partial T}{\partial\dot{x}}\right)-\frac{\partial T}{\partial x}=0$ 得

$$\frac{P+Q}{g}\ddot{x}+\frac{Q}{g}\ddot{\xi}\cos\alpha=0 \tag{16-3}$$

由 $\frac{\mathrm{d}}{\mathrm{d}t}\left(\frac{\partial T}{\partial\dot{\xi}}\right)-\frac{\partial T}{\partial\xi}+\frac{\partial V}{\partial\xi}=0$ 得

$$\frac{3}{2}\frac{Q}{g}\ddot{\xi}+\frac{Q}{g}\ddot{x}\cos\alpha-Q\sin\alpha=0 \tag{16-4}$$

从式(16-3)、式(16-4)消去 $\ddot{\xi}$ 得

$$\frac{3}{2}\left(\frac{P+Q}{g}\right)\ddot{x}-\frac{Q}{g}\ddot{x}\cos^2\alpha+Q\sin\alpha\cos\alpha=0$$

$$\ddot{x}=-\frac{2gQ\sin\alpha\cos\alpha}{3(P+Q)-2Q\cos^2\alpha} \tag{16-5}$$

16-8　图 16-10(a)为双物理摆。已知摆 1 质量为 m_1，其重心在 C_1，$O_1C_1=l$，绕 O_1 的转动惯量为 I_{O_1}；摆 2 质量为 m_2，其重心在 C_2，$O_2C_2=b$，绕 C_2 的转动惯量为 I_{C_2}；$O_1O_2=a$。求此双摆的运动微分方程，并写出系统微振时的微分方程。

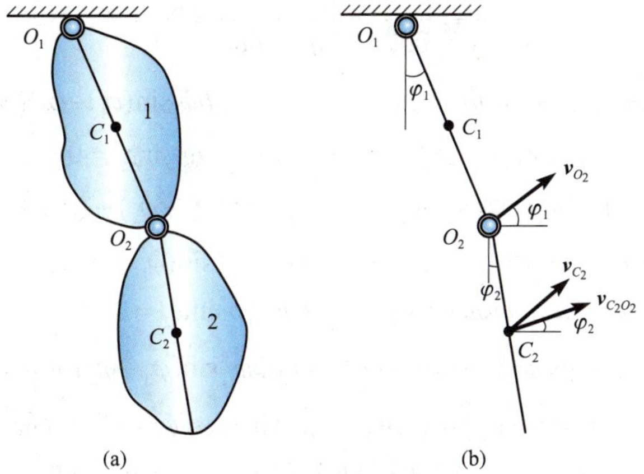

图 16-10　题 16-8

解：(1)双物理摆受理想约束，其简化图如图 16-10(b)所示，摆 1 做定轴转动，摆 2 做平面运动，是两个自由度问题。选 φ_1 和 φ_2 为广义坐标，系统动能为

$$T=\frac{1}{2}I_{O_1}\dot{\varphi}_1+\frac{1}{2}m_2v_{C_2}^2+\frac{1}{2}I_{C_2}\dot{\varphi}_2$$

考虑运动学关系。选 O_2 为基点，则 $\boldsymbol{v}_{C_2}$ 为

$$\boldsymbol{v}_{C_2}=\boldsymbol{v}_{O_2}+\boldsymbol{v}_{C_2O_2}$$

其中，$\boldsymbol{v}_{C_2O_2}$ 为 C_2 绕 O_2 的转动速度，$v_{O_1}=a\dot{\varphi}$，由余弦定理得

$$v_{C_2}^2=(a\dot{\varphi}_1)^2+(b\dot{\varphi}_2)^2+2(a\dot{\varphi}_1)(b\dot{\varphi}_2)\cos(\varphi_1-\varphi_2)$$

因此

$$T=\frac{1}{2}I_{O_1}\dot{\varphi}_1^{\ 2}+\frac{1}{2}m_2[a^2\dot{\varphi}_1^{\ 2}+b^2\dot{\varphi}_2^{\ 2}+2ab\dot{\varphi}_1\dot{\varphi}_2\cos(\varphi_1-\varphi_2)]+\frac{1}{2}I_{C_2}\dot{\varphi}_2^{\ 2}$$

(2)主动力只有重力 $m_1\boldsymbol{g}$ 及 $m_2\boldsymbol{g}$ 在运动中做功，它们都是有势力，可写成势函数，选 O_1 处为零势位，有

$$V=-m_1gl\cos\varphi_1-m_2g\left(a\cos\varphi_1+b\cos\varphi_2\right)$$

(3)

$$\frac{\partial T}{\partial\dot{\varphi}_1}=I_{O_1}\dot{\varphi}_1+m_2a^2\dot{\varphi}_1+m_2ab\dot{\varphi}_2\cos(\varphi_1-\varphi_2)$$

$$\frac{\partial T}{\partial\varphi_1}=-m_2ab\dot{\varphi}_1\dot{\varphi}_2\sin(\varphi_1-\varphi_2)$$

$$\frac{\partial V}{\partial\varphi_1}=m_1lg\sin\varphi_1+m_2ag\sin\varphi_1$$

$$\frac{\partial T}{\partial \dot{\varphi}_2} = m_2 b^2 \dot{\varphi}_2 + m_2 ab\dot{\varphi}_1 \cos(\varphi_1 - \varphi_2) + I_{C_2}\dot{\varphi}_2$$

$$\frac{\partial T}{\partial \varphi_2} = m_2 ab\dot{\varphi}_1\dot{\varphi}_2 \sin(\varphi_1 - \varphi_2)$$

$$\frac{\partial V}{\partial \varphi_2} = m_2 gb\sin\varphi_2$$

代入拉格朗日方程得

$$\frac{\mathrm{d}}{\mathrm{d}t}\left(\frac{\partial T}{\partial \dot{q}_j}\right) - \frac{\partial T}{\partial q_j} + \frac{\partial V}{\partial q_j} = 0$$

$$I_{O_1}\ddot{\varphi}_1 + m_2 a^2\ddot{\varphi}_1 + m_2 ab\ddot{\varphi}_2\cos(\varphi_1 - \varphi_2) - m_2 ab\dot{\varphi}_2\sin(\varphi_1 - \varphi_2)(\dot{\varphi}_1 - \dot{\varphi}_2)$$
$$+ m_2 ab\dot{\varphi}_1\dot{\varphi}_2\sin(\varphi_1 - \varphi_2) + m_1 lg\sin\varphi_1 + m_2 ag\sin\varphi_2 = 0$$

即

$$(I_{O_1} + m_2 a^2)\ddot{\varphi}_1 + m_2 ab\ddot{\varphi}_2\cos(\varphi_1 - \varphi_2) + m_2 ab\dot{\varphi}_2{}^2\sin(\varphi_1 - \varphi_2) + (m_1 l + m_2 a)g\sin\varphi_1 = 0 \tag{16-6}$$

$$m_2 b^2\ddot{\varphi}_2 + m_2 ab\ddot{\varphi}_1\cos(\varphi_1 - \varphi_2) - m_2 ab\dot{\varphi}_1{}^2\sin(\varphi_1 - \varphi_2)(\dot{\varphi}_1 - \dot{\varphi}_2)$$
$$+ I_{C_2}\ddot{\varphi}_2 - m_2 ab\dot{\varphi}_1\dot{\varphi}_2\sin(\varphi_1 - \varphi_2) + m_2 gb\sin\varphi_2 = 0$$

$$(m_2 b^2 + I_{C_2})\ddot{\varphi}_2 + m_2 ab\ddot{\varphi}_1\cos(\varphi_1 - \varphi_2) - m_2 ab\dot{\varphi}_1{}^2\sin(\varphi_1 - \varphi_2) + m_2 gb\sin\varphi_2 = 0 \tag{16-7}$$

(4) 当微小振动时，$\cos(\varphi_1 - \varphi_2) \approx 1, \sin\varphi_1 \approx \varphi_1, \sin\varphi_2 \approx \varphi_2$，略去高阶量 $\dot{\varphi}_1^2$ 及 $\dot{\varphi}_2^2$ 得

$$(I_{O_1} + m_2 a^2)\ddot{\varphi}_1 + m_2 ab\ddot{\varphi}_2 + (m_1 l + m_2 a)g\varphi_1 = 0 \tag{16-8}$$

$$(m_2 b^2 + I_{C_2})\ddot{\varphi}_2 + m_2 ab\ddot{\varphi}_1 + m_2 gb\varphi_2 = 0 \tag{16-9}$$

讨论：

(1) 摆 2 做平面运动，其动能公式按 $T = \frac{1}{2}m_2 v_{C_2}^2 + \frac{1}{2}I_{C_2}\dot{\varphi}_2{}^2$ 计算，其中 v_{C_2} 是 C_2 点的绝对速度。

(2) 在求导时应特别注意 $\frac{\mathrm{d}}{\mathrm{d}t}\left(\frac{\partial T}{\partial q}\right)$，如果 $\frac{\partial T}{\partial q}$ 中包含 q 及 $\dot{q}$，则它们分别对 t 都有导数，不能漏去 q 对 t 求导。

16-9　均质圆环的半径为 R，质量为 m，可在水平面上只滚不滑。质点 A 固结在轮缘上，质量也是 m。初始平衡静止，如图 16-11 (a) 所示。求受初干扰后如图 16-11 (b) 所示系统的运动微分方程。

解：受干扰后，圆环在水平面上往复滚动。系统有一个自由度，选 φ 为广义坐标，速度分析如图 16-11 (c) 所示，虚位移如图 16-11 (d) 所示。

$$T = \frac{1}{2}\cdot 2mR^2\dot{\varphi}^2 + \frac{1}{2}m\left[(\dot{\varphi}R\cos\varphi - \dot{\varphi}R)^2 + \dot{\varphi}^2R^2\sin^2\varphi\right]$$
$$= 2mR^2\dot{\varphi}^2 - mR^2\dot{\varphi}^2\cos\varphi$$

$$Q_\varphi = \frac{\delta w_\varphi}{\delta\varphi} = \frac{-mg\cdot\delta\varphi R\sin\varphi}{\delta\varphi} = -mgR\sin\varphi$$

$$\frac{\partial T}{\partial\dot{\varphi}} = 4mR^2\dot{\varphi} - 2mR^2\dot{\varphi}\cos\varphi$$

$$\frac{\mathrm{d}}{\mathrm{d}t}\left(\frac{\partial T}{\partial\dot{\varphi}}\right) = 4mR^2\ddot{\varphi} - 2mR^2\ddot{\varphi}\cos\varphi + 2mR^2\dot{\varphi}^2\sin\varphi$$

$$\frac{\partial T}{\partial \varphi} = mR^2\dot{\varphi}^2 \sin\varphi$$

由 $\dfrac{\mathrm{d}}{\mathrm{d}t}\left(\dfrac{\partial T}{\partial \dot{\varphi}}\right) - \dfrac{\partial T}{\partial \varphi} = Q_\varphi$ 得

$$4mR^2\ddot{\varphi} - 2mR^2\ddot{\varphi}\cos\varphi + mR^2\dot{\varphi}^2\sin\varphi = -mgR\sin\varphi$$

$$2(2-\cos\varphi)\ddot{\varphi} + \dot{\varphi}^2\sin\varphi + \frac{g}{R}\sin\varphi = 0$$

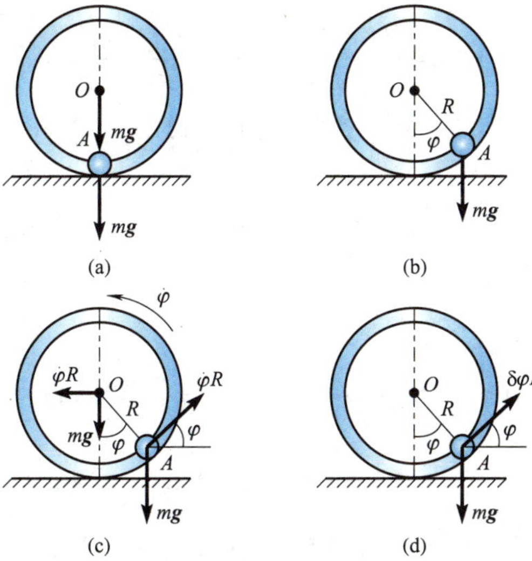

图 16-11　题 16-9

16-10　三个齿轮的质量分别为 m_1、m_2、m_3，相互啮合。各轮可视为均质圆盘，其半径分别为 r_1、r_2、r_3（图 16-12）。三个齿轮上分别作用力偶 $\boldsymbol{M}_1$、$\boldsymbol{M}_2$、$\boldsymbol{M}_3$，其转向如图 16-12 所示。求齿轮 1 的角加速度。

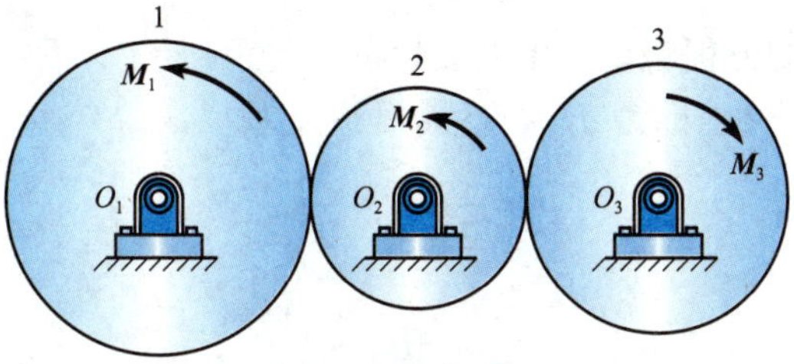

图 16-12　题 16-10

解： 系统为一个自由度，选齿轮 1 的转角 φ_1 为广义坐标。

由定轴轮系的传动比可知

$$\dot{\varphi}_2 = -\frac{r_1}{r_2}\dot{\varphi}_1,\quad \dot{\varphi}_3 = \frac{r_1}{r_3}\dot{\varphi}_1,\quad \varphi_2 = -\frac{r_1}{r_2}\varphi_1,\quad \varphi_3 = \frac{r_1}{r_3}\varphi_1$$

$$T = \frac{1}{4}m_1r_1^2\dot{\varphi}_1^2 + \frac{1}{4}m_2r_2^2\dot{\varphi}_2^2 + \frac{1}{4}m_3r_3^2\dot{\varphi}_3^2 = \frac{1}{4}(m_1+m_2+m_3)r_1^2\dot{\varphi}_1^2$$

$$Q_{\varphi_1} = \frac{\delta\omega_{\varphi_1}}{\delta\varphi_1} = \frac{M_1\delta\varphi_1 + M_2\delta\varphi_2 - M_3\delta\varphi_3}{\delta\varphi_1}$$

$$=\frac{M_1\delta\varphi_1-M_2\frac{r_1}{r_2}\delta\varphi_1-M_3\frac{r_1}{r_3}\delta\varphi_1}{\delta\varphi_1}=M_1-\frac{r_1}{r_2}M_2-\frac{r_1}{r_3}M_3$$

$$\frac{\partial T}{\partial\dot{\varphi}_1}=\frac{1}{2}(m_1+m_2+m_3)r_1^2\dot{\varphi}_1\text{，}\quad \frac{\mathrm{d}}{\mathrm{d}t}\left(\frac{\partial T}{\partial\dot{\varphi}_1}\right)=\frac{1}{2}(m_1+m_2+m_3)r_1^2\ddot{\varphi}_1\text{，}\quad \frac{\partial T}{\partial\varphi_1}=0$$

由 $\frac{\mathrm{d}}{\mathrm{d}t}\left(\frac{\partial T}{\partial\dot{\varphi}_1}\right)-\frac{\partial T}{\partial\varphi_1}=Q_1$，$\frac{1}{2}(m_1+m_2+m_3)r_1^2\ddot{\varphi}_1=M_1-\frac{r_1}{r_2}M_2-\frac{r_1}{r_3}M_3$ 得

$$\ddot{\varphi}_1=\frac{2(r_2r_3M_1-r_1r_3M_2-r_1r_2M_3)}{(m_1+m_2+m_3)r_2r_3r_1^2}$$

16-11　考虑在水平面上不受外力作用的自由质点，写出它的哈密顿函数。

解：质点的动能和势能分别为

$$T=\frac{m}{2}(\dot{x}^2+\dot{y}^2)\text{，}\quad V=0$$

因此，拉格朗日函数为 $$L=\frac{m}{2}(\dot{x}^2+\dot{y}^2)$$

广义动量为 $$p_x=\frac{\partial L}{\partial\dot{x}}=m\dot{x}\text{，}\quad p_y=\frac{\partial L}{\partial\dot{y}}=m\dot{y}$$

广义能量为 $$H=p_x\dot{x}+p_y\dot{y}-L=\frac{m}{2}(\dot{x}^2+\dot{y}^2)\tag{16-10}$$

实际上 H 就是总机械能。但是，这还不是哈密顿函数。因为其中含有广义速度，而不是广义动量。将 $\dot{x}=\frac{p_x}{m}$，$\dot{y}=\frac{p_y}{m}$ 代入式(16-10)得

$$H=\frac{{p_x}^2+{p_y}^2}{2m}$$

进而有 $$\dot{p}_x=0\text{，}\quad \dot{p}_y=0\text{。}$$

16-12　用哈密顿正则方程解单自由度线性振动问题。

解：取系统的一个广义坐标为 q，拉格朗日函数为

$$L=\frac{1}{2}m\dot{q}^2-\frac{1}{2}kq^2$$

广义动量为

$$p=\frac{\partial L}{\partial\dot{q}}=m\dot{q}$$

由此，得到哈密顿函数为

$$H=\frac{p^2}{2m}+\frac{k}{2}q^2$$

哈密顿正则方程为

$$\dot{q}=\frac{p}{m}\text{，}\quad \dot{p}=-kq$$

16-13　图 16-13(a)所示提升重物系统中，钢丝绳的横截面积 $A=2.89\times10^{-4}\mathrm{m}^2$，材料的弹性模量 $E=200\mathrm{GPa}$。重物的质量 $m=6000\mathrm{kg}$，以匀速 $v=0.25\mathrm{m/s}$ 下降。当重物下降到 $l=25\mathrm{m}$ 时，钢丝绳上端突然被卡住。用单自由度系统的辛描述求解：(1)重物的振动规律；(2)钢丝

绳承受的最大张力。

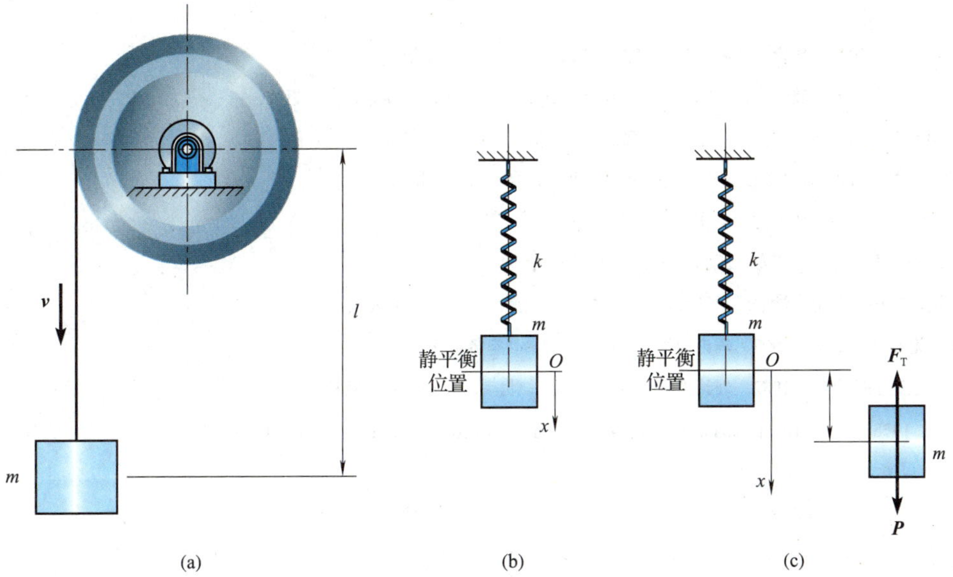

图 16-13　题 16-11

解：(1) 重物的振动规律。

钢丝绳-重物系统可以简化为弹簧质量系统，如图 16-13(b) 所示，弹簧的刚度为

$$k = \frac{EA}{l} = 2.312 \times 10^6 \, (\text{N/m})$$

设钢丝绳被卡住的瞬时 t=0，这时重物的位置为初始平衡位置；以重物在铅垂方向的位移 x 作为坐标，则系统的振动方程为

$$m\frac{\mathrm{d}^2 x}{\mathrm{d}t^2} = mg - k(\delta_{\text{st}} + x) = -kx$$

方程的解为

$$x = A\sin\left(\omega_0 t + \theta\right)$$

其中

$$\omega_0 = \sqrt{\frac{k}{m}} = 19.63\text{s}^{-1}$$

利用初始条件：$t = 0$ 时，$x_0 = 0$，$v_0 = v$。求得

$$\theta = 0, \quad A = \frac{v}{\omega_0} = 0.0127\text{m}$$

重物的运动方程为

$$x = 0.0127\sin 19.63t$$

(2) 如图 16-13(c) 所示，求解钢丝绳承受的最大张力。

取重物为研究对象得

$$x = 0.0127\sin 19.63t$$
$$P - F_{\text{T}} = m\ddot{x} = -mA\omega_0^2 \sin \omega_0 t$$
$$F_{\text{T}} = P + mA\omega_0^2 \sin \omega_0 t$$
$$F_{\text{T,max}} = P + mA\omega_0^2 = m\left(g + A\omega_0^2\right) = 88.2\text{kN}$$

参考文献

高云峰，李俊峰，2003．理论力学辅导与习题集．北京：清华大学出版社．

哈尔滨工业大学理论力学教研室，2016．理论力学(I)（II)．8版．北京：高等教育出版社．

李心宏，2008．理论力学．5版．大连：大连理工大学出版社．

清华大学理论力学教研室，1994．理论力学．4版．北京：高等教育出版社．

阮诗伦，马红艳，2019．理论力学．北京：科学出版社．

王爱勤，2009．理论力学．西安：西北工业大学出版社．

王铎，程靳，2010．理论力学解题指导及习题集．3版．北京：高等教育出版社．

浙江大学理论力学教研室，1997．理论力学．3版．北京：高等教育出版社．

朱照宣，周起钊，殷金生，1982．理论力学(上册)(下册)．北京：北京大学出版社．

SINGER F L, 1975. Engineering mechanics, statics and dynamics. 3rd ed. New York: Harper & Row.